Digitale Auftragsnachverfolgung auf dem Shopfloor additiver Produktionssysteme

Digital Order Tracking on the Shopfloor of Additive Production Systems

Von der Fakultät für Maschinenwesen
der Rheinisch-Westfälischen Technischen Hochschule Aachen
zur Erlangung des akademischen Grades eines
Doktors der Ingenieurwissenschaften
genehmigte Dissertation

vorgelegt von

Jan Marvin Schäfer

Berichter/in:

Univ.-Prof. Dr.-Ing. Dipl.-Wirt. Ing. Günther Schuh
apl. Prof. Dr.-Ing. Wolfgang Boos

Tag der mündlichen Prüfung: 15. Dezember 2025

ERGEBNISSE AUS DER PRODUKTIONSTECHNIK

Jan Marvin Schäfer

Digitale Auftragsnachverfolgung auf dem Shopfloor additiver Produktionssysteme

Herausgeber:
Prof. Dr.-Ing. Dipl.-Wirt. Ing. G. Schuh
Prof. Dr.-Ing. C. Brecher
Prof. Dr.-Ing. R. H. Schmitt

Band 4/2026

WZL | RWTH AACHEN UNIVERSITY

Fraunhofer
IPT

Bibliografische Information der Deutschen Nationalbibliothek
Die Deutsche Nationalbibliothek verzeichnet diese Publikation in der Deutschen Nationalbibliografie; detaillierte bibliografische Daten sind im Internet über https://portal.dnb.de abrufbar.

Jan Marvin Schäfer:

Digitale Auftragsnachverfolgung auf dem Shopfloor additiver Produktionssysteme

1. Auflage, 2026

Gedruckt auf holz- und säurefreiem Papier, 100% chlorfrei gebleicht.

Wissenschaftsverlag des Instituts für Industriekommunikation und Fachmedien an der RWTH Aachen
Steinbachstr. 25, 52074 Aachen, Deutschland
Internet: www.apprimus-verlag.de, E-Mail: info@apprimus-verlag.de

Druck: CPI Druckdienstleistungen GmbH
Ferdinand-Jühlke-Straße 7 | 99095 Erfurt | Deutschland

ISBN 978-3-98555-332-7

Kurzfassung

Die lückenlose digitale Nachverfolgung von Erzeugnissen auf dem Shopfloor produzierender Unternehmen ist die Basis für eine effiziente operative Auftragsabwicklung. Dies gilt insbesondere für produzierende Unternehmen, welche zugleich eine hohe Produkt- als auch Prozessvarianz integrieren. Ein Beispiel sind additive Produktionssysteme. Innerhalb dieser Produktionssysteme kommen additive Fertigungsverfahren zur Erzeugung von Produkten zum Einsatz. Die geometrische Freiheit eines schichtweisen additiven Aufbaus der Produkte erlaubt die Fertigung breiter Produktspektren innerhalb eines einzigen Produktionssystems. Gleichzeitig existieren heute eine Vielzahl additiver Fertigung- und Nachbearbeitungsverfahren, wodurch eine hohe Prozessvarianz impliziert ist. Insgesamt entsteht eine zunehmende Komplexität in der Nachverfolgung einzelner Aufträge auf dem Shopfloor. In neuen Technologien, wie Computer Vision, besteht heute eine Chance zur Auflösung dieser steigenden Komplexität durch Schaffung von Transparenz. Die Auslegung und Applikation solcher Systeme stellt heute für produzierende Unternehmen in der additiven Fertigungsbranche eine Herausforderung dar.

Der zentrale Gegenstand der vorliegenden Dissertation ist die Konzeption und Validierung eines organisatorischen Rahmenwerks zur Auslegung der digitalen Auftragsnachverfolgung für den Shopfloor additiver Produktionssysteme. Das Rahmenwerk ist innerhalb eines allgemeingültigen Gestaltungsmodells konzipiert worden, welches für den jeweiligen unternehmensspezifischen Anwendungsfall ausgelegt werden kann. Das Gestaltungsmodell zergliedert sich in neun übergeordnete Bereiche und leitet den Anwender und die Anwenderin von der Aufnahme von Anforderungen bis hin zur Detaillierung eines cyberphysischen Systems zur digitalen Auftragsnachverfolgung an. Die drei Bereiche Produktspektrum, Prozessspektrum und CV-Nachverfolgungssystem stellen die Struktur des Gestaltungsmodells dar und sind damit die Basis aller zur Auslegung notwendigen Aktivitäten. Die drei Elemente Dependenz des Produkt- und Prozessspektrums, CV-Anforderungsmanagement und CV-Technologiescouting decken die Zusammenhänge zwischen den Strukturen innerhalb des Gestaltungsmodells auf. Abschließend beschreiben die Elemente Datenvorbereitung, Anforderungssynthese und operative Umsetzung die notwendigen Tätigkeiten zur Auslegung eines digitalen Auftragsnachverfolgungssystems. Anhand einer Vielzahl von Gestaltungsempfehlungen innerhalb der jeweiligen Elemente ist eine Applikation des Gestaltungsmodells auf unternehmensspezifische Anwendungsfälle sichergestellt.

Zur Validierung der praktischen Anwendbarkeit wurde zudem das hergeleitete Gestaltungsmodell im Rahmen der vorliegenden Dissertation anhand zweier Fallbeispiele angewandt. Insgesamt stellt das entwickelte Gestaltungsmodell zur Auslegung der digitalen Auftragsnachverfolgung auf dem Shopfloor additiver Produktionssysteme ein praxistaugliches Rahmenwerk dar, welches von Unternehmen genutzt werden kann um zielgerichtet die digitale Auftragsnachverfolgung für sich zu gestalten.

Abstract

Seamless digital tracking of products on the shopfloor of manufacturing companies is the basis for an efficient operational order processing. This accounts especially for manufacturing companies that integrate a high degree of product and process variance. Additive manufacturing systems are an example. These production systems mainly use additive manufacturing processes to create products. The geometrical freedom of a layer-by-layer additive construction of products allows the manufacture of a wide range of products within a single production system. At the same time, there are now a large number of additive manufacturing and post-processing methods, which entails wide process variance. Overall, this results in increasing complexity in the tracking of individual orders on the shopfloor. New technologies, such as computer vision, now offer an opportunity to resolve this increasing complexity in order tracking. The design and application of such systems currently poses a challenge for companies in the additive manufacturing industry.

The central focus of this dissertation is the design and validation of an organizational framework for the design of digital order tracking for the shopfloor of additive manufacturing systems. The framework has been designed as universal design model that can be adapted to the specific application of each company. The design model is divided into nine overarching areas and guides the user from the recording of requirements to the detailing of the cyber-physical system. The three areas of product range, process range, and computer vision tracking system represent the structure of the design model and thus form the basis for all activities necessary for the design. The three elements of product and process range dependency, computer vision requirements management, and computer vision technology scouting reveal the connections between the structures within the design model. Finally, the elements of data preparation, requirements synthesis, and operational implementation describe the activities necessary for designing a digital order tracking system. A large number of design recommendations within the respective elements ensure that the design model can be applied to company-specific use cases.

To ensure practical applicability, the derived design model has also been validated in the context of the present dissertation using two case studies. Overall, the developed design model for the design of digital order tracking on the shopfloor of additive production systems represents a practical framework that can be used by companies to design digital order tracking for their specific needs.

I Inhaltsübersicht

I Inhaltsübersicht ..... **i**

II Inhaltsverzeichnis ..... **iii**

III Abkürzungsverzeichnis ..... **ix**

IV Abbildungsverzeichnis ..... **xiii**

V Tabellenverzeichnis ..... **xix**

VI Formelverzeichnis ..... **xxi**

1 Einleitung **1**

1.1 Ausgangssituation 1

1.2 Problemstellung 3

1.3 Zielsetzung der Arbeit 6

1.4 Forschungsansatz 7

1.5 Aufbau der Arbeit 13

2 Detaillierung des Betrachtungsbereichs **15**

2.1 Additive Fertigung 15

2.2 Industrie 4.0 38

2.3 Identifikationssysteme 64

2.4 Handlungsbedarf aus der Praxis 72

3 Detaillierung des Gestaltungsbereichs **79**

3.1 Bewertungssystematik 79

3.2 Vorstellung und Bewertung bestehender Ansätze 90

3.3 Aggregation der Bewertung 111

3.4 Detaillierung der Forschungsfrage 114

4 Konzeptierung des Gestaltungsmodells **117**

4.1 Systemorientierte Managementlehre 117

4.2 Grundlage des Gestaltungsmodells 124

4.3 Herleitung der Gestaltungselemente 134

4.4 Synthese des Gestaltungsmodells 146

4.5 Fazit zum Konzept des Gestaltungsmodells 147

5 Detaillierung des Gestaltungsmodells **151**

5.1 Strukturelemente ... 151
5.2 Verhaltenselemente ... 180
5.3 Aktivitätselemente ... 203
5.4 Wechselwirkung der Gestaltungselemente ... 239
5.5 Fazit zum Gestaltungsmodell ... 240
6 Validierung anhand von Fallbeispielen ... 243
6.1 Fallbeispiel 1: Application Center Additive Fertigung ... 243
6.2 Fallbeispiel 2: Auftragsnachverfolgung im Werkzeugbau der Beispiel GmbH ... 250
6.3 Kritische Reflexion der Praxisanwendung ... 257
7 Zusammenfassung und Ausblick ... 259
VII Literaturverzeichnis ... 263

II Inhaltsverzeichnis

I Inhaltsübersicht i

II Inhaltsverzeichnis iii

III Abkürzungsverzeichnis ix

IV Abbildungsverzeichnis xiii

V Tabellenverzeichnis xix

VI Formelverzeichnis xxi

1 Einleitung 1

1.1 Ausgangssituation 1

1.2 Problemstellung 3

1.3 Zielsetzung der Arbeit 6

1.4 Forschungsansatz 7

1.5 Aufbau der Arbeit 13

2 Detaillierung des Betrachtungsbereichs 15

2.1 Additive Fertigung 15

2.1.1 Begriffsbestimmung und Einordnung 15

2.1.2 Technologie 17

2.1.2.1 Schichtweiser Aufbau 17

2.1.2.2 Technologische Ausprägungen 19

2.1.3 Auftragsabwicklung in additiven Produktionssystemen 23

2.1.3.1 Auftragseingang 24

2.1.3.2 Arbeitsvorbereitung 25

2.1.3.3 Herstellung additiver Bauteile 26

2.1.3.4 Nachbearbeitung 27

2.1.4 Anwendungskontext 30

2.1.4.1 Gründe für den Einsatz 30

2.1.4.2 Anwendungsgebiete 32

2.1.4.3 AM-Dienstleister 35

2.1.4.4 Zukünftige Entwicklungen 36

2.2 Industrie 4.0 38

2.2.1 Begriffsbestimmung und Einordnung 38
2.2.2 Handlungsfelder der Industrie 4.0 40
2.2.3 Technologische Befähiger 42
2.2.3.1 Cyber-physische Systeme 43
2.2.3.2 Internet of Things 45
2.2.3.3 Digitaler Schatten 46
2.2.4 Internet of Production 48
2.2.5 Künstliche Intelligenz 51
2.2.5.1 Machine Learning 52
2.2.5.2 Artificial Neural Networks 54
2.2.5.3 Computer Vision 61
2.3 Identifikationssysteme 64
2.3.1 Begriffsbestimmung und Einordnung 64
2.3.2 Komponenten 65
2.3.2.1 Identifikator und Kennzeichnungsträger 67
2.3.2.2 Ausleseeinheit 68
2.3.2.3 Datenverarbeitung 70
2.4 Handlungsbedarf aus der Praxis 72
2.4.1 Herausforderungen 72
2.4.2 Chancen einer CV-basierten Identifikation 75
2.4.2.1 Szenario 1: Interner AM-Dienstleister 76
2.4.2.2 Szenario 2: Externer AM-Dienstleister 76
2.4.3 Fazit zum Handlungsbedarf 77
3 Detaillierung des Gestaltungsbereichs 79
3.1 Bewertungssystematik 79
3.1.1 Bewertungssystem 79
3.1.2 Anforderungssystem 80
3.2 Vorstellung und Bewertung bestehender Ansätze 90
3.2.1 Auftragsnachverfolgungsansatz in der Industrie 4.0 91
3.2.2 Übersicht von Markierungsstrategien für die Additive Fertigung 94
3.2.3 Bauteilindividuelle Identifikation in der additiven Fertigung 96

3.2.4 Produktionsintegrierte Markierungen von additiv gefertigten Bauteilen 99
3.2.5 Einsatz von Computer Vision für die Nachverfolgung additiver Bauteile 101
3.2.6 Bauteilidentifikation in additiven Produktionssystemen 104
3.2.7 Einflussfaktoren auf die Auftragsnachverfolgung additiver Bauteile 106
3.2.8 Datenstrukturmodell für die additive Fertigung 109
3.3 Aggregation der Bewertung 111
3.4 Detaillierung der Forschungsfrage 114
4 Konzeptierung des Gestaltungsmodells 117
4.1 Systemorientierte Managementlehre 117
4.1.1 Systemtheorie 118
4.1.2 Modelltheorie 122
4.2 Grundlage des Gestaltungsmodells 124
4.2.1 Definition des Realsystems 124
4.2.2 Zielsetzung, Nutzende und Nutzungszeitraum 129
4.2.3 Anforderungen 130
4.2.3.1 Formalen Anforderungen 130
4.2.3.2 Inhaltliche Anforderungen 133
4.3 Herleitung der Gestaltungselemente 134
4.3.1 Grundlage der Herleitung 135
4.3.2 Herleitung der Strukturelemente 137
4.3.2.1 CV-Nachverfolgungssystem 138
4.3.2.2 Produktspektrum 139
4.3.2.3 Prozessspektrum 139
4.3.3 Herleitung der Verhaltenselemente 140
4.3.3.1 Dependenz des Produkt- und Prozessspektrums 141
4.3.3.2 CV-Anforderungsmanagement 142
4.3.3.3 CV-Technologiescouting 142
4.3.4 Herleitung der Aktivitätselemente 143
4.3.4.1 Datenaufbereitung 144
4.3.4.2 Anforderungssynthese 144

4.3.4.3 Operative Umsetzung ... 145
4.4 Synthese des Gestaltungsmodells ... 146
4.5 Fazit zum Konzept des Gestaltungsmodells ... 147
5 Detaillierung des Gestaltungsmodells ... 151
5.1 Strukturelemente ... 151
5.1.1 CV-Nachverfolgungssystem ... 151
5.1.1.1 Struktur CV-basierter Nachverfolgungssysteme ... 153
5.1.1.2 Eigenschaften CV-basierter Nachverfolgungssysteme ... 159
5.1.1.3 Zusammenfassung des Strukturelements CV-Nachverfolgungssystem ... 161
5.1.2 Produktspektrum ... 161
5.1.2.1 Struktur additiver Produktspektren ... 162
5.1.2.2 Typologie additiver Produktspektren ... 168
5.1.2.3 Zusammenfassung des Strukturelements Produktspektrum ... 170
5.1.3 Prozessspektrum ... 171
5.1.3.1 Struktur additiver Prozessspektren ... 172
5.1.3.2 Typologie additiver Prozessspektren ... 176
5.1.3.3 Zusammenfassung des Strukturelements ... 179
5.2 Verhaltenselemente ... 180
5.2.1 Dependenz des Produkt- und Prozessspektrums ... 180
5.2.1.1 Archetypen additiver Produktionssysteme ... 181
5.2.1.2 Bauteileigenschaften ... 185
5.2.1.3 Zusammenfassung der Dependenz ... 186
5.2.2 CV-Anforderungsmanagement ... 187
5.2.2.1 Erfassen von Anforderungen ... 188
5.2.2.2 Strukturieren von Anforderungen ... 190
5.2.2.3 Zusammenfassung des CV-Anforderungsmanagement ... 192
5.2.3 CV-Technologiescouting ... 192
5.2.3.1 Grundlagen ... 194
5.2.3.2 Informationsbedarf ... 196
5.2.3.3 Informationsbeschaffung ... 199

5.2.3.4 Zusammenfassung des Verhaltenselements CV-Technologiescouting....202

5.3 Aktivitätselemente....203

5.3.1 Datenvorbereitung....203

5.3.1.1 Datenquellen....204

5.3.1.2 Datenaufbereitung....205

5.3.2 Anforderungssynthese....206

5.3.2.1 Grundlagen....206

5.3.2.2 Identifikationskonfigurationen....208

5.3.2.3 Identifikationscluster....210

5.3.3 Operative Umsetzung....213

5.3.3.1 Vorbereitungsphase....214

5.3.3.2 Entwicklungsphase....224

5.3.3.3 Anwendungsphase....232

5.3.4 Zusammenfassung der Aktivitätselemente....238

5.4 Wechselwirkung der Gestaltungselemente....239

5.5 Fazit zum Gestaltungsmodell....240

6 Validierung anhand von Fallbeispielen....243

6.1 Fallbeispiel 1: Application Center Additive Fertigung....243

6.1.1 Ausgangssituation....244

6.1.2 Gestaltung der Auftragsnachverfolgung....245

6.1.3 Fazit....249

6.2 Fallbeispiel 2: Auftragsnachverfolgung im Werkzeugbau der Beispiel GmbH....250

6.2.1 Ausgangssituation....250

6.2.2 Gestaltung der Auftragsnachverfolgung....252

6.2.3 Fazit....256

6.3 Kritische Reflexion der Praxisanwendung....257

7 Zusammenfassung und Ausblick....259

VII Literaturverzeichnis....263

III Abkürzungsverzeichnis

Abkürzung	Beschreibung
€	Euro
ACAM	Aachen Center for Additive Manufacturing GmbH
ANN	Artificial Neural Network
ASTM	American Society for Testing and Materials
API	Application Programming Interface
AM	Additive Manufacturing
AMC	Additive Manufacturing Campus
APS	Additives Produktionssystem
AV	Arbeitsvorbereitung
BIP	Bruttoinlandsprodukt
BMBF	Bundesministerium für Bildung und Forschung
BMW	Bayrische Motorenwerke Aktiengesellschaft
BMWi	Bundesministerium für Wirtschaft und Energie
CAD	Computer Aided Design
CAE	Computer Aided Engineering
CAx	Computer Aided Everything
CIM	Computer Integrated Manufacturing
CNN	Convolutional Neural Network
CPPS	Cyber-Physisches Produktionssystem
CPS	Cyber-Physisches System
CPU	Central Processing Unit

CRM	Customer Relation Management
CV	Computer Vision
DA	Data Augmentation
DIN	Deutsches Institut für Normung
DL	Deep Learning
DM	Direct Manufacturing
DPAT	Direct Polymer Additive Tooling
DSP	Digitale Signalverarbeitung analoger Systeme
ERM	Entity Relationship Model
ERM	Environmental Resources Management
ERP	Enterprise Resource Planning System
et al.	et alia
ETL	Extraktions-, Transformations- und Ladewerkzeuge
e. V.	eingetragener Verein
f.	folgende
FA	Formale Anforderungen
ff.	fortfolgende
FIFO	First-In-First-Out
HP	Hewlett-Packard
IA	Inhaltliche Anforderungen
i. A. a.	in Anlehnung an
i. d. R.	in der Regel
IKT	Informations- und Kommunikationstechnologie

IoT	Internet of Things
ISO	International Organization for Standardization
IT	Informationstechnologie
KI	Künstliche Intelligenz
KMU	Kleine und mittelständige Unternehmen
KPI	Key Performance Indicator
KVP	Kontinuierlicher Verbesserungsprozess
MBSE	Model Based Systems Engineering
MDE	Maschinendatenerfassung
MES	Manufacturing Execution System
ML	Machine Learning
MLP	Multi Layer Perceptron
MJF	Multi Jet Fusion
MVCNN	Multi View Convolutional Neural Network
NFC	Near Field Communication
NN	Neural Network
OEE	Overall Equipment Effectivness
UML	Unified Modeling Language
PLC	Product Lifecycle
PJM	Polyjet Modelling
PPS	Produktionsplanung und -steuerung
QM	Qualitätsmanagement
QR	Quick Response

RBC	Random Brightness Contrast
R-CNN	Region based Convolutional Neural Network
RFID	Radio Frequency Identification
RL	Reinforcement Learning
RP	Rapid Prototyping
RR	Rapid Repair
RWTH	Rheinisch-Westfälische Technische Hochschule
S.	Seite
SE	Systems Engineering
SL	Supervised Learning
SLA	Stereolithographie
SLM	Selective Laser Melting
SLS	Selektives Laser Sintern
SPS	Speicherprogrammierbare Steuerung
SRM	Supplier Relationship Management
UL	Unsupervised Learning
UML	Unified Modeling Language
USA	United States of America
VDI	Verein Deutscher Ingenieure
VDMA	Verein Deutscher Maschinen- und Anlagenbau
WBA	WBA Aachener Werkzeugbau Akademie GmbH
WZL	Werkzeugmaschinenlabor WZL der RWTH Aachen
3DP	3D Printing

IV Abbildungsverzeichnis

Abbildung 1.1: Marktwachstum der AM-Branche zwischen 2012 und 2022 2

Abbildung 1.2: Manuelle Identifikation von Bauteilen 5

Abbildung 1.3: Wissenschaftssystematik 9

Abbildung 1.4: Forschungsmethodisches Vorgehen 11

Abbildung 1.5: Heuristischer Bezugsrahmen der Dissertation 12

Abbildung 1.6: Aufbau der Arbeit anhand der Phasen der angewandten Forschung 13

Abbildung 2.1: Prozesskette der Additiven Fertigung 18

Abbildung 2.2: Überblick über einstufige Prozessprinzipien für Polymerwerkstoffe 20

Abbildung 2.3: Verfahrensprinzip des Laser-Sinterns 22

Abbildung 2.4: Prozesskette des AM innerhalb eines APS 24

Abbildung 2.5: Produktbezogene Einsatzpotentiale von AM 31

Abbildung 2.6: AM im Produktentstehungsprozess 32

Abbildung 2.7: Anwendungsbeispiel des Rapid Prototyping in der Automobilindustrie 33

Abbildung 2.8: Beispiel für das Rapid Tooling 33

Abbildung 2.9: Beispiel für das Direct Manufacturing 34

Abbildung 2.10: Beispiel des Rapid Repair 34

Abbildung 2.11: Einordnung von AM-Dienstleistern anhand von AM-Technologie 36

Abbildung 2.12: Stufen industrieller Revolutionen 40

Abbildung 2.13: Entwicklungspfad der vierten industriellen Revolution 41

Abbildung 2.14: Schematische Darstellung des Internet der Dinge und Dienste 43

Abbildung 2.15: Bestandteile Cyber-Physischer-Systeme 44

Abbildung 2.16: Auflösung der hierarchischen Automatisierungspyramide durch CPS 45

Abbildung 2.17: Digitaler Schatten im Internet of Production 47

Abbildung 2.18: Architektur des Internet of Production 49

Abbildung 2.19: Phase der künstlichen Intelligenz 52

Abbildung 2.20: Venn-Diagramm der künstlichen Intelligenz 54

Abbildung 2.21: Grundaufbau neuronaler Netze 55

Abbildung 2.22: Aufbau eines Perzeptrons 55

Abbildung 2.23: Schlüsselformeln eines neuronalen Netzes 58

Abbildung 2.24: Beispiel für Underfitting, Overfitting und angemessene Anpassungen 59

Abbildung 2.25: Prinzip des Transfer-Learnings 61

Abbildung 2.26: Architektur eines CNNs 62

Abbildung 2.27: Schnittstelle zwischen Material- und Informationsfluss 65

Abbildung 2.28: Aufbau eines Identifikationssystems 66

Abbildung 2.29: Übersicht Identifikatorarten 68

Abbildung 2.30: Aufbau von Informationen 70

Abbildung 2.31: Zusammenfassung der Vorstudie zu AM-Dienstleistern 73

Abbildung 3.1: Bewertungssystem in Form von Harvey-Balls 80

Abbildung 3.2: Anforderungen an die Gestaltung der digitalen Auftragsnachverfolgung 81

Abbildung 3.3: Modellierung der Aktivitäten im Kontext der Auftragsnachverfolgung 93

Abbildung 3.4: Drei-Ebenen Konzept für die Bauteilnachverfolgung 97

Abbildung 3.5: Vorhersage der Kostenentwicklungen der manuellen Identifikation 102

Abbildung 3.6: Identifikation eines Bauteils aus einer Grundmenge von Bauteilen 107

Abbildung 3.7: Zusammenfassung der Bewertung bestehender Ansätze 112

Abbildung 4.1: Aufbau und Struktur eines Systems 119

Abbildung 4.2: Gliederung verschiedener Modellarten 123

Abbildung 4.3: Prozess der Modellbildung 124

Abbildung 4.4: Aspektsysteme für die digitale Auftragsnachverfolgung 126

Abbildung 4.5: ZOPH-Modellierung der Auslegung einer Auftragsnachverfolgung 127

Abbildung 4.6: Hierarchische Einordnung der digitalen Auftragsnachverfolgung 128

Abbildung 4.7: Kernelemente eines Gestaltungsmodells 136

Abbildung 4.8: Strukturelemente des Gestaltungsmodells 138

Abbildung 4.9: Verhaltenselemente des Gestaltungsmodells 141

Abbildung 4.10: Aktivitätselemente des Gestaltungsmodells 144

Abbildung 4.11: Konzept des Gestaltungsmodells zur digitalen Auftragsnachverfolgung 146

Abbildung 5.1: Einordnung der CV-Nachverfolgung in additive Produktionssysteme 152

Abbildung 5.2: Detaillierung des Strukturelements CV-Nachverfolgungssystem 153

Abbildung 5.3: Morphologie zur Definition einer CV-basierten Auftragsnachverfolgung 156

Abbildung 5.4: Prozessintegration eines CV-basierten 159

Abbildung 5.5: Wahrscheinlichkeitsverteilung identifizierter Bauteile 160

Abbildung 5.6: Detaillierung des Strukturelements Produktspektrum 162

Abbildung 5.7: Klassifizierung von Produktmerkmalen 164

Abbildung 5.8: Produktseitige Einflussfaktoren auf die CV-basierte Nachverfolgung 165

Abbildung 5.9: Begriffsabgrenzung – Typologisierung, Typologie und Typisierung 168

Abbildung 5.10: Typologisierung additiver Produktspektren 170

Abbildung 5.11: Detaillierung des Strukturelements Prozessspektrum 172

Abbildung 5.12: Kriterien zur Klassifizierung von Fertigungsaufträgen 173

Abbildung 5.13: Prozessseitige Einflussfaktoren auf die CV-basierte Nachverfolgung........176

Abbildung 5.14: Typologisierung additiver Prozessspektren..178

Abbildung 5.15: Detaillierung der Dependenz des Produkt- und Prozesspektrums.............181

Abbildung 5.16: Typologisierung von Archetypen additiver Produktionssysteme................184

Abbildung 5.17: Eigenschaftsänderungen additiver Bauteile über eine Prozessfolge.........186

Abbildung 5.18: Detaillierung des Verhaltenselements CV-Anforderungsmanagement......188

Abbildung 5.19: Diagrammtypen innerhalb der SysML...191

Abbildung 5.20: Detaillierung des Verhaltenselements CV-Technologiescouting...............193

Abbildung 5.21: Relevante Eigenschaften von Algorithmen für Technologiesteckbriefe.....198

Abbildung 5.22: Detaillierung des Aktivitätselements Datenvorbereitung...........................203

Abbildung 5.23: Detaillierung des Aktivitätselements Anforderungssynthese.....................206

Abbildung 5.24: Petri-Netz zu den zuvor vorgestellten fiktiven Fertigungsaufträgen...........209

Abbildung 5.25: Anforderungsdiagramm für Identifikationskonfigurationen........................213

Abbildung 5.26: Detaillierung des Aktivitätselements Operative Umsetzung.......................214

Abbildung 5.27: Kompetenzen zur Umsetzung der Auftragsnachverfolgung.......................219

Abbildung 5.28: Ablauf der Scrum-Methode...223

Abbildung 5.29: Vorgehensweise zur Erzeugung der synthetischen Datenbasis................227

Abbildung 5.30: Softwarearchitektur einer CV-basierten Nachverfolgung..........................232

Abbildung 5.31: Eigenschaften von Kennzahlen..233

Abbildung 5.32: Wirkzusammenhänge der vorgestellten Kennzahlen................................236

Abbildung 5.33: Wechselwirkungen innerhalb des Gestaltungsmodells.............................240

Abbildung 6.1: Application Center Additive Fertigung auf dem RWTH Aachen Campus.....244

Abbildung 6.2: Eigens für die Analyse erstellte Software..246

Abbildung 6.3: Sequenzdiagramm der Bauteilidentifikation 247

Abbildung 6.4: Prototypische Bauteilidentifikation mittels Smartphone 248

Abbildung 6.5: Zentrale Ergebnisse der Validierung anhand des ersten Fallbeispiels.........249

Abbildung 6.6: Produktspektrum im Werkzeugbau der Beispiel GmbH...............................252

Abbildung 6.7: Ergebnis der Synthese von Prozessfolgen am Beispiel einer Komponente.254

Abbildung 6.8: Ergebnisse der Validierung anhand von ausgesuchten Testbatches 255

Abbildung 6.9: Zentrale Ergebnisse der Validierung anhand des zweiten Fallbeispiels 256

V Tabellenverzeichnis

Tabelle 2.1: Initialisierung nach Xavier Glorot 59

Tabelle 5.1: Relevante Wissensquellen für das CV-Technologiescouting 201

Tabelle 5.2: Relevante Produktionsdatenarten und deren typische Speicherorte 204

Tabelle 5.3: Rohdaten der fiktiven Fertigungsaufträge 208

Tabelle 5.4: Annahmen zur Berechnung des RoI 218

Tabelle 5.5: Weiterbildungsformate für die relevanten Kompetenzen 221

VI Formelverzeichnis

Formel 2.1: Aktivierungsfunktion 56

Formel 2.2: Sigmoid-Funktion 56

Formel 2.3: Kostenfunktion mittels der Methode des kleinsten quadratischen Fehlers 56

Formel 2.4: Gradientenabstiegsverfahren für delta C 57

Formel 2.5: Definition delta v 57

Formel 2.6: Definition delta C 57

Formel 2.7: Parameter nach angewandtem Gradientenabstieg 57

Formel 5.1: Zustandsvektor der Produktionsaufträge 209

Formel 5.2: Differenzvektor der Zustandsvektoren 210

Formel 5.3: Identifikationsmatrix 210

Formel 5.4: Berechnung des Projektstands zum Zeitpunkt j 217

Formel 5.5: Berechnung der Identifikationsgenauigkeit 234

Formel 5.6: Berechnung der Differenz der Identifikationsgenauigkeiten 234

Formel 5.7: Berechnung der Verfügbarkeit 234

Formel 5.8: Berechnung der Adaptionsquote 235

Formel 5.9: Berechnung der Fehlerquote 235

Formel 5.10: Berechnung der Kosten pro durchgeführter Identifikation 235

1 Einleitung

Im ersten Kapitel folgt eine Einführung der Thematik, welche dieser Dissertation zugrunde liegt. Zunächst wird die Ausgangssituation produzierender Unternehmen am Industriestandort Deutschland beschrieben und die Relevanz der additiven Fertigung (Additive Manufacturing, AM) dargelegt. Insbesondere die Ausgangssituation interner und externer Dienstleister, welche AM-Technologie nutzen, wird im Verlauf des ersten Kapitels dargelegt. Basierend auf der Problemstellung wird die Zielsetzung manifestiert und aufbauend die handlungsleitende Forschungsfrage definiert. Zuletzt wird im vorliegenden Kapitel der Forschungsansatz dargelegt und der Aufbau der Dissertation beschrieben.

1.1 Ausgangssituation

Deutschland weist heute, gemessen am nominalen Bruttoinlandsprodukt, im internationalen Vergleich eine der leitungsstärksten Industrien auf.[1] Deutsche Produkte und Dienstleistungen sind weltweit insbesondere durch deren hohe Qualität bekannt. Im Jahr 2023 erwirtschaftete Deutschland einen Handelsüberschuss von 222 Mrd. € und liegt damit im internationalen Vergleich auf dem zweiten Platz.[2] Zum Überschuss trugen 2023 insbesondere Produkte aus den Bereichen Maschinen- und Anlagenbau, Fahrzeugbau und Medizintechnik bei.[3] Neben einer hohen Qualität der Produkte und Dienstleistungen ist Deutschland seit Jahrzenten in vielen Bereichen Innovationstreiber. Hierbei beherrscht die deutsche Wirtschaft im internationalen Vergleich insbesondere den Prozess von der Entstehung bis zur Nutzung von Innovationen.[4] Die Innovationsausgaben deutscher Unternehmen steigen seit dem Jahr 2006 kontinuierlich, um diese Position im internationalen Wettbewerb erhalten zu können.[5]

Die Produktionstechnik ist ein zentraler Baustein für den Erfolg der deutschen Industrie. Unter dem Begriff Produktionstechnik werden alle Einrichtungen und Maßnahmen zur industriellen Herstellung von Gütern verstanden.[6] Ein stetiger Wandel der Produktionstechnik ist unabdingbar, um den fortwährenden Erfolg der deutschen Wirtschaft sicherzustellen. Dieser Wandel wird durch unterschiedliche Faktoren ausgelöst, wie etwa technologische, soziale oder auch politische Veränderungen. Heute bestimmt eine steigende Personalisierung von Produkten und Dienstleistungen den Wandel von Produktionssystemen, welche die digitale Vernetzung eben dieser im Sinne der Industrie 4.0 voraussetzt.[7]

---

[1] Vgl. Statistisches Bundesamt "*G20 in Zahlen*" (2024).

[2] Vgl. ebd.

[3] Vgl. Statistisches Bundesamt "*Außenhandel 2023*" (2024).

[4] Vgl. Roland Berger "*Innovationsindikator*" (2024) S. 19.

[5] Vgl. Bundesministerium für Bildung und Forschung "*Daten und Fakten zum deutschen Forschungs- und Innovationssystem*" (2024) S. 7.

[6] Vgl. Skolaut "*Maschinenbau*" (2018).

[7] Vgl. Mourtzis et al. "*The Evolution of Manufacturing Systems*" (2020) S. 3 f.

AM ist eine Schlüsseltechnologie, um skaliert personalisierte Produkte herstellen zu können.[8] Die Technologie zeichnet sich durch den werkzeuglosen Charakter aus. Hierdurch sind die Kosten zur Herstellung komplexer Geometrien in kleinen Stückzahlen geringer als bei konventionellen Verfahren, wie beispielsweise dem Fräsen oder auch dem Spritzgießen, da kein spezifisches Werkzeug für die Herstellung notwendig ist.[9] Die Technologie wird als ein wichtiger Baustein auf dem Weg zu einer personalisierten Produktion verstanden.[10]

AM kommt heute in vielen Industrien zum Einsatz, wie der Luft- und Raumfahrt, dem Automobilbau als auch der Medizintechnik.[11] Die AM-Branche befindet sich seit Jahrzehnten in einem stetigen Wachstum. In den Jahren zwischen 2012 und 2022 ist der Markt für AM kontinuierlich um einen zweistelligen Prozentsatz jährlich angewachsen. Im Jahr 2022 wurden insgesamt über 18 Mrd. Dollar in der AM-Branche umgesetzt. Das Wachstum der AM-Branche wird seit dem Jahr 1993 von den WOHLERS ASSOCIATES jährlich quantifiziert. Hierbei wird eine Unterscheidung in AM-Produkte und AM-Services vorgenommen. AM-Produkte umfassen beispielsweise AM-Anlagen und AM-Anlagen Updates, während AM-Dienstleistungen unter anderem die auf den AM-Anlagen durchgeführte Wertschöpfung in Form von AM-Erzeugnissen umfassen.[12] Das Wachstum zwischen den Jahren 2012 und 2022 ist nachfolgend auf Basis des Wohler Report 2023 dargestellt.[13]

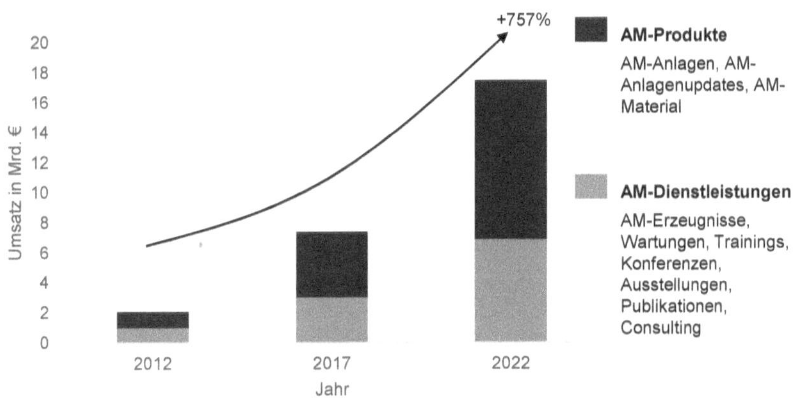

Abbildung 1.1: Marktwachstum der AM-Branche zwischen 2012 und 2022[14]

[8] Vgl. Yao et al. "*Emerging manufacturing paradigm shifts for the incoming industrial revolution*" (2016) S. 1666.

[9] Vgl. Gibson et al. "*Additive Manufacturing Technologies*" (2010) S. 9.

[10] Vgl. Rayna et al. "*From rapid prototyping to home fabrication: How 3D printing is changing business model innovation*" (2016) S. 1.

[11] Vgl. Wohlers Associates "*Wohlers Report*" (2018) S. 22.

[12] Vgl. ebd. S. 142-143.

[13] Vgl. Wohlers Associates "*Wohlers Report 2023*" (2023).

[14] I.A.a. ebd.

AM wird heute in vielen Anwendungen eingesetzt. Neben der angeführten Befähigung der Personalisierung werden beispielsweise in der Luftfahrtbranche durch die hohe Geometriefreiheit Leichtbaustrukturen hergestellt.[15] Diese Leichtbaustrukturen haben einen indirekten Einfluss auf die vom Luftfahrsektor ausgestoßenen Emissionen. In der Medizintechnik wird mittels AM die Erstellung von individuellen Implantaten ermöglicht.[16] Die Automobilindustrie nutzt AM-Prozesse heute zur Herstellung unterschiedlicher Prototypen bis hin zu kleinen Serien, mit einer Stückzahl von mehreren tausend Bauteilen.[17]

AM steht heute an der Schwelle zur Industrialisierung.[18] Die Technologie wird oftmals in sogenannten additiven Produktionssystemen (APS) durchgeführt. Diese bündeln die zur Beherrschung eines AM-Prozesses relevantes Wissen und Ressourcen in Form von Kompetenzzentren. Diese Kompetenzzentren weisen zumeist eine manufakturähnliche Organisation auf, welche neben hohen AM-Ressourcenkosten ein Kostentreiber ist.[19]

1.2 Problemstellung

AM-Kompetenzzentren stehen heute vor der Herausforderung einer komplexen Auftragsabwicklung. Der Auftragsabwicklungsprozess ist durch eine hohe Varianz und Variabilität zu charakterisieren.[20] Dies ist mit der geometrischen Gestaltungsfreiheit der Technologie selbst zu begründen. Zusätzlich impliziert die gestiegene Zahl an Anwendungsfällen von AM über die letzten Jahre immer neue Anforderungen hinsichtlich der Eigenschaften von AM-Erzeugnissen. Die AM-Technologie selbst kann diese Eigenschaften heute nur in Ausnahmefällen direkt erfüllen, weswegen hinter den eigentlichen AM-Prozess geschaltete Nachbearbeitungsverfahren oftmals unabdingbar sind.[21] Für eine Weiterentwicklung der AM-Dienstleister sind heute konkrete Lösungsansätze für die Industrialisierung und digitale Vernetzung des Auftragsabwicklungsprozesses notwendig.[22]

Ein Fallbeispiel für ein AM in Kompetenzzentrum ist der von der BMW GROUP AG (BMW) betriebene Additive Manufacturing Campus (AMC).[23] Auf dem AMC werden heute bis zu 50.000 Serienteile jährlich und weit über 400.000 Prototypen innerhalb eines APS hergestellt. Hierbei reichen die Erzeugnisse von einzelnen Fahrzeugaußenhautteilen bis hin zu Turbinenrädern

---

15 Vgl. Möhrle "*Gestaltung von Fabrikstrukturen für die additive Fertigung*" (2018) S. 1.

16 Vgl. ebd. S. 1.

17 Vgl. BMW Group AG "*Der Additive Manufacturing Campus*" (2020).

18 Vgl. Roland Berger "*Additive manufacturing: The money story*" (2022) S. 18.

19 Vgl. Schuh et al. "*Product- and Process-related Influencing Factors for Computer-Vision based Tracing in Additive Manufacturing*" (2024) S. 1.

20 Vgl. Obst et al. "*Komplexität und wirtschaftlicher Nutzen künstlicher Intelligenz zur automatisierten und industrialisierten Erkennung additiv gefertigter Bauteile*" (2021) S. 145.

21 Vgl. Arndt "*Bauteilindividuelle und verfahrensspezifische Kennzeichnung und Identifikation für die Additive Fertigung*" (2018) S. 19.

22 Vgl. Schuh et al. "*Product- and Process-related Influencing Factors for Computer-Vision based Tracing in Additive Manufacturing*" (2024) S. 2.

23 Vgl. BMW Group AG "*Der Additive Manufacturing Campus*" (2020).

aus Speziallegierungen. BMW betreibt hierbei über 50 AM-Fertigungsanlagen und viele verschiedene Nachbearbeitungsverfahren.[24] Ähnliche Ausprägungen sind auch bei anderen AM-Dienstleistern zu beobachten, wie beispielsweise FKM SINTERTECHNIK GMBH[25], GKN AUTOMOTIVE LIMITED [26] oder auch MATERIALISE GMBH [27].

Die digitale Durchgängigkeit des Auftragsabwicklungsprozesses birgt Potentiale der Effizienzsteigerungen und damit direkt Potentiale zu Kosteneinsparungen in der Herstellung von AM-Produkten. Mittels sinkender Kosten für AM-Produkte können wiederrum neue Anwendungsfelder erschlossen werden.[28] Insgesamt ist eine Steigerung der Wettbewerbsfähigkeit der deutschen AM-Branche gegenüber der internationalen Konkurrenz durch eine digitale Durchgängigkeit der Auftragsabwicklung erwartbar.

Ein zentraler Baustein zur Befähigung der digitalen Durchgängigkeit in APS ist die Identifikation von Bauteilen auf dem Shopfloor.[29] Die Identifikation von Bauteilen wurde bereits von einigen AM-Experten als zentrale Herausforderung innerhalb der Auftragsabwicklung ausgemacht. Aus der praktischen Erfahrungen des AMC beschreiben OBST ET AL. die Identifikation und anschließende Zuordnung von Bauteilen als nächsten wichtigen Schritt zur weiteren Industrialisierung der Technologie.[30] Die zentrale Herausforderung besteht darin, hoch individuelle Geometrien im APS aus Chargen, im AM-Bereich auch Batches genannt, zu identifizieren.[31] Dies geschieht heute innerhalb eines manuellen Prozesses durch einen Mitarbeitenden.[32] Abbildung 2 zeigt den Arbeitsschritt der Bauteilidentifikation, welcher mehrmals in der AM-Prozesskette auftreten kann.

[24] Vgl. 3D Natives "*BMW schafft ein Kompetenzzentrum für additive Fertigung*" (2020).

[25] Vgl. "*FKM Additive Manufacturing*" (2024).

[26] Vgl. "*GKN Additive*" (2024).

[27] Vgl. "*Materialize*" (2024).

[28] Vgl. Schuh et al. "*Product- and Process-related Influencing Factors for Computer-Vision based Tracing in Additive Manufacturing*" (2024).

[29] Vgl. Obst et al. "*Komplexität und wirtschaftlicher Nutzen künstlicher Intelligenz zur automatisierten und industrialisierten Erkennung additiv gefertigter Bauteile*" (2021).

[30] Vgl. ebd.

[31] Vgl. Schuh et al. "*Product- and Process-related Influencing Factors for Computer-Vision based Tracing in Additive Manufacturing*" (2024).

[32] Vgl. Obst et al. "*Komplexität und wirtschaftlicher Nutzen künstlicher Intelligenz zur automatisierten und industrialisierten Erkennung additiv gefertigter Bauteile*" (2021).

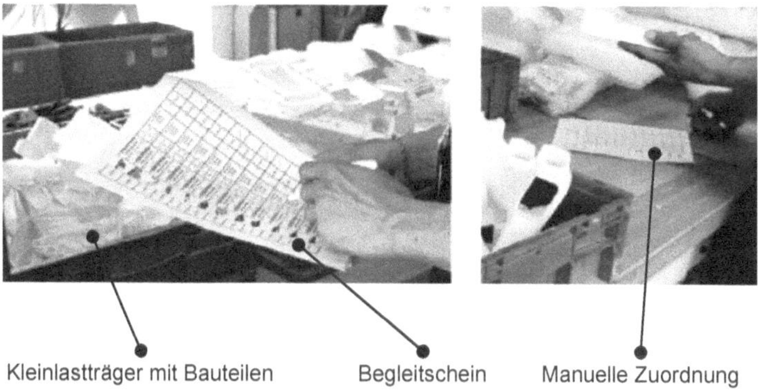

Abbildung 1.2: Manuelle Identifikation von Bauteilen[33]

Die manuelle Identifikation von Bauteilen mittels Begleitscheinen ist heute fehleranfällig. Etwa 10 % der Bauteile werden vom Mitarbeitenden falsch identifiziert.[34] Damit werden die Bauteile innerhalb einer weiteren Prozesskette irreversibel verändert und damit unbrauchbar. Eine fehlerhafte Zuordnung verursacht damit direkte Mehrkosten. Darüber hinaus steigt die Zeit für den Prozess exponentiell mit der Zahl der durch einen Mitarbeitenden zu identifizierenden Bauteile.[35] Die Bauteilzahl pro Charge nimmt immer weiter zu, denn für eine optimale Auslastung von AM-Anlagen sind Bauteile in möglichst große Chargen zusammenzufassen, um Nebenzeiten zu reduzieren und damit Bauteilkosten zu senken. Dies verstärkt die Notwendigkeit einer Automation des Identifikations- und Zuordnungsprozesses. Heute nutzen nach einer internen Studie des Aachen Center for Additive Manufacturing GmbH (ACAM) etwa 75 % der AM-Kompetenzzentren physische Begleitscheine zur Identifikation von Bauteilen auf dem Shopfloor und folgen damit dem zuvor beschriebenen Prozess einer manuellen Identifikation und Zuordnung.

[33] Vgl. Obst et al. "*Komplexität und wirtschaftlicher Nutzen künstlicher Intelligenz zur automatisierten und industrialisierten Erkennung additiv gefertigter Bauteile*" (2021) S. 144.

[34] Vgl. ebd.

[35] Vgl. ebd.

1.3 Zielsetzung der Arbeit

Aus der zuvor detaillierten Problemstellung ergeben sich zwei zentrale Herausforderungen. Zum einen muss der Prozess der manuellen Identifikation automatisiert werden, um die Industrialisierung der Branche weiter voranzutreiben. Eine Lösung muss in der Lage sein, ein Bauteil aus einer Grundmenge von Bauteilen mit hoher Präzision zu identifizieren. Des Weiteren muss die Lösung skalierbar sein, um zukünftige Produktionsvolumina innerhalb von APS gerecht zu werden. Auf der anderen Seite muss nach der Identifikation der Bauteile eine Zuordnung zu den nächsten Prozessschritten stattfinden. Dies setzt eine durchgängige Digitalisierung von APS voraus. Ein zentraler Baustein ist die Integration eines umfänglichen Datenmodells in der Auftragsabwicklung. Dieses Datenmodell muss sowohl Anforderungen hinsichtlich des Identifikationsprozesses erfüllen als auch Anforderungen aus der Planung und Steuerung der Auftragsabwicklung.

Zur Identifikation von Bauteilen auf dem Shopfloor von APS eignet sich insbesondere die Computer Vision (CV) Technologie. Die Technologie ist auf Basis von Bilddaten in der Lage Bauteile im Produktionsumfeld zu identifizieren. Damit ist die Basis für eine anschließende Zuordnung geschaffen. In vorherigen Forschungsansätzen[36, 37, 38] wurde eine prinzipielle Anwendbarkeit der Technologie innerhalb von APS nachgewiesen. Dies erfolgte anhand von spezifischen Anwendungsfällen und besitzt damit noch keine allgemeine Gültigkeit. Eine übergeordnete Systematisierung der Auslegung einer solchen CV-basierten Lösung zur Auftragsnachverfolgung fehlt Unternehmen heute, um die Potentiale der Industrie 4.0 innerhalb der Auftragsabwicklung in Zukunft nutzbar zu machen.[39]

Daraus folgend ist das übergeordnete Ziel der vorliegenden Dissertation die Unterstützung von Unternehmen bei der Gestaltung der digitalen Auftragsnachverfolgung innerhalb von APS. Auf Basis der Gestaltung der digitalen Auftragsnachverfolgung ist eine Sichtbarkeit und Transparenz operativ ablaufender Prozesse zu erwarten, welche die Basis von Analysen zur Effizienzsteigerung bieten. Diese Effizienzsteigerung ist durch die hohen Lohnkosten am Industriestandort Deutschland unabdingbar um weiterhin international konkurrenzfähig zu bleiben.[40] Heute existiert weder in der Praxis noch in der Theorie ein Lösungsansatz, der die Gestaltung der digitalen Auftragsnachverfolgung innerhalb von APS insbesondere mit Hilfe von CV adressiert.[41]

---

[36] Vgl. Obst et al. "*Komplexität und wirtschaftlicher Nutzen künstlicher Intelligenz zur automatisierten und industrialisierten Erkennung additiv gefertigter Bauteile*" (2021).

[37] Vgl. Schuh et al. "*Part Recognition in Additive Production Systems using a Computer-vision Approach*" (2022).

[38] Vgl. Schuh et al. "*Product- and Process-related Influencing Factors for Computer-Vision based Tracing in Additive Manufacturing*" (2024).

[39] Vgl. ebd.

[40] Vgl. Factory Exellence "*Die Zukunft im Blick: So bleiben deutsche Unternehmen wettbewerbsfähig*" (2024).

[41] Vgl. Schuh et al. "*Product- and Process-related Influencing Factors for Computer-Vision based Tracing in Additive Manufacturing*" (2024).

Das Ziel der vorliegenden Dissertation ist die Entwicklung einer Vorgehensweise zur Gestaltung der digitalen Auftragsnachverfolgung auf dem Shopfloor von APS. Die Entwicklung muss dabei strukturelle Anforderungen sowie aktuelle Herausforderungen der AM-Branche berücksichtigen und adressieren. Nach Kubicek ist für eine zielgerichtete Durchführung eines Forschungsprozesses eine Forschungsfrage zu definieren.[42] Diese übergeordnete Forschungsfrage lautet:

Wie kann eine digitale Auftragsnachverfolgung von Bauteilen auf dem Shopfloor additiver Produktionssysteme ausgelegt werden?

1.4 Forschungsansatz

Die Entwicklung und Beschreibung des Forschungsansatzes der vorliegenden Dissertation orientiert sich an dem am LEHRSTUHL FÜR PRODUKTIONSSYSTEMATIK DES WERKZEUGMASCHINENLABORS WZL DER RWTH AACHEN UNIVERSITY zuvor definierten Vorgehen, welches auf bereits erfolgreich angewandten wissenschaftlichen Paradigmen und Methoden beruht. Als Fallbeispiele hierfür sind die Arbeiten von SALMEN[43], KELZENBERG[44] und LUKAS[45] zu nennen.

Wissenschaftliche Forschung ist ein Erkenntnisprozess, der neue Erkenntnisse durch die Entwicklung neuer Lösungsansätze aufdeckt und anschließend einer Wissensgemeinschaft zur Verfügung stellt.[46] Die Basis des Forschungsprozesses ist eine grundlegende Erkenntnisperspektive, welche auch als „basic-belief-system" benannt ist und als ein nicht weiter begründbares Vorverständnis der vorliegenden Arbeit anzusehen ist.[47] Der Forschungsprozess wird durch eine Forschungsmethodologie definiert. Diese beschreibt den Prozess von Erkenntnisgewinn als auch Lösungsentwicklung.

Um die Erkenntnisperspektive erläutern zu können, ist eine Einordnung der vorliegenden wissenschaftlichen Arbeit in das Spektrum der Wissenschaften notwendig.[48] Zur Einteilung des

---

[42] Vgl. Kubicek "*Heuristische Bezugsrahmen und heuristisch angelegte Forschungsdesign als Elemente einer Konstruktionsstrategie empirischer Forschung*" (1976) S. 24 f.

[43] Vgl. Salmen "*Gestaltungsmodell für den digital vernetzten Shopfloor im Werkzeugbau*" (2016).

[44] Vgl. Kelzenberg "*Datenstrukturmodell für den digitalen Schatten der Auftragsabwicklung von Werkzeugbaubetrieben*" (2019).

[45] Vgl. Lukas "*Gestaltungsmodell zur thermischen Auslegung additiver Prototypenwerkzeuge aus Kunststoff*" (2024).

[46] Vgl. Binder et al. "*Technologiepotentiale*" (1996) S. 3 f.

[47] Vgl. Guba et al. "*Competing Paradigms in Qualitative Research*" (1994) S. 107.

[48] Vgl. Kelzenberg "*Datenstrukturmodell für den digitalen Schatten der Auftragsabwicklung von Werkzeugbaubetrieben*" (2019) S. 6.

Spektrums wird der Ansatz nach ULRICH herangezogen. Hierbei erfolgt eine Einteilung wissenschaftlicher Arbeit in Formal- und Realwissenschaften.[49]

Das Ziel der Formalwissenschaften ist die Definition von Zeichensystemen, samt Nutzungsregeln. Beispiele für Formalwissenschaften sind die Logik und Mathematik.[50] Die definierten Zeichensysteme und Nutzungsregeln sind Ergebnisse analytischer Untersuchungen und stehen in keinerlei Beziehung zu realen Objekten. Sie beziehen sich auf abstrakte, nicht reale Objekte, wie beispielsweise Zahlen oder Zeichen, sodass die Gültigkeit der Ergebnisse nur durch Prüfung der Logik ermittelt werden kann.[51]

Ziel der Realwissenschaften ist die empirische Beschreibung, Erklärung und Gestaltung wahrnehmbarer Ausschnitte der Wirklichkeit.[52] Die Ergebnisse der Forschung sind synthetische Aussagen, welche eine Überprüfung der Gültigkeit durch logische Widersprüche durch Faktenanalysen erfordern.[53] Eine Unterteilung der Realwissenschaften kann nach Ulrich in die reinen Grundlagenwissenschaften und die angewandten Handlungswissenschaften vorgenommen werden. Im Rahmen der reinen Grundlagenwissenschaften werden empirische Wirklichkeitsausschnitte untersucht und verfolgen damit ein rein theoretisches Ziel. Reine Grundlagenwissenschaften sind beispielsweise die Physik, Chemie oder auch Biologie. Im Rahmen der angewandten Handlungswissenschaften hingegen wird das Verhalten und Handeln einzelner Menschen, Gruppen oder ganzen Gesellschaften untersucht. Angewandte Handlungswissenschaften sind beispielsweise die Soziologie oder Betriebswirtschaftslehre.[54]

---

[49] Vgl. Ulrich et al. "*Wissenschaftstheoretische Grundlagen der Betriebswirtschaftslehre*" (1976) S. 305.

[50] Vgl. ebd. S. 305.

[51] Vgl. Kelzenberg "*Datenstrukturmodell für den digitalen Schatten der Auftragsabwicklung von Werkzeugbaubetrieben*" (2019) S. 6.

[52] Vgl. Ulrich et al. "*Wissenschaftstheoretische Grundlagen der Betriebswirtschaftslehre*" (1976) S. 305.

[53] Vgl. Schanz "*Grundfragen der Führungsforschung*" (1987) S. 2039.

[54] Vgl. Ulrich et al. "*Wissenschaftstheoretische Grundlagen der Betriebswirtschaftslehre*" (1976) S. 305.

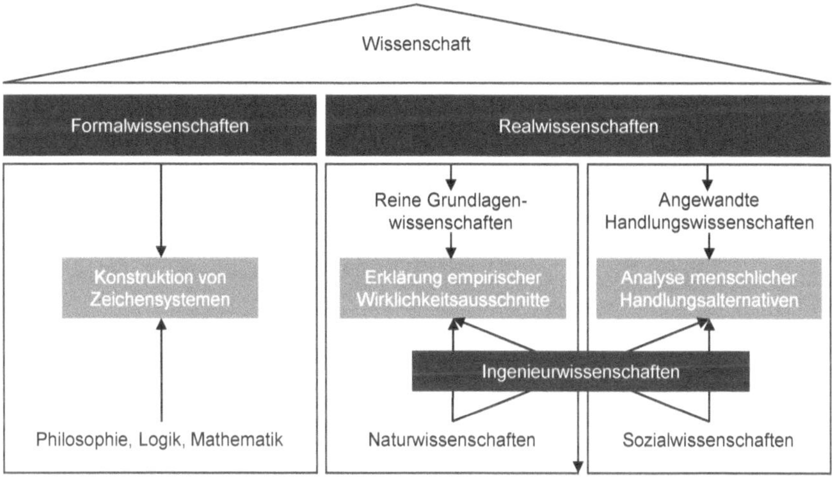

Abbildung 1.3: Wissenschaftssystematik[55]

Ingenieurwissenschaften werden formal den Realwissenschaften zugeordnet. Eine detaillierte Zuordnung zu den reinen Grundlagenwissenschaften oder angewandten Handlungswissenschaften ist nicht möglich.[56] Die vorliegende Dissertation ist durch den hohen Praxisbezug und der methodischen Bearbeitung eines Problems des menschlichen Handelns den angewandten Handlungswissenschaften zuzuordnen, analog den Arbeiten von SALMEN[57], KELZENBERG[58] und LUKAS[59]. Zudem weisen die nachfolgenden Ausführungen direkte Schnittmengen zur Betriebswirtschaftslehre auf.

Nach Einordnung der vorliegenden Dissertation in das Spektrum der Wissenschaften, ist die grundlegende Erkenntnisperspektive zu definieren. Hierfür sind die Überzeugungen des Forschenden als Teil des Vorverständnisses der nachfolgenden Ausführungen darzulegen. Das Vorverständnis dient in Form von vorwissenschaftlichen und wertgebunden Annahmen als Basis der Arbeit. Diese Annahmen sind empirisch nicht zu untersuchen und können damit nicht bewiesen werden. Die Offenlegung der Annahmen bedingt, dass das Subjektivitätskriterium

[55] I.A.a. Ulrich et al. "*Wissenschaftstheoretische Grundlagen der Betriebswirtschaftslehre*" (1976) S. 305.

[56] Vgl. Salmen "*Gestaltungsmodell für den digital vernetzten Shopfloor im Werkzeugbau*" (2016) S. 6.

[57] Vgl. ebd.

[58] Vgl. Kelzenberg "*Datenstrukturmodell für den digitalen Schatten der Auftragsabwicklung von Werkzeugbaubetrieben*" (2019).

[59] Vgl. Lukas "*Gestaltungsmodell zur thermischen Auslegung additiver Prototypenwerkzeuge aus Kunststoff*" (2024).

wissenschaftlicher Arbeit außer Kraft gesetzt wird.[60] Die Überzeugungen des Forschenden und das damit unmittelbar zusammenhängende Grundverständnis werden in der wissenschaftlichen Theorie auch als Paradigma bezeichnet.[61] In der Betriebswirtschaftslehre existieren unterschiedliche Paradigmen.[62] Der dieser Dissertation zugrundeliegende wissenschaftstheoretische Ansatz ist der nach ULRICH. Dieser zeichnet sich insbesondere durch seine Praxisnähe als auch Offenheit und Integration aus. Damit ist eine besondere Nähe zu den Ingenieurwissenschaften gegeben.[63]

Die Forschungsmethodologie ist nach der grundlegenden Erkenntnisperspektive ein weiterer zentraler Bestandteil des Forschungsprozesses.[64] Die Methodologie legt die Art und Weise fest, wie der Erkenntnisprozess zur Generierung neuer Lösungen zu gestalten ist.[65] Nach POPPER beginnt der Erkenntnisgewinn nicht mit Wahrnehmung oder Beobachtung oder der Sammlung von Daten, sondern mit Problemen.[66] Nach der zuvor aufgeführten Unterscheidung zwischen Grundlagenwissenschaften und Handlungswissenschaften werden diese Probleme im Rahmen der vorliegenden Dissertation durch die anwendungsorientierten Handlungswissenschaften gelöst.

Explorative Forschung kann im Rahmen der Handlungswissenschaften für die explorative Forschung herangezogen werden.[67] Das Ziel ist die Entwicklung von analytischen Lösungen und theoretischen Aussagen auf Basis von Erfahrungswissen des Forschenden.[68] Nach KUBICEK geschieht die Entwicklung wissenschaftlicher Aussagen im Kontext explorativer Forschung durch einen sogenannten „geleiteten Lernprozess“. Dieser Prozess hat nicht das Ziel einer reinen Überprüfung theoretisch aufgestellter Hypothesen, sondern ermöglicht die Entwicklung theoretischer Aussagen auf der Basis von systematischem Erfahrungswissen.[69] Hierbei integriert der Prozess auch die kreative Umsetzung des Erkenntnisgewinns in theoretische Aussagen.[70] Das Gewinnen neuer Erkenntnisse auf Basis zuvor gestellter Fragestellungen an die Realität ist das übergeordnete Ziel explorativer Forschung.[71]

---

60 Vgl. Ulrich et al. "*Wissenschaftstheoretische Grundlagen der Betriebswirtschaftslehre*" (1976) S. 306.

61 Vgl. Kuhn "*Die Struktur wissenschaftlicher Revolutionen*" (1976) S. 25.

62 Vgl. Gutenberg "*Grundlagen der Betriebswirtschaftslehre*" (1951) S. 3.

63 Vgl. Ulrich et al. "*Wissenschaftstheoretische Grundlagen der Betriebswirtschaftslehre*" (1976) S. 308.

64 Vgl. Kelzenberg "*Datenstrukturmodell für den digitalen Schatten der Auftragsabwicklung von Werkzeugbaubetrieben*" (2019) S. 8.

65 Vgl. Salmen "*Gestaltungsmodell für den digital vernetzten Shopfloor im Werkzeugbau*" (2016) S. 7.

66 Vgl. "*Die Logik der Sozialwissenschaften*" (2017) S. 104.

67 Vgl. Pitsch "*Kompetenzfeldbasierte Vernetzung von Werkzeugbaustandorten*" (2014) S. 6.

68 Vgl. Kubicek "*Heuristische Bezugsrahmen und heuristisch angelegte Forschungsdesign als Elemente einer Konstruktionsstrategie empirischer Forschung*" (1976) S. 13.

69 Vgl. ebd. S. 14.

70 Vgl. ebd. S. 13.

71 Vgl. ebd. S. 14.

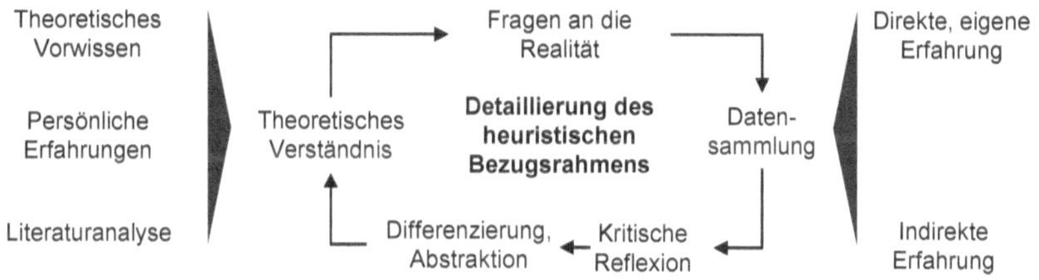

Abbildung 1.4: Forschungsmethodisches Vorgehen[72]

Im Prozess der explorativen Forschung stellt ein heuristischer Rahmen den Mittelpunkt dar. Dieser zeigt das vorhandene Vorverständnis des Forschenden auf und gibt eine Richtung zur Gestaltung praxisrelevanter Probleme vor.[73] Voraussetzung zur Herleitung eines heuristischen Bezugsrahmens ist ein theoretisches Problem oder generelles Phänomen, das nicht hinreichend verstanden oder beherrscht wird.[74] Im Rahmen der vorliegenden Dissertation wird die, in Kapitel 1.2 beschriebene, Problemstellung als theoretisches Problem nach TOMCZAK[75] definiert.

Die Basis zur Erstellung des heuristischen Bezugsrahmens ist das praktische Erfahrungswissens des Autors. Dieses Erfahrungswissen wurde im Rahmen der Tätigkeit als wissenschaftlicher Mitarbeiter am WERKZEUGMASCHINENLABOR (WZL) der RHEINISCH WESTFÄLISCHEN TECHNISCHEN HOCHSCHULE AACHEN UNIVERSITY (RWTH) seit dem Jahr 2020 kontinuierlich aufgebaut. Die Tätigkeiten umfassten zahlreiche Forschungs- und Industrieprojekte als auch Lehr- und Weiterbildungsveranstaltungen, insbesondere in den Themenfeldern AM als auch Digitalisierung.

Die Leitung von internationalen und nationalen Industrieprojekten zur Digitalisierung von Produkten und Produktionssystemen ermöglichten dem Autor einen tiefen Einblick in die grundlegenden Strukturen der Industrie 4.0, der künstlichen Intelligenz und der operativen Auftragsabwicklung. Hinzukommend wurde durch zahlreiche Vorträge und Seminare sowie im Rahmen der Teilnahme an Workshops Fragestellungen zur Digitalisierung und insbesondere zur operativen Auftragsabwicklung in der produzierenden Industrie diskutiert. Zusätzlich wurde durch

[72] I.A.a. Kubicek "*Heuristische Bezugsrahmen und heuristisch angelegte Forschungsdesign als Elemente einer Konstruktionsstrategie empirischer Forschung*" (1976) S. 14.

[73] Vgl. Tomczak "*Forschungsmethoden in der Marketingwissenschaft - Ein Plädoyer für den qualitativen Forschungsansatz*" (1992) S. 84.

[74] Vgl. ebd. S. 84.

[75] Vgl. ebd.

den Autor ein intensives Studium zu forschungsrelevanter Literatur betrieben und an unterschiedlichen Veröffentlichungen aktiv mitgewirkt.[76, 77, 78] Bestehende Ansätze zur digitalen Auftragsnachverfolgung wurden kritisch mit Experten aus der Industrie und Forschung reflektiert und weiterentwickelt. Zudem führte ein intensiver Austausch mit eben diesen Experten zur Verifizierung des in dieser Dissertation beschriebenen Vorgehens zur Gestaltung der digitalen Auftragsnachverfolgung auf dem Shopfloor von APS. Das theoretische Vorwissen wurde im Rahmen des Studiums der Produktionstechnik durch den Autor an der RWTH erlangt.

Der heuristische Bezugsrahmen der vorliegenden Dissertation besteht aus sechs Elementen. Die Basis der Dissertation bildet die operative Auftragsabwicklung innerhalb additiver Produktionssysteme. Daneben bietet die digitale Vernetzung Potentiale zur Steigerung der Effizienz ablaufender operativer Prozesse. Die Identifikation von Bauteilen auf dem Shopfloor von APS als auch die anschließende Datenverarbeitung sind zentrale Elemente zur Beherrschung des operativen Auftragsabwicklungsprozesses. Insbesondere die Identifikation von Bauteilen ist durch das breite Produktspektrum innerhalb von APS als nicht trivial anzusehen. Die Datenverarbeitung beschreibt die Einbindung der digitalen Auftragsnachverfolgung in die bestehende digitale IT-Landschaft eines APS. Den Kern des heuristischen Bezugsrahmens stellt die digitale Auftragsnachverfolgung in APS dar, welche die beiden zuvor beschriebenen Elemente der Identifikation von Bauteilen und der Datenverarbeitung kombiniert. Der heuristische Bezugsrahmen ist in Abbildung 1.5 dargestellt.

Abbildung 1.5: Heuristischer Bezugsrahmen der Dissertation[79]

[76] Vgl. Schuh et al. "*Part Recognition in Additive Production Systems using a Computer-vision Approach*" (2022).

[77] Vgl. Schuh et al. "*Product- and Process-related Influencing Factors for Computer-Vision based Tracing in Additive Manufacturing*" (2024).

[78] Vgl. Boos et al. "*Erfolgreich Daten analyieren im Werkzeugbau*" (2024).

[79] *Eigene Darstellung.*

1.5 Aufbau der Arbeit

Die vorliegende Dissertation stellt ein Ergebnis explorativer Forschung dar, weshalb der Aufbau der Arbeit am Forschungsprozess für angewandte Forschung nach Ulrich angelehnt ist.[80] Die in der Praxis identifizierten Probleme werden durch ein allgemeingültiges Modell- und Regelwerk konkretisiert, woraus dann ein allgemeingültiger Lösungsansatz hervorgeht. Dieser Lösungsansatz wird durch die Anwendung in der Praxis abschließend validiert. Die Dokumentation der vorliegenden Dissertation ist in sieben Unterkapitel zergliedert. Eine Inhaltsübersicht ist in Abbildung 1.6 dargestellt. Eine kurze Beschreibung der jeweiligen Inhalte ist nachfolgend detailliert.

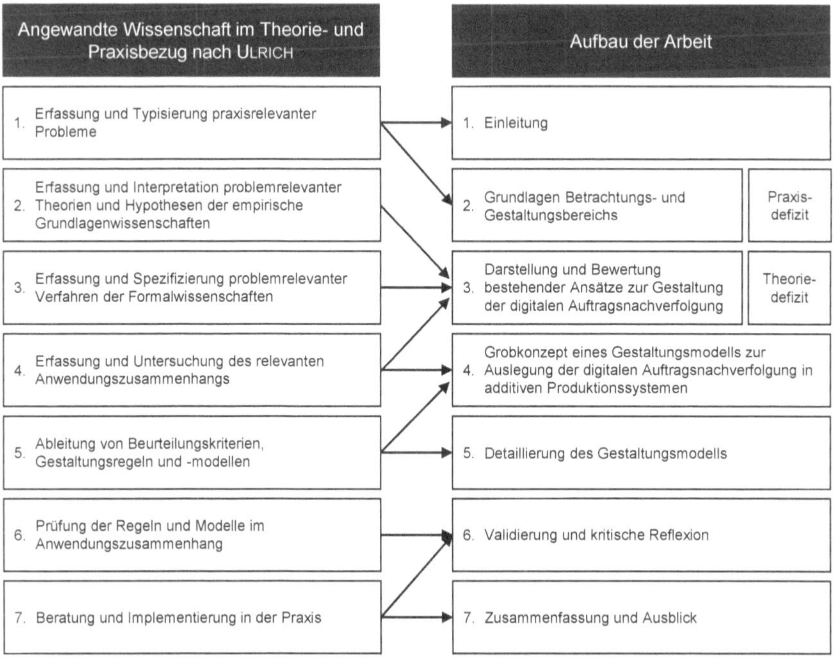

Abbildung 1.6: Aufbau der Arbeit anhand der Phasen der angewandten Forschung[81]

Aufbauend auf den vorherigen Ausführungen umfasst das zweite Kapitel die relevanten Grundlagen des Betrachtungsbereichs. Hierzu ist das Kapitel in die vier Abschnitte additive Fertigung, Industrie 4.0, Identifikationssysteme und dem Handlungsbedarf aus der Praxis unterteilt. In den jeweiligen Unterkapiteln folgt zunächst eine Definition der, für das Verständnis

[80] Vgl. Ulrich et al. "*Wissenschaftstheoretische Grundlagen der Betriebswirtschaftslehre*" (1976).
[81] I.A.a. Ulrich "*Management*" (1984) S. 193.

der Arbeit, notwendigen Definition der Begrifflichkeiten. Am Ende des Kapitels folgt eine Einordnung der Aufgabenstellung in den Kontext des Betrachtungsbereichs, womit der Handlungsbedarf aus der industriellen Praxis detailliert wird.

Im dritten Kapitel werden zunächst Anforderungen auf Basis des, zuvor aus der industriellen Praxis definierten, Handlungsbedarfs definiert. Anschließend folgt eine Untersuchung relevanter theoretischer Ansätze. Diese Untersuchung beinhaltet neben der Beschreibung der Ansätze eine Bewertung der Ansätze hinsichtlich des Erfüllungsgrads der zuvor definierten Anforderungen. Aufbauend auf dem Erfüllungsgrad der Anforderungen wird am Ende des dritten Kapitels eine Ableitung der handlungsleitenden Forschungsfrage vorgenommen, gefolgt von einer Zergliederung dieser in weitere, spezifische Forschungsfragen.

Das vierte Kapitel umfasst die Konzeption eines Gestaltungsmodells zu Beantwortung der handlungsleitenden Forschungsfrage auf Basis der, in den Kapiteln zwei und drei vorgestellten Inhalten. Zunächst werden die für die Konzeption relevanten Grundlagen in Form der systemorientieren Managementlehre, der Systemtheorie und der Modelltheorie eingeführt. Im Anschluss wird gemäß der systemorientierten Managementlehre das Realsystem, die Zielsetzung, die Nutzenden und der Nutzungszeitraum definiert. Aufbauend werden formalen und inhaltliche Anforderungen an das Gestaltungsmodell abgeleitet. Im nächsten Schritt wird ein Ordnungsrahmen zur Konzeption definiert und anschließend die Konzeption des Gestaltungsmodells vorgenommen. Abschließend folgt ein Abgleich des Konzeptes mit den im dritten Kapitel definierten Forschungsfragen und den im vierten Kapitel definierten formalen Anforderungen.

Im fünften Kapitel wird das zuvor hergeleitete Konzept des Gestaltungsmodells detailliert. Die Detaillierung erfolgt dabei anhand der, im vierten Kapitel definierten, Gestaltungselemente in jeweils einem Unterkapitel. In den Unterkapiteln folgt zunächst die Definition der für das Gestaltungselement relevanten Grundlagen, gefolgt von der Detaillierung des Gestaltungselementes. Am Ende des fünften Kapitels wird, analog zum Ende des vierten Kapitels, ein Abgleich des detaillierten Gestaltungsmodells mit den zuvor definierten formalen und inhaltlichen Anforderungen vorgenommen.

Das sechste Kapitel umfasst die Validierung des Gestaltungsmodells im industriellen Anwendungskontext. Hierfür werden zwei Fallbeispiele herangezogen. In beiden wird zunächst die Unternehmenssituation beschrieben, gefolgt von der Gestaltung der digitalen Auftragsnachverfolgung innerhalb der Unternehmen. Am Ende des Kapitels wird die praktische Anwendung des Gestaltungsmodells kritisch reflektiert. Abschließend werden im siebten Kapitel die zentralen Ergebnisse der vorliegenden Arbeit zusammenfasst und ein Ausblick auf mögliche zukünftige Forschungsfelder gegeben.

2 Detaillierung des Betrachtungsbereichs

Im zweiten Kapitel werden die Grundlagen des Betrachtungsbereichs erläutert, analog zu der ersten Phase der angewandten Forschung nach Ulrich. Das Kapitel besteht aus den drei Bereichen der additiven Fertigung, der Industrie 4.0 und den Identifikationssystemen. Hierbei ist der Bereich der additiven Fertigung als übergeordneter Betrachtungsbereich zu verstehen.

Im ersten Abschnitt werden die Grundlagen der additiven Fertigung eingeführt, technologische Ausprägungen beschrieben, Prozessketten aufgezeigt, Anwendungsfelder beschrieben, als auch die Auftragsnachverfolgung additiver Produkte innerhalb von APS vertieft. Der zweite Abschnitt legt die Grundlagen zum Verständnis der Industrie 4.0 nach dem Stand der Technik dar. Hierbei wird insbesondere auf die digitale Infrastruktur von Unternehmen eingegangen als auch die Grundlagen der künstlichen Intelligenz und der Computer Vision detailliert. Im dritten Abschnitt werden die Grundlagen der Identifikationssysteme beleuchtet. Hierzu werden bestehende Identifikationsmethoden dargestellt, die Grundlagen der Datenmodellierung beschrieben und die operative Umsetzung in der Industrie diskutiert. Abschließend wird auf Basis des definiteren Betrachtungsbereichs der Handlungsbedarf aus der Praxis abgeleitet und mittels statistischer Methoden validiert.

2.1 Additive Fertigung

Das folgende Kapitel vermittelt die Grundlagen der additiven Fertigung und die Integration dieser in Unternehmen. Dazu wird initial eine Begriffsbestimmung und Einordnung zur additiven Fertigung und zu additiven Produktionssystemen vorgenommen. Anschließend werden technologische Grundlagen eingeführt, um schließlich eine Einteilung technologischer Ausprägungen vorzunehmen. Im Anschluss wird die der additiven Fertigung zugrundeliegende Prozesskette, samt der nach dem Stand der Technik möglichen Ausprägungen beschrieben. Darauffolgend werden heutige Anwendungen und Herausforderung der Technologie vertieft. Im letzten Abschnitt werden Herausforderungen in der operativen Auftragsabwicklung diskutiert.

2.1.1 Begriffsbestimmung und Einordnung

Der Begriff additive Fertigung beschreibt Verfahren zur Herstellung physischer Produkte durch einen zyklischen und schichtweisen Aufbau.[82] Als zentrales Merkmal ermöglichen AM-Verfahren eine direkte Fertigung von Bauteilen auf Basis digitaler Daten ohne Zuhilfenahme formgebender Werkzeuge.[83] Für den Begriff werden in der Literatur oftmals Synonyme wie „Generative Fertigungsverfahren", „3D Druck", oder „schichtadditive Fertigungsverfahren" verwendet.[84] Das englische Pendant „Additive Manufacturing" zum Begriff additive Fertigung ist in der VDI Richtlinie 3405 bzw. in dem ISO/ASTM Standard 52900:2021 dokumentiert[85]. Die VDI Norm

[82] Vgl. Lange "*Prozessgerechte Topologieoptimierung für die Additive Fertigung*" (2021) S. 15.

[83] Vgl. Berger et al. "*Additive Fertigungsverfahren*" (2013).

[84] Vgl. Möhrle "*Gestaltung von Fabrikstrukturen für die additive Fertigung*" (2018) S. 7.

[85] Vgl. Arndt "*Bauteilindividuelle und verfahrensspezifische Kennzeichnung und Identifikation für die Additive Fertigung*" (2018) S. 10.

stellt eine erweiterte Abgrenzung des Begriffes zu bestehenden Begrifflichkeiten wie „Rapid Prototyping“, „Rapid Tooling“, „Rapid Manufacturing“ oder „Generative Fertigung“ dar[86], auf die an dieser Stelle für eine vertiefende Abgrenzung verwiesen sei. Nach der DIN 8481 ist das Verfahren zu den formbasierten Fertigungsverfahren zugeteilt und damit zu den subtraktiven und formativen Verfahren abgegrenzt.[87]

Für die vorliegende Arbeit ist insbesondere die Unterscheidung der Begriffe des additiven Produktes und des additiven Bauteils relevant. Das additive Produkt beschreibt den Zielzustand eines additiven Erzeugnisses. In der VDI 3405 wird synonym der Begriff Endprodukt verwendet.[88] Bis das Erzeugnis diesen Zustand erreicht hat, ist das Erzeugnis in den nachfolgenden Ausführungen als additives Bauteil bezeichnet. Der Begriff des additiven Bauteils ist analog zu dem Begriff Printe, definiert durch LUKAS, zu verstehen.[89] Eine Unterscheidung additive Produkte und additiver Bauteile ist insbesondere im Kontext der digitalen Auftragsnachverfolgung auf dem Shopfloor von APS relevant.

Der Begriff additives Produktionssystem (APS) beschreibt ein Produktionssystem, welches primär zur Nutzung von AM-Verfahren inkl. AM-spezifischer Vor- und Nachbearbeitungsschritte dient.[90] In der Literatur wird synonym der Begriff „Additive Production Shops“ verwendet. Hierbei besteht das Ziel in einer effizienten Anwendung der AM-Technologie durch Spezialisierung. In der Praxis werden mit Hilfe dieser Spezialisierung der technologischen Ressourcen und entsprechend notwendiger Peripherie höhere Gesamtanlageneffektivität (Overall Equipment Effectiveness, OEE) erreicht.[91, 92] APS sind in zwei Ausprägungen unterteilbar: Als Subsystem eines größeren, nicht rein additiven Produktionssystems, wie beispielsweise bei der Ford Motor Company.[93] Hierbei dient das System sowohl zur Fertigung von Prototypten als auch für Produkte, welche in einer Serie verwendet werden. Eine Vertiefung AM-spezifischer Erzeugnisse folgt in Kapitel 2.1.4. Interne APS werden nachfolgend als interne AM-Dienstleister bezeichnet. Den internen Dienstleistern stehen die externen Dienstleister gegenüber. Diese stellen auf Kundenauftrags additive Produkte in einem APS her. Das Adjektiv extern stellt sicher, dass das APS in kein übergeordnetes Unternehmenssystem integriert ist. Für

---

86 Vgl. Verein deutscher Ingenieure "*Verein deutscher Ingenieure (VDI 3405)*" (2014) S. 2 f.

87 Vgl. Gebhardt et al. "*3D-Drucken*" (2016) S. 4.

88 Vgl. Verein deutscher Ingenieure "*Verein deutscher Ingenieure (VDI 3405)*" (2014) S. 5.

89 Vgl. Lukas "*Gestaltungsmodell zur thermischen Auslegung additiver Prototypenwerkzeuge aus Kunststoff*" (2024) S. 31.

90 Vgl. Schuh et al. "*Additive Manufacturing Production Shops: A Requirements Analysis*" (2022) S. 702.

91 Vgl. Schuh et al. "*Part Recognition in Additive Production Systems using a Computer-vision Approach*" (2022) S. 1.

92 Vgl. Najmon et al. "*Review of additive manufacturing technologies and applications in the aerospace industry*" (2019) S. 7 f.

93 Vgl. Luft et al. "*Challenges of additive manufacturing in production systems*" (2019) S. 1 f.

APS beider Ausprägungen besteht in der Literatur zudem der Begriff der Microfactories, welcher in Produktionseinheiten definiert ist, die in der Größenordnung der des produzierenden Produktes entspricht.[94]

AM-Dienstleister bilden wiederum einen Teil der AM-Branche. Die AM-Branche besteht aus drei Schichten: Den AM-Zulieferern, den AM-Dienstleistern und den AM-Anwendern. Die AM-Zulieferer stellen die Produktionsmittel zum Betrieb additiver Fertigungs- und Nachbearbeitungstechnologien bereit. Zu den AM-Zulieferern zählen beispielsweise AM-Maschinenhersteller wie EOS[95] und HEWLETT-PACKARD (HP)[96], AM-Materialhersteller wie OERLIKON[97] als auch Hersteller von Anlagen für die AM-Nachbearbeitung wie AM-FLOW[98] und GRENZEBACH[99]. AM-Dienstleister nutzen die von den AM-Zulieferern hergestellten Erzeugnisse in deren Wertschöpfung. Die AM-Dienstleister sind zuvor definiert worden. Zu diesen zählen beispielsweise interne Dienstleister wie das Additive Manufacturing Center der BMW GROUP AG[100] und auch externe Dienstleister wie die FKM SINTERTECHNIK GMBH[101]. AM-Anwender nutzen die von den AM-Dienstleistern hergestellten Produkte in unterschiedlichsten Anwendungsfällen. Beispiele sind Serienanwendungen, wie die von der BMW GROUP AG verbaute Fensterführungsschiene[102] oder Implantate im Dentalbereich[103].

2.1.2 Technologie

Im vorliegenden Kapitel werden die technologischen Grundlagen für den AM-Bereich zunächst beschrieben. Hierbei wird insbesondere die generische Prozesskette innerhalb des AM-Bereichs vertieft. Im Anschluss erfolgt eine Einteilung der nach dem Stand der Technik existierenden technologischen Ausprägungen. Ein Fokus im letzten Teil liegt hierbei insbesondere auf den industriell am häufigsten zum Einsatz kommenden AM-Verfahren.

2.1.2.1 Schichtweiser Aufbau

Allen Verfahren des AM ist ein schichtweiser Aufbau gemein. GIBSON ET AL. weist allerdings darauf hin, dass ein schichtweiser Aufbau den Stand der Technik abbildet, in Zukunft jedoch Verfahren existieren können, welche auf anderen Aufbausystematiken basieren.[104] Unabhängig der konkreten Ausprägung des jeweiligen Schichtaufbaus kann der grundsätzliche AM-

[94] Vgl. Fricke et al. "*Geschäftsmodell der dezentralen Serienfertigung: additive manufacturing als Basis für Microfactories*" (2018) S. 155-156.

[95] Vgl. EOS "*Industrieller 3D-Druck*" (2024).

[96] Vgl. Hewlett-Packard "*Industrielle 3D-Druck Lösungen*" (2024).

[97] Vgl. Oerlikon "*Metal Additive Manufacturing and Product Development Partner*" .

[98] Vgl. AM Flow "*AM Vision*" (2024).

[99] Vgl. Grenzebach "*Technologie-Revolution*" (2024).

[100] Vgl. BMW Group AG "*Der Additive Manufacturing Campus*" (2020).

[101] Vgl. "*FKM Additive Manufacturing*" (2024).

[102] Vgl. BMW Group AG "*Fensterführungsschiene im 3D-Druck BMW i8 Roadster*" (2018).

[103] Vgl. 3D Natives "*3D-gedruckte Implantate*" (2024).

[104] Vgl. Gibson et al. "*Additive Manufacturing Technologies*" (2010) S. 7.

Prozessablauf in die drei Schritte Pre-Prozess, In-Prozess und Post-Prozess unterteilt werden.[105]

Der Pre-Prozess umfasst alle notwendigen Aktivitäten um ein Bauteil additiv auf einer Fertigungsanlage herstellen zu können. Hierzu zählt die Datenvorbereitung als auch die physische Vorbereitung der Fertigungsanlage.[106] Für die Datenvorbereitung ist die Existenz eines digitalen Abbilds in Form eines Computer Aided Design (CAD) Modells des zu fertigenden Produktes notwendig. Dieses kann auf unterschiedliche Weisen erstellt werden, beispielsweise mittels CAD-Programmen oder auch 3D-Scans.[107] Das Erzeugen von Zusatz- und Hilfsgeometrien, das Anordnen der Bauteile im Bauraum und das Erzeugen der Schichtdaten gehören ebenfalls zur Datenvorbereitung. Für letzteres kommt ein sogenannter Slicer zum Einsatz, welcher digital die Schichten und basierend darauf den entsprechenden Code für die Fertigungsanlage erzeugt.

Der In-Prozess umfasst den schichtweisen Aufbau eines Bauteils als auch die Entnahme eines Bauteils aus der Fertigungsanlage. Hieran schließt sich der Post-Prozess an, welcher alle am Bauteil durchzuführenden Arbeitsschritte nach der Entnahme umfasst. Zum Post-Prozess zählen unter anderem die Entfernung von Pulverrückständen, die Entfernung von Stützkonstruktionen als auch alle Schritte zur Herstellung der geforderten Produkteigenschaften.[108] Alle drei Schritte werden innerhalb von Kapitel 2.1.3. weiterfassend beleuchtet.

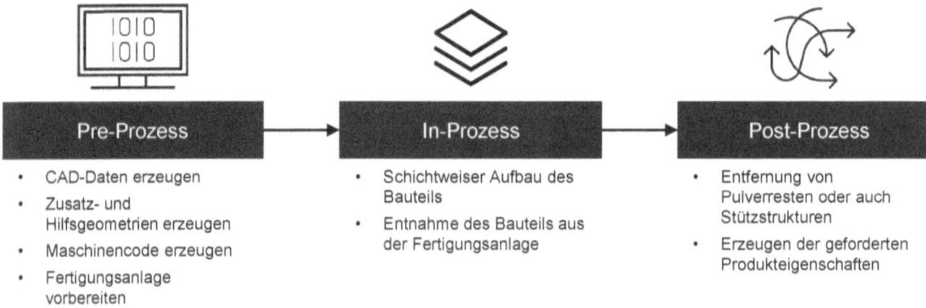

Abbildung 2.1: Prozesskette der Additiven Fertigung[109]

[105] Vgl. Verein deutscher Ingenieure "*Verein deutscher Ingenieure (VDI 3405)*" (2014) S. 6.

[106] Vgl. ebd.

[107] Vgl. Gibson et al. "*Additive Manufacturing Technologies*" (2010) S. 4 f.

[108] Vgl. Verein deutscher Ingenieure "*Verein deutscher Ingenieure (VDI 3405)*" (2014) S. 6-7.

[109] I.A.a. Gebhardt et al. "*3D-Drucken*" (2016) S. 46.

2.1.2.2 Technologische Ausprägungen

Das Grundprinzip des schichtweisen Aufbaus kann nach dem Stand der Technik durch verschiedene technologische Ausprägungen realisiert werden. Die Ausprägungen sind in der DIN EN ISO/ASTM 52900 dokumentiert. Unterschiedliche Werkstoffarten werden durch unterschiedliche Atombindungen zusammengehalten. Die DIN EN ISO/ASTM 52900 unterscheidet die drei Werkstoffgruppen Metalle, Kunststoffe und Keramiken. Der Verbindungsvorgang innerhalb des AM-Prozesses hängt neben der vorliegenden Atombindung zudem von der Form des Ausgangsmaterial ab. Typisch vorliegende Ausgangsformen der Materialien sind Filament, Pulver, Folie oder auch Flüssigharze. Von der Form abhängig kann das Ausgangsmaterial in einem Pulverbett verteilt, durch eine Düse ausgetragen, durch Schichten in Form von Folienstapeln aufgetragen oder auch als Flüssigkeit in einem Bad ausgetragen werden. Die hohe Variationen der möglichen Werkstoffarten, Ausgangsformen und Möglichkeiten diese auszutragen ergeben insgesamt eine große Anzahl möglicher AM-Prinzipien.[110]

Innerhalb der DIN EN ISO/ASTM 52900 wird grundlegend zwischen einstufigen und mehrstufigen Verfahren unterschieden. Einstufige Verfahren sind Verfahren, in denen das Bauteil innerhalb eines einzigen Arbeitsgangs erzeugt werden. Hingegen ist bei mehrstufigen Verfahren mehr als Arbeitsgang notwendig, um das gewünschte Bauteil zu erzeugen.[111] Nachfolgend ist beispielhaft ein Überblick zu einstufigen polymerbasierten Verfahren in Anlehnung an die DIN EN ISO/ASTM 52900 dargestellt und detailliert.

[110] Vgl. DIN EN ISO/ASTM 52900 "*Additive Fertigung - Grundlagen*" (2022) S. 31.

[111] Vgl. ebd. S. 31 f.

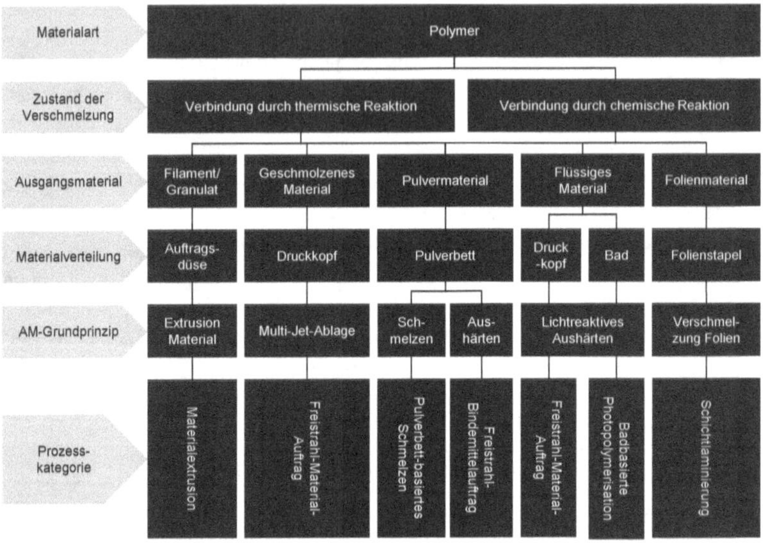

Abbildung 2.2: Überblick über einstufige Prozessprinzipien für Polymerwerkstoffe[112]

Innerhalb von Abbildung 2.2 wird zunächst zwischen zwei Verschmelzungsmechanismen unterschieden: Verbindung durch thermische Reaktion und Verbindung durch chemische Reaktion. Thermisch kann das Material beispielsweise durch einen Laser lokal aufgeschmolzen und damit mit dem umliegenden Material vernetzt werden. Chemische Verbindungen entstehen beispielsweise innerhalb einer Fotopolymerisation, welche durch elektromagnetische Strahlung bestimmter Wellenlänge initiiert werden kann. Auf einer weiteren Ebene werden die Ausgangsmaterialien unterschieden. Für die thermische Verbindung werden zumeist Filamente, Granulate oder auch Pulver genutzt. Für eine chemische Verbindung kommen heute meist flüssige oder in Folienform vorliegende Materialien zum Einsatz. Die dritte Ebene unterscheidet den Materialaustrag. Dieser unterscheidet sich anhand der zuvor aufgeführten Formen der Ausgangsmaterialien. Typisch für Filamente ist beispielsweise der Austrag mittels einer Düse, während flüssige Materialien zumeist in einem Bad verarbeitet werden. Die vierte Ebene benennt das, den Verfahren jeweils zu Grunde liegenden, AM-Grundprinzip. Auf Basis dieses Grundprinzips wird die konkrete Prozesskategorie innerhalb der fünften Ebene unterschieden.[113] Relevante Verfahren für das Verständnis der vorliegenden Dissertation sind nachfolgend weiter detailliert.

Für Material, welches in Filament-Form vorliegt, ist die Materialextrusion eine gängige Methode zur Verarbeitung. Hierbei ist ein typisches Material thermoplastischer Kunststoff. Das Material wird im Verfahren mittels einer Wärmequelle über die Glasübergangstemperatur erhitzt und damit in einen flüssigen Zustand überführt. Über eine relative translatorische bzw. rotatorische Bewegung zwischen Bauteil und Extrusionsort wird das Material ausgebracht. Die

[112] I.A.a. DIN EN ISO/ASTM 52900 "*Additive Fertigung - Grundlagen*" (2022) S. 32.

[113] Vgl. ebd. S. 32.

Ausbringung des Materials kann dabei nach dem Stand der Technik entweder kontinuierlich oder diskret realisiert werden. Beispielhafte AM-Verfahren sind an dieser Stelle das Fused-Filament-Fabrication (FFF) oder auch das Freeforming der Firma Arburg[114]. Insbesondere das FFF Verfahren findet große Anwendung im Hobby-Markt, durch vergleichsweise günstige Anlagentechnik.[115]

Material, welches in Pulverform vorliegt, wird in zwei verschiedenen Verfahren verarbeitet. Das Aufschmelzen und Verfestigen ist der erste Mechanismus. Hierbei wird typischerweise von pulverbettbasierten Verfahren gesprochen. Das Material, welches in einem Pulverbett vorliegt wird lokal durch eine Wärmequelle, zumeist durch einen Laser, aufgeschmolzen und in einen flüssigen Aggregatszustand überführt.[116] Durch den Wärmeeintrag verbindet sich das Material dann mit zuvor aufgeschmolzenen Schichten. Ist eine Schicht fertig, so wird eine weitere dünne Materialschicht auf diese aufgetragen und der Prozess beginnt von vorn. In pulverbettbasierten Verfahren können sowohl Kunststoffe als auch Metalle nach dem gleichen technologischen Grundprinzip verarbeitet werden.[117] Teile der Fertigungsanlagen unterschieden sich hierbei, wie beispielsweise der zum Einsatz kommende Laser. Beispiele eines kunststoff-basierten Verfahrens ist das Selektive Laser Sintern von EOS[118] oder auch das Selektive Laser Melting der NIKON SLM SOLUTIONS[119].

Ein zweiter grundlegender Mechanismus ist das Verkleben des pulverförmigen Ausgangsmaterials mittels eines Binders. Hierbei wird nach der VDI 3405 von 3-D-Drucken (3DP) gesprochen.[120] In das Pulverbett wird lokal ein Binder eingetragen, welcher direkt im Anschluss mittels Licht verhärtet wird. Mit dem Verfahren lassen sich grundsätzlich Metalle, Kunststoffe als auch Keramiken verarbeiten. Je nach Verfahren, ist nach der Härtung des Binders im additiven Fertigungsprozess eine weitere Aushärtung des erzeugten Bauteils notwendig. Ein industriell zum Einsatz kommendes Verfahren ist das Multi-Jet-Fusion von HP.[121]

Der Mechanismus der Fotopolymerisation wird genutzt, um Schichten innerhalb eines Flüssigkeitsbads zu erzeugen. Hierbei wird das Material lokal mit Strahlung einer bestimmten Wellenlänge belichtet um die chemische Reaktion der Fotopolymerisation hervorzurufen. Nach der VDI wird das zuvor beschriebene Verfahren als Stereolithografie (SLA) bezeichnet.[122] Die Anlagen der Firma Formlabs[123] sind typische industrielle Vertreter des Verfahrens.[124] Eng mit dem Verfahren verwandt ist das Poly-Jet Modelling (PJM). Hierbei wird durch einen Druckkopf

---

[114] Vgl. Arburg "*freeformer*" (2024).

[115] Vgl. Printer-Care "*Fused Deposition Modeling (FDM)*" (2024).

[116] Vgl. Verein deutscher Ingenieure "*Verein deutscher Ingenieure (VDI 3405)*" (2014) S. 9.

[117] Vgl. ebd. S. 9-10.

[118] Vgl. EOS "*Industrieller 3D-Druck*" (2024).

[119] Vgl. Nikon "*SLM Solutions*" (2024).

[120] Vgl. Verein deutscher Ingenieure "*Verein deutscher Ingenieure (VDI 3405)*" (2014) S. 15.

[121] Vgl. Gebhardt et al. "*Produktgestaltung für die additive Fertigung*" (2019) S. 57.

[122] Vgl. Verein deutscher Ingenieure "*Verein deutscher Ingenieure (VDI 3405)*" (2014) S. 8.

[123] Vgl. Formlabs "*Professionelle 3D-Drucker von Formlabs*" (2024).

[124] Vgl. Gebhardt et al. "*Produktgestaltung für die additive Fertigung*" (2019) S. 55.

duroplastisches Ausgangsmaterial lokal ausgetragen und direkt mit einer Lichtquelle verhärtet.[125]

Nach einer Studie des ACAM zu deutschen AM-Dienstleistern ist das Selektive Laser Sintern (SLS) das bezogen auf die Bauteilzahl am häufigsten zum Einsatz kommende Verfahren.[126] Das Verfahren zeichnet sich insbesondere durch eine breite geometrische Gestaltungsfreiheit aus.[127] Diese, in Kombination mit einer hohen zur Verfügung stehenden Ausgangsmaterialvarianz, führen dazu, dass sich im Verfahren viele verschiedene Anforderungen erfüllen lassen.[128] Zudem lassen sich mit dem Verfahren hohe Anlagenauslastungsgrade erreichen.[129] Zudem kommt das Verfahren oftmals für Bauteile in Form von Prototypen und Serienbauteilen zum Einsatz. Damit besitzt das Verfahren insbesondere in Bezug auf die digitale Auftragsnachverfolgung eine hohe Relevanz.[130] Das Verfahren wird nachfolgend vertiefend behandelt.

Als Grundlage dient die VDI-3405. Anlagen zur Verarbeitung pulverförmiger Materialien bestehen aus eine Strahlquelle zum lokalen Wärmeeintrag, einer Strahlquelle zum globalen Wärmeeintrag, einem Pulvervorrat, einem Verarbeitungsraum, einem Überlaufbehälter, einer Bauraumheizung und einem Beschichter.[131] Das Verfahren ist in Anlehnung an die VDI-3405 in Abbildung 2.3 dargestellt.

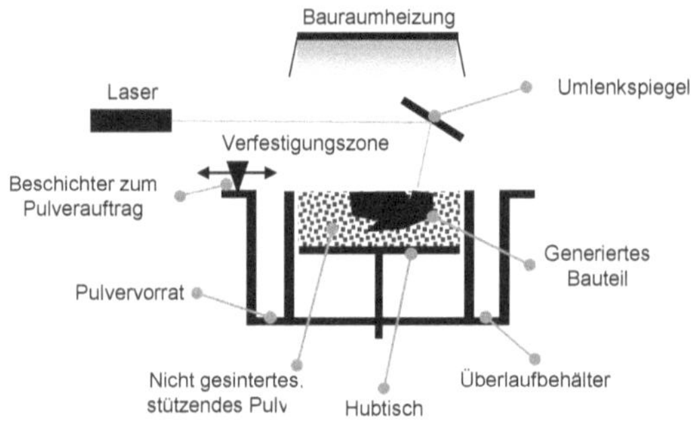

Abbildung 2.3: Verfahrensprinzip des Laser-Sinterns[132]

Vor dem Start des Verfahrens wird der Bauraum mittels einer Strahlquelle zum globalen Wärmeeintrag aufgeheizt. Hierbei wird das gesamte, sich im Bauraum befindliche Material, auf eine Temperatur kurz vor der Sintertemperatur gebracht. Nachdem diese Temperatur erreicht

[125] Vgl. Verein deutscher Ingenieure "*Verein deutscher Ingenieure (VDI 3405)*" (2014) S. 14.

[126] *Die Studienergebnisse sind in Kapitel 2.4.1 tiefergelegt.*

[127] Vgl. Gebhardt et al. "*Produktgestaltung für die additive Fertigung*" (2019) S. 58-59.

[128] Vgl. ebd. S. 60.

[129] Vgl. ebd. S. 60-61.

[130] Vgl. Obst et al. "*Komplexität und wirtschaftlicher Nutzen künstlicher Intelligenz zur automatisierten und industrialisierten Erkennung additiv gefertigter Bauteile*" (2021) S. 141-142.

[131] Vgl. Verein deutscher Ingenieure "*Verein deutscher Ingenieure (VDI 3405)*" (2014) S. 9.

[132] Vgl. ebd. S. 9.

ist, startet das Schichtauftragsverfahren, indem der Beschichter Material aus dem Pulvervorratsbehälter entnimmt und diesen in einer dünnen Sicht auf das Pulverbett aufträgt. Überflüssiges Material wird dabei einem Überlaufbehälter zugeführt. Im Anschluss wird in das Material lokal Wärme mittels einer Wärmequelle eingebracht. Hierfür kommen Laser und Umlenkspiegel zum Einsatz. Der Laser erhitzt das Material dabei lokal über die Sintertemperatur, wodurch sich das Material mit dem umliegenden Material physisch verbindet. Durch translatorische und rotatorische Bewegung der Spiegel wird das gesamte Schichtabbild in das Ausgangsmaterial eingetragen.[133] Nachdem eine Schicht fertiggestellt ist, beginnt ein erneuter Schichtauftrag. Das dem Bauteil umliegende, nicht gesinterte Pulver, stützt die Bauteile im Prozess ab, wodurch keine Stützstruktur im Verfahren notwendig ist.[134]

Die nicht notwendige Stützstruktur ermöglicht es, viele Bauteile innerhalb des Bauraums gleichzeitig herzustellen. Hierdurch kann im Verfahren, verglichen mit anderen Verfahren, eine erhöhte OEE erreicht werden. Nachdem der Fertigungsprozess abgeschlossen ist, muss der Bauraum kontrolliert abkühlen bevor die erzeugten Bauteile weiterverarbeitet werden können.[135] Dieses kontrollierte und gleichförmige Abkühlen ist notwendig, damit sich Bauteile aufgrund der auftretenden Temperaturgradienten nicht verziehen.[136]

2.1.3 Auftragsabwicklung in additiven Produktionssystemen

Das Kapitel vertieft die Auftragsabwicklung innerhalb von APS, da diese insbesondere eine Relevanz in Bezug auf die digitale Auftragsnachverfolgung aufweist. Die Auftragsabwicklung beschreibt, wie in das APS kommenden Aufträge organisatorisch und technisch bearbeitet werden. Das Kapitel zergliedert sich in die fünf, der Ablauforganisation eines APS, relevanten Teile des Auftragseingangs, der Arbeitsvorbereitung, der additiven Fertigung, der Nachbearbeitung und einer Zusammenfassung.

Eine übergeordnete Ablauforganisation sowohl technischer als auch betriebswirtschaftlicher Prozesse ist notwendig, um additive Produkte innerhalb eines APS erzeugen zu können.[137] In Abbildung 2.4 ist eine schematische Darstellung eines APS erstellt worden, welche die Ablauforganisation der für die vorliegende Arbeit relevanten Aspekte beinhaltet. Hierbei wird eine grundlegende Unterscheidung in virtuelle und physische Prozessschritte vorgenommen.[138] Die Systemgrenze schneidet das APS aus dessen Umwelt heraus. Die Inputs und Outputs des APS in Form eines Systems werden durch detaillierte Schnittstellen dargestellt. Als Input sind Kundendaten als auch alle für die Fertigung der Bauteile notwendigen Materialien definiert. Kundendaten liegen zumeist in Form von Anfragen inkl. CAD-Daten vor. Für den AM-Prozess

[133] Vgl. Gebhardt et al. "*Produktgestaltung für die additive Fertigung*" (2019) S. 58 f.
[134] Vgl. ebd. S. 59.
[135] Vgl. ebd. S. 59.
[136] Vgl. Gibson et al. "*Additive Manufacturing Technologies*" (2010) S. 104 f.
[137] Vgl. Lachmayer et al. "*Additive Serienfertigung*" (2018) S. 7.
[138] Vgl. ebd. S. 7-8.

notwendigen Materialien sind beispielsweise Rohmaterialien beispielsweise in Form von pulverförmigen Ausgangswerkstoffen. Der Output des Systems sind die in den Kundenaufträgen definierten Produkte als auch digitale Produktinformationen.[139]

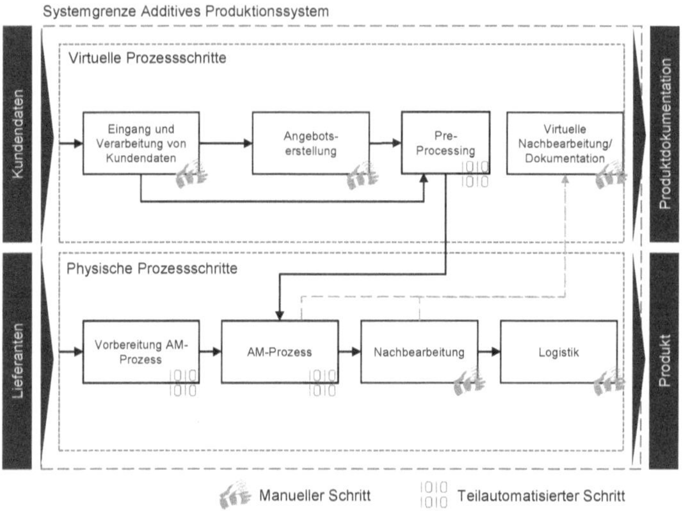

Abbildung 2.4: Prozesskette des AM innerhalb eines APS[140]

2.1.3.1 Auftragseingang

Der Auftragseingang ist als erster Prozessschritt zur Fertigung additiver Produkte notwendig Dieser Prozess läuft rein digital ab. Der Prozessschritt umfasst dabei den Eingang der vom Kunden übermittelten Daten und die Verarbeitung dieser Daten. Die Kundendaten bestehen aus Geometrieinformationen des zu fertigenden Produktes als auch der dazugehörigen Anfrage. Zur Anfrage gehören unter anderem Metainformationen wie die geforderte zu fertigende Stückzahl, das gewünschte Fertigstellungsdatum oder auch geforderte Toleranzklassen für das AM-Produkt.[141]

Als erster APS interner Prozessschritt ist nach Lachmayer die Verarbeitung der Kundendaten. Die Daten sind in diesem Schritt vom Mitarbeitenden zu sammeln und zu ordnen. Die Daten können hierbei über unterschiedliche Kanäle in das APS fließen. Typischerweise werden die Daten über Email oder über ein Web-Formular übermittelt. Die empfangenden Daten müssen daraufhin durch den Mitarbeitenden auf Vollständigkeit überprüft und gegebenenfalls fehlende Daten beim Kunden abgefragt werden.[142]

---

139 Vgl. Lachmayer et al. "*Additive Serienfertigung*" (2018) S. 8.

140 Vgl. ebd. S. 6.

141 Vgl. ebd. S. 7 f.

142 Vgl. Lachmayer et al. "*Additive Serienfertigung*" (2018) S. 7 f.

Falls die Daten vollständig sind, wird ein Angebot auf Basis der Kundendaten vom Mitarbeitenden erstellt. Hierzu kommen unterschiedliche Kalkulationsprogramme nach dem Stand der Technik zum Einsatz.[143] Zudem werden Informationen aus einem Enterprise-Resource-Planning (ERP) System für die Angebotserstellung herangezogen. Das Angebot wird im Anschluss dem potentiellen Kunden unterbreitet. Folgt der Angebotsunterbreitung eine Beauftragung durch den Kunden, werden die Daten der Arbeitsvorbereitung zur Verfügung gestellt.

2.1.3.2 Arbeitsvorbereitung

Die Arbeitsvorbereitung, speziell für pulverbettbasierte Verfahren der additiven Fertigung, umfasst die Erstellung der Bauteilgeometrie, die Aufbereitung der Daten, die Bauteilanordnung, die Erstellung von Hilfsgeometrien, das Konditionieren und Bereitstellen des Werkstoffes und die Vorbereitung der Fertigungsanlage. Hierbei sind nicht für jeden Auftrag alle Schritte von Relevanz.

Falls noch keine Bauteilgeometrie vorhanden ist, muss diese durch einen Mitarbeitenden des APS erstellt werden. Wie zuvor detailliert, kann dies entweder auf Basis von Kundenanforderungen, beispielsweise in Form eines Lasten- oder Pflichtenheftes geschehen, oder auf Basis einer zu scannenden Geometrie. Durch die Erstellung der Bauteilgeometrie durch die Mitarbeitenden eines APS ergeben sich Synergieeffekte, da diese tendenziell die AM-Verfahren innerhalb des APS kennen und Verfahrensspezifika in die Konstruktion der Bauteile einfließen lassen können. Bei der Bauteilkonstruktion handelt es sich im einen digitalen Prozess, das Scannen von Bauteilen kombiniert physische und digitale Schritte.

Nachdem die Bauteilgeometrie erstellt ist, muss diese für die Fertigung aufbereitet werden. Hierzu ist das CAD-Modell zunächst in das im AM-Bereich übliche Standard Tessellation Language (STL) Format zu konvertieren. Eventuelle Fehlerhaft konvertierte Teile sind durch die Anwendung spezieller Software zu korrigieren. Zudem sind Auf- oder Untermaße vorzusehen.[144]

Nachdem die Bauteildaten aufbereitet worden sind, folgt die Anordnung der Bauteile im Bauraum. Übergeordnet werden Bauteile zunächst zu Baujobs zusammengefasst. Dies geschieht unter Berücksichtigung verschiedener Aspekte und unter Berücksichtigung APS-individueller Zielgrößen. Das Zusammenfassen von Bauteilen zu Baujobs erhöht die OEE der Fertigungssysteme, da Nebenzeiten auf mehrere Bauteile verteilt werden können. Neben der Anordnung der Bauteile ist auch die Orientierung der Bauteile im Baujob vorzunehmen. Hierbei müssen Prozessspezifika berücksichtigt werden. Die Platzierung und Orientierung der Bauteile im Baujob wird in der Literatur auch als „Nesting“ bezeichnet.[145] Hierbei existieren heute bereits unterschiedliche Ansätze, diesen Prozessschritt teilweise oder vollständig zu automatisieren.[146]

---

[143] Vgl. ebd. S. 7.

[144] Vgl. Verein deutscher Ingenieure "*Verein deutscher Ingenieure (VDI 3405)*" (2014) S. 30.

[145] Vgl. Lachmayer et al. "*Additive Serienfertigung*" (2018) S. 2 f.

[146] Vgl. Zhang et al. "*Two-dimensional placement optimization for multi-parts production in additive manufacturing*" (2016) S. 102 f.

Nachdem die Baujobs aufbereitet sind, werden diese in Schichten zerlegt und der Datensatz mit Fertigungsparametern versehen. Die Fertigungsparameter hängen maßgeblich vom zum Einsatz kommenden additiven Fertigungsverfahren als auch dem verwendeten Material ab. Fertigungsparameter sind beispielsweise die Scangeschwindigkeit, die Laserleistung oder die Bauraumtemperatur. Die Fertigungsparameter haben einen erheblichen Einfluss auf die Fertigungszeit, weshalb diese oftmals durch aufwendige Experimente optimiert werden.[147] Am Ende müssen die Daten auf die entsprechende additive Fertigungsanlage übertragen werden. Damit ist die digitale Arbeitsvorbereitung ist damit abgeschlossen.

Die physische Arbeitsvorbereitung beinhaltet für pulverbettbasierte Verfahren das Konditionieren und Bereitstellen des Werkstoffes. Hierzu zählen in der Literatur das sieben des Pulverwerkstoffs zur Sicherstellung einer optimalen Partikelgrößenverteilung. Maschinenhersteller integrieren diesen Prozess zunehmend in die Anlagentechnik.[148] Abschlossen wird die Arbeitsvorbereitung mit der Vorbereitung der Fertigungsanlage. Hierzu zählen in der Literatur Schritte wie das Erneuern von Maschinenkomponenten, das Einbringen des Pulvers in die Maschine oder auch die Vorbereitung des Pulverbetts.[149]

2.1.3.3 Herstellung additiver Bauteile

Der In-Prozess umfasst die Fertigung der Bauteile und die Entnahme der fertigen Bauteile aus der Fertigungsanlage. Zur Fertigung wird speziell in pulverbettbasierten Prozessen die Prozesskammer zunächst mit Schutzgas geflutet und der Bauraum vorgeheizt, bevor der eigentliche Fertigungsprozess startet. Das Schutzgas dient zur Vermeidung von Oxidationen des pulverförmigen Materials im Prozess. Zudem erhöht das Schutzgas die Prozessstabilität, da fehlender Sauerstoff mögliche Verbrennungsprozesse verhindert.[150] Das Grundprinzip pulverbettbasierter Fertigungsverfahren wurde bereits zuvor in Kapitel 2.1.2 erläutert.

Ist der Fertigungsprozess abgeschlossen, muss der Baujob kontrolliert abkühlen, bis die Bauteile eine ausreichend hohe mechanische Belastbarkeit für das Entpacken aufweisen. Ein kontrolliertes Abkühlen ist notwendig, um Temperaturgradienten in den Bauteilen zu vermeiden, welche mechanische Spannungen induzieren, und damit in einem Bauteilverzug resultieren können. Insbesondere in kunststoffverarbeitenden Verfahren kann das Abkühlen aufgrund der schlechten Wärmeleitfähigkeit des Materials viel Zeit in Anspruch nehmen.[151] Ist die Entpackungstemperatur erreicht, werden die Bauteile durch einen Mitarbeitenden aus dem Pulverkuchen herausgelöst. Hierzu kommen in der Praxis Siebeinrichtungen und Druckluft zum Einsatz. Der Prozess ist heute zudem durch unterschiedliche Automatisierungslösungen abbildbar.[152]

---

[147] Vgl. Möhrle "*Gestaltung von Fabrikstrukturen für die additive Fertigung*" (2018) S. 11-12.

[148] Vgl. ebd. S. 12.

[149] Vgl. Lachmayer et al. "*Additive Serienfertigung*" (2018) S. 5 f.

[150] Vgl. Möhrle "*Gestaltung von Fabrikstrukturen für die additive Fertigung*" (2018) S. 13 f.

[151] Vgl. Arndt "*Bauteilindividuelle und verfahrensspezifische Kennzeichnung und Identifikation für die Additive Fertigung*" (2018) S. 20 f.

[152] Vgl. Grenzebach "*Technologie-Revolution*" (2024).

In der Literatur wird teilweise das Reinigen der Prozesskammer der AM-Fertigungsanlage als In-Prozess Schritt mit aufgeführt. Hierzu zählt das Entfernen von Pulverresten als auch die Reinigung der Laseroptiken.[153] Nachdem die additive Fertigung abgeschlossen ist folgt die Nachbearbeitung der Bauteile.

2.1.3.4 Nachbearbeitung

Nachbearbeitungsprozesse werden durchgeführt, um die vom Kunden gewünschten Produkteigenschaften auf Basis der Bauteile herzustellen. Nachbearbeitungsprozesse überführen demnach das additiv gefertigten Grundkörper, in Form des Bauteils, in das finale Produkt. Da AM-Produkte zunehmen in immer mehr Anwendungsfällen mit immer neuen Anforderungen zum Einsatz kommen, wächst das zu erzeugende Eigenschaftsspektrum kontinuierlich an.[154] Da nur ein Bruchteil der Eigenschaften direkt im AM-Prozess erzeugbar ist, existieren heute eine Vielzahl an unterschiedlichen Nachbearbeitungsverfahren.[155] In Abhängigkeit des gewählten Nachbearbeitungsverfahrens kann der Prozess der Nachbearbeitung teuer, zeit- und arbeitsintensiv sein.[156]

Grundsätzlich Nachbearbeitungsschritte für pulverbettbasierte Verfahren wie das SLS, beinhalten nach dem VDI Schritte wie das Pulver entfernen, das Strahlen der Bauteile, das Gleitschleifen und Lackieren.[157] Zusätzlich wird in der Literatur auch das Färben der Bauteile als Schritt innerhalb der Nachbearbeitung aufgeführt.[158] Obst ergänzt diese Prozesskette um die in der Logistik stattfindende Identifikation und Zuordnung von Bauteilen.[159] Weiterhin existiert eine Vielzahl von Sonderverfahren in der Literatur, wie beispielsweise das chemische Glätten, das Beflocken oder auch das Folieren.[160] Um Nachbearbeitungsverfahren ordnen zu können, ist ein übergeordneter Rahmen notwendig.

In Anlehnung an Arndt folgt eine Unterscheidung von Nachbearbeitungsschritten nach dem physikalischen Wirkprinzip. Hierbei werden mechanische und thermische Verfahren unterschieden. Innerhalb der physikalischen Verfahren lassen sich weiter abtragende und auftragende Prozesse unterteilen.[161] Unter abtragenden Verfahren werden in Anlehnung an Arndt Verfahren verstanden, welche sich nach der DIN 8580 zur Hauptgruppe des Trennens oder

---

[153] Vgl. Möhrle "*Gestaltung von Fabrikstrukturen für die additive Fertigung*" (2018) S. 15.

[154] Vgl. Gibson et al. "*Additive Manufacturing Technologies*" (2010) S. 6.

[155] Vgl. Möhrle "*Gestaltung von Fabrikstrukturen für die additive Fertigung*" (2018) S. 14 f.

[156] Vgl. Gibson et al. "*Additive Manufacturing Technologies*" (2010) S. 6 f.

[157] Vgl. Verein deutscher Ingenieure "*Verein deutscher Ingenieure (VDI 3405)*" (2014) S. 10.

[158] Vgl. Schmid "*Selektives Lasersintern (SLS) mit Kunststoffen*" (2015) S. 31.

[159] Vgl. Obst et al. "*Komplexität und wirtschaftlicher Nutzen künstlicher Intelligenz zur automatisierten und industrialisierten Erkennung additiv gefertigter Bauteile*" (2021) S. 143.

[160] Vgl. Schmid "*Selektives Lasersintern (SLS) mit Kunststoffen*" (2015) S. 168-169.

[161] Vgl. Arndt "*Bauteilindividuelle und verfahrensspezifische Kennzeichnung und Identifikation für die Additive Fertigung*" (2018) S. 20 f.

Umformens zuordnen lassen.[162] Dazu zählen typischerweise das Strahlen als auch das Gleitschleifen. Selten kommen auch herkömmliche abtragende Verfahren wie das Fräsen, Drehen oder Bohren zum Einsatz.[163]

Strahlen wird u.a. zum Entgraten von Bauteilen im AM-Bereich eingesetzt. Beim Strahlen wird ein Strahlmittel, wie beispielsweise Glasperlen, in einer Vorrichtung beschleunigt und auf die Bauteiloberfläche gerichtet. Hierdurch lassen sich neben dem Entgraten auch Veränderungen der Oberflächeneigenschaften erzeugen, wodurch teilweise Nachfolgeprozesse befähigt werden. Ergebnis eines Strahlprozesses sind zumeist geringere Rauheitswerte der Bauteiloberfläche und Kantenverrundungen.[164]

Gleitschleifen bezeichnet den Materialabtrag am Bauteil durch ein loses Schleifmittel. Hierzu werden die additiv gefertigten Bauteile gemeinsam mit dem losen Schleifmittel in ein Behältnis gegeben und anschließend relativ zueinander bewegt. Durch eine kontinuierliche Zugabe von Wasser ist der Abrieb aus dem Prozess zu entfernen. Zudem kann hierdurch die Vermeidung von Korrosion erzielt werden. Das Gleitschleifen wird eingesetzt, wenn hohe Oberflächenqualitäten gefordert sind. Allerdings bestehen Einschränkungen durch die Prozesscharakteristik: Filigrane Bauteile und auf Oberflächen, welche für das Schleifmittel nicht zugänglich sind, können nicht mittels Gleitschleifen bearbeitet werden.[165]

Eine zweite Gruppe der mechanischen Verfahren sind auftragende Verfahren. Abtragende Verfahren sind in Anlehnung an Arndt Verfahren, welche sich nach DIN 8580 in die Hauptgruppen Fügen und Beschichten einordnen lassen. Fügen ist das auf Dauer angelegte Verbinden von Bauteilen, Beschichten das Fertigen durch das Aufbringen einer fest am Bauteil anhaftenden Schicht. Im Kontext der Nachbearbeitung im AM-Bereich sind insbesondere das Infiltrieren und Lackieren von Bauteilen relevant.[166]

Das Infiltrieren wird eingesetzt, um höhere mechanische Festigkeiten der Bauteile zu erreichen. Innerhalb des SLS Prozesse gehen die einzelnen Pulverkörner nur eine partielle Verbindung miteinander ein, wodurch das Bauteil nicht die Festigkeitseigenschaften des Ausgangswerkstoffes aufweist. Im Infiltrieren dringt ein Medium in die Hohlräume zwischen den Pulverkörnern ein und erstarrt. Hierdurch werden die Verbindungstellen der einzelnen Pulverkörner erhöht, wodurch die mechanische Festigkeit steigt. Für das Infiltrieren werden die Bauteile in ein Bad gegeben. Neben der Erhöhung der mechanischen Festigkeit ist auch eine Verbesserung der Oberflächengüte, eine Steigerung der Dichte als auch eine Steigerung der Verschleißfestigkeit zu erzielen.[167]

---

[162] Vgl. ebd. S. 19-20.

[163] Vgl. ebd. S. 21.

[164] Vgl. ebd. S. 20.

[165] Vgl. ebd. S. 22.

[166] Vgl. ebd. S. 23.

[167] Vgl. Arndt "*Bauteilindividuelle und verfahrensspezifische Kennzeichnung und Identifikation für die Additive Fertigung*" (2018) S. 23-24.

Als letztes vorgestelltes Verfahren mechanischer Nachbearbeitung, hat das Lackieren zum Ziel, die Oberflächeneigenschaften eines Bauteils zu verändern. Hierfür werden Lacke in unterschiedlichen Weisen auf die Oberfläche des Bauteils aufgetragen. Damit wird eine schützende oder dekorative Beschichtung der Oberfläche erzeugt.[168]

Neben mechanischen Nachbearbeitungsverfahren steht eine Vielzahl thermischer Nachbearbeitungsverfahren zur Auswahl. Diese werden häufig im metallischen AM angewandt. Hierzu zählen nach der DIN 8580 in Glühen, Härten, isothermisches Umwandeln, Anlassen, Vergüten, Tiefkühlen, thermomechanisches Behandeln und Aushärten differenzieren. Stellvertretend sind nachfolgend, in Anlehnung an Arndt, das Glühen und Härten kurz beschrieben.[169]

Das Glühen hat zum Ziel, die durch den schichtweisen Aufbau verursachten Eigenspannungen eines AM-Bauteils zu reduzieren. Beim sogenannten Spannungsarmglühen wird das Bauteil auf Temperaturen zwischen 450 Grad Celsius und 650 Grad Celsius erhitzt, wodurch Eigenspannungen durch plastisches Fließen abgebaut werden. Das Härten dient dazu, das Gefüge der Bauteile in definierte Zustände zu überführen. Der Prozess besteht dabei zumeist aus den sequentiellen Schritten der Erhitzung des Bauteils, dem Abschrecken und dem Anlassen.[170]

Ergänzend kommen parallel zu den Nachbearbeitungsverfahren unterschiedliche Methoden der Qualitätssicherung zum Einsatz, um zu überprüfen, ob die gewünschten Eigenschaften durch einen Prozess am Bauteil erreicht werden konnten. Im AM-Bereich sind unterschiedliche Verfahren in der Verwendung.[171] Eine grundsätzliche Unterscheidung kann in zerstörungsfreie Prüfungen und zerstörende Prüfungen erfolgen. Für eine weiterführende Detaillierung sei an dieser Stelle auf Lachmayer[172] verwiesen.

Zuletzt beschreibt Obst die Identifikation und Zuordnung von Bauteilen als ein, innerhalb der Nachbearbeitung von Bauteilen stattfindender Arbeitsschritt. Obst beschreibt den Arbeitsschritt hierbei rein aus Sicht der Logistik. Innerhalb der Arbeitsschritts werden die finalen Produkte entsprechenden Endkunden zugewiesen.[173] Schuh ergänzt, dass eine Identifikation und Zuordnung nicht nur in der Logistik relevant ist, sondern auch innerhalb der gesamten Nachbearbeitung.[174] Beispielsweise können Bauteile mit unterschiedlichen Anforderungen im selben AM-Prozess hergestellt werden, benötigen aber grundlegend verschiedene Nachbearbeitungsschritte. Zudem können unterschiedliche Nachbearbeitungsschritte, wie beispielsweise das Glühen von Bauteilen, in einer Charge durchgeführt werden. Jede Charge kann entsprechend den Rahmenbedingungen der Auftragsabwicklung individuell aus einzelnen Bauteilen

---

[168] Vgl. ebd. S. 24.

[169] Vgl. ebd. S. 24-25.

[170] Vgl. ebd. S. 25.

[171] Vgl. Lachmayer et al. "*Additive Serienfertigung*" (2018) S. 53 f.

[172] Vgl. ebd. S. 60.

[173] Vgl. Obst et al. "*Komplexität und wirtschaftlicher Nutzen künstlicher Intelligenz zur automatisierten und industrialisierten Erkennung additiv gefertigter Bauteile*" (2021) S. 142.

[174] Vgl. Schuh et al. "*Product- and Process-related Influencing Factors for Computer-Vision based Tracing in Additive Manufacturing*" (2024) S. 5.

zusammengestellt sein. Die Bauteile müssen hierzu in jedem Fall identifiziert und zugeordnet werden.

2.1.4 Anwendungskontext

Unter dem Anwendungskontext werden im Rahmen der Dissertation drei wesentliche Aspekte der Anwendung von AM verstanden und beschrieben. Zunächst folgt eine Detaillierung der Gründe für den Einsatz von AM. Aufbauend darauf wird innerhalb der Anwendungsgebiete aufgezeigt, welche Anwendungen von AM heute existieren und in Zukunft relevant werden. Die Anwendungsgebiete sind industrieunabhängig detailliert. Im dritten Teil des Kapitels folgt eine Unterscheidung der Anwendungen aus der Perspektive unterschiedlicher Industrien. Hierbei wird insbesondere anhand von Fallbeispielen aufgezeigt, in welcher Form AM heute in der Industrie zum Einsatz kommt.

2.1.4.1 Gründe für den Einsatz

Grundsätzlich steht AM in der Konkurrenz zu konventionellen Fertigungsverfahren wie dem Spritzgießen, Fräsen oder auch Druckgießen. Viele Vergleiche legen die Wirtschaftlichkeit als auch die Durchlaufzeit als Bewertungsmaß nahe.[175] Beide Zielgrößen hängen im Wesentlichen davon ab, wie hoch die geometrische Komplexität eines Produktes ist und wie hoch der Individualisierungsgrad ist. Ein wesentlicher Vorteil des AM liegt in einem schichtweisen und werkzeuglosen Aufbau. Dieser ermöglicht grundsätzlich das wirtschaftliche fertigen komplexer und individueller Strukturen in vergleichsweise kurzen Zeiträumen.[176]

Im Gegensatz zu konventionellen Verfahren ist im AM keine Nutzung produktspezifischer Werkzeuge noch eine manuelle produktspezifische Programmierung erforderlich. Dies impliziert, dass die Wirtschaftlichkeit von AM über der Stückzahl als auch Komplexität einen nahezu konstanten Kostenverlauf aufweist.[177] Die Kosten und die Lieferzeit von AM-Produkten ist mit denen von konventionell hergestellten Produkten innerhalb von Abbildung 2.5 verglichen.

---

[175] Vgl. Stittgen "*Grundlagen zur produktionslogistischen Positionierung im Umfeld der Additiven Fertigung am Beispiel des Laser Powder Bed Fusion*" S. 47 f.

[176] Vgl. Möhrle "*Gestaltung von Fabrikstrukturen für die additive Fertigung*" (2018) S. 19.

[177] Vgl. ebd. S. 20.

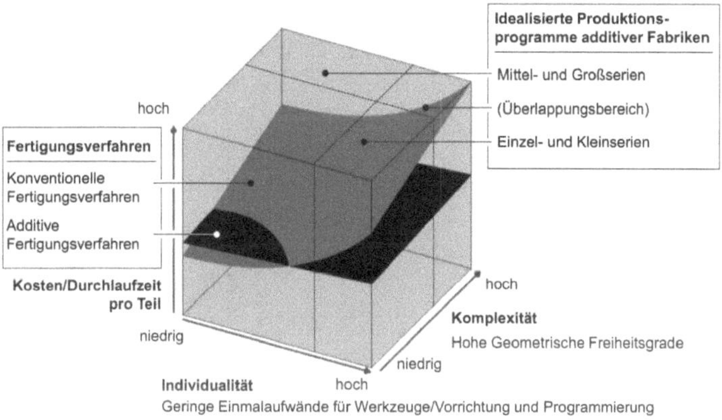

Abbildung 2.5: Produktbezogene Einsatzpotentiale von AM[178]

Aus Abbildung 2.5 ist ersichtlich, dass AM-Verfahren nahezu keine Abhängigkeiten der Kosten und Durchlaufzeit über die Individualisierung und Komplexität aufweisen, während konventionelle Verfahren eine starke Abhängigkeit in beiden Dimensionen aufweisen. In konventionelle Fertigungsverfahren sind typischerweise produktspezifische Maschinenprogrammierungen oder Werkzeuge notwendig, deren Aufwand mit der Komplexität eines Produktes steigt. Damit ergibt sich ein ansteigender Kosten- als auch Durchlaufzeitanstieg über die Komplexität als auch Individualisierung. Gleichzeitig ergeben sich bei abnehmender Komplexität und Individualisierung Degressionseffekte.[179]

Grundsätzlich gilt, je individueller ein Produkt und damit je geringer die gefertigte Stückzahl, desto größer der komparative Vorteil von AM gegenüber konventionellen Fertigungsverfahren. Gleiches gilt für die Komplexität. Je höher die geforderte Komplexität eines Produktes, desto größer der komparative Vorteil von AM.[180] Die Unabhängigkeit der Kosten und Durchlaufzeit von der Komplexität als auch Individualisierung stellen den wesentlichen Grund für den Einsatz von AM-Verfahren dar. Gründe wie die Ressourcenschonung durch den Einsatz von Topologie Optimierungen kann wiederrum die Unabhängigkeit der Kosten und Durchlaufzeit von der Komplexität zurückgeführt werden.[181]

---

[178] Vgl. Möhrle "*Gestaltung von Fabrikstrukturen für die additive Fertigung*" (2018) S. 20.

[179] Vgl. ebd. S. 19-20.

[180] Vgl. ebd. S. 19.

[181] Vgl. Gebhardt et al. "*3D-Drucken*" (2016) S. 16.

2.1.4.2 Anwendungsgebiete

Basierend auf den Gründen für den Einsatz von AM ergeben sich unterschiedliche Anwendungsgebiete von AM-Verfahren. Diese Anwendungsgebiete lassen sich anhand des Einsatzzwecks unterschieden. Die Einsatzzwecke wiederrum basieren auf den Phasen des Produktlebenszyklus (Product Life Cycle, PLC). Dieser umfasst die Phasen der Produktentwicklung, der Vorserie, der Kleinserien, der Serie als auch dem Service. Auf Basis des PLC lassen vier unterschiedliche Anwendungsgebiete von AM definieren: Rapid Prototyping, Rapid Tooling, Direct Manufacturing und Rapid Repair.[182] Die Anwendungsgebiete sind in Anlehnung an Lachmayer innerhalb von Abbildung 2.6 in den PLC eingeordnet und werden nachfolgend anhand von Fallbeispielen detailliert.

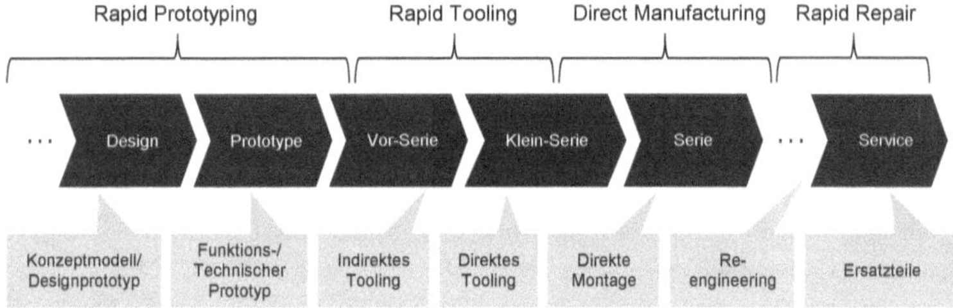

Abbildung 2.6: AM im Produktentstehungsprozess[183]

Das Rapid Prototyping (RP) umfasst die Herstellung von Bauteilen mit eingeschränkter Funktionalität, an denen jedoch spezifische, für den jeweiligen Anwendungsfall relevante Merkmale, ausreichend ausgeprägt sind. Das RP wird daher vermehrt in frühen Entwicklungsphasen eingesetzt. Typische Erzeugnisse für den Anwendungsfall sind Konzeptmodelle, Designprototypen, Geometrie- als auch Funktionsprototypen. Der Zweck dieser Erzeugnisse ist die frühzeitige Validierung von Gestaltungsaspekten eines zu entwickelnden Produktes. Fortgeschrittene Prototypen können dabei durchaus Teile der Eigenschaften von Serienbauteilen abdecken.[184] Ein Beispiel für RP ist nachfolgend dargestellt. Hierbei handelt es sich um unterschiedliche Designvarianten in Form von Designprototypen einer Innenraumbeleuchtung innerhalb der Automobilindustrie.

[182] Vgl. Lachmayer et al. "*3D-Druck beleuchtet*" (2016b) S. 6.

[183] Vgl. Lachmayer et al. "*3D-Druck beleuchtet*" (2016a) S. 7.

[184] Vgl. Lachmayer et al. "*3D-Druck beleuchtet*" (2016b) S. 6-7.

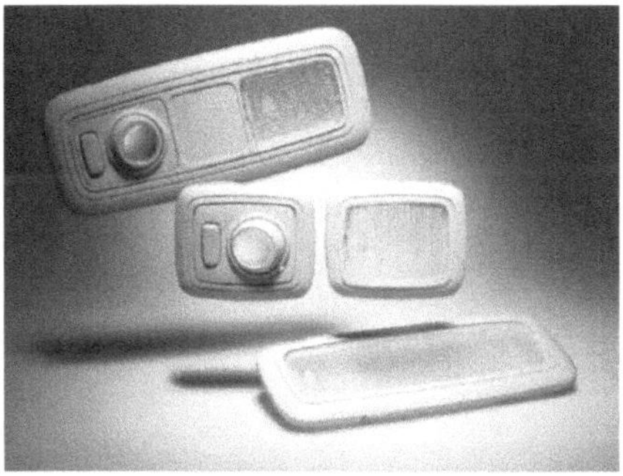

Abbildung 2.7: Anwendungsbeispiel des Rapid Prototyping in der Automobilindustrie[185]

Rapid Tooling (RT) beschreibt die Verwendung von AM zur Herstellung von Werkzeugen. Hierbei ist sowohl die indirekte Werkzeugherstellung, zur Fertigung von verlorenen Modellen, als auch die direkte Werkzeugherstellung, zur Fertigung kleiner Serien inbegriffen.[186] Insbesondere vor dem Hintergrund verkürzter Entwicklungszeiten bis zum Start einer neuen Serie kommt das RT zum Einsatz. Ein Beispiel des RT sind additiv hergestellte Spritzgießwerkzeuge. Diese werden zumeist aus duroplastischen Materialien gefertigt, da diese die hohen Temperaturen und Drücke im Spritzgießprozess standhalten können. Mittels der additiv gefertigter Spritzgießwerkzeugen aus Kunststoffen lassen sich im Serienmaterial Prototypen herstellen. In Abbildung 2.8 ist ein additiv gefertigter Werkzeugeinsatz für ein Spritzgießwerkzeug dargestellt.

Abbildung 2.8: Beispiel für das Rapid Tooling[187]

Das Direct Manufacturing (DM) bezeichnet den Einsatz von AM zur Fertigung von kleinen Serien in Fertigteilqualität. Bauteile die mittels DM hergestellt werden, können direkt für den vor-

---

[185] Vgl. Gebhardt et al. "*Produktgestaltung für die additive Fertigung*" (2019) S. 8.

[186] Vgl. Lachmayer et al. "*3D-Druck beleuchtet*" (2016b) S. 7.

[187] Vgl. Plasticker "*Hasco: Neues Werkzeug mit additiv gefertigtem Heißkanalverteiler*" (2021).

gesehenen Verwendungszweck genutzt werden. Nachbearbeitungsschritte sind nicht notwendig. Dies stellt oftmals eine Herausforderung im DM dar, da nur wenige Verfahren direkt die geforderten Endprodukteigenschaften im AM-Prozess erzeugen können. Im DM wird insbesondere anhand der Stückzahlen und Losgrößen entschieden, ob AM oder ein konventionelles Fertigungsverfahren zum Einsatz kommt.[188] Als Beispiel ist in Abbildung 2.9 eine Luftleitdüse dargestellt, welche durch das Arburg[189] Freeform Verfahren hergestellt wurde. Das Bauteil kann nach der Entnahme aus der AM-Anlage direkt verwendbar.[190]

Abbildung 2.9: Beispiel für das Direct Manufacturing[191]

Rapid Repair (RR) beschreibt den Einsatz von AM in der Instandhaltung und Reparatur von bereits verschlissenen oder defekten Produkten. Insbesondere für komplexe und teure Bauteile lohnt sich der Einsatz. Im PLC wird das RR direkt nach der Produktentwicklung, innerhalb der Nutzungsphase des Produktes. Mittels RR lassen sich zudem Lagerkosten reduzieren, da Ersatzteile auf Nachfrage direkt mittels AM-Verfahren hergestellt werden können.[192] Ein Beispiel für ein Bauteil aus dem RR ist in Abbildung 2.10 dargestellt. Hierbei handelt es sich um einen Innenspiegelfuß für einen Oldtimer, welcher in einem metallischen AM-Verfahren hergestellt wurde.[193]

Abbildung 2.10: Beispiel des Rapid Repair[194]

[188] Vgl. Lachmayer et al. "*3D-Druck beleuchtet*" (2016b) S. 7.

[189] Vgl. Arburg "*freeformer*" (2024).

[190] Vgl. ebd.

[191] Vgl. ebd.

[192] Vgl. Lachmayer et al. "*3D-Druck beleuchtet*" (2016b) S. 7.

[193] Vgl. 3D Natives "*Renishaw und Mercedes-Benz ClassicPartner zeigen Möglichkeiten der additiven Fertigung für Oldtimer Ersatzteile*" (2019).

[194] Vgl. ebd.

Neben den Anwendungsbeispielen lassen sich den vier Kategorien auch die gängigsten AM-Verfahren zuordnen. Hierfür sei an dieser Stelle auf den von Lachmayer erstellen Auszug verwiesen.[195] Im Kontext der vorliegenden Dissertation ist die insbesondere die Anwendung von AM in APS relevant. Diese werden nachfolgend, basierend auf den vorherigen Ausführungen, tiefergelegt.

2.1.4.3 AM-Dienstleister

Neben den zuvor vorgestellten Produktbeispielen werden nachfolgend typische APS vorgestellt und charakterisiert. Ziel ist es dem Leser einen Eindruck zu vermitteln, in welcher Ausprägung AM-Verfahren in welchem Anwendungsgebiet genutzt werden. Hierzu dienen neben bestehender Literatur auch die praktischen Erfahrungen des Autors in der Industrie. Wie Eingangs beschrieben kann die AM-Branche in drei Ebenen unterteilt werden: AM-Zulieferer, AM-Dienstleister und AM-Anwender. Im Rahmen der vorliegenden Dissertation sind insbesondere die AM-Dienstleister relevant. Die Definition des Begriffs AM-Dienstleister wurde bereits im Kapitel 2.1.1 detailliert.

AM-Dienstleister lassen sich nach der von ihnen genutzten Technologieanzahl und der innerhalb einer Technologie vorhandenen Kompetenz unterscheiden. Eine Übersicht typischer AM-Dienstleister als auch eine Einordnung in die beiden Dimensionen Technologieanzahl und Technologieexpertise ist in Abbildung 2.11 dargestellt.

Einer geringen Technologieanzahl und damit einer Fokussierung auf wenige Kerntechnologien lässt sich die Additive Scale GmbH[196] zuordnen. Die Additive Scale GmbH ist auf die Fertigung von Brillengestellen aus Kunststoffen spezialisiert. Zur Fertigung der Brillen kommen zumeist pulverbettbasierte AM-Verfahren zum Einsatz. Die Nachbearbeitungsverfahren sind für die hergestellten Brillengestelle für einen Großteil gleich. Die Additive Scale GmbH plant eine möglichst hohe Automatisierung der gesamten Prozesskette in Zukunft.[197] Die vorhandene Kompetenz in den betriebenen AM-Verfahren ist hoch.

Der Additive Scale GmbH gegenüber steht das von der BMW Group AG betriebene AMC[198]. Innerhalb des AMC werden über 50 AM-Verfahren innerhalb eines APS betrieben. Zudem steht eine Vielzahl an Verfahren zur Nachbearbeitung zur Verfügung. Die Anwendungsfälle reichen hierbei vom RP bis hin zur RR. Neben Prototypen unterschiedlichster Art wurden im AMC auch schon mehrere Kleinserien hergestellt, wie beispielsweise die Fensterführungsschiene für den BMW i8 Roadster[199] oder das Customizable Mini Side Scuttle[200]. Hierbei werden oftmals neuste AM-Verfahren im AMC eingesetzt, um das technologische Potential direkt bewerten zu können.

---

[195] Vgl. Lachmayer et al. "*3D-Druck beleuchtet*" (2016b) S. 8.

[196] Vgl. Additive Scale GmbH "*We bring 3D printed eyewear to the world*" (2024).

[197] Vgl. Siemens AG "*3D-Druck von Brillen nach Maß*" (2021).

[198] Vgl. BMW Group AG "*Der Additive Manufacturing Campus*" (2020).

[199] Vgl. BMW Group AG "*Fensterführungsschiene im 3D-Druck BMW i8 Roadster*" (2018).

[200] Vgl. 3D Printing Industry "*Twikit enables BMW MINI customization with 3D printing*" (2018).

Zwischen den beiden Extrema lassen sich klassische externe AM-Dienstleister einordnen. Diese nutzen zumeist etablierte AM-Technologien wie das SLS oder SLM um Kundenaufträge zu bearbeiten.[201] Das vorhandene Technologiespektrum ist breiter als bei spezialisierten AM-Dienstleistern wie der ADDITIVE SCALE GMBH, aber weniger breit als in den AM-Kompetenzzentren größerer Unternehmen. Typische Vertreter dieser Kategorie sind die GKN SINTER METALS COMPONENTS GMBH[202], die FKM SINTERTECHNIK GMBH[203] als auch MATERIALISE[204].

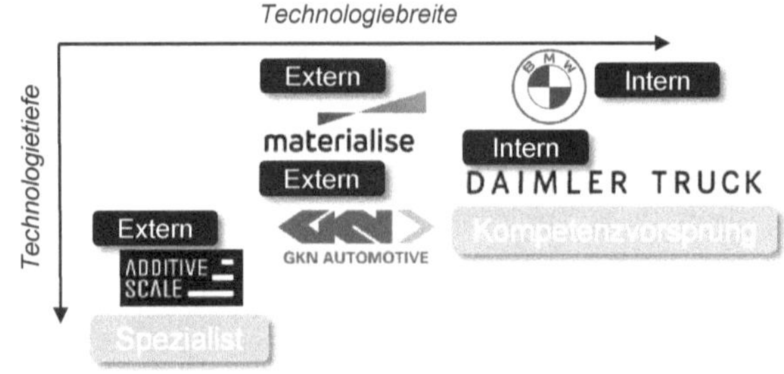

Abbildung 2.11: Einordnung von AM-Dienstleistern anhand von AM-Technologie[205]

Zusammenfassend ist festzuhalten, dass APS in unterschiedlicher Ausprägung existieren. Zum einen bestehen sogenannte Spezialisten, welche auf nur wenige Verfahren fokussiert sind und diese mit einer hohen Kompetenz beherrschen. Am Beispiel der ADDITIVE SCALE GMBH wird deutlich, dass sich die hergestellten Produkte nur wenig unterscheiden und die Prozessfolgen zumeist die gleichen sind.[206] Dem gegenüber stehen APS, welche dazu genutzt werden, einen technologischen Kompetenzvorsprung sicherzustellen. Fallbeispiel hierfür ist das von der BMW GROUP AG betriebene AMC. Hierbei sind viele Technologien und Nachbearbeitungsverfahren im Einsatz. Dadurch steigt der Aufwand für die operative Auftragsabwicklung durch die möglichen Prozessfolgen exponentiell an. Hierdurch sind zudem nur schwierig operative Einsparungen, beispielsweise in Form von Automatisierungslösungen umzusetzen. Eine Detaillierung der operativen Herausforderungen folgt innerhalb von Kapitel 2.4.

2.1.4.4 Zukünftige Entwicklungen

Die AM-Branche ist heute von einer hohen Dynamik geprägt. Dies gilt sowohl hinsichtlich des Marktwachstums innerhalb der Branche als hinsichtlich der Neugründungen innerhalb der Branche. Im Jahr 2022 wurden innerhalb der Branche knapp 17 Mrd. Dollar umgesetzt, wobei die jährliche Wachstumsrate der Branche seit dem Jahr 2012 durchgehend im zweistelligen

[201] Vgl. 3Faktur "*Technologie - Multi Jet Fusion*" (2024).

[202] Vgl. "*GKN Additive*" (2024).

[203] Vgl. "*FKM Additive Manufacturing*" (2024).

[204] Vgl. "*Materialize*" (2024).

[205] *Eigene Darstellung.*

[206] Vgl. Siemens AG "*3D-Druck von Brillen nach Maß*" (2021).

Prozentbereich liegt.[207] Nach einer Studie von ROLAND BERGER war das Jahr 2021 ein Rekordjahr für Börsengänge (Initial Public Offering, IPO) als auch Übernahmeaktivitäten (Mergers & Acquisitions, M&A) innerhalb der Branche. In diesem Jahr fanden insgesamt 47 M&A Aktivitäten als auch zehn IPOs statt.[208] Dies liegt unter anderem in niedrigen Markteintrittsbarrieren für neue Wettbewerber in den Markt. Hierbei ist der Markt stark durch Innovationen getrieben. Jede Innovation innerhalb der Branche hat das Potential, die Möglichkeiten welche das AM-Verfahren ermöglichen weiter auszudehnen.[209]

Zentral für das starke Marktwachstum sind die technologischen Fortschritte innerhalb der Branche in den letzten Jahren. Eine hohe Materialvielfalt ermöglicht immer weitere Anwendungen der Technologie. Hierunter zählen unter anderem die Zertifizierung von Polymeren für medizinische Produkte.[210] Daneben befindet sich die Maschinentechnologie in einem stetigen Wandel. Schnellere und leistungsfähigere Systeme können mehr Bauteile als veraltete Systeme in der gleichen Zeit erzeugen.[211] Hierdurch sinken die Anlagenkosten pro Bauteil bei gleichen Investitionskosten.

Die aktuellen Herausforderungen innerhalb der Branche sind die hohen Kosten der AM-Materialien, eine fehlende Standardisierung Schnittstellen innerhalb der AM-Maschinentechnologie als auch mangelnde Automatisierungslösungen, insbesondere für das Post-Processing.[212] Diese Herausforderungen sind durch die Teilnehmenden der Studie AM-Dienstleister in Deutschland bestätigt worden. Insgesamt 67% der Teilnehmenden gaben an, dass die Automatisierung, insbesondere von digitalen Prozessschritte in den kommenden Jahren zentral für diese sind. Hierzu sind laut der Teilnehmenden insbesondere die Schnittstellen der verfügbaren AM-Maschinen zu vereinheitlichen, wie 64% der Teilnehmenden explizit angegeben haben.

Die Entwicklungen innerhalb der AM-Branche fließen bei den AM-Dienstleistern zentral zusammen, da diese die AM-Technologie aktiv bei sich auf dem Shopfloor betreiben und damit das Material, die Maschinen und Automatisierungslösungen innerhalb der Auftragsabwicklung vereinen. Eine robuste und effiziente Auftragsabwicklung bedingt die Beherrschung der AM-Technologie selbst als auch die Beherrschung aller für die Wertschöpfung relevanter Prozessschritte. Diese Beherrschung setzt eine digitale Durchgängigkeit der physischen als auch digitalen Prozesskette voraus, um Transparenz innerhalb der Auftragsabwicklung zu erzeugen. Ein zentraler Baustein dafür ist eine lückenlose Auftragsnachverfolgung auf dem Shopfloor von APS.

---

[207] Vgl. Wohlers Associates "*Wohlers Report 2023*" (2023).

[208] Vgl. Roland Berger "*Additive manufacturing: The money story*" (2022) S. 3.

[209] Vgl. ebd. S. 12-13.

[210] Vgl. McKinsey "*The mainstreaming of additive manufacturing*" (2022).

[211] Vgl. Roland Berger "*Additive manufacturing: The money story*" (2022) S. 14.

[212] Vgl. ebd. S. 14-15.

2.2 Industrie 4.0

Die Grundlagen der Industrie 4.0 sind in fünf Unterkapiteln aufgeführt. Dabei folgt zuerst eine Definition und Abgrenzung der Begriffe Industrie 4.0 und Digitalisierung. Nach einer kurzen Darstellung der vorangegangenen industriellen Revolutionen folgt die Erklärung der vier Handlungsfelder der Industrie 4.0. Im Anschluss folgt die Detaillierung der für diese Arbeit relevanten Grundlagen der digitalen Unternehmenssysteme und dem Einsatz von künstlicher Intelligenz (KI) im Kontext der Industrie 4.0. Übergreifend liegt der Fokus auf der Vermittlung von Grundlagen mit einer direkten Relevanz für die digitale Auftragsnachverfolgung.

2.2.1 Begriffsbestimmung und Einordnung

Der Begriff Industrie 4.0 wurde erstmals auf der Hannover-Messe im Jahr 2011 genannt.[213] Der Begriff beschreibt die vierte industrielle Revolution und umfasst dabei die ganzheitliche digitale Vernetzung von Ressourcen, Menschen, Maschinen und Prozessen unter zur Hilfenahme von Informations- und Kommunikationstechnologie.[214] Mittels der Aufnahme, der Analyse und der Auswertung von Daten werden Produktionsprozesse vorhersagbarer durchgeführt, Wertschöpfungsnetzwerke miteinander vernetzt und Produkte als auch Dienstleistungen digital verbessert.[215] Die Industrie 4.0 wird als zentrales Element der Hightech-Strategie zur Sicherung der Wettbewerbsfähigkeit des Produktionsstandortes Deutschland gesehen.[216] Das BMBF adressiert im Rahmen der Industrie 4.0 fünf Hauptforschungsfelder:[217]

- Vertikale Vernetzung in Wertschöpfungsnetzwerken
- Horizontale Vernetzung in Wertschöpfungsnetzwerken
- Durchgängiges Engineering über die gesamte Wertschöpfung
- Soziale Infrastruktur
- Cyber-physische Systeme

Der Begriff Digitalisierung wird oftmals fälschlicherweise als Synonym zur Industrie 4.0 aufgeführt und verstanden. Dabei beschreibt der Begriff Digitalisierung die Umwandlung und Dar-

[213] Vgl. Paul "*Industrie freut sich auf Kräftemessen mit China*" (2012).

[214] Vgl. Salmen "*Gestaltungsmodell für den digital vernetzten Shopfloor im Werkzeugbau*" (2016) S. 23.

[215] Vgl. Schuh et al. "*Industrie 4.0 Maturity Index*" (2017) S. 5 f.

[216] Vgl. Salmen "*Gestaltungsmodell für den digital vernetzten Shopfloor im Werkzeugbau*" (2016) S. 23.

[217] Vgl. Schuh et al. "*Industrie 4.0 Maturity Index*" (2017) S. 39 f.

stellung von Informationen zur Speicherung und Aufbereitung in digital-technischen Systemen.[218] Damit beschreibt der Begriff Digitalisierung die Umwandlung analoger Daten in diskrete, durch Maschinen lesbare und verarbeitbare Daten.[219] Digitalisierung ist demnach eine Grundvoraussetzung zur Implementierung von Industrie 4.0.[220]

Die vierte Industrie 4.0 baut auf die drei bereits durchlaufenen industriellen Revolutionen auf, welche die Auftragsabwicklungs- und Produktionsprozesse im Laufe der letzten Jahrhunderte radikal verändert haben.[221] Alle drei durchlaufene Revolutionen haben signifikant die Leistungsfähigkeit von Unternehmen gesteigert.[222] Die erste industrielle Revolution wird als Mechanisierung bezeichnet und am Ende des 18. Jahrhunderts vollzogen. Durch die Mechanisierung der Arbeit durch Dampfmaschinen wurde ein größeres Volumen von Produkten in kurzer Zeit produzierbar. Eine ortsunabhängige Produktion wurde zudem ermöglicht, da Dampfmaschinen auch dezentral genutzt werden konnten.[223] Die zweite industrielle Revolution beschreibt die Standardisierung. Die Standardisierung beschreibt die arbeitsteilige Massenproduktion mit Hilfe von elektrischer Energie.[224] Mittels der Arbeitsteilung konnte eine signifikante Effizienzsteigerung auf Grund von Lerneffekten erzielt werden.[225] Vorreiter der zweiten industriellen Revolution war HENRY FORD, der durch die Einführung des Fließbandes und Standardisierung das erste massentaugliche Kraftfahrzeug produzierte.[226] Die verhältnismäßig geringen Kosten wurden an den Markt weitegegeben, womit eine signifikante Erhöhung der Nachfrage einherging.[227,228]

Die dritte industrielle Revolution beschreibt die Digitalisierung und Automatisierung. Ab den 1970er Jahren wurden Informations- und Kommunikationstechnologie (IKT) in der Produktion eingesetzt. Insbesondere repetitive und standardisierte Arbeitsbereiche wurden durch Roboter und Computer ersetzt. Die Verarbeitung von Daten ermöglichte eine ortsunabhängige Einsicht in Produktionssysteme.[229] ROHWEDER zählt zudem den darüber hinaus gehenden kundensei-

---

218 Vgl. Wirtschaftslexikon "*Digitalisierung*" (2018).

219 Vgl. Kelzenberg "*Datenstrukturmodell für den digitalen Schatten der Auftragsabwicklung von Werkzeugbaubetrieben*" (2019) S. 14.

220 Vgl. Schuh et al. "*Industrie 4.0: Implement it!*" (2018) S. 14.

221 Vgl. Kelzenberg "*Datenstrukturmodell für den digitalen Schatten der Auftragsabwicklung von Werkzeugbaubetrieben*" (2019) S. 14.

222 Vgl. Schuh et al. "*Industrie 4.0 Maturity Index*" (2017) S. 17.

223 Vgl. Sittauer "*James Watt*" (1989) S. 106.

224 Vgl. Schuh et al. "*Industrie 4.0 Maturity Index*" (2017) S. 17.

225 Vgl. Luczak "*Arbeitswissenschaft*" (1998) S. 510.

226 Vgl. Wulfsberg et al. "*Wertschöpfung in der Bottom-up-Ökonomie*" (2011) S. 28 f.

227 Vgl. Warnecke "*Die Fraktale Fabrik*" (1996) S. 31.

228 Vgl. Bauernhansl et al. "*WGP-Standpunkt Industrie 4.0*" (2016) S. 2.

229 Vgl. ebd. S. 2 f.

tigen Trend zur Differenzierung durch Individualisierung bei gleichbleibend hohen Qualitätsansprüchen zur dritten industriellen Revolution.[230] Zusammenfassend sind alle vier industriellen Revolutionen chronologisch in Abbildung 2.12 dargestellt.

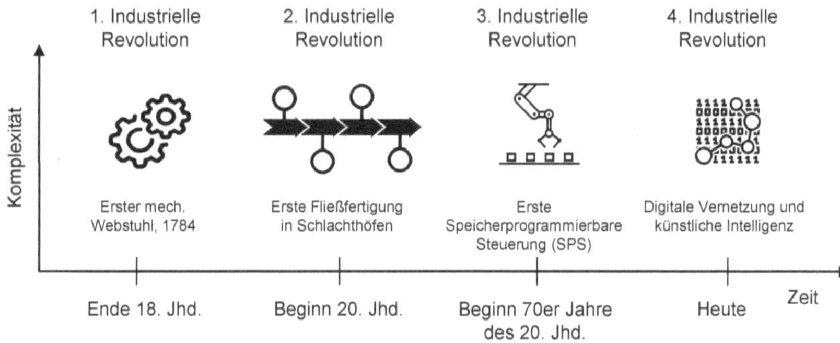

Abbildung 2.12: Stufen industrieller Revolutionen[231]

Der Begriff der Industrie 4.0 wurde seit Einführung im Jahr 2011 in unterschiedlichen Auslegungen genutzt und weiterentwickelt.[232] Für einen umfassenden Überblick relevanter Begriffe im Kontext der Industrie 4.0 sei an dieser Stelle auf TSCHÖPFE ET AL. hingewiesen.[233] International bestehen neben der deutschen Industrie 4.0 Initiative weitere vergleichbare Initiativen. In China existiert die Strategie „Made in China 2025", welche eine hohe Ähnlichkeit zur deutschen Industrie 4.0 Initiative aufweist. Ähnliche Initiativen bestehen zudem in Industriestaaten wie Japan oder den USA.[234] All diese Initiativen haben ähnliche Ziele und basieren auf gleichen Technologien.[235]

2.2.2 Handlungsfelder der Industrie 4.0

Die Industrie 4.0 basiert auf der dritten industriellen Revolution, bei der mit Hilfe von Computerisierung und Konnektivität die Automatisierung und Digitalisierung von Produktionsprozessen implementiert wurde. Nach SCHUH ET AL. durchlaufen produzierende Unternehmen vier Reifegradstufen auf dem Entwicklungspfad zur vollumfänglichen Implementierung von Indust-

230 Vgl. Rohweder "*Informationstechnologie und Auftragsabwicklung*" (1996) S. 133.

231 I.A.a. Fraunhofer-Gesellschaft "*Industrie 4.0 - Volkswirtschaftliches Potential für Deutschland*" (2017) S. 10.

232 Vgl. Glözer "*Big Data in Industrie 4.0 – Eine strukturierte Aufarbeitung von Anforderungen, Anwendungsfällen und deren Umsetzung*" (2016) S. 29.

233 Vgl. Tschöpe et al. "*„Was ist eigentlich Industrie 4.0?"*" (2015) S. 145 f.

234 Vgl. Glözer "*Big Data in Industrie 4.0 – Eine strukturierte Aufarbeitung von Anforderungen, Anwendungsfällen und deren Umsetzung*" (2016) S. 30.

235 Vgl. Schuh et al. "*Industrie 4.0 Maturity Index*" (2017) S. 10.

rie 4.0. Hierbei bezieht sich SCHUH ET AL. explizit auf das Feld der Auftragsabwicklung innerhalb produzierender Unternehmen.[236] Diese Stufen sind jeweils durch einen Zielzustand beschrieben und nach dem verwertbaren Nutzen gegliedert. Die vier Reifegradstufen bauen hierbei aufeinander auf. Abbildung 2.13 zeigt den Aufbau, welcher nachfolgend detailliert wird.

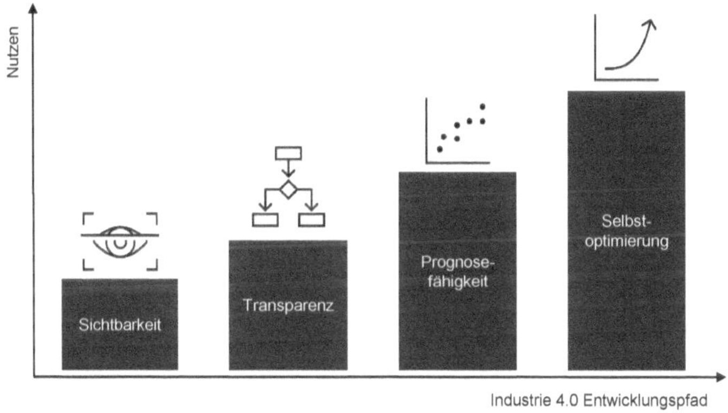

Abbildung 2.1: Entwicklungspfad der vierten industriellen Revolution[237]

In der ersten Stufe soll die Sichtbarkeit aller im Produktionsumfeld relevanten Daten sichergestellt werden. Hierzu muss für alle sich im Produktionsumfeld befindlichen Objekte und Prozesse eine digitale Identität geschaffen werden. Die Datensammlung ist in ihrer Granularität anwendungsspezifisch und richtet sich nach den erforderlichen relevanten Informationen, welche in den Folgeschritten des Reifegradmodells weiterverarbeitet werden. Die Verknüpfung der einzelnen digitalen Abbilder zu einem Gesamtsystem führt zur digitalen Sichtbarkeit aller Zustände und Abläufe im Produktionsumfeld.[238] Die Zustände und Abläufe können dann mit Hilfe bestehender betrieblicher digitaler Systeme, wie beispielsweise einem ERP, eingesehen werden.[239]

Auf Basis der Sichtbarkeit in der ersten Stufe, wird in der zweiten Stufe Transparenz erzeugt. Hierzu wird auf unterschiedliche Analyseverfahren zurückgegriffen, welche die aufgenommenen Daten verknüpfen, aggregieren und kontextbezogen in einen Zusammenhang bringen.[240] Hierbei müssen Unternehmen sicherstellen, dass die für die jeweilige Analyse notwendigen Daten verfügbar und die zur Analyse der Daten erforderlichen Kompetenzen vorhanden

[236] Vgl. Schuh et al. "*Industrie 4.0: Implement it!*" (2018) S. 2 f.

[237] I.A.a. Schuh et al. "*Industrie 4.0 Maturity Index*" (2017) S. 17.

[238] Vgl. ebd. S. 18.

[239] Vgl. Kelzenberg "*Datenstrukturmodell für den digitalen Schatten der Auftragsabwicklung von Werkzeugbaubetrieben*" (2019) S. 19.

[240] Vgl. Schuh et al. "*Industrie 4.0 Maturity Index*" (2017) S. 17 f.

sind.[241] Zudem muss durch die Integration der jeweiligen Domänenexpertise sichergestellt werden, dass die Analyseergebnisse korrekt interpretiert werden.[242]

In der dritten Stufe wird, ausgehend vom Verständnis für Korrelationen und Wechselbeziehungen sowie einer kontinuierlichen Datenanalyse und –Auswertung, eine Prognosefähigkeit erzeugt. Durch die Projektion unterschiedlicher Zukunftsszenarien und deren Eintrittswahrscheinlichkeit sind produzierende Unternehmen in der Lage Maßnahmen proaktiv einzuleiten. [243] Analog zur zweiten Stufe müssen notwendige informationstechnische Kompetenzen und Domänenexpertise integriert werden.[244]

Im Rahmen der vierten Stufe wird die Selbstoptimierung des Gesamtsystems angestrebt. Das tiefgehende und datenbasierte Verständnis für Produktionsprozesse sowie die Möglichkeit, Vorhersagen über zukünftige Ereignisse zu treffen, befähigen zur Implementierung von selbstoptimierenden Produkten, Prozessen, Ressourcen und Systemen.[245] Hierdurch wird die höchste Ausbaustufe der Industrie 4.0 erreicht. Mitarbeitende haben in dieser Ausbaustufe die Aufgabe, das laufende System zu überwachen und bedarfsgerecht einzugreifen.[246]

Der Nutzen der Industrie 4.0 besteht in transparenten und hochflexiblen Wertschöpfungssystemen, in denen bestehende Ressourcen optimal genutzt und damit Kosten gesenkt[247], die Qualität erhöht und die Durchlaufzeit reduziert wird. Insbesondere für die Auftragsabwicklung bietet die Industrie 4.0 Potentiale.

2.2.3 Technologische Befähiger

Industrie 4.0 stellt eine neue Stufe der industriellen Entwicklung dar. Ausgangsbasis sind neben der Digitalisierung neu entstandene technologische Befähiger.[248] Zu den wichtigsten Befähigern der vierten industriellen Revolution zählen Cyber-physische Systeme (CPS), das Internet der Dinge (engl. Internet of Things, kurz IoT) und künstliche Intelligenz (KI).[249] Die Kerntechnologien der vierten industriellen Revolution stehen miteinander in Zusammenhang. Zunächst sind CPS Maschinen und Produkte, welche kontinuierlich durch Sensoren aufgenommene Daten aufnehmen und weiterleiten können. Diese CPS sind in das IoT eingebunden, welches die Infrastruktur beschreibt, in der die aufgenommenen Daten ausgetauscht und gespeichert werden können. Die gespeicherten Daten können durch Algorithmen der künstlichen Intelligenz verarbeitet und Zusammenhänge erkannt, Zukunftsszenarien vorausgesagt und

---

[241] Vgl. Kelzenberg "*Datenstrukturmodell für den digitalen Schatten der Auftragsabwicklung von Werkzeugbaubetrieben*" (2019) S. 19.

[242] Vgl. Boos et al. "*Erfolgreich Daten analyieren im Werkzeugbau*" (2024) S. 2 f.

[243] Vgl. Schuh et al. "*Industrie 4.0 Maturity Index*" (2017) S. 17 f.

[244] Vgl. Kelzenberg "*Datenstrukturmodell für den digitalen Schatten der Auftragsabwicklung von Werkzeugbaubetrieben*" (2019) S. 19.

[245] Vgl. Schuh et al. "*Industrie 4.0 Maturity Index*" (2017) S. 17 f.

[246] Vgl. ebd. S. 10.

[247] Vgl. Bauernhansl et al. "*WGP-Standpunkt Industrie 4.0*" (2016) S. 8.

[248] Vgl. Schuh et al. "*Industrie 4.0 Maturity Index*" (2017) S. 18.

[249] Vgl. Bauernhansl et al. "*WGP-Standpunkt Industrie 4.0*" (2016) S. 10 f.

damit das System intelligent nachgeregelt werden. CPS und IoT werden nachfolgend detailliert, während KI durch den engen Bezug zur vorliegenden Arbeit in Kapitel 2.2.4 ausführlicher detailliert wird. Der Zusammenhang zwischen CPS, IoT und KI ist in Abbildung 2.14 in Anlehnung an Gölzer[250] und Schultes[251] dargestellt.

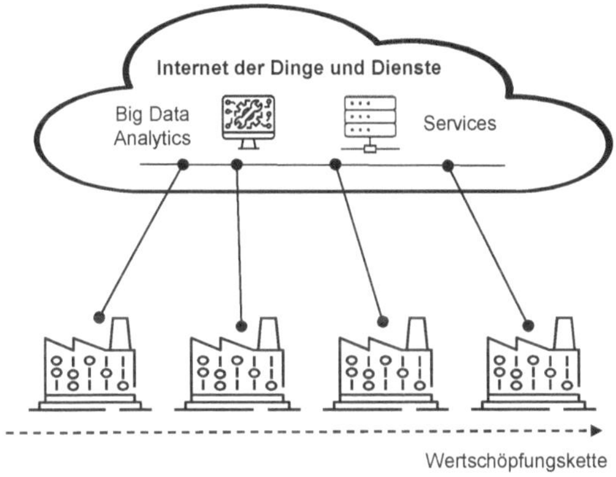

Abbildung 2.14: Schematische Darstellung des Internet der Dinge und Dienste[252]

2.2.3.1 Cyber-physische Systeme

CPS sind Objekte, Geräte oder auch Produktionsanlagen mit eingebetteten Systemen, die über das Internet kommunizieren und auf Internetdienste zurückgreifen.[253] Zusammengesetzt aus den Begriffen „cyber" und „physisch", beschreiben CPS die Verknüpfung der virtuellen Welt, dargestellt durch den Cyberspace, wie das globale oder lokale Internet, mit der physischen Welt, die über die Materie und die gegebenen physikalischen Effekte beschrieben werden.[254] CPS stellen eine Weiterentwicklung mechatronischer Systeme dar.[255] Mechatronische Systeme bestehen wiederrum aus mechanischen, elektronischen und informationstechnischen Komponenten. Mechatronische Systeme fokussieren die Optimierung mechanischer und elektronischer Komponenten für spezifische Aufgaben, mit einer weit geringeren ausgeprägten Vernetzung und Datenverarbeitung als CPS.[256]

---

[250] Vgl. "*ECIS 2015 completed reseaech papers*" (2015) S. 2.

[251] Vgl. Schultes "*Gestaltungsmodell zur digitalen Vernetzung von Werkzeugbaubetrieben mit Lieferanten*" S. 34.

[252] I.A.a. "*ECIS 2015 completed reseaech papers*" (2015) S. 2.

[253] Vgl. Bauernhansl et al. "*WGP-Standpunkt Industrie 4.0*" (2016) S. 11 f.

[254] Vgl. Verein deutscher Ingenieure "*Verein deutscher Ingenieure (VDI/VDE 2206)*" (2021) S. 13.

[255] Vgl. Drossel et al. "*Cyber-Physische Systeme*" (2018) S. 199.

[256] Vgl. Glözer "*Big Data in Industrie 4.0 – Eine strukturierte Aufarbeitung von Anforderungen, Anwendungsfällen und deren Umsetzung*" (2016) S. 39 f.

CPS können die Umwelt über entsprechende Sensorik erfassen und mit Hilfe von Diensten auswerten und wiederrum auf die Umwelt mit Aktoren einwirken.[257] CPS sind maßgeblich durch ihre Vernetzung mit dem IoT und unterschiedlichen Diensten innerhalb des IoT gekennzeichnet. Beispielsweise erlaubt dies die Einbindung von KI-Diensten, die Verhaltens- oder Eigenschaftsänderungen des CPS während des Betriebs ermöglichen.[258] Der Mensch ist multimodal mit einem CPS verbunden und kann über entsprechende Schnittstellen wie beispielsweise über Sprache mit dem CPS interagieren. Abbildung 2.15 visualisiert den zuvor beschriebenen Zusammenhang in Anlehnung an BAUERNHANSL.[259]

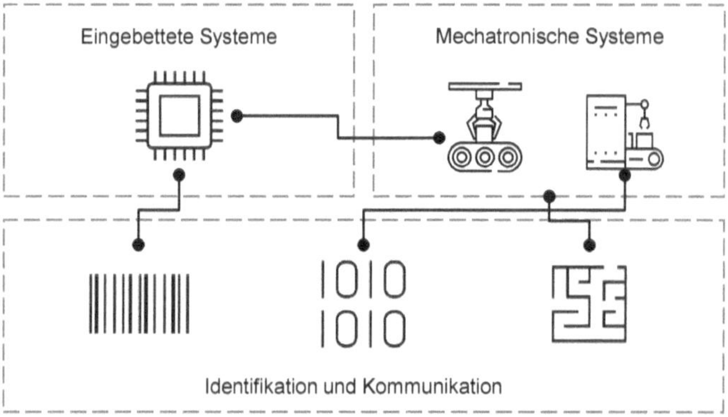

Abbildung 2.15: Bestandteile Cyber-Physischer-Systeme[260]

Die Verbindung mehrerer CPS in Form von Maschinen, Anlagen und auch Produktionsbetrieben, bildet ein sogenanntes CPS Produktionssysteme (CPPS).[261] CPPS vernetzten mehrere CPS miteinander, wodurch eine durchgängige Betrachtung über Produktionsmittel bis hin zum Produktionssystem ermöglicht wird.[262] Die Speicherung der Zustandsdaten wird dezentral im CPS selbst vorgenommen, nicht zentral auf den unterschiedlichen Ebenen der Automatisierungspyramide. Das dezentrale Speichern der Daten führt zu einer Auflösung der klassischen Automatisierungspyramide. Lediglich die Echtzeit-kritischen Bereiche der Automatisierungspyramide, wie die Feldebene, bleiben bestehen. Es entsteht ein Netz aus Elementen innerhalb von CPPS, welches Funktionalitäten bereitstellt. Das Netz bildet in seiner Gesamtheit wiederrum das Automatisierungssystem.[263]

---

257 Vgl. Bauernhansl et al. "*WGP-Standpunkt Industrie 4.0*" (2016) S. 12.

258 Vgl. Verein deutscher Ingenieure "*Verein deutscher Ingenieure (VDI/VDE 2206)*" (2021) S. 14.

259 Vgl. Bauernhansl et al. "*WGP-Standpunkt Industrie 4.0*" (2016) S. 10 f.

260 I.A.a. ebd. S. 10 f.

261 Vgl. Michels "*Industrial Connectivity und Industrial Analytics, Kernbausteine der Fabrik der Zukunft*" (2016) S. 266.

262 Vgl. Sittauer "*James Watt*" (1989).

263 Vgl. Bauernhansl et al. "*WGP-Standpunkt Industrie 4.0*" (2016) S. 12 f.

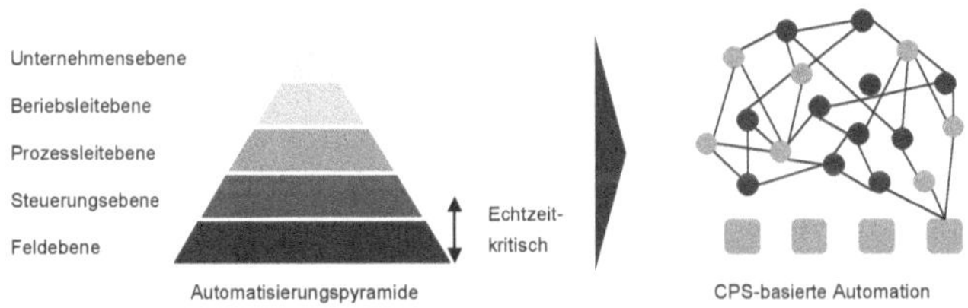

Abbildung 2.16: Auflösung der hierarchischen Automatisierungspyramide durch CPS[264]

Ein vollwertiges CPPS, die auch als Industrie 4.0 Komponente bezeichnet wird, verfügt über eine Kommunikationskomponente und wird als Entität in einem Informationssystem verwaltet.[265] Beispielhafte Anwendungsfälle für CPPS sind fahrerlose Transportsysteme (FTS) oder auch selbstregelnde Bearbeitungswerkzeuge.[266] Falls eine Produktionsressource nicht über die Fähigkeiten eines vollwertigen CPPS verfügt, werden Einzelfunktionen von einem übergeordneten IT-System übernommen.[267] CPPS ersetzen Mitarbeitende nicht, sondern unterstützten diese vielmehr in komplexen Entscheidungssituationen, beispielsweise mit Hilfe mobiler Endgeräte als auch entsprechender Software.[268] CPS und CPPS bilden damit die Basis für eine digitale Vernetzung der Produktion im Sinne der Industrie 4.0.[269]

2.2.3.2 Internet of Things

Das IoT ist eine weitere Grundlage für Innovationen im Zuge der Industrie 4.0. Mittels des IoT wird der echtzeitfähige Austausch zwischen Menschen und Objekten ermöglicht.[270] Grundlegend ist die Idee der Vernetzung von Dingen, wie sie bereits 1991 von WEISER beschrieben wurde.[271] Heute wird unter dem Begriff IoT die Vernetzung des, auf den Cyberraum beschränkten Internets, mit physischen Gegenständen verstanden.[272]

Eine Erweiterung des IoT kann mit Hilfe des Internet der Dienste erfolgen. Dieses stellt die Übertragung des IoT auf die Anwendungsebene, sogenannte Dienste, dar.[273] Der Begriff IoT umfasst nachfolgend sowohl das Internet der Dinge als auch das Internet der Dienste. Die steigende Komplexität durch die immer umfassendere Vernetzung innerhalb des IoT, bewirkte ein Festlegen von vier Standards für die Kommunikation und den Datenaustausch innerhalb

264 I.A.a. Verein deutscher Ingenieure "*Verein deutscher Ingenieure (VDI/VDE 2206)*" (2021) S. 4.

265 Vgl. VDI/VDE "*Statusreport Industrie 4.0 - Gegenstände, Entitäten, Komponenten*" (2014) S. 1.

266 Vgl. Bauernhansl et al. "*WGP-Standpunkt Industrie 4.0*" (2016) S. 10 f.

267 Vgl. VDI/VDE "*Referenzarchitekturmodell Industrie 4.0 (RAMI4.0)*" (2015) S. 16.

268 Vgl. Kelzenberg "*Datenstrukturmodell für den digitalen Schatten der Auftragsabwicklung von Werkzeugbaubetrieben*" (2019) S. 20.

269 Vgl. Bauernhansl et al. "*WGP-Standpunkt Industrie 4.0*" (2016) S. 12.

270 Vgl. Kagermann "*Chancen von Industrie 4.0 nutzen*" (2014) S. 236.

271 Vgl. Weiser "*The Computer for the 21st Century*" (1991) S. 94 f.

272 Vgl. Schlick et al. "*Industrie 4.0 in der praktischen Anwendung*" (2017) S. 4.

273 Vgl. Vogel-Heuser et al. "*Handbuch Industrie 4.0 Bd.4*" (2017) S. 262.

des IoT. Diese lauten: Übermitteln von Daten, abfragen von Daten, auslösen von Aktionen und das Beobachten der Umwelt.[274]

Die Interaktionen innerhalb des IoT erfolgen zwischen CPS und IT-Systemen. IT-Systeme können beispielsweise im Unternehmen genutzte Softwaresysteme, wie zur Planung- und Steuerung (PPS) sein, oder auch Cloud-basierte Dienste. Zwischen dem jeweiligen IT-System und CPS kann eine Interaktion stattfinden. Diese Interaktion beruht nach dem Stand der Technik auf etablierten Kommunikationsmodellen, wie beispielsweise der Protokollfamilie TCP/IP. Innerhalb der Interaktionen können Informationen übermittelt oder abgefragt werden, wie beispielsweise der Status eines Produktes, unterschiedliche Beschreibungen zum Produkt, Informationen zum Lebenszyklus oder spezifisches Wissen zu einem Produkt. Übergeordnet definiert Fleischmann Prämissen für die Kommunikation und den Datenaustausch. Dazu zählen eine einheitliche, wertschöpfungs- und systemübergreifende Semantik, Echtzeitverarbeitung, Ereignissteuerung und die eindeutige Identifikation von Entitäten.[275]

2.2.3.3 Digitaler Schatten

Nach Bauernhansl et al. definiert der digitale Schatten die hinreichend genaue Abbildung aller betrieblichen Prozesse in Entwicklung, Produktion und abgrenzenden Bereichen.[276] Das Ziel des digitalen Schattens ist das Erzeugen einer echtzeitnahen Auswertungsbasis aller produktionsrelevanter Daten.[277] Diese Auswertungsbasis ermöglicht eine Aussage über den übergreifenden Unternehmensstatus. Diese wiederrum sind die Grundvoraussetzung, um Produktivitätssteigerungen operativ realisieren zu können.[278] Der digitale Schatten unterliegt einer hohen Dynamik. Dies ist mit dem stetigen Wandel innerbetriebliche Geschehnisse und sich damit stetig wandelnden Anforderungen zu erklären.[279]

---

[274] Vgl. Fleischmann et al. "*Kommunikation und Austausch in Industrie 4.0*" (2015) S. 85.

[275] Vgl. ebd. S. 85.

[276] Vgl. Bauernhansl et al. "*WGP-Standpunkt Industrie 4.0*" (2016) S. 36.

[277] Vgl. ebd. S. 23.

[278] Vgl. Kelzenberg "*Datenstrukturmodell für den digitalen Schatten der Auftragsabwicklung von Werkzeugbaubetrieben*" (2019) S. 21 f.

[279] Vgl. ebd. S. 22.

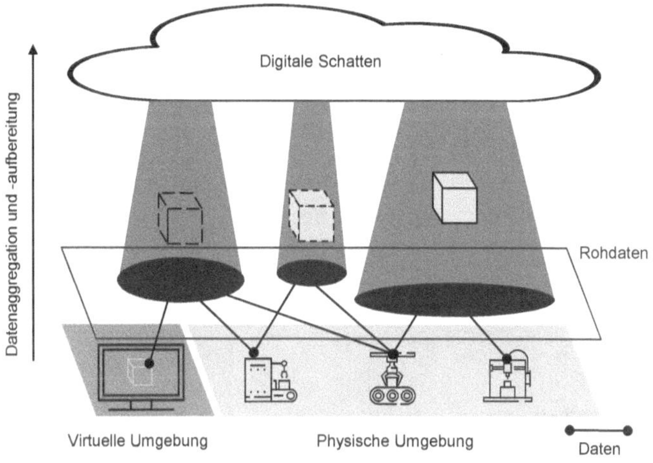

Abbildung 2.17: Digitaler Schatten im Internet of Production[280]

Um einen digitalen Schatten erzeugen zu können, müssen nach BAUERNHANSL ET AL. vier konsekutive Schritte durchlaufen werden: Entwicklung eines Datenstrukturmodells, eine multimodale Datenaufnahme, eine multimodale Datenfusion und abschließend eine Prüfung auf Konsistenz und Plausibilität.[281] Die Entwicklung eines Datenstrukturmodells beschreibt die Strukturierung der in operativ ablaufenden Prozessen anfallenden Daten. Die multimodale Aufnahme von Daten beschreibt die Erfassung der zuvor definierten Daten in den operativen Prozessen selbst. Die Fusion der Daten ist notwendig, um Daten aus unterschiedlichen Quellen zusammenzuführen und Fehler in den Daten zu korrigieren. Abschließend findet eine Prüfung auf Konsistenz des entwickelten digitalen Schattens statt. Wird im letzten Schritt eine Diskrepanz zwischen erhobenen Daten und Datenbedarf festgestellt, beginnt der Prozess wieder beim ersten Schritt. Für eine weiterführende Detaillierung des Prozesses sei an dieser Stelle auf KELZENBERG[282] verwiesen.

Insbesondere für die Auftragsabwicklung in produzierenden Unternehmen ist der digitale Schatten ein zentraler Bestandteil um die Potentiale der Industrie 4.0 vollumfänglich nutzen zu können.[283] Innerhalb der zuvor beschriebenen Entwicklung eines digitalen Schattens erlangen produzierende Unternehmen ein umfängliches Verständnis über die Menge, die Qualität, die Granularität, die Quellen und letztendlich die Zusammenhänge in den eigenen Daten. Damit steigt direkt die Sichtbarkeit, in Form der ersten Stufe des Ordnungsrahmens der Industrie 4.0,

---

[280] I.A.a. Brecher et al. "*Internet of Production*" (2024) S. 9.

[281] Vgl. Bauernhansl et al. "*WGP-Standpunkt Industrie 4.0*" (2016) S. 30.

[282] Vgl. Kelzenberg "*Datenstrukturmodell für den digitalen Schatten der Auftragsabwicklung von Werkzeugbaubetrieben*" (2019) S. 20 f.

[283] Vgl. Bauernhansl et al. "*WGP-Standpunkt Industrie 4.0*" (2016) S. 24 f.

innerbetrieblich an. Durch die Sichtbarkeit wiederrum können Unternehmen schneller auf unerwartete Geschehnisse reagieren und damit die Effizienz in der Auftragsabwicklung steigern.[284]

2.2.4 Internet of Production

Viele Interessensgemeinschaften arbeiten heute an Referenzarchitekturmodellen zur Umsetzung der Industrie 4.0 im Anwendungskontext der Produktion.[285] Diese Modelle bieten standardisierte Rahmenwerke und Leitlinien zur Entwicklung, Implementierung und Verwaltung von Industrie 4.0 Anwendungsfällen. Ein in Aachen entwickelter Ansatz ist der Ansatz des Internet of Production (IoP). Ziel der IoP ist die datenbasierten Entscheidungsfindung in produzierenden Unternehmen.[286] Beim IoP handelt es sich um ein laufendes Forschungsprojekt des WZL DER RWTH AACHEN.

Das IoP zielt darauf ab, verschiedene Datenquellen zu integrieren, zu vereinheitlichen und damit nutzbar für Datenanalyse zu machen um die Produktivität zu erhöhen.[287] Insbesondere im Produktionskontext sind konventionelle Referenzarchitekturmodelle nur schwer anzuwenden, da im Produktionskontext eine Vielzahl unterschiedlicher Parameter aus hoch diversen Quellen vorliegt. Damit aus Daten im Produktionskontext Wissen generiert werden kann, müssen Datenquellen im Produktionskontext eng vernetzt, kontextualisiert, aggregiert und verarbeitet werden.[288] Hierfür wurde das IoP entwickelt. Die Referenzarchitektur des IoP basiert hierbei auf einem interdisziplinären Ansatz und vereint sowohl den Entwicklungs-, Produktions- und Nutzerzyklus eines Produktes.

Die Infrastruktur des IoP wird in zwei Dimensionen dargestellt, einer horizontalen Zergliederung in den Produktlebenszyklus und einer vertikalen Zergliederung in eine Daten- und Informationsabstraktion. Die horizontale Schicht entspricht den drei Phasen des Produktlebenszyklus, dem Entwicklungszyklus, dem Produktionszyklus und dem Nutzungszyklus. In der horizontalen Dimension unterscheiden die Autoren vier Schichten, die Rohdaten- bzw. Anwendungssoftware, die Middleware+, die intelligenten Daten und die intelligenten Experten. Dabei sind die Schichten jeweils miteinander durch eine Zwischenschicht verbunden. Das Schaubild des IoP ist nachfolgend dargestellt.

284 Vgl. Kelzenberg "*Datenstrukturmodell für den digitalen Schatten der Auftragsabwicklung von Werkzeugbaubetrieben*" (2019) S. 26.

285 Vgl. Glözer "*Big Data in Industrie 4.0 – Eine strukturierte Aufarbeitung von Anforderungen, Anwendungsfällen und deren Umsetzung*" (2016) S. 42 f.

286 Vgl. Brecher et al. "*Internet of Production für agile Unternehmen*" (2017) S. 120 f.

287 Vgl. Brecher et al. "*Internet of Production*" (2024) S. 3.

288 Vgl. ebd. S. 4.

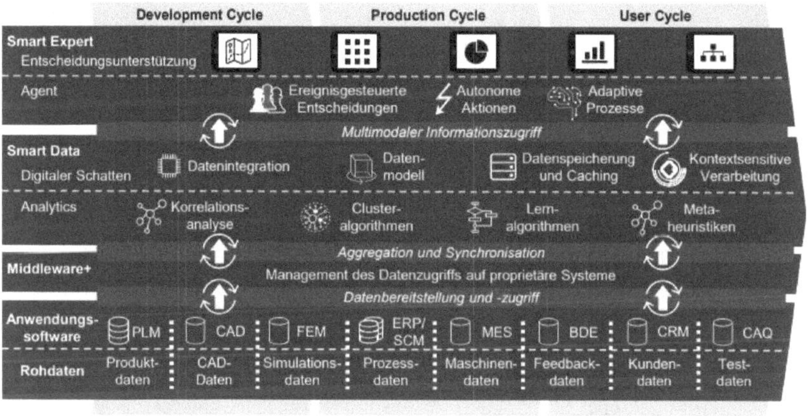

Abbildung 2.18: Architektur des Internet of Production[289]

Die Referenzarchitektur gliedert sich nach den Handlungsfeldern der Industrie 4.0. Folglich ist die Architektur von unten nach oben umzusetzen. Auf der unteren Ebene befindet sich die verschiedenen Datenquellen für einen Industrie 4.0 Anwendungsfall.[290] Hierbei wird neben Rohdaten auch zwischen unterschiedlichen digitalen Systemen unterschieden, in denen die notwendigen Daten potentiell vorliegen. Mit Hilfe einer Middleware werden die Daten in der nächsthöheren Stufe aggregiert und synchronisiert, sodass diese in der Gesamtheit digital nutzbar werden.[291] Die Middleware fungiert als Vermittler, der verschiedene Softwarekomponenten miteinander verbindet und ihre Kommunikation sowie das Datenmanagement zwischen diesen erleichtert. Die Daten werden anschließend zentral gespeichert und verwaltet. Damit wird die Nutzung der Daten durch die sogenannte Smart-Data ermöglicht. Innerhalb der Smart-Data Schicht werden die Daten durch Methoden der Datenanalyse als auch innerhalb eines digitalen Schattens nutzbar gemacht. Die durch die Datenanalysen gewonnenen Informationen werden abschließend in einer Smart-Expert Schicht genutzt.[292]

Die Basis der IoP Infrastruktur stellt die Rohdaten- bzw. Anwendungssoftwareschicht dar. Hierbei werden Rohdaten von unterschiedlicher Anwendungssoftware entlang des Produktlebenszyklus aufgenommen und teils auch in diesen gespeichert. Rohdaten sind dabei beispielsweise als CAD-Daten, Simulationsdaten oder auch Kundendaten definiert. Diese Daten werden in den dafür vorgesehenen Softwareapplikationen aufgenommen und teilweise auch erzeugt, wie beispielsweise CAD-Daten innerhalb einer CAD Software oder auch Kundendaten

[289] Vgl. Brecher et al. "*Internet of Production für agile Unternehmen*" (2017) S. 121.

[290] Vgl. Schuh et al. "*Industrie 4.0: Implement it!*" (2018) S. 35.

[291] Vgl. ebd. S. 35.

[292] Vgl. ebd. S. 30 f.

innerhalb einer Customer Relation Management (CRM) Software. Hierbei unterscheiden sich die Daten stark in den Ausprägungsformen der Vollständigkeit, der Granularität, der Semantik oder auch der Genauigkeit. Die Rohdaten- bzw. Anwendungssoftwareschicht stellt dabei Daten für die Middleware+ bereit, indem sie den Zugriff auf die Daten über Schnittstellen sicherstellt. Durch die Middleware+ werden Daten übergreifend gesammelt, aggregiert und synchronisiert, um diese dann weiter verarbeiten zu können. Die Sammlung, Aggregation und Synchronisation geschieht dabei Abhängig der jeweiligen zugrundeliegenden Fragestellung.[293]

Aufbauend auf der Middleware+ beschreiben die Autoren die Smart Data Schicht. Die Smart Data Schicht verknüpft dabei die aus der Middleware+ kommenden Daten in Bezug auf deren produktionstechnischen Zusammenhang in Form von Datenanalysen. Hierbei kommen unterschiedliche Methoden der Datenanalyse zum Einsatz, wie beispielsweise Korrelationsanalysen oder auch Meta-Heuristiken. Die Ergebnisse der Datenanalysen fließen anschließend in domänenübergreifende Datenmodelle ein, dem digitalen Schatten. Eine Speicherung der Daten erfolgt ebenfalls in der Smart Data Schicht vor dem Hintergrund einer schnellen und anwendungsgerechten Aggregation. Die Smart Data Schicht befähigt auch den multimodalen Informationszugriff der darüber liegenden Smart Expert Schicht.[294]

Die Smart Expert Schicht dient zur intelligenten Entscheidungsunterstützung im Rahmen von produktionstechnischen Fragestellungen. Hierfür ermöglicht die Schicht den Zugriff auf die Daten der Smart Data Schicht, beispielsweise über aufgabenspezifische Applikationen und Schnittstellen. Hierbei werden sogenannte Agenten eingesetzt, um relevante Informationen für Entscheidungen zusammenzutragen. Die Entscheidung selbst kann dabei entweder durch den Menschen oder automatisiert erfolgen. Erfolgt diese automatisiert, so können die Agenten die zur Umsetzung der gewählten Entscheidungsoption notwendigen Aktionen direkt auslösen.[295]

Durch die vorherigen Ausführungen der CPS bzw. CPPS, des digitalen Schattens und des IoT und des IoP wird deutlich, dass diese großen Datenmengen zu physisch ablaufenden Prozessen verarbeiten. Eine anforderungsgerechte Analyse von Daten ist ein zentraler Bestandteil für eine erfolgreiche Implementierung der Industrie 4.0. Im nachfolgenden werden daher Methoden der künstlichen Intelligenz eingeführt, welche aus den im Produktionskontext aufgenommenen Daten einen Mehrwert generieren.

[293] Vgl. Brecher et al. "*Internet of Production für agile Unternehmen*" (2017) S. 121 f.

[294] Vgl. ebd. S. 123 f.

[295] Vgl. Schuh et al. "*Industrie 4.0: Implement it!*" (2018) S. 36 f.

2.2.5 Künstliche Intelligenz

Der Begriff der künstlichen Intelligenz (Artificial Intelligence, KI) ist auf JOHN MCCARTHY und den von ihm im Jahr 1956 initiierten „Summer Research Project on Artificial Intelligence“ zurückzuführen. Ziel der Konferenz war es, jeden Aspekt des Lernens oder andere Merkmale von Intelligenz so genau zu beschreiben, dass eine Maschine diese simulieren kann.[296]

Einen weiteren Beitrag zur Definition von KI leistete ALAN TURING mit seinem Turing-Test.[297] Demnach soll eine Maschine als KI gelten, wenn Menschen nicht unterscheiden können, ob schriftliche Antworten auf ihre Fragen von einem anderen Menschen oder einer Maschine gegeben wurden.[298] Dennoch gibt es bis heute keine allgemeingültige Definition des Begriffes der Künstlichen Intelligenz.[299] Dies liegt unter anderem daran, dass sich das Verständnis von KI stetig und dynamische weiterentwickelt.[300] Die Breite von Anwendungen im Kontext der KI kann man am zuvor erwähnten Turing-Test ableiten, bei dem ein Computer in der Lage sein muss, nachfolgende Fähigkeiten aufzuweisen[301]:

- Verarbeitung natürlicher Sprache (Natural Language Processing, NLP) zur Interpretation, Generierung und Ausgabe von natürlicher Sprache
- Wissensrepräsentation, damit er speichern kann, was er weiß oder hört
- Logisches Schließen, um mit Hilfe des gespeicherten Wissen Fragen zu beantworten und neue Schlüsse zu ziehen
- Maschinelles Lernen, um sich neuen Kontexten anzupassen sowie Muster zu erkennen

Zur Einordnung von KI wird häufig die Unterscheidung in eine schwache und starke KI vorgenommen. Schwache KI fokussiert die Lösungen von konkreten Anwendungsproblemen auf Basis von Methoden aus der Mathematik und Informatik. Dabei sind die Systeme auch zur Selbstoptimierung fähig. Starke KI definiert ein KI-System, welches die gleichen intellektuellen Eigenschaften wie der Mensch hat oder diese sogar übertreffen können.[302] Es wird davon ausgegangen, dass starke KI frühestens in 20 bis 40 Jahren realisierbar ist.[303]

---

[296] Vgl. McCarthy "*A Proposal for the Dartmouth Summer Research Project on Artificial Intelligence*" (1955) S. 13.

[297] Vgl. TURING "*I.—COMPUTING MACHINERY AND INTELLIGENCE*" (1950) S. 433-434.

[298] Vgl. Russell et al. "*Künstliche Intelligenz*" (2012) S. 1177.

[299] Vgl. Mockenhaupt et al. "*Digitalisierung und Künstliche Intelligenz in der Produktion*" (2024) S. 57.

[300] Vgl. ebd. S. 57 f.

[301] Vgl. Steinwendner et al. "*Neuronale Netze programmieren mit Python*" (2020) S. 37-38.

[302] Vgl. Bundesministerium für Bildung und Forschung et al. "*Strategie Künstliche Intelligenz der Bundesregierung*" (2018).

[303] Vgl. Mockenhaupt et al. "*Digitalisierung und Künstliche Intelligenz in der Produktion*" (2024) S. 60.

Der bisherige Entwicklungspfad im Bereich der KI kann gemäß dem vorliegenden Intelligenzgrad in vier Phasen unterteilt werden: Heuristische Systeme, wissensbasierte Systeme, maschinelles Lernen und hybrid kognitive Systeme.[304] In der ersten Phase bestand die KI in einem heuristischen System. Hierbei wird ein gering strukturiertes Problem sowie unvollständige Daten mit Hilfe von Erfahrungswissen angereichet. Als zweiten Ausbaustufe gelten wissensbasierte Systeme auf Basis einer maschinellen Wissensverarbeitung mit einer manuell erstellen Wissensbasis als KI. Eine weitere Steigerung des Intelligenzgrads wurde erreicht, indem die Daten zur Wissensverarbeitung automatisiert erhoben wurde. Die Stufe ist definiert als maschinelles Lernen (ML). Die letzte Ausbaustufe bezeichnet die Kombination von Verfahren des ML und wissensbasierten Systemen. Diese Stufe stellt den heute aktuellen Stand der Forschung dar.[305] Der Entwicklungspfad von KI ist in Abbildung 2.19 dargestellt.

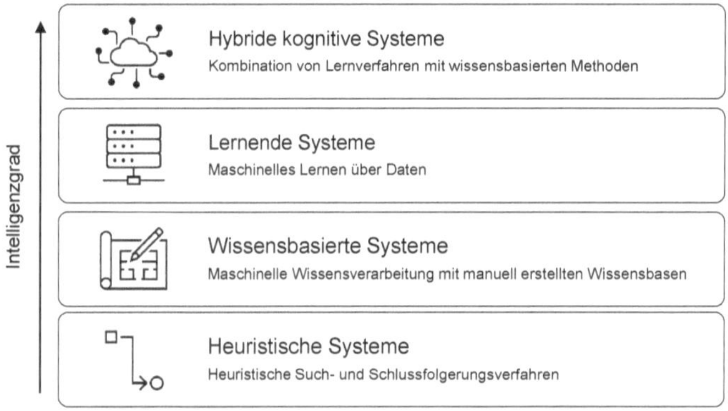

Abbildung 2.19: Phase der künstlichen Intelligenz[306]

2.2.5.1 Machine Learning

Der Begriff ML beschreibt die Fähigkeit von Computern, sich Wissen aus vorliegenden Daten selbst anzueignen. MURPHY erweitert diese Definition um die Fähigkeit, Entscheidung unter Unsicherheit treffen zu können. Ein Beispiel hierfür ist die Vorhersage von zukünftigen Datenpunkten.[307] ML ist damit ein Teilbereich der Informatik, welcher mit Hilfe von Algorithmen die Automatisierung von Lösungen für komplexe Probleme, welche mit herkömmlichen Programmiermethoden nur schwer umgesetzt werden können, anstrebt.[308] Innerhalb des ML kann eine weitere Unterteilung anhand des jeweiligen Lernparadigmas getroffen werden.[309] Dabei sind

304 Vgl. Deutsches Forschungszentrum für Künstliche Intelligenz GmbH "*Künstliche Intelligenz versus menschliche Intelligenz:*" (2017) S. 11.

305 Vgl. ebd. S. 1 f.

306 I.A.a. ebd. S. 11.

307 Vgl. Murphy "*Machine learning*" (2012) S. 1.

308 Vgl. Rebala et al. "*An Introduction to Machine Learning*" (2019) S. 1.

309 Vgl. Rebala et al. "*An Introduction to Machine Learning*" (2019) S. 1-2.

die drei Teilbereiche des überwachten Lernens, des nicht überwachten Lernens und des verstärkenden Lernens zu unterteilen.[310]

Bei Supervised Learning (SL, deutsch: überwachtes Lernen) erfolgt Lernen auf Grundlage von gekennzeichneten Trainingsdaten. Dabei ist das Ziel, von einem Input x auf einen Output y schließen zu können. Hierbei gibt man dem Modell einen Trainingsdatensatz $\mathcal{D} = \{(x_i, y_i)\}_{i=1}^{N}$, bestehend aus N Input-Output Kombinationen, den das Modell auf Muster untersucht. Dabei liegt jeder Trainings-Input x_i in Form eines Vektors vor, welcher in einfacheren Fällen beispielsweise Zahlen für die Körpergröße und Gewicht einer Person und in komplizierteren Aufgabenstellungen Bilder oder E-Mails enthalten kann. Ähnlich wie der Input kann auch der Output y_i (auch Label genannt) prinzipiell jeglicher Form entsprechen. Oft kann y_i jedoch nur einen Wert aus einer endlichen Menge annehmen, wie zum Beispiel „männlich" oder „weiblich". Ist dies der Fall spricht man von einem Klassifikationsproblem. Kann y_i dagegen jeglichen reellen Skalar annehmen, handelt es sich um ein Regressionsproblem.[311, 312, 313] Ziel ist es, nach dem Training die Verhaltensweisen auf neue Situationen erweitern zu können. Im Falle der Zuordnung von Kategorien bedeutet das, Daten korrekt zu Kategorien zuzuweisen, welche nicht Bestandteil der Trainingsdaten waren. Eine Beispielanwendung für Supervised Learning ist das Erkennen von Inhalten auf Bildern, beispielsweise das Unterscheiden von Katzen und Hunden auf Grundlage eines Trainings mit zuvor klassifizierten Bildern.[314]

Im Gegensatz dazu sind beim Unsupervised Learning (UL, deutsch: nicht überwachten Lernen) nur die Inputs $\mathcal{D} = \{x_i\}_{i=1}^{N}$ gegeben und der Algorithmus versucht, Muster durch diese Inputs zu finden. Dieses Problem ist ungenauer definiert, da keine Fehler-Metrik für den jeweiligen Anwendungsfall vorliegt und man nicht weiß, nach welchen Mustern gesucht wird. Sind im Trainingsdatensatz beispielsweise Bilder von Hunden und Katzen, könnten beim nicht überwachten Lernen sowohl Gruppen nach Tierart oder aber nach Fellfarbe gebildet werden. Das Ziel der Gruppierung ist es demnach, unbekannte Klassen in Datensätzen zu finden.[315, 316] Ein beispielhafter Anwendungsfall für UL ist die Zusammenfassung von Kundengruppen aufgrund ihres Kaufverhaltens als Grundlage für personalisierte Produktempfehlungen.[317]

Im Rahmen des Reinforcement Learning (RL), lernt der Algorithmus über eine zu maximierende Belohnungsfunktion. Dabei bekommt der Algorithmus für seine Aktionen ein positives

---

310 Vgl. ebd. S. 19 f.

311 Vgl. Wuest et al. "*Machine learning in manufacturing: advantages, challenges, and applications*" (2016) S. 30 f.

312 Vgl. Murphy "*Machine learning*" (2012) S. 2 f.

313 Vgl. Wilmott "*Grundkurs Machine Learning*" (2020) S. 23.

314 Vgl. machinelearningmastery "*How to Classify Photos of Dogs and Cats (with 97% accuracy)*" (2021).

315 Vgl. Murphy "*Machine learning*" (2012) S. 9-10.

316 Vgl. Wuest et al. "*Machine learning in manufacturing: advantages, challenges, and applications*" (2016) S. 30 f.

317 Vgl. Bozkus "*Customer Segmentation with Unsupervised Learning*" (2022).

oder negatives Feedback. Auf diesem Weg soll der Algorithmus in seinem definierten Handlungsspielraum die beste Strategie identifizieren. Diese Art von maschinellem Lernen wird oft beim Erlernen von beispielsweise Computerspielen genutzt.[318]

Innerhalb des maschinellen Lernens existieren weitere Teilbereiche, die nach Art und Ausprägung der Algorithmen zu unterscheiden sind. Innerhalb der vorliegenden Arbeit sind insbesondere die Teilbereiche der Neuronalen Netze (NN) und des Deep Learnings (DL) von Relevanz. Diese werden daher nachfolgend weiter detailliert. Die Beziehung der Teilbereiche sind in Abbildung 2.20 dargestellt.

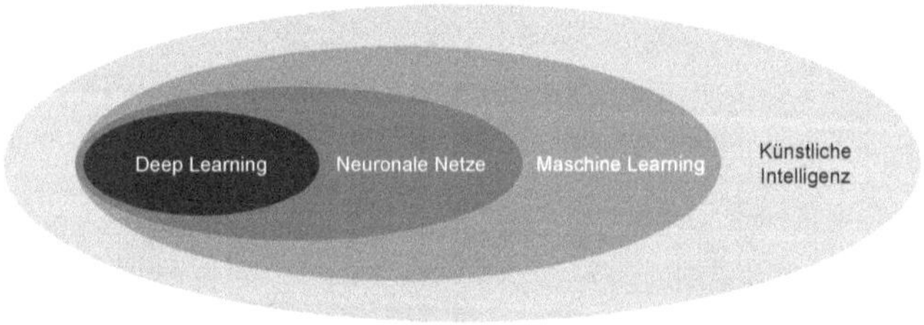

Abbildung 2.20: Venn-Diagramm der künstlichen Intelligenz[319]

2.2.5.2 Artificial Neural Networks

Artificial Neural Networks (ANN) sind ein Verfahren des maschinellen Lernens, dessen Grundidee darin besteht, die Arbeitsweise des menschlichen Gehirns zu simulieren.[320] Der Aufbau von ANN dem menschlichen Gehirn nachempfunden. ANNs bestehen aus mehreren Knoten, auch als Neuronen bezeichnet, welche durch Kanten, analog den Synapsen im menschlichen Gehirn, miteinander verbunden sind.

Die grundlegende Struktur eines neuronalen Netzes ist durch Abbildung 2.21 dargestellt. Die Input-Schicht wird durch einen Input-Vektor aktiviert. Durch die Kanten werden die Inputs dann an eine versteckte Schicht weitergeleitet. Als versteckte Schichten werden alle Schichten des ANNs bezeichnet, welche nicht Input oder Output Schicht sind. Dabei können die Anzahl der versteckten Schichten und die Anzahl der Knoten in diesen variieren. Das dargestellte ANN ist als vorwärtsgerichtet zu bezeichnen, da die mathematischen Manipulationen durch die Interaktion mit einem Input nur in eine Richtung – vom Input zum Output durchgeführt werden.[321]

---

[318] Vgl. Buxmann et al. "*Künstliche Intelligenz*" (2021) S. 11-12.

[319] I.A.a. Goodfellow et al. "*Deep learning*" (2016) S. 9.

[320] Vgl. ebd. S. 564.

[321] Vgl. ebd. S. 564 f.

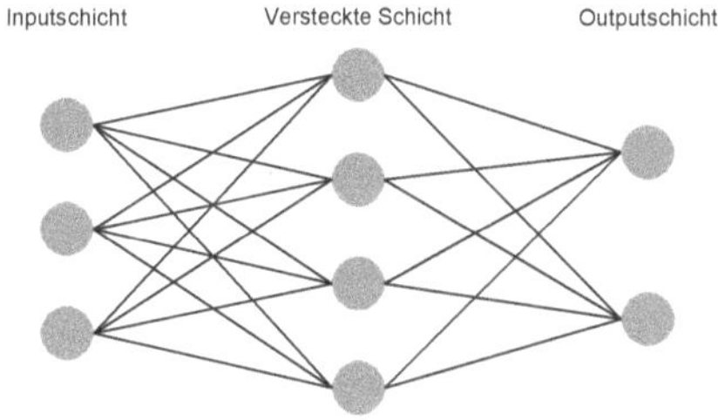

Abbildung 2.21: Grundaufbau neuronaler Netze[322]

Die grundlegende Funktionsweise von ANNs wird nachfolgend anhand der einfachsten Ausbaustufe eines ANNs erklärt, dem Perzeptron. Das Perzeptron wurde erstmals im Jahr 1957 von Frank Rosenblatt vorgestellt und enthält nur ein einzelnes Neuron.[323] Da das Perzeptron die kleinste nicht trennbare Einheit innerhalb eines ANNs darstellt, werden ANNs auch oftmals als Multi-Layer-Perceptron (MLP) genannt. Nachfolgend ist der Aufbau eines Perzeptrons dargestellt.

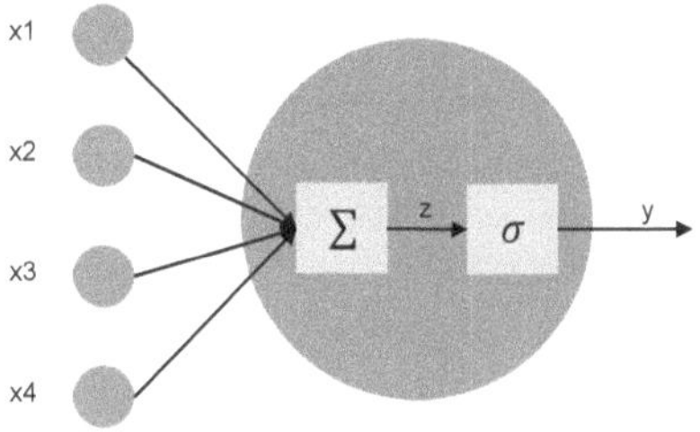

Abbildung 2.22: Aufbau eines Perzeptrons[324]

Das Neuron bekommt n numerische Werte zusammengefasst als Input- Vektor $\vec{x}$ = ($x1$, $x2$, … , xn). Den Inputs sind Gewichte $\vec{w}$ = ($w1$, $w2$, … , wn) zugeordnet, welche je nach Betrag eine verstärkende oder hemmende Wirkung haben. Ähnlich wie bei menschlichen Nervenzellen, in denen nur Signale einer gewissen Stärke weitergegeben werden, gibt es auch hier einen Schwellenwert (beschrieben mit dem englischen „bias") b. Folglich wird auf die gewichtete Summe der Inputs zuzüglich des Bias eine Aktivierungsfunktion σ angewendet. Somit lautet die Formel für den Output y des Perzeptrons[325]:

[322] Vgl. Goodfellow et al. "*Deep learning*" (2016) S. 564.

[323] Vgl. Bishop "*Pattern recognition and machine learning*" (2006) S. 229.

[324] Vgl. Steinwendner et al. "*Neuronale Netze programmieren mit Python*" (2020) S. 81.

[325] Vgl. ebd. S. 92.

$$y = \sigma(z) = \sigma(\sum_{i=1}^{n} x_i w_i + b)$$

Formel 2.1: Aktivierungsfunktion

Handelt es sich um ein Regressionsproblem wird für σ die Identität verwendet. Im Falle eines Klassifikationsproblems kann σ eine von vielen verschiedenen, nichtlinearen Aktivierungsfunktionen sein. Bei der Grundversion des Perzeptrons wird eine Stufenfunktion angewandt, während heute eine Sigmoid-Funktion verbreiteter ist:

$$\sigma(x) = f_{sigmoid}(x) = \frac{1}{1 + e^{-x}}$$

Formel 2.2: Sigmoid-Funktion

Bei einem MLP ist der Output des einen Knoten wiederum ein Inputwert der Knoten innerhalb der nachfolgenden Schicht. In diesem Fall wird von der Aktivierung $a = \sigma(z)$ gesprochen und y bezeichnet den Output des gesamten Netzes.

Um ANNs zur Lösung spezifischer Problemstellungen heranziehen zu können, ist es zunächst notwendig, das ANN auf die spezifische Problemstellung zu adaptieren. Im Rahmen des ML spricht man oftmals auch vom „Training". Die Gewichte und Biases werden dazu zunächst zufällig mit einem Wert initialisiert. Mit diesen Werten wird nun für einen Input die Prädiktionsausgabe $\hat{y}$ berechnet. Als Maß dafür, wie das Netz lernen, also die Gewichte und Biases anpassen, soll, wird die sog. Kostenfunktion (engl. „Cost function" oder „Loss function") herangezogen. Ein typischer Vertreter der Kostenfunktion ist die Methode des kleinsten quadratischen Fehlers (Mean Squared Error, MSE), welche nachfolgend ausformuliert ist.

$$C(w, b) = \frac{1}{2} \sum_{n=1}^{N} \sum_{k=1}^{K} (\hat{y}_k^{(n)} - y_k^{(n)})^2$$

Formel 2.3: Kostenfunktion mittels der Methode des kleinsten quadratischen Fehlers

Dabei sind $yk\ (n)$ die Labels für den $n\ ten$ Datenpunkt und k steht für den $k\ ten$ Knoten im Ausgabevektor.[326] Ziel des Trainingsalgorithmus ist es, die Gewichte und Biases so anzupassen, dass $C(w, b)$ und damit der Fehler so klein wie möglich wird. Dazu wird oft das stochastische Gradientenabstiegsverfahren (Stochastic Gradient Descent, SGD) verwendet. Um das Grundprinzip zu verstehen, wird zunächst angenommen, dass die Kostenfunktion C nur von zwei Variablen, $v1$ und $v2$, abhängig sei. Nun verändern wir $v1$ und $v2$ jeweils um kleine Beträge, wodurch sich C wie folgt verändert:

[326] Vgl. Wilmott "*Grundkurs Machine Learning*" (2020) S. 184.

$$\Delta C \approx \nabla C * \Delta v = \frac{\partial C}{\partial v_1}\Delta v_1 + \frac{\partial C}{\partial v_2}\Delta v_2$$

Formel 2.4: Gradientenabstiegsverfahren für Delta C

Dabei wird nun Delta v definiert als:

$$\Delta v = -\eta * \nabla C$$

Formel 2.5: Definition Delta v

wobei η einen kleinen, positiven Parameter, bezeichnet als Lernrate, darstellt, sieht man beim Einsetzen von Formel (2.5) in (2.4), dass ΔC immer negativ ist:

$$\Delta C \approx \nabla C * \Delta v = -\eta(\nabla C)^2$$

Formel 2.6: Definition Delta C

C wird also immer weiter abnehmen. Mit dieser Erkenntnis kann man den Gradientenabstieg bei neuronalen Netzen anwenden und die Parameter wie folgt anpassen[327]:

$$w_k^{neu} = w_k - \eta \frac{\partial C}{\partial w_k}$$

$$b_l^{neu} = b_l - \eta \frac{\partial C}{\partial b_l}$$

Formel 2.7: Parameter nach angewandtem Gradientenabstieg

Um dies anwenden zu können, braucht man die partiellen Ableitungen der Kostenfunktion für die Netzparameter. Da diese aber in vielfach verketteten Funktionen eingebettet sind, würde sich das Differenzieren als große Herausforderung darstellen. Um dies zu umgehen, wendet man die sogenannte Backpropagation (deutsch Fehlerrückführung oder Rückpropagierung) an. Hierbei wird der Fehler in der Ausgabeschicht des neuronalen Netzes berechnet und auf die Knoten in den vorherigen, versteckten Schichten zurückgeführt.[328]

---

[327] Vgl. Nielsen "*Neural Networks*" (2015) S. 15 f.

[328] Vgl. Wilmott "*Grundkurs Machine Learning*" (2020) S. 185.

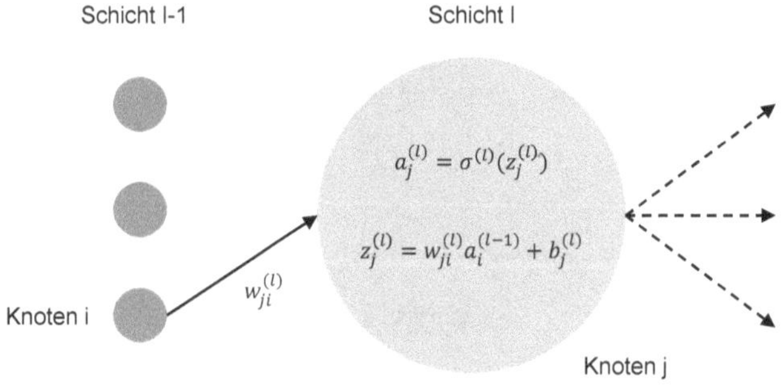

Abbildung 2.23: Schlüsselformeln eines neuronalen Netzes[329]

Beim Trainieren von ANNs gibt es einige Herausforderungen. Viele dieser Herausforderungen entstehen auf Grund einer großen Menge erlernbarer Parametern oder aus den vorliegenden Trainingsdaten. Im Folgenden sollen zwei der Herausforderungen, welche insbesondere im Rahmen der vorliegenden Arbeit relevant sind, kurz vorgestellt werden. Die beiden Herausforderungen sind das Problem der verschwindenden Gradienten und das Overfitting.

Das Problem der verschwindenden Gradienten beschreibt, dass die Anpassung der vom Netzausgang weiter wegliegenden Schichten langsamer durch die Backpropagation angepasst werden, als Schichten welche nahe am Netzausgang liegen. Dies liegt an den Gradienten, mit Hilfe derer das ANN auf spezifische Anwendungsfälle adaptiert wird. Diese Gradienten werden immer kleiner, je näher man an die erste Schicht des Netzes kommt, weshalb dortige Gewichte nicht oder nur sehr langsam korrigiert werden und sich die Performance des ANN nicht verbessert. Die Ursache für verschwindende Gradienten ist eine schlecht gewählte Kombination aus der Initialisierung der Gewichte und der verwendeten Aktivierungsfunktion. Um dies zu verhindern müssen Gewichte zufällig unter Berücksichtigung bestimmter Vorgaben initialisiert werden. Dabei müssen die Werte so initialisiert werden, dass sie entweder einer Gleichverteilung oder einer Normalverteilung entsprechen, wobei die Grenzen $(-v, v)$ bzw. Standardabweichung σ von der Schichtgröße der vorherigen $(nein)$ und der folgenden $(naus)$ Schicht abhängen. Tabelle 2.1 zeigt die jeweiligen Formeln für die bekannte Sigmoid-Aktivierungsfunktion.[330]

[329] Vgl. Wilmott "*Grundkurs Machine Learning*" (2020) S. 186.

[330] Vgl. Steinwendner et al. "*Neuronale Netze programmieren mit Python*" (2020) S. 210-211.

Tabelle 2.1: Initialisierung nach Xavier Glorot[331]

Aktivierungsfunktion	Gleichverteilung $(-v, v)$	Normalverteilung
Sigmoidfunktion	$v = \sqrt{\frac{6}{n_{ein} + n_{aus}}}$	$\sigma = \sqrt{\frac{2}{n_{ein} + n_{aus}}}$

Eine weitere Herausforderung im ML ist das Overfitting. Overfitting beschreibt die Schwierigkeit innerhalb von ML, Algorithmen so zu trainieren, dass diese auch auf Ihnen durch das Training noch nicht bekannten Daten gute Ergebnisse erzielen. Dies wird auch Generalisierungsfähigkeit genannt. Um dies zu überprüfen, wird das Modell nach jeder Trainingsepoche mit einem Validationsdatensatz getestet. Für eine hohe Generalisierungsfähigkeit muss das Modell also sowohl den Fehler im Training als auch den Abstand zwischen Trainings- und Testfehler klein halten.[332] Overfitting liegt vor, wenn es eine große Differenz im Trainings- und Testfehler gibt. Das Modell wurde dann zu stark an den Trainingsdatensatz angepasst und kann nicht gut auf neue Datenpunkte generalisiert werden. Das Gegenteil von Overfitting ist das Underfitting. Underfitting bedeutet, dass das Modell nicht auf den vorliegenden Trainingsdaten lernt, also den Fehler schon im Training nicht ausreichend verkleinert. In der nachfolgenden Abbildung ist sowohl das Underfitting, das Overfitting als auch eine angemessene Anpassung eines Algorithmus auf Trainingsdaten dargestellt. [333]

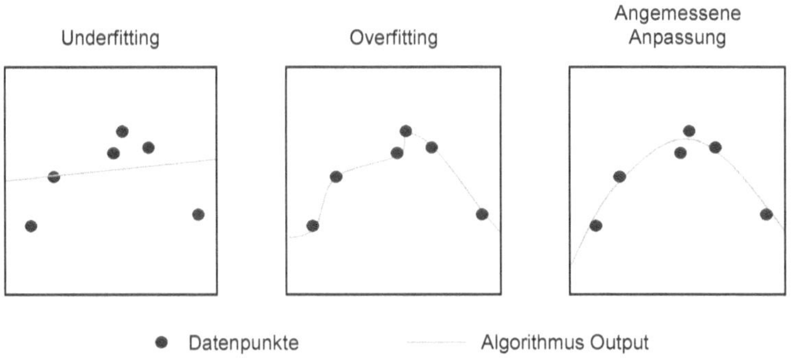

Abbildung 2.24: Beispiel für Underfitting, Overfitting und angemessene Anpassungen[334]

[331] Vgl. Glorot et al. "*Understanding the difficulty of training deep feedforward neural networks*" (2010) S. 253.

[332] Vgl. Goodfellow et al. "*Deep learning*" (2016) S. 110 f.

[333] Vgl. ebd. S. 112 f.

[334] I.A.a. ebd. S. 113.

Es wurden Methoden entwickelt, um Overfitting entgegenzuwirken. Hierbei wird unter anderem eine potenzielle Erhöhung des Trainingsfehlers in Kauf genommen. Strategien, die einen erhöhten Trainingsfehler in Kauf nehmen, werden unter dem Begriff der Regularisation zusammengefasst. Die einfachste von ihnen ist das Early Stopping (engl. für frühes Stoppen). Dies bedeutet das Stoppen des Trainingsvorgangs, sobald der Testfehler anfängt zu steigen.[335]

Anderen Methoden beeinflussen die Architektur und Parameter eines ANNs. Bekannte Beispiele dieser Kategorie sind die Batch Normalization und die Dropouts. Batch Normalization ist ein Normalisierungsverfahren, bei dem die Ausgabe einer Schicht eines ANNs innerhalb von Mini-Batches, also kleinen Teilmengen, so normalisiert wird, dass der Mittelwert nahe 0 und die Standardabweichung nahe 1 liegt.[336] Dies ist besonders sinnvoll im Zusammenhang mit der Sigmoid-Aktivierungsfunktion, da dessen Gradient bei 0 seinen höchsten Wert annimmt. Die Idee von Dropout ist es, beim Training neuronaler Netze zufällige Knoten inklusive ihrer Verbindungen auszulassen.[337] Hiermit werden die Knoten daran verhindert, sich zu stark anzupassen.

Weiterhin gibt es Methoden zur Reduzierung von Overfitting, die den Input des ANNs betreffen. Die am weitest verbreitete Methode ist dabei die Augmentation von Daten. Dabei werden vorhandene Daten leicht modifiziert, ohne die eigentliche Information zu verlieren, und dem Trainingssatz hinzugefügt. Dadurch stehen dem Modell größere Variationen innerhalb der Trainingsdaten zur Verfügung, ohne dass die reale Menge an Ausgangsdaten erhöht wird. Durch die erhöhte Variation innerhalb der Trainingsdaten wird die Generalisierungsfähigkeit des ANNs verbessert. Als besonders effektiv hat sich die Datenaugmentation bei der Erkennung von Objekten erwiesen.[338]

Tiefe neuronale Netze haben sich als die erfolgreichste Methode bei Klassifikationsproblemen herausgestellt. Um diese guten Ergebnisse zu erzielen, muss man die neuronalen Netze jedoch zuvor mit sehr großen Datenmengen trainieren. Die zentrale Herausforderung bei der Anwendung dieser Modelle ist also oft die Knappheit an Trainingsdaten. Bei zu kleinen Datensätzen kommt es häufig zu den beschriebenen Effekten des Under- und Overfittings. Ein Lösungsansatz, trotz weniger Trainingsdaten gute Zuordnungsgenauigkeiten zu erzielen, ist das Transfer Learning.[339] In Abbildung 2.13 ist das Prinzip des Transfer Learnings dargestellt. Dabei wird zunächst ein Modell mit einer sehr großen Menge an Daten trainiert. Das Modell passt dementsprechend seine Parameter, also Gewichte und Biases, an. Diese Parameter werden nun beim Training eines Modells für eine neue Aufgabe mit zu kleinem Datensatz übernommen. Dabei müssen die Architekturen der beiden Modelle übereinstimmen, lediglich

335 Vgl. Murphy "*Machine learning*" (2012) S. 572.

336 Vgl. Loffe "*Batch Normalization: Accelerating Deep Network Training by Reducing Internal Covariate Shift*" (2015) S. 3-4.

337 Vgl. Srivastava "*Dropout: A Simple Way to Prevent Neural Networks from Overfitting*" (2014) S. 1929 f.

338 Vgl. Goodfellow et al. "*Deep learning*" (2016) S. 240.

339 Vgl. Alzubaidi et al. "*Review of deep learning: concepts, CNN architectures, challenges, applications, future directions*" (2021) S. 42 f.

die Ausgabeschicht wird entsprechend der Klassenanzahl angepasst. Das neue Modell hat also vor dem eigentlichen Trainingsvorgang schon eine gewisse Generalisierungsfähigkeit erlernt und startet somit nicht von null. Es findet nur noch ein Fine-Tuning auf den neuen Datensatz und somit die neuen Klassen statt. Man nennt diesen Vorgang auch Pretraining, also Vortrainieren.

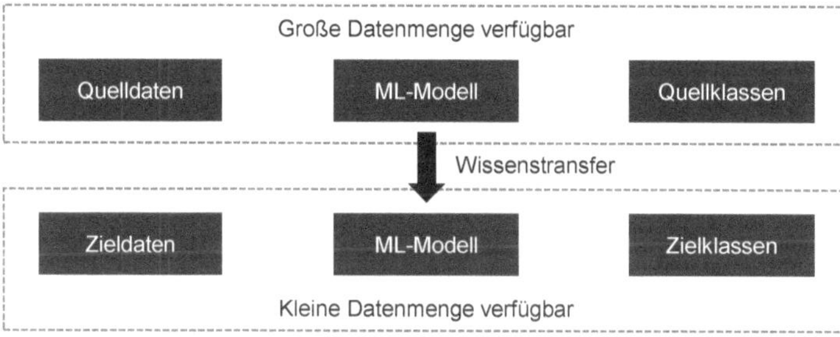

Abbildung 2.25: Prinzip des Transfer-Learnings[340]

2.2.5.3 Computer Vision

Ein für diese Arbeit relevanter und im Bereich der ANNs typischer Anwendungsfall ist Computer Vision (CV). CV ist ein Teilgebiet der Informatik, welches sich damit befasst, wie Computer Objekte und Personen auf Bildern und in Videos erkennen und verstehen können.[341] CV umfasst hierzu Methoden zur Aufnahme von Daten, der Verarbeitung von Daten, der Analyse von Daten und dem Erzeugen von Informationen und Wissen auf Basis der Daten.[342] Dabei wird versucht, mit einem Computer die Fähigkeiten des Menschen nachzuahmen und hierdurch unterschiedliche Tätigkeiten zu automatisieren.[343] Typische Anwendungsfälle von CV sind das räumliche Erfassung von Gegenständen und Szenen, das Erkennen von Objekten, die Interpretation von Bewegungen, die autonome Navigation und das Greifen von Objekten mit Hilfe von Robotern. Seit dem Jahr 2010 spielt insbesondere KI innerhalb der CV eine zentrale Rolle.[344] Zahlreiche, heute existierende KI-Methoden wurden durch visuelle Problemstellungen der CV motiviert.[345]

Die Aufnahme und Verarbeitung der Daten stellt die Grundlage zur Analyse und Informationsextraktion innerhalb der CV dar. Die Aufnahme der Daten erfolgt meist in Form von Bildern

---

[340] Vgl. Alzubaidi et al. "*Review of deep learning: concepts, CNN architectures, challenges, applications, future directions*" (2021) S. 43.

[341] I.A.a. Microsoft Azure "*Computer Vision*" (2024).

[342] Vgl. "*Handbook of computer vision and applications*" (1999) S. 1-2.

[343] Vgl. Microsoft Azure "*Computer Vision*" (2024).

[344] Vgl. Szeliski "*Computer vision*" (2022) S. 10.

[345] Vgl. Sblatnig et al. "*Einführung in Computer Vision*" S. 1.

oder kurzen Videosequenzen. Daneben können auch Punktewolken durch beispielsweise LiDAR Sensoren aufgenommen werden. Eine Herausforderung innerhalb der CV ist die Verarbeitung höherdimensionaler Daten, wie beispielsweise den Punktewolken.[346] Die höheren Dimensionen der Daten verursachen oftmals Engpässe in der digitalen Signalübertragung oder auch der Speicherung dieser. Zudem stellt die Visualisierung von 3D-Daten eine Herausforderung dar.[347]

Auf der Datenaufnahme aufbauend folgt die Verarbeitung und Analyse der Daten. Hierbei ist in den letzten Jahren der Trend zu beobachten, dass im Bereich der CV immer häufiger Deep Learning (DL) Algorithmen zum Einsatz kommen.[348] DL beschreibt eine Kategorie von NN, welche besonders viele verborgene Schichten besitzen. Per Definition ist ein NN Algorithmus dem DL zuzuordnen, wenn mehr als drei verborgenen Schichten zum Einsatz kommen. Heutige DL Anwendungsfälle sind insbesondere das Klassifizieren, Identifizieren und Nachverfolgen von Objekten.[349]

Ein oftmals innerhalb der CV zum Einsatz kommender DL Algorithmus sind Convolutional Neural Networks (CNNs). CNNs sind spezialisierte mehrschichtige Feedforward-Netzwerke zum Verarbeiten von gitterartig aufgebauten Daten wie beispielsweise Bildern. Die Bezeichnung CNN beschreibt, dass das Netzwerk in mindestens einer Schicht die diskrete Faltung (Konvolution, engl. Convolution) statt der üblichen Matrixmultiplikation als mathematische Operation anwendet.[350] In Abbildung 2.26 ist ein Beispiel eines CNNs dargestellt, welches nachfolgend detailliert wird.

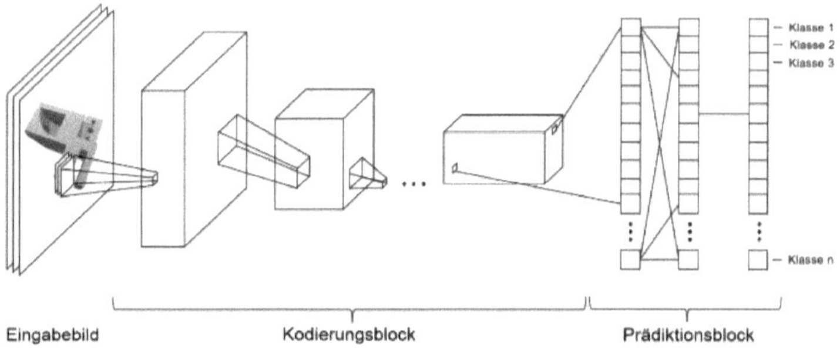

Abbildung 2.26: Architektur eines CNNs[351]

CNNs bestehen aus einem Kodierungs- und einem Prädiktionsblock. Der Kodierungsblock setzt sich aus einer Folge mehrerer Convolutional Module zusammen. Diese bestehen wiederum jeweils aus Convolutional Layer (Faltungsschicht), Activation Layer (Aktivierungsschicht)

[346] Vgl. Szeliski "*Computer vision*" (2022) S. 2.

[347] Vgl. ebd. S. 2-3.

[348] Vgl. Microsoft Azure "*Computer Vision*" (2024).

[349] Vgl. ebd.

[350] Vgl. Goodfellow et al. "*Deep learning*" (2016) S. 330.

[351] I.A.a. Steinwendner et al. "*Neuronale Netze programmieren mit Python*" (2020) S. 199.

und Pooling Layer. Der Prädiktionsblock könnte theoretisch aus jeglichem ML-Verfahren bestehen, ist aber in der Regel ein herkömmliches neuronales Netz. Dieses vollständig verbundene neuronale Netz (Fully Connected Network, CNN) braucht einen eindimensionalen Vektor als Input, weshalb der letzte Pooling-Block zunächst in einen solchen Vektor umgeformt wird. Das Netz lernt dann, den Input mit Hilfe der kodierten Muster einer Klasse zuzuordnen. Im abgebildeten Fall ist der Input ein Bild, wobei die drei Schichten die RGB-Pixelwerte (Rot, Grün, Blau) darstellen.

Der strukturierte Aufbau von CNNs ermöglicht in der Praxis zumeist eine vereinfachte Implementierung im Vergleich zu anderen Klassifikationsalgorithmen. Mit Hilfe von Transfer Learning können CNNs zudem auf neue Problemstellungen übertragen werden. Dies ermöglicht die Applikation dieser auf Problemstellungen mit kleinen Datenmengen. Gleichzeitig können durch das Transfer Learning längere Trainingszeiten umgangen werden. Aufgrund dieser Vorteile wurden in den letzten Jahren einige neue CNN-Architekturen erforscht, welche dabei neue Höchstwerte in der Zuordnungsgenauigkeit innerhalb von Benchmark-Datensätzen erreicht haben.[352]

Um DL Anwendergerecht nutzen zu können, wurden über die letzten 10 Jahre wurden Vielzahl von DL Programmbibliotheken für unterschiedliche Programmiersprachen entwickelt. Heute spielen die Programmbibliotheken PYTORCH und TENSORFLOW eine führende Rolle, was unter anderen durch die Nutzungshäufigkeit innerhalb neuerer Veröffentlichungen im Bereich der CV untermauert werden kann.[353] TENSORFLOW wurde von GOOGLE entwickelt, während PYTORCH von META entwickelt wurde.[354] Die Anwendungsfälle für beide Programmbibliotheken sind breit und über unterschiedliche Industrien gefächert, PYTORCH kommt beispielsweise innerhalb der Entwicklung des TESLA Autopiloten zum Einsatz.[355]

---

[352] Vgl. Steinwendner et al. "*Neuronale Netze programmieren mit Python*" (2020) S. 204.

[353] Vgl. Szeliski "*Computer vision*" (2022) S. 244.

[354] Vgl. OpenCV "*PyTorch vs TensorFlow in 2025: A Comparative Guide of AI Frameworks*" (2024).

[355] Vgl. analyticsindiamag "*Hiw Tesla Uses PyTorch*" (2019).

2.3 Identifikationssysteme

Im nachfolgenden Kapitel werden die Grundlagen der Identifikationssysteme eingeführt. Zunächst folgt eine Definition der Begrifflichkeiten Materialfluss, Informationsfluss, Identifikationssystem, Identifikation und Rückverfolgbarkeit. Aufbauend folgt eine Detaillierung der Komponenten eines Identifikationssystems. Vertieft wird zudem die Applikation von Identifikationssystemen in Unternehmen nach dem Stand der Technik.

2.3.1 Begriffsbestimmung und Einordnung

Um die Begrifflichkeit des Identifikationssystems einordnen zu können, ist es zunächst notwendig, die Begriffe Materialfluss und Informationsfluss einzuführen. Als Materialfluss werden nach VDI 2411 alle Vorgänge und deren Verkettung beim Gewinnen, Be- und Verarbeiten sowie bei der Verteilung von stofflichen Gütern innerhalb bestimmter, festgelegter Produktions-, Lager- und Transportbereiche verstanden.[356] Als Informationsfluss wird im Rahmen dieser Arbeit die Menge der zur Steuerung des Materialflusses notwendiger Informationen und deren Austausch bezeichnet, in Anlehnung an vorherige Ausführungen.[357]

Identifikationssysteme hingegen stellen das Bindeglied zwischen dem Materialfluss und dem Informationsfluss dar.[358] Der Begriff Identifikationssystem beschreibt ein technisches System, welches das automatisierte Identifizieren von Objekten ermöglicht. Die Identifikation kann dabei entweder über eine Kennzeichnung des Objektes erfolgen, oder über die natürlichen Eigenschaften des Objektes selbst.[359] Werden die Objekte gekennzeichnet, so kommen Datenträger unterschiedlicher Ausprägung zum Einsatz, welche an dem zu identifizierenden Objekt angebracht werden.[360] Ein Identifikationssystem umfasst neben einer Leseeinheit auch eine Auswerteeinheit zur Steuerung des Identifikationsprozesses und der Verarbeitung von Daten.[361]

Unter dem Begriff Identifikation existieren je nach Fachdisziplin unterschiedliche Definitionen. Im Kontext der Logistik wird unter Identifikation ein Vorgang verstanden, welcher zur eindeutigen Erkennung von Personen oder auch Objekten dient. Die Identifikation erfolgt dabei anhand von definierten, kennzeichnenden Merkmalen.[362] Hierbei ist eine Abgrenzung zum Be-

[356] Vgl. VDI/VDE "*VDI/VDE (VDI 2411)*" (1970).

[357] Vgl. Arnold et al. "*Materialfluss in Logistiksystemen*" (2019) S. 1 f.

[358] Vgl. Verein deutscher Ingenieure "*Verein deutscher Ingenieure (VDI 4416)*" (2015) S. 3.

[359] Vgl. ebd. S. 3.

[360] Vgl. ebd. S. 4.

[361] Vgl. ebd. S. 3-4.

[362] Vgl. Arndt "*Bauteilindividuelle und verfahrensspezifische Kennzeichnung und Identifikation für die Additive Fertigung*" (2018) S. 125.

griff der Authentifizierung vorzunehmen. Die Authentifizierung beschreibt einen sich der Identifikation anschließenden Prozess, bei dem die aus der Identifikation aufgenommen Daten auf Validität überprüft werden.[363]

Zuletzt ist der Begriff der Nachverfolgbarkeit (Tracability) im Rahmen der vorliegenden Dissertation von Relevanz. Die Nachverfolgbarkeit beschreibt das Vermögen, den Werdegang, die Verwendung oder den Ort eines Objektes anhand aufgezeichneter Informationen verfolgen zu können. Im Sinne eines Produktes betrifft die Rückverfolgbarkeit dabei konkret die Herkunft von Materialien und Teilen eines Produktes, die Verarbeitungshistorie eines Produktes und auch den Verbleib eines Produktes.[364] Zum besseren Verständnis der Beziehung der zuvor eingeführten Begriffe dient die nachfolgende Abbildung 2.27.

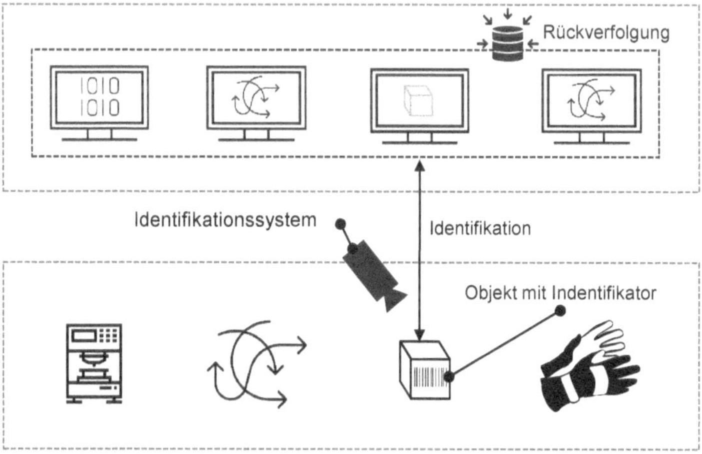

Abbildung 2.27: Schnittstelle zwischen Material- und Informationsfluss[365]

2.3.2 Komponenten

Durch die Optimierung von Logistik- und Materialflussvorgängen ist heute noch ein erhebliches Rationalisierungspotential möglich. Identifikationssysteme sind hierfür der Schlüssel. Diese bilden die Schnittstelle zwischen dem digitalen Informationsfluss und dem physischen Materialfluss ab. Identifikationssysteme sind innerhalb der VDI 4416 detailliert[366]. Die Richtlinie fo-

[363] Vgl. Jahnke et al. "*Production-Integrated Markings for Traceability of AM Parts in the Context of Industry 4.0*" (2016) S. 2395.

[364] Vgl. Deutsches Institut für Normung DIN "*Deutsches Institut für Normung DIN (DIN ISO 8402)*" (1995) S. 21.

[365] *Eigene Darstellung.*

[366] Vgl. Verein deutscher Ingenieure "*Verein deutscher Ingenieure (VDI 4416)*" (2015) S. 3 f.

kussiert dabei die auf den Markt befindlichen Identifikationssystemen, welche eine Identifikation auf Basis eines an ein Objekt angebrachten künstlichen Datenträger realisieren. Die Richtlinie dient Planern, Betreibern und Herstellern als Entscheidungshilfe für die Vorauswahl eines für den jeweiligen Anwendungsfall passenden Identifikationssystems.[367]

Ein Identifikationssystem besteht nach der VDI 4416 aus einer Kennzeichnung und einer Identifikation. Eine Kennzeichnung in Form eines künstlichen Datenträgers ist immer dann erforderlich, wenn die natürlichen Eigenschaften eines Objektes nicht für eine Identifikation ausreichen.[368]

Die zur Identifikation herangezogenen stationären oder mobilen Schreib- und Lesegeräte besitzen eine Sende- und Empfangseinrichtung für die Aufnahme von Daten vom Datenträger des Objektes oder zur Übertragung von Daten auf den Datenträger. Die Übertragung hierbei entweder berührend oder berührungslos funktionieren. Aufgenommene Signale werden in einer Auswerteeinheit in Daten umgewandelt und an eine übergeordnete Datenverarbeitungsebene weitergeleitet. Der Prozess des Auslesens eines Datenträgers bis hin zur Weiterleitung der Daten an die übergeordnete Datenverarbeitungsebene wird nach der VDI 4416 als Identifikation bezeichnet.[369] Abbildung 2.28 zeigt den Aufbau eines Identifikationssystems nach VDI 4416. Hierbei wurde das Identifikationssystem um die Ausführungen von Arndt ergänzt, welcher den Datenträger weiter in die drei Elemente Objekt, Kennzeichnungsträger und Identifikator unterteilt hat.[370]

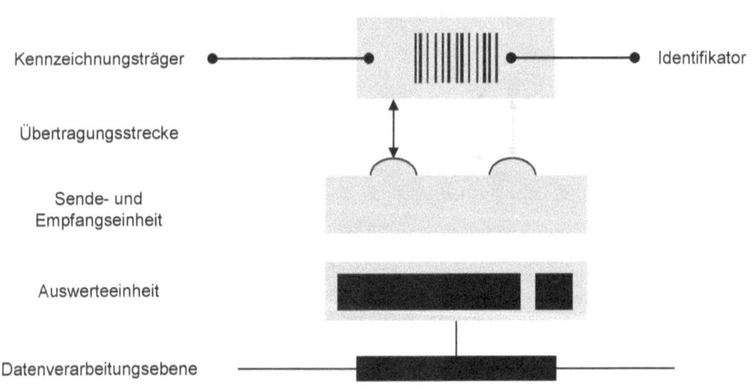

Abbildung 2.28: Aufbau eines Identifikationssystems[371]

[367] Vgl. Verein deutscher Ingenieure "*Verein deutscher Ingenieure (VDI 4416)*" (2015) S. 2-3.

[368] Vgl. ebd. S. 3.

[369] Vgl. ebd. S. 4.

[370] Vgl. Arndt "*Bauteilindividuelle und verfahrensspezifische Kennzeichnung und Identifikation für die Additive Fertigung*" (2018) S. 39 f.

[371] I.A.a. Verein deutscher Ingenieure "*Verein deutscher Ingenieure (VDI 4416)*" (2015) S. 3.

Da die Identifikation von Bauteilen in APS Gegenstand der vorliegenden Dissertation ist, wird nachfolgend speziell auf die Bestandteile eines Identifikationssystems eingegangen. Dies geschieht in drei gesonderten Kapiteln: Kennzeichnungsträger und Identifikator, Ausleseeinheit und Datenverarbeitung.

2.3.2.1 Identifikator und Kennzeichnungsträger

Innerhalb von Identifikationssystemen kommen unterschiedliche Identifikatoren zum Einsatz.[372] Die Identifikatoren können in Anlehnung an Arndt anhand des physischen Wirkprinzips unterschieden werden. Daneben existiert auch die zuvor beschriebene Möglichkeit, Teile des Objektes selbst als Identifikator zu nutzen.[373] Abbildung 2.29 fasst die nachfolgend detaillierten Ausprägungen der Identifikatoren zusammen. Eine Unterscheidung kann in optische, mechanische, magnetische, elektronische als auch objektspezifische Wirkweisen getroffen werden.

Mechanische Identifikatoren nutzen topographische Oberflächenstrukturen, welche über induktive oder kapazitive Sensoren ausgelesen werden können. In die Strukturen sind binärcodierte Informationen eingelassen. Die Identifikatorart kommt in der Praxis aufgrund geringer Informationsdichte, einer hohen Hürde zur Änderung der Information und hohen Kosten kaum zum Einsatz.[374]

Magnetische Identifikatoren besitzen magnetisierbare Schichten, welche sich mittels induktiver Schreib- und Leseköpfe beschreiben bzw. auslesen lassen. Diese kommen in der industriellen Praxis ähnlich selten wie mechanische Identifikatoren zum Einsatz, da magnetische Identifikatoren empfindlich gegenüber Magnetfeldern sind. Zudem muss der Schreib- bzw. Auslesevorgang unter hoher Präzision erfolgen.[375]

Optisch auslesbare Sensoren kommen hingegen oftmals in der Praxis zum Einsatz. Das optische Auslesen beruht auf dem Prinzip, dass mittels einer Lichtquelle die Oberfläche des Identifikators beleuchtet wird. Mit Hilfe optischer Sensorik werden die vom Identifikator reflektierten Muster erkannt, ausgewertet und weiterverarbeitet. Eine Übersicht optischer Identifikatoren gibt Arndt. Nach Arndt sind die relevantesten optischen Identifikatoren die Klarschrift, der Barcode, der Postnet Code, der Stapelcode und der Matrixcode. Zur letzterem zählt auch beispielsweise der bekannte QR-Code.[376]

Neben den mechanischen, magnetischen und optischen Identifikatoren existieren elektronische Identifikatoren. Diese bieten die Möglichkeit, Bauteile berührungslose, ähnlich der optischen Identifikatoren, zu identifizieren. Die am häufigsten zum Einsatz kommende Technologie ist die Radio Frequency Identification (RFID) Technologie. Die Technologie basiert auf

[372] Vgl. Verein deutscher Ingenieure "*Verein deutscher Ingenieure (VDI 4416)*" (2015) S. 4-5.

[373] Vgl. ebd. S. 3.

[374] Vgl. Arndt "*Bauteilindividuelle und verfahrensspezifische Kennzeichnung und Identifikation für die Additive Fertigung*" (2018) S. 40.

[375] Vgl. ebd. S. 40-41.

[376] Vgl. ebd. S. 41-42.

elektromagnetischen Wechselfeldern. Der Identifikator besteht hierzu aus einem Datenspeicher, einem A/D-Wandler, einer Antenne und einem Microcontroller. Je nach Art ist der Identifikator wiederbeschreibbar oder nicht. Eine weitere Unterscheidung von RFID Identifikatoren kann anhand der Stromversorgung vorgenommen werden, wobei die passive Versorgung über ein elektromagnetisches Feld des Lesegeräts am häufigsten vorkommt. Die daraus gewonnene Energie wird genutzt, um ein Signal über die im RFID Identifikator verbaute Antenne an die Ausleseeinheit zu senden. Eine technologische Ausprägung der RFID Technologie ist die Near-Field Communication (NFC) Technologie. Diese ist insbesondere im Consumer-Bereich weit verbreitete, da sich die Identifikatoren über neuere Mobiltelefone auslesen lassen. [377]

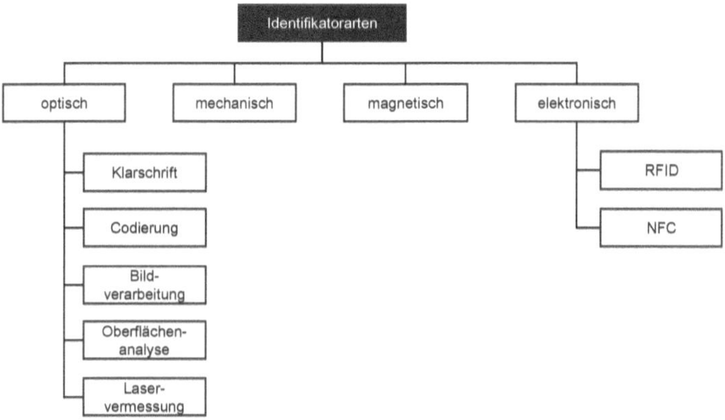

Abbildung 2.29: Übersicht Identifikatorarten[378]

Ein Identifikator muss auf das zu identifizierende Objekt auf- oder in das Objekt eingebracht werden. Hierfür ist ein Kennzeichnungsträger notwendig. Arndt hat bereits im Kontext der Bauteilnachverfolgung innerhalb des AM-Bereichs eine Unterscheidung in Frage kommender Kennzeichnungsträger vorgenommen. Arndt unterscheidet hierbei zwischen drei räumlichen Ausprägungen volumenintegriert, oberflächenintegriert und körperumschließend.[379] Da Ziel der vorliegenden Dissertation die Identifikation von Bauteilen über deren Eigenschaften ist, werden die unterschiedlichen Kennzeichnungsträger an dieser Stelle nicht weiter beleuchtet.

2.3.2.2 Ausleseeinheit

Die Hauptfunktion der Ausleseeinheit liegt in der Abwicklung der Kommunikation zwischen dem Identifikator und der jeweils übergeordneten Datenverarbeitungsebene. Hierfür sind nach VDI 4416 unterschiedliche Arten von Ausleseeinheiten anhand des physischen Wirkprinzips

---

[377] Vgl. Arndt "*Bauteilindividuelle und verfahrensspezifische Kennzeichnung und Identifikation für die Additive Fertigung*" (2018) S. 43.

[378] Vgl. ebd. S. 40.

[379] Vgl. ebd. S. 46.

zu unterscheiden.[380] Beispiele sind Optoelektronische Ausleseeinheiten, Laserscanner, Kamerasysteme, Touchreader oder auch elektromagnetische Ausleseeinheiten.[381] Nachfolgend wird eine Auswahl relevanter Ausleseeinheiten in deren Funktionsweise detailliert.

Optoelektronische Ausleseeinheiten ermöglichen eine schnelle Erfassung von Informationen, die in Form von Barcodes vorliegen. Typische Geräte, welche nach der Funktionsweise arbeiten sind Lesestifte, Durchzugleser oder Einbauleser. Allen Ausprägungen ist gemein, dass der Barcode an einer optischen Tastspitze vorbeigeführt wird. Die Tastspitze besteht dabei aus einer LED, welche diffuses Licht auf den Barcode wirft. Mittels eines optischen Systems wird das vom Barcode reflektierte Licht gemessen und in ein Signal überführt. Eine integrierte Auswerteeinheit decodiert die Signale und stellt diese für eine Weiterverarbeitung zur Verfügung.[382] Touchreader funktionieren nach einem ähnlichen Prinzip. Hierbei sind nur mehrere LEDs verbaut.[383]

Laserscanner basieren auf einem ähnlichen Prinzip wie optoelektronische Ausleseeinheiten. Statt einer diffusen Lichtquelle kommt hierbei ein Laser zum Einsatz, welcher mit einer hohen Geschwindigkeit einen durch die Laserebene geführten Barcode abtastet. Das reflektierte Licht wird von einem Fotoempfänger in ein Signal überführt, woraus wiederum eine Auswerteeinheit Daten für die Weiterverarbeitung bereitstellt.[384]

Zuletzt stellen Kamerasysteme inkl. angeschlossenem Bildverarbeitungsrechner eine weitere relevante Ausleseeinheit dar. Neben der Identifikation der Bauteil wird auch die teilweise Positionierungsbestimmung ermöglicht. Kamerasysteme ermöglichen sowohl die Erfassung künstlicher Kennzeichnungsträger optischer Ausprägung als auch eine Identifikation von Objekten anhand derer einzigartiger Merkmale. Kamerasysteme sind heute als ein Standard in der Automatisierungstechnik anzusehen. Ein Kamerasystem besteht grundsätzlich aus den folgenden Komponenten: Der Beleuchtungseinheit, der Kamera inkl. Bildsensor, der Bildverarbeitungshardware, der Datenausgabe und der Identifikationssoftware. Das Objekt wird bei Kamerasystemen mittels der Kamera erfasst. Die Beleuchtungseinheit sorgt dabei für optimale Lichtverhältnisse. Das aufgenommene Bild wird im Anschluss vorverarbeitet, hierfür kommen Verfahren wie beispielsweise die Rauschunterdrückung zum Einsatz. Anschließend werden die zur Identifikation des Objekts relevanten Merkmale extrahiert. Neben deterministischen Algorithmen kommen dazu immer öfter CV-Algorithmen zum Einsatz. Der Identifikation folgt die Decodierung und Zuordnung des Objektes. Hierfür muss das Kamerasystem entsprechend mit der übergeordneten Datenverarbeitungsebene kommunizieren können.[385]

---

[380] Vgl. Verein deutscher Ingenieure "*Verein deutscher Ingenieure (VDI 4416)*" (2015) S. 3.

[381] Vgl. ebd. S. 12 f.

[382] Vgl. ebd. S. 12.

[383] Vgl. ebd. S. 12 f.

[384] Vgl. ebd. S. 13.

[385] Vgl. ebd. S. 14.

2.3.2.3 Datenverarbeitung

Zum Verständnis der Datenverarbeitung ist zunächst der Begriff Daten zu definieren. In der Literatur existiert es kein einheitliches Verständnis des Begriffs. Nach ENGESSER sind Daten maschinell verarbeitbare Signale, die durch digitale Zeichen beschrieben werden.[386] Zeichen wiederum sind Elemente einer endlichen Menge. Ein Signal bezeichnet eine feststellbare Veränderung, welche sich durch Messgeräte erfassen lässt. Die Veränderung kann beispielsweise in Form von Zeichen, Strichen, Tönen oder Farbveränderungen vorliegen. Typische Messgeräte sind Scanner, Kameras oder auch Mikrophone. Eine endliche Folge von Signalen räumlicher und zeitlicher Anordnung wird als Nachricht bezeichnet. Daten, Zeichen als auch Signale werden zur Darstellung von Informationen verwendet. Abbildung 2.30 zeigt den detaillierten Zusammenhang.[387]

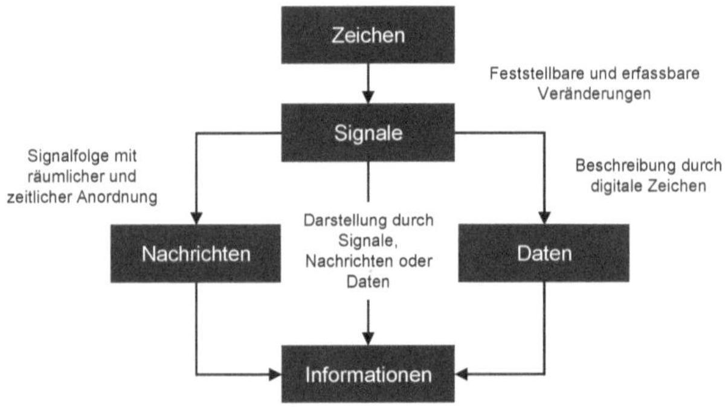

Abbildung 2.30: Aufbau von Informationen[388]

In der Literatur existieren unterschiedliche Ansätze um Daten zu typologisieren. Speziell in der Produktionstechnik hat sich die Gruppierung von Daten nach Beständigkeit und nach Verwendungszweck etabliert. Innerhalb der Gruppierung nach Beständigkeit werden typischerweise Bestands- und Bewegdaten unterschieden. Hingegen sind typische Beispiele für eine Unterscheidung nach Verwendungszweck Ordnungsdaten und Mengendaten.[389, 390]

Im Kontext der digitalen Auftragsnachverfolgung wird durch das jeweilige Identifikationssystem mit Hilfe des jeweiligen Identifikationsmechanismus ein Signal erzeugt, welches durch die Ausleseeinheit in Daten umgewandelt wird. Diese Daten werden dann in Form einer Information

[386] Vgl. Engesser "*Duden Informatik. Ein Sachlexikon für Studium und Praxis. 2. vollst. überarb. und erw. Aufl*" (1993) S. 316 f.

[387] Vgl. ebd. S. 317 f.

[388] Vgl. ebd.

[389] Vgl. Scheer "*Wirtschaftsinformatik*" (1990).

[390] Vgl. Mertens "*Integrierte Informationsverarbeitung 1*" (2013) S. 39 f.

an eine übergeordnete Datenverarbeitungsebene weitergeleitet. Diese Datenverarbeitungsebene sind typischerweise digitale Unternehmenssysteme wie ein ERP oder MES. Die Grundlagen hierzu wurden bereits in Kapitel 2.2.3.1 eingeführt.

Damit die Information aus der Identifikation genutzt werden kann, muss die Information in der übergeordneten Datenverarbeitungsebene in Kontext gesetzt und relevante Metainformationen ergänzt werden. Hierzu sind die Daten in ihrem Zusammenhang zu modellieren. Dies geschieht in Datenmodellen. Ein Datenmodell beschreibt formal alle Daten, die Bestandteil einer Datenbank sind als auch die Beziehung dieser Daten untereinander.[391] Datenmodelle erzeugen Transparenz über die informationellen Zusammenhänge betrieblicher Prozesse. Die Abbildung der Strukturen von Daten dient zudem zur Dokumentation ablaufender Prozesse. Die entstehenden Datenstrukturen sind damit der Beschreibungsgegenstand eines jeden Datenmodells.[392] Datenmodelle sind ein zentraler Bestandteil von Informationssystemen wie einem ERP oder MES.[393]

ENGESSER schlägt eine Unterteilung von Datenmodellen in drei Typen, gemäß deren Aufbaustruktur, vor: Hierarchische Datenmodelle, Netzwerkdatenmodelle und relationale Datenmodelle. Das hierarchische Datenmodell weit eine Baumstruktur auf. Diese ist insbesondere einfach durch physikalische Speicherstrukturen abzubilden, zeigt sich allerdings in der Praxis nur für hierarchische Problemstellungen praktikabel. Netzwerkdatenmodelle hingegen weisen eine Graphenstruktur auf. Damit liegt der wesentliche Vorteil in einer verbesserten Darstellung des Anwendungsfalls. Allerdings ist die Speicherung aufwändiger. Relationale Datenmodelle bilden Daten innerhalb von Tabellenstrukturen ab. Hierbei werden alle Objekte und deren Beziehung über Tabellen dargestellt. Dies sorgt für eine für den Menschen übersichtliche Darstellung bei gleichzeitig einfacher Speicherbarkeit auf physischen Speichern.[394]

Datenmodelle werden in der Praxis über Datenbanksysteme gespeichert und für den jeweiligen Anwendungsfall bereitgestellt. Datenbanksysteme sind zumeist ein zentraler Bestandteil der Informationssysteme. Datenbanksysteme sind heute essentiell für die industrialisierte Arbeitswelt.[395] Datenbanksysteme bestehen aus zwei Bestandteilen: Dem Datenbankmanagementsystem und der Datenbank. Datenbanksysteme lassen sich über das Datenbankmanagementsystem von unterschiedlichen Anwendungsprogrammen abfragen. Das Datenbankmanagementsystem greift dabei wiederum auf die eigentliche Datenbank zurück und gibt die entsprechend angefragten Daten an das Anwendungsprogramm zurück.[396]

---

[391] Vgl. Engesser "*Duden Informatik. Ein Sachlexikon für Studium und Praxis. 2. vollst. überarb. und erw. Aufl*" (1993) S. 169.

[392] Vgl. Loos "*Datenstrukturierung in der Fertigung*" (1992) S. 4.

[393] Vgl. Kelzenberg "*Datenstrukturmodell für den digitalen Schatten der Auftragsabwicklung von Werkzeugbaubetrieben*" (2019) S. 32.

[394] Vgl. Engesser "*Duden Informatik. Ein Sachlexikon für Studium und Praxis. 2. vollst. überarb. und erw. Aufl*" (1993) S. 163 f.

[395] Vgl. ebd. S. 157.

[396] Vgl. Scheer "*Wirtschaftsinformatik*" (1990) S. 13.

Im Kontext der digitalen Auftragsnachverfolgung werden die vom Identifikationsgerät kommenden Daten durch eine Anwendungssoftware mit relevanten Metadaten aus unterschiedlichen Datenbanksystemen ergänzt und damit in einen größeren Kontext gesetzt. Die gezielte Datenverarbeitung ermöglicht es damit, dem Nutzenden des Identifikationssystems für den jeweiligen Anwendungsfall relevante Metainformationen, beispielsweise in Form von weiteren Arbeitsanweisungen, bereitzustellen.

2.4 Handlungsbedarf aus der Praxis

In diesem Kapitel folgt die Zusammenfassung der Herausforderungen und die Ableitung des in der Praxis bestehenden Handlungsbedarfs. Aus Kapitel 2.1 geht eine hohe Komplexität von AM-Prozessfolgen innerhalb von APS hervor. Dies liegt an der Kombination unterschiedlicher AM-Verfahren als auch AM-Nachbearbeitungsverfahren innerhalb eines APS. Zur Beherrschung der Komplexität wird in der industriellen Praxis oftmals auf Mitarbeitende gesetzt, welche die Komplexität der werkstattartigen Ausprägungen der APS mittels natürlicher Intelligenz beherrschbar machen. Eine breitere industrielle Anwendung von AM setzt die Industrialisierung der Technologie voraus. Im Folgenden werden die Herausforderungen auf der Praxis zusammengefasst, als auch die Chancen für den AM-Bereich beschrieben, die sich durch den Einsatz von KI in der digitalen Auftragsnachverfolgung ergeben.

2.4.1 Herausforderungen

AM-Verfahren stehen heute auf der Schwelle zur Industrialisierung. Dies kann unter anderem mit einem starken Wachstum des AM-spezifischen Marktes für Automatisierungslösungen belegt werden.[397] Eine Industrialisierung von APS führt zu einer Erhöhung der Auslastung der vorhandenen Hardware und damit zwangsläufig zu einer Kostensenkung der Erzeugnisse. Diese Kostensenkung führt wiederum zu einem breiteren Einsatzspektrum additiver Erzeugnisse.

Heute wird AM in werkstattartigen APS durchgeführt. Die Komplexität innerhalb der operativen Auftragsabwicklung ist durch die vielen Verfügbaren AM-Technologien und Nachbearbeitungsverfahren hoch. Zudem ist der Anteil manueller Prozesse, im Vergleich zu konventionellen Fertigungsverfahren, erheblich höher.[398] Fehlende Standards als auch digitale und physische Schnittstellen stellen zusätzliche Herausforderungen innerhalb von APS dar.[399] In der industriellen Praxis führt dies insgesamt zu einer ineffizienten Auftragsabwicklung, welche direkt die Stückkosten additiver Erzeugnisse erhöht.

Der Wandel von werkstattartigen APS hin zu industrialisierten APS stellen für Unternehmen viele Herausforderungen dar. Zur Quantifizierung der aktuellen Herausforderungen, wurde

[397] Vgl. topometric "*Additive Manufacturing Trends 2024*" (2024).

[398] Vgl. additive industrie "*Nachbearbeitung in der additiven Fertigung – Grundlagen und Hersteller*" (2024).

[399] Vgl. Schuh et al. "*Part Recognition in Additive Production Systems using a Computer-vision Approach*" (2022) S. 96.

durch den Autor der vorliegenden Arbeit eine Studie speziell mit AM-Dienstleistern in Deutschland durchgeführt. Die Ergebnisse der Studie zeigen die Dringlichkeit AM-Dienstleistern Methoden zur Verfügung zu stellen, um den Wandel von werkstattartigen APS hin zu industrialisierten APS zu unterstützten. Innerhalb der Studie wurden 22 AM-Dienstleister mit einem Fragenkatalog von 69 Fragen befragt. Zwölf der 22 AM-Dienstleister sind interne AM-Dienstleister, zehn befragte Teilnehmende sind externe AM-Dienstleister. Alle AM-Dienstleister wurden in insgesamt 6 Feldern befragt: Marktumfeld, Trends, Ressourcen, Prozesse, Produkte und Organisation. Die linke Seite von Abbildung 2.31 gibt einen Überblick, wie hoch der Umsatz der befragten AM-Dienstleister im Jahr 2022 ist und wie viele Mitarbeitende beim AM-Dienstleister beschäftigt sind. Die befragten AM-Dienstleister bestehen im Durchschnitt seit zehn Jahren, wobei 35 % der AM-Dienstleister innerhalb der letzten sechs Jahre gegründet wurden. Auf der rechten Seite ist dargestellt, an welchem Ort die Unternehmen ansässig sind. Insbesondere in den industriellen Ballungszentren sind viele AM-Dienstleister ansässig. Eine städtische Konzentration von AM-Dienstleistern ist insbesondere in den Städten München und Berlin als auch Leipzig zu beobachten.

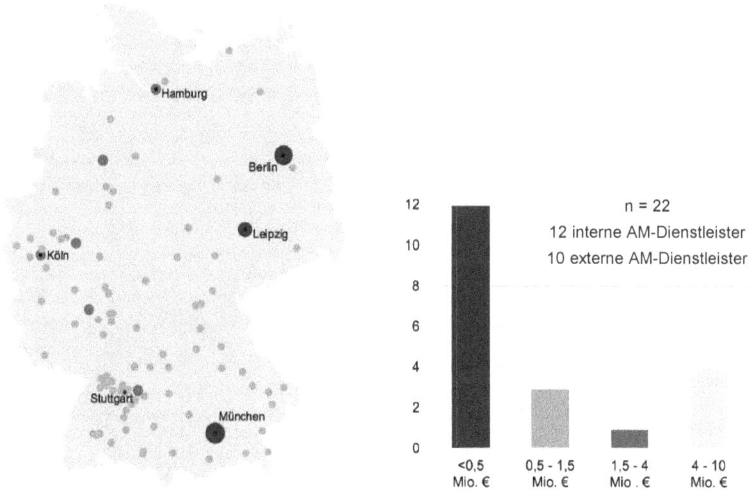

Standorte deutscher AM-Dienstleister

Umsatz der befragten AM-Dienstleister

Abbildung 2.31: Zusammenfassung der Vorstudie zu AM-Dienstleistern[400]

[400] *Eigene Darstellung.*

Im Bereich der Ressourcen zeigt sich, dass AM-Dienstleister viele AM-Anlagen parallel im APS betreiben. Der Durchschnitt der im APS betriebenen Anlagen über die gesamte Stichprobe liegt bei 15. Hierbei sind die AM-Anlagen zumeist relativ jung, mit einem Durchschnittsalter von nur 3,9 Jahren. Die am häufigsten zum Einsatz kommende Technologie sind kunststoffbasierte Pulverbettverfahren, bei 45 % der befragten AM-Dienstleister. Im Durchschnitt betrieben die AM-Dienstleister 6,25 kunststoffbasierte Pulverbettanlagen. In der befragten Stichprobe besteht innerhalb der am häufigsten zum Einsatz kommenden Technologie nur ein geringer Automatisierungsgrad von durchschnittlich 17,5 %. Nur ein AM-Dienstleister in der Stichprobe gibt an, mehr als 50 % der Schritte innerhalb der am häufigsten zum Einsatz kommenden Technologie automatisiert zu haben. Die AM-Dienstleister betreiben zum Großteil die Technologien in einem werkstattartigen APS. Dies wird insbesondere dadurch untermauert, dass nur 15 % der befragten AM-Dienstleister Automatisierungslösungen bei sich im Einsatz haben, welche einen Anlagenstart außerhalb der Betriebszeiten ermöglicht.

Die Ressourcen werden innerhalb der operativen Auftragsabwicklung genutzt. Diese umfasst in der durchgeführten Studie Fragen zu den Themen der Angebotserstellung, der Betriebsdatenerfassung, der Standardisierung und der Qualitätssicherung. Innerhalb der Stickprobe gaben 40 % der AM-Dienstleister an, Betriebsdaten automatisiert mittels einer Softwarelösung zu erfassen. Der Rest der AM-Dienstleister erfasst keine Betriebsdaten oder nur manuell über Mitarbeitende. Bei 80 % der AM-Dienstleister werden Maschinendaten erfasst, wie beispielsweise der Status der Maschine oder auch die Produktivzeit der Maschine. Die Standardisierung ist durch den geringen Industrialisierungsgrad der Technologie wenig fortgeschritten. 65 % der befragten AM-Dienstleister gaben an, dass nur in 10 % der Arbeitszeit nach standardisierten Prozessen gearbeitet wird. Dies unterstreicht den in der Praxis vorliegenden werkstattartigen Charakter der APS.

Insbesondere die Identifikation von Bauteilen auf dem Shopfloor ist für die befragten AM-Dienstleister eine Herausforderung innerhalb der operativen Auftragsabwicklung. 75 % gaben an, dies aktuell rein über Begleitscheine abzubilden. 10 % der AM-Dienstleister nutzen für die Identifikation zusätzlich CAD-Programme, welche den Mitarbeitenden auf dem Shopfloor zur Verfügung gestellt wurden. Nur 5 % der AM-Dienstleister haben aktuell teilautomatisierte Systeme in Einsatz, um die Mitarbeitenden bei dieser Aufgabe zu unterstützten. Die Komplexität innerhalb der Auftragsabwicklung ist zudem maßgeblich von der Anzahl der Nachbearbeitungsschritte abhängig. Mehr als 50 % des von den befragten AM-Dienstleistern hergestellte Produktspektrum muss mindestens einen Nachbearbeitungsschritt durchlaufen.

Das durchschnittliche Gesamtvolumen von Erzeugnissen des AM-Dienstleister beträgt 72.000 Bauteile pro Jahr. Fünf der befragten AM-Dienstleister gaben sogar an, mehr als 100.000 Bauteile pro Jahr herzustellen. Dabei sind bei 60 % der AM-Dienstleister weniger als 20 % der Produktspektrums Serienteilen zuzuordnen, hingegen sind knapp 80 % der gefertigten Bauteile Einzelteile.

Abschließend geben 68 % der befragten AM-Dienstleister an, dass die Automatisierung physischer als auch digitaler Prozesse für sie eine sehr hohe Relevanz haben. 64 % der AM-Dienstleister gaben zudem an, dass die Standardisierung von digitalen Schnittstellen für AM-

Anlagen und Peripherie für sie strategisch relevant ist. Insgesamt zählt die Automatisierung neben der Weiterentwicklung von AM-Materialien für AM-Dienstleister die wichtigste Rolle.

Zusammenfassend geht aus den Ergebnissen der durchgeführten Studie hervor, dass die operative Auftragsabwicklung bei den befragten 22 AM-Dienstleistern von manuellen Arbeitsschritten geprägt ist, womit die vorliegenden APS als werkstattartig zu verstehen sind. Produkte werden zumeist in Stückzahl eins gefertigt, die potentiellen Prozessfolgen weisen eine sehr hohe Varianz auf. In den meisten Fällen ist ein Produkt nicht rein durch den AM-Prozess erzeugbar, sondern muss unterschiedlichen Nachbearbeitungsschritten zugeführt werden. Die Komplexität wächst zusätzlich mit dem jährlich gefertigten Gesamtvolumen an. AM-Dienstleister fehlen insbesondere Lösungen zur Identifikation und Zuordnung von Bauteilen auf dem Shopfloor.

2.4.2 Chancen einer CV-basierten Identifikation

Identifikationssysteme bilden einen zentralen Baustein zur Digitalisierung physisch ablaufender Prozessfolgen. Mittels einer Identifikation lassen sich Bauteile im Materialfluss verorten, Metainformationen abrufen und speichern als auch eine lückenlose Dokumentation durchführen. Herkömmliche Identifikationssysteme kommen im AM-Bereich selten zur Anwendung, da sich diese wenige für Einzelteile mit hoher Anforderungsvarianz eignen. Zudem können die Identifikatoren als auch Kennzeichnungsträger durch unterschiedliche Nachbearbeitungsverfahren beschädigt oder zerstört werden.[401] Zur Identifikation der Bauteile auf dem Shopfloor von APS braucht es eine neue Art von Identifikationssystem.

Die Weiterentwicklungen im Bereich der KI, insbesondere aber im Bereich der CV bieten ein erhebliches Potential, um die manuelle und fehleranfällige Identifikation durch die Mitarbeitenden auf dem Shopfloor von APS zu automatisieren. Heute existieren CV-Algorithmen, welche in der Lage sind mehrere hundert Klassen mit einer Präzision von über 97 % zu unterscheiden.[402] Erste Versuche haben bereits gezeigt, dass die Anwendung eines CV-Nachverfolgungssystems innerhalb von APS prinzipiell machbar ist.[403]

Auf Basis der zuvor durchgeführten Studie wurden durch den Autor zwei Szenarien detailliert, welche das Potential des Einsatzes einer CV-basierten Lösung zur digitalen Auftragsnachverfolgung auf dem Shopfloor von APS aufzeigen. Die Szenarien wurden mittels der Szenariotechnik durch den Autor detailliert. Mittels der Szenariotechnik können Entwicklungen auf Basis qualitativer als auch quantitativer Daten ganzheitlich aufgezeigt werden.[404] Hierfür ist zunächst die Identifikation relevanter Einflussfaktoren notwendig. Als Ausgangsbasis wurden auf

---

[401] Vgl. Schuh et al. "*Product- and Process-related Influencing Factors for Computer-Vision based Tracing in Additive Manufacturing*" (2024) S. 1 f.

[402] Vgl. Wang et al. "*An Improved MVCNN for 3D Shape Recognition*" (2021) S. 469 f.

[403] Vgl. Schuh et al. "*Part Recognition in Additive Production Systems using a Computer-vision Approach*" (2022) S. 96 f.

[404] Vgl. Dönitz "*Effizientere Szenariotechnik durch teilautomatische Generierung von Konsistenzmatrizen*" (2009) S. 6.

die Einflussfaktoren auf die digitale Auftragsnachverfolgung nach SCHUH ET AL. zurückgegriffen.[405] Diese wurden zusätzlich um die Ergebnisse der zuvor beschrieben Studie ergänzt. Die beiden Szenarien sind nachfolgend detailliert.

2.4.2.1 Szenario 1: Interner AM-Dienstleister

Im ersten Szenario liegt das APS in Form eines internen Dienstleisters vor. Die Aufgabe des Dienstleisters ist in Anlehnung an die Ausführungen des Kapitels 2.1.4.3 die Sicherung eines Kompetenzvorsprungs für das übergeordnete Unternehmen, als auch die Zulieferung von Prototypen und kleinen Serien. Heute wird beim internen Dienstleister eine manuelle Identifikation der Bauteile mittels Begleitscheinen vorgenommen. Erste Untersuchungen haben ergeben, dass die Bereitstellung von CAD-Systemen auf dem Shopfloor dazu beitragen, dass der Identifikationsprozess weniger fehleranfällig ist. Übergeordnet nutzt das APS das gleiche ERP und MES System wie in der Serienproduktion. Hieraus ergeben sich durch die Spezifika von AM gegenüber konventionellen Verfahren öfter Herausforderungen. Die Planung und Steuerung des APS ist durch die zeitverzögerte Rückmeldung des jeweiligen Auftragsstatus stark eingeschränkt. Der Planungshorizont beträgt zwei Wochen.

Derartige APS profitieren direkt durch den Einsatz digitaler Lösungen zur Auftragsnachverfolgung auf dem Shopfloor. Nicht nur für das APS, sondern auch für das übergeordnete Unternehmen ist es von hoher Relevanz, Bauteile schnell bereitstellen zu können. Insbesondere die Produktentwicklung profitiert hierbei. Eine digitale Lösung zur Auftragsnachverfolgung gibt zudem transparent Aufschluss darüber, welchen Bearbeitungsstatus welcher Auftrags aktuell hat. Hierdurch verbessert sich übergeordnet die Datenbasis für eine Planung und Steuerung des gesamten APS. Mitarbeitende verbringen weniger Zeit mit der Suche und Identifikation von Bauteilen. Durch den Einsatz einer digitalen Lösung zur Auftragsnachverfolgung sind übergreifend Kosteneinsparungen durch Effizienzsteigerungen bei diesen APS zu erwarten.

2.4.2.2 Szenario 2: Externer AM-Dienstleister

Das zweite Szenario stellt externe APS in Form von alleinstehenden AM-Dienstleistern dar, analog zu den bereits in Kapitel 2.1.4.3 aufgeführten externen Dienstleistern. Diese AM-Dienstleister bieten die AM als Service auf dem Markt an. Hierbei reicht die Kundengruppe vom Automobilbau, über die Luftfahrt bis hin zur Medizintechnik. Je nach Kunde und Branche ergeben sich bereits erste Anforderungen hinsichtlich der Auftragsnachverfolgung. So müssen Produkte für die Medizintechnik spezielle Zertifizierungen durchlaufen, für welche die Applikation eindeutiger Identifikatoren auf den Bauteilen notwendig sind. Dementsprechend geschieht die Nachverfolgung heute in diesen APS anwendungsfallabhängig. Begleitscheine kommen aber auch hier übergreifend zum Einsatz, beispielweise zur Dokumentation unterschiedlicher Prozessschritte. Diese werden am Ende der Prozesskette von einem Mitarbeitenden händisch in ein ERP-System übertragen.

[405] Vgl. Schuh et al. "*Product- and Process-related Influencing Factors for Computer-Vision based Tracing in Additive Manufacturing*" (2024) S. 5.

Für die zweite Art von Betrieben ergeben sich auch hohe Potentiale eines Einsatzes eines digitalen Systems zur Auftragsnachverfolgung. Ziel der externen AM-Dienstleister ist es, Kunden möglichst transparent den Auftragsstatus innerhalb des APS bereitzustellen. Zudem müssen gewisse Metadaten als eine Art digitaler Produktpass an die Kunden nach Fertigung übergeben werden. Die digitale Durchgängigkeit ermöglicht zudem eine systematische Fehlersuche. Tritt ein Fehler an Bauteilen auf, können über die lückenlose digitale Dokumentation direkt potentiell gefährdete Bauteile identifiziert werden. Auch beim externen AM-Dienstleister sind übergreifend Kosteneinsparungen durch Effizienzsteigerungen zu erwarten.

2.4.3 Fazit zum Handlungsbedarf

Zusammenfassend wird festgehalten, dass innerhalb der Praxis der Bedarf nach einer Lösung zur digitalen Auftragsnachverfolgung auf dem Shopfloor von APS besteht. Aus der Praxis ergeben sich insbesondere durch den Einsatz von KI Potentiale zur Effizienzsteigerung der operativen Auftragsabwicklung innerhalb von APS. Hierfür fehlt es insbesondere für den Anwendungsfall der Identifikation von Bauteilen an einer Systematik um diese gezielt auf Basis der Anforderungen des jeweiligen APS entwickeln zu können. Nachfolgend werden daher relevante Ansätze aus der Forschung vorgestellt, welche Inhalte zu einer möglichen Lösung der Problemstellung bieten.

3 Detaillierung des Gestaltungsbereichs

Im nachfolgenden Kapitel werden bestehende wissenschaftliche Ansätze im Kontext der Auslegung der digitalen Auftragsnachverfolgung in APS beschrieben und bewertet. Die Analyse dient übergeordnet zur Ableitung des Handlungsbedarfs aus der Theorie. Es gilt zu überprüfen, inwiefern bereits Ansätze existieren, welche die zuvor aus der Praxis abgeleiteten Anforderungen ganzheitlich oder in Teilaspekten erfüllen. Der Inhalt des Kapitels gliedert sich nach dem zuvor vorgestellten Forschungsansatz nach ULRICH, wobei das nachfolgende Kapitel die zweite und dritte Phase der angewandten Forschung nach ULRICH darstellt.

Zu Beginn des Kapitels wird eine Systematik zur Bewertung der wissenschaftlichen Ansätze vorgestellt. Diese Systematik gliedert sich in ein Bewertungs- und ein Anforderungssystem. Letzteres wird auf der Basis der in Kapitel 2.4 abgeleiteten Herausforderungen aus der Praxis abgeleitet. Anschließend werden ausgewählte Ansätze vorgestellt und auf Grundlage der Bewertungssystematik analysiert. Am Ende des Kapitels folgt aus der Bewertung eine Ableitung des Theoriedefizits, welches zusätzlich mit dem Praxisdefizit kombiniert und auf Basis dessen übergeordnet eine Forschungsfrage konkretisiert wird.

3.1 Bewertungssystematik

Eine vergleichbare Bewertung ausgewählter wissenschaftlicher Ansätze bedingt zunächst die Definition einer einheitlichen Bewertungssystematik. Zur Analyse und Einordnung der in Kapitel 3.2 aufgeführten Ansätze werden nachfolgend die Grundlagen der Bewertung aufgeführt. Dabei unterteilt sich das Kapitel in die beiden Teile Bewertungssystem und Anforderungssystem. Das Bewertungssystem legt die Ausprägungen fest, anhand derer Anforderungen skaliert und damit vergleichbar bewertet werden können. Das Anforderungssystem basiert auf den, in Kapitel 2.4, bereits hergeleiteten Anforderungen. Der jeweilige Grad der Anforderungserfüllung ist im Anforderungssystem qualitativ beschrieben. Die in dieser Arbeit verwendete Bewertungssystematik orientiert sich am Ansatz von Komorek.[406]

3.1.1 Bewertungssystem

Zur Bewertung wissenschaftlicher Ansätze existieren unterschiedliche Ansätze in der Literatur. Speziell zur Bewertung wissenschaftlicher Ansätzen im Fachbereich der Produktionstechnik kommen diskrete Skalen zum Einsatz.[407]

Zur Einordnung der Problemstellung, ist zunächst das Skalenniveau individuell auf die zugrundeliegende Fragestellung anzupassen. Neben der Anzahl der Abstufungen sind auch deren

---

[406] Vgl. Komorek "*Gestaltungsmodell für kollaborative Wertschöpfung im industriellen Werkzeugbau*" (2014) S. 63 f.

[407] Vgl. Kelzenberg "*Datenstrukturmodell für den digitalen Schatten der Auftragsabwicklung von Werkzeugbaubetrieben*" (2019) S. 78.

Erfüllungskriterien vor einer Einordnung zu definieren.[408] In vorherigen Ansätzen hat sich eine Bewertung mittels eines Skalenniveaus auf Basis von fünf Abstufungen bewährt.[409] Daher wird im Rahmen der vorliegenden Arbeit eine Abstufung in fünf diskrete Ausprägungen gewählt, welche innerhalb von Abbildung 3.1 aufgeführt sind.

Abbildung 3.1: Bewertungssystem in Form von Harvey-Balls[410]

Zur grafischen Darstellung der Bewertung wird auf Harvey-Balls zurückgegriffen, welche bereits zuvor in ähnlichen Ansätzen verwendet wurden.[411] Eine Einteilung wurde in die konkreten fünf Stufen „nicht erfüllt“, „sehr gering erfüllt“, „teilweise erfüllt“, „erfüllt“ und „voll erfüllt“ vorgenommen. Hierbei bezieht sich der jeweilige Erfüllungsgrad auf die im Anforderungssystem definierten Anforderungen.

3.1.2 Anforderungssystem

Mit Hilfe des Anforderungssystems können die im Sinne dieser Arbeit relevante Ansätze aus der Wissenschaft im Sinne des zuvor aufgeführten Bewertungssystems einheitlich bewertet werden. Diese Vorgehensweise orientiert sich an der vorherigen Arbeit von Kuhlmann.[412] Das Anforderungssystem an die digitale Auftragsnachverfolgung in additiven Produktionssystem resultiert aus den beschriebenen Inhalten des Gestaltungsbereiches und insbesondere der Zusammenfassung am Ende des zweiten Kapitels. Hierzu wird, in Anlehnung an frühere Arbeiten[413] eine Unterscheidung in allgemeine und spezifische Anforderungen vorgenommen. Allgemeine Anforderungen sind von der Problemstellung unabhängig, während spezifische Anforderungen von der Problemstellung abhängig sind. Jede Anforderungskategorie wird unabhängig von anderen Anforderungskategorien bewertet und beinhaltet jeweils zwei spezifisch definierten Anforderungen. Jede Anforderung wird nachfolgend mit dem zuvor definierten Bewertungssystem in allen fünf Ausprägungen beschrieben. Eine Übersicht der Anforderungskategorien inklusive aller Anforderungen ist innerhalb von Abbildung 3.2 dargestellt.

[408] Vgl. Komorek "*Gestaltungsmodell für kollaborative Wertschöpfung im industriellen Werkzeugbau*" (2014) S. 64.

[409] Vgl. Likert "*A technique for the measurement of attitudes*" (1932).

[410] I.A.a. Lukas "*Gestaltungsmodell zur thermischen Auslegung additiver Prototypenwerkzeuge aus Kunststoff*" (2024) S. 78.

[411] Vgl. Kett et al. "*Management Skills*" (2010) S. 129.

[412] Vgl. Kuhlmann "*Methodik zur Gestaltung von Geschäftsprozessen im industriellen Werkzeugbau*" (2011) S. 92 f.

[413] Vgl. Kelzenberg "*Datenstrukturmodell für den digitalen Schatten der Auftragsabwicklung von Werkzeugbaubetrieben*" (2019) S. 79 f.

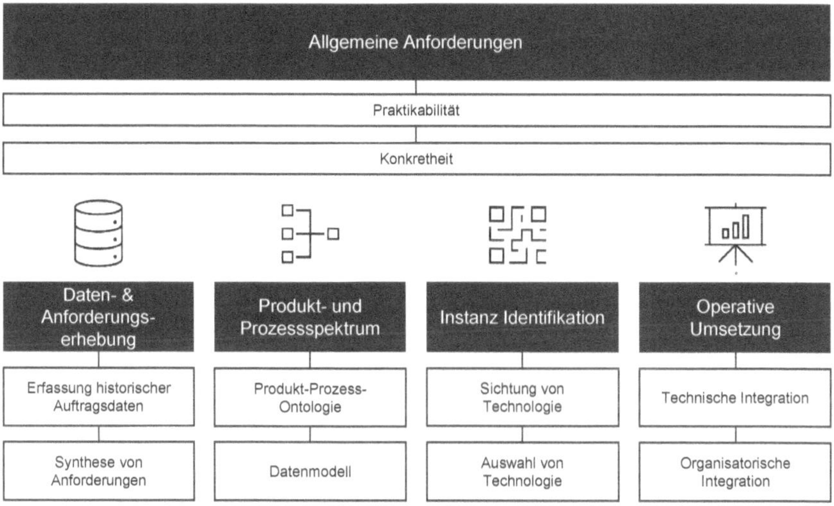

Abbildung3.2: Anforderungen an die Gestaltung der digitalen Auftragsnachverfolgung[414]

Allgemeine Anforderungen

Die Umsetzbarkeit einer Auslegung der digitalen Auftragsnachverfolgung in APS ist in der Praxis abhängig vom Realitätsbezug. Dieser Realitätsbezug ist durch die Anforderung der Praktikabilität sichergestellt. Die Praktikabilität ist durch eine einfache Anwendbarkeit für einen Anwender bei gleichzeitig belastbaren Ergebnissen definiert.[415] Dabei sind realistische Annahmen zu treffen als auch realitätsnahe Voraussetzungen und Rahmenbedingungen zu berücksichtigen.[416] Konkret für die Auslegung der digitalen Auftragsnachverfolgung bedeutet dies, dass beispielsweise das real im APS zu fertigende Produktportfolio in Form relevanter Daten oder auch das vorhandene Prozessportfolio in Form relevanter Daten Berücksichtigung finden muss. Die fünf Abstufungen der Subanforderung „Praktikabilität" sind nachfolgend an Anlehnung an KELZENBERG[417] definiert:

- *Nicht erfüllt:* Der Ansatz beinhaltet keine realistischen Annahmen und keine wirklichkeitsnahen Rahmenbedingungen.

[414] *Eigene Darstellung.*

[415] Vgl. Kuhlmann "*Methodik zur Gestaltung von Geschäftsprozessen im industriellen Werkzeugbau*" (2011) S. 47.

[416] Vgl. Salmen "*Gestaltungsmodell für den digital vernetzten Shopfloor im Werkzeugbau*" (2016) S. 85.

[417] Vgl. Kelzenberg "*Datenstrukturmodell für den digitalen Schatten der Auftragsabwicklung von Werkzeugbaubetrieben*" (2019) S. 79-80.

- *Sehr gering erfüllt:* Der Ansatz beinhaltet Annahmen mit geringem Realitätsbezug aber keine wirklichkeitsnahen Rahmenbedingungen.
- *Teilweise erfüllt:* Der Ansatz beinhaltet grundsätzlich Annahmen mit Realitätsbezug aber nur im geringen Maße wirklichkeitsnahe Rahmenbedingungen.
- *Erfüllt:* Der Ansatz beinhaltet Annahmen mit Realitätsbezug und wirklichkeitsnahe Rahmenbedingungen in hohem Maße.
- *Voll erfüllt:* Der Ansatz beinhaltet vollumfänglich Annahmen mit Realitätsbezug und wirklichkeitsnahe Rahmenbedingungen.

Nach der Praktikabilität ist die Konkretheit für Ansätze zur Auslegung der digitalen Auftragsnachverfolgung in APS notwendig. Die Konkretheit stellt dle Grundvoraussetzung für die Anwendung eines Ansatzes in der betrieblichen Praxis dar. Diese zeichnet sich durch eine systematische Vorgehensweise sowie durch eine anwendungsorientierte Darstellung aus.[418] Daneben können Praxisbeispiele in Ansätze eingearbeitet werden, um das Verständnis des Nutzenden zusätzlich zu vertiefen.[419] Die fünf Abstufungen der Subanforderung „Konkretheit" sind nachfolgend an Anlehnung an KELZENBERG[420] und RITTSTIEG[421] definiert:

- *Nicht erfüllt:* Der Ansatz beinhaltet keine systematische und für den Anwender nachvollziehbare Struktur und Beschreibung der Inhalte
- *Sehr gering erfüllt:* Der Ansatz beinhaltet geringe systematische und für den Anwender nachvollziehbare Strukturen und Beschreibung der Inhalte
- *Teilweise erfüllt:* Der Ansatz beinhaltet teilweise systematische und für den Anwender nachvollziehbare Strukturen und Beschreibung der Inhalte
- *Erfüllt:* Der Ansatz beinhaltet in hohem Umfang systematische und für den Anwender nachvollziehbare Strukturen und Beschreibung der Inhalte
- *Voll erfüllt:* Der Ansatz beinhaltet in vollumfänglichem Umfang systematische und für den Anwender nachvollziehbare Strukturen und Beschreibung der Inhalte

Anforderungen an die Daten- & Anforderungserhebung

Die Gestaltung der Auslegung der digitalen Auftragsnachverfolgung innerhalb von APS muss branchenspezifischen Anforderungen genügen, welche bereits in Kapitel 2.4 konkretisiert wurden. Hierzu zählt zentral, dass das Produkt- als auch Prozessportfolio im AM-Bereich oftmals hochvariant ist, wodurch eine hohe Komplexität innerhalb der Auftragsabwicklung entsteht. Nutzende müssen in der Lage sein, mit Hilfe eines systematischen Vorgehens den Status-Quo

---

418 Vgl. Rittstieg "*Ambidextre Organisationsarchitekturen im industriellen Werkzeugbau*" S. 64.

419 Vgl. Kelzenberg "*Datenstrukturmodell für den digitalen Schatten der Auftragsabwicklung von Werkzeugbaubetrieben*" (2019) S. 80.

420 Vgl. ebd. S. 79.

421 Vgl. Rittstieg "*Ambidextre Organisationsarchitekturen im industriellen Werkzeugbau*" S. 65.

der Auftragsnachverfolgung bei sich im APS zu erfassen, einen Zielzustand abzuleiten und darauf aufbauend Anforderungen zu definieren. Diese Vorgehensweise orientiert sich zudem am dreistufigen Ansatz der Entwicklung von CPS.[422] Der innerhalb des jeweiligen APS vorliegenden Status Quo der Auftragsnachverfolgung muss für den Anwender durch eine systematische Vorgehensweise ganzheitlich erfassbar sein, um basierend darauf eine Zieldefinition vornehmen zu können. Ganzheitlich impliziert in diesem Kontext sowohl das Erfassen der Ablauforganisation der Auftragsnachverfolgung als auch die Messung der Leistungsfähigkeit innerhalb dieser. Die Zieldefinition ist im Anschluss auf Basis eines ganzheitlich erfassten Status Quo möglich. Eine Zieldefinition muss hierbei auf Basis einer zugrundeliegenden Methode, wie der SMART-Methode aufgebaut sein. Die nachfolgenden Abstufungen sind im Kontext der Auftragsnachverfolgung innerhalb von APS zu verstehen:

- *Nicht erfüllt:* Der Ansatz beinhaltet keine systematische Vorgehensweise zur Erfassung der Ablauforganisation des Status Quo, der Synthese der Leistungsfähigkeit und beinhaltet zudem keine Vorgaben zur Ermittlung des angestrebten Zielzustands
- *Sehr gering erfüllt:* Der Ansatz beinhaltet eine systematische Vorgehensweise zur Erfassung der Ablauforganisation des Status Quo, keinen Ansatz zur Synthese der Leistungsfähigkeit des Status Quo und zudem keine Vorgaben zur Ermittlung des angestrebten Zielzustands
- *Teilweise erfüllt:* Der Ansatz beinhaltet eine systematische Vorgehensweise zur Erfassung der Ablauforganisation des Status Quo, einen Ansatz zur Synthese der Leistungsfähigkeit des Status Quo aber keine Vorgaben zur Ermittlung des angestrebten Zielzustands
- *Erfüllt:* Der Ansatz beinhaltet eine systematische Vorgehensweise zur Erfassung der Ablauforganisation des Status Quo, einen Ansatz zur Synthese der Leistungsfähigkeit des Status Quo und Vorgaben zur Ermittlung des angestrebten Zielzustands
- *Voll erfüllt:* Der Ansatz beinhaltet eine systematische Vorgehensweise zur Erfassung der Ablauforganisation des Status Quo, einen Ansatz zur Synthese der Leistungsfähigkeit des Status Quo und Vorgaben zur Ermittlung des angestrebten Zielzustands, welche auf Basis einer entsprechenden Methode definiert wurden

In der operativen Auftragsabwicklung der AM-Branche bestehen einige Herausforderungen, wie die Beherrschung des hochvarianten Produkt- als auch Prozessspektrums.[423] Hieraus ergeben sich diverse spezifische Anforderungen, denen eine potentielle Lösung für die digitale Auftragsabwicklung gerecht werden muss. Das im APS vorhandene Produkt- als auch Prozessspektrum bilden insgesamt die zentralen Anforderungsbereiche zur Auslegung der digitalen Auftragsnachverfolgung.

---

[422] Vgl. Verein deutscher Ingenieure "*Verein deutscher Ingenieure (VDI/VDE 2206)*" (2021).

[423] Vgl. Schuh et al. "*Product- and Process-related Influencing Factors for Computer-Vision based Tracing in Additive Manufacturing*" (2024).

Nachdem der Status Quo analysiert ist, muss auf Basis der Zieldefinition eine Systematisierung von Anforderungen hinsichtlich der digitalen Auftragsnachverfolgung stattfinden. Hierzu ist es notwendig, historische Auftrags- und Prozessdaten zu erfassen und Rahmenbedingungen zu analysieren um abschließend Anforderungen ableiten zu können.[424] Dazu muss der Nutzende relevante Auftrags- und Prozessdaten in hinreichender Granularität erfassen und strukturiert, der Zieldefinition entsprechend, darstellen können. Rahmenbedingungen betreffen sowohl unternehmensinterne Rahmenbedingungen, wie beispielsweise unternehmensweite Standards als auch externe Rahmenbedingungen wie beispielsweise Normen, Richtlinien oder auch Gesetze. Des Weiteren muss ein sich wandelndes Produkt- als auch Prozessspektrum durch Ansätze berücksichtigt werden. Zur Bewertung der Anforderungen sind daher folgende Abstufungen definiert:

- *Nicht erfüllt:* Der Ansatz beinhaltet keine Systematik zur Erfassung historischer Auftrags- und Prozessdaten, keine Analyse vorliegender Rahmenbedingungen und stellt die Anforderungen zudem nicht in einem modifizierbaren Rahmen dar
- *Sehr gering erfüllt:* Der Ansatz beinhaltet eine Systematik zur Erfassung historischer Auftragsdaten, keine Systematik zur Erfassung historischer Prozessdaten, keine Analyse vorliegender Rahmenbedingungen und stellt die Anforderungen zudem nicht in einem modifizierbaren Rahmen dar
- *Teilweise erfüllt:* Der Ansatz beinhaltet eine Systematik zur Erfassung historischer Auftragsdaten, eine Systematik zur Erfassung historischer Prozessdaten, keine Analyse vorliegender Rahmenbedingungen und stellt die Anforderungen zudem nicht in einem modifizierbaren Rahmen dar
- *Erfüllt:* Der Ansatz beinhaltet eine Systematik zur Erfassung historischer Auftragsdaten, eine Systematik zur Erfassung historischer Prozessdaten, eine Analyse vorliegender Rahmenbedingungen aber stellt die Anforderungen nicht in einem modifizierbaren Rahmen dar
- *Voll erfüllt:* Der Ansatz beinhaltet eine Systematik zur Erfassung historischer Auftragsdaten, eine Systematik zur Erfassung historischer Prozessdaten, eine Analyse vorliegender Rahmenbedingungen und stellt die Anforderungen in einem modifizierbaren Rahmen dar

Anforderungen an die Ontologie des Produkt- & Prozessspektrums

Neben den Anforderungen aus den historischen Auftragsdaten und den Randbedingungen, sind auch Anforderungen hinsichtlich der im Unternehmen implementierten Produkt- und Pro-

[424] Vgl. Schuh et al. "*Product- and Process-related Influencing Factors for Computer-Vision based Tracing in Additive Manufacturing*" (2024).

zessontologie relevant für die Auftragsnachverfolgung. In der Literatur wird in diesem Zusammenhang zwischen Material- und Informationsfluss unterschieden.[425] Der Materialfluss kann in einer Ontologie zwischen Produkt und Prozess beschrieben werden. Diese Ontologie ist die Grundlage des Informationsflusses, welcher in Datenmodellen abgebildet ist. Das Zusammenspiel aus Material- und Informationsfluss stellt übergeordnet die Grundlage für die Sichtbarkeit und Transparenz im Sinne der Industrie 4.0 dar.

Die Produkt- und Prozessontologie stellt die Basis der digitalen Auftragsnachverfolgung dar.[426] Eine Produkt- und Prozessontologie existiert auf Basis der Kombination des im APS vorhandenen Produktspektrums und des im Unternehmen existierenden Prozessspektrums. Der stetige Wandel des Marktes zwingt AM-Dienstleister dazu, das vorhandene Produkt- als auch Prozessspektrum fortlaufend anzupassen. Aus diesem Grund müssen Änderungen der Ontologie, initiiert durch neue Produkt- oder auch Prozessprogramme, jederzeit abbildbar sein. Zudem müssen Anforderungen hinsichtlich der Granularität aus der Zieldefinition sowohl für Produkt- als auch Prozessdaten fortlaufend dokumentiert werden, um eine lückenlose digitale Auftragsnachverfolgung sicherzustellen. Es ist zwingend eine Darstellung der Ontologie notwendig, auf deren Basis eine Datenmodellierung innerhalb der operativen Umsetzung realisiert werden kann. Des Weiteren ist eine anwendergerechte Darstellung der Ontologie hilfreich sein, um Transparenz zu schaffen. Die folgenden Abstufungen sind für die Anforderungen hinsichtlich der Produkt- und Prozessontologie definiert:

- *Nicht erfüllt:* Der Ansatz berücksichtigt nicht die Beziehung zwischen Produkt- und Prozessspektrum in Form einer Ontologie und stellt diese Ontologie auch nicht in einer einheitlichen und modifizierbaren Form dar
- *Sehr gering erfüllt:* Der Ansatz berücksichtigt rein produktseitige Modellierung einer Ontologie, vernachlässigt prozessseitige Einflüsse und stellt die Ontologie insgesamt nicht in einer einheitlichen und modifizierbaren Form dar
- *Teilweise erfüllt:* Der Ansatz berücksichtigt getrennt eine produktseitige Modellierung der Ontologie als auch die prozessseitige Modellierung der Ontologie, welche allerdings nicht in einer einheitlichen und modifizierbaren Form dargestellt wird
- *Erfüllt:* Der Ansatz führt die produktseitige Modellierung der Ontologie als auch die prozessseitige Modellierung der Ontologie integrativ zusammen und stellt die Ergebnisse einheitlich, in einer nicht modifizierbaren Form dar
- *Voll erfüllt:* Der Ansatz führt die produktseitige Modellierung der Ontologie als auch die prozessseitige Modellierung der Ontologie integrativ zusammen und stellt die Ergebnisse einheitlich und modifizierbaren Form dar

[425] Vgl. Verein deutscher Ingenieure "*Verein deutscher Ingenieure (VDI 4416)*" (2015) S. 3.

[426] Vgl. Schuh et al. "*Product- and Process-related Influencing Factors for Computer-Vision based Tracing in Additive Manufacturing*" (2024).

Zur operativen Umsetzung der Auftragsrückverfolgung ist zwingend notwendig, den für eine Auftragsnachverfolgung notwendigen Informationsfluss in Form einer Datenmodellierung abzubilden.[427] Für die Datenmodellierung zur Auftragsnachverfolgung ist eine Prozessorientierung als Standard in der Literatur gesetzt.[428] Hierbei gilt es insbesondere Spezifika der AM-Technologien und AM-Nachbearbeitungsverfahren hinreichend zu berücksichtigen, wie das sich stetig wandelnde Anforderungsportfolio. Die Datenmodellierung muss zu späteren Zeitpunkten für den Nutzenden modifizierbar sein, um Änderungen im Produkt- oder auch Prozessspektrum in diesem integrieren zu können. Da das resultierende Datenmodell später die Grundlage für den digitalen Informationsfluss darstellt, ist die Überführbarkeit des gewählten Modellierungsansatzes in produktive Anwendungen zu berücksichtigen. Die nachfolgenden Abstufungen dienen der Bewertung der zuvor definierten Datenmodellierung:

- *Nicht erfüllt:* Der Ansatz berücksichtigt keine prozessorientierte und keine modifizierbare Vorgehensweise zur Datenmodellierung, bezieht sich nicht explizit auf den AM-Bereich und integriert zudem keine Standards zur Datenmodellierung
- *Sehr gering erfüllt:* Der Ansatz berücksichtigt eine prozessorientierte aber keine modifizierbare Vorgehensweise zur Datenmodellierung, bezieht sich nicht auf den AM-Bereich und nutzt dabei keine Standards zur Datenmodellierung
- *Teilweise erfüllt:* Der Ansatz berücksichtigt eine prozessorientierte als auch modifizierbare Vorgehensweise zur Datenmodellierung, bezieht sich nicht auf den AM-Bereich und nutzt dabei keine Standards zur Datenmodellierung
- *Erfüllt:* Der Ansatz berücksichtigt eine prozessorientierte als auch modifizierbare Vorgehensweise zur Datenmodellierung, bezieht sich explizit auf den AM-Bereich, nutzt dabei allerdings keine Standards zur Datenmodellierung
- *Voll erfüllt:* Der Ansatz berücksichtigt eine prozessorientierte als auch modifizierbare Vorgehensweise zur Datenmodellierung, bezieht sich explizit auf den AM-Bereich und greift dabei auf Standards zur Datenmodellierung zurück

CV-Technologie für die Instanzidentifikation

Zum Abgleich des physischen Materialflusses mit dem digitalen Informationsfluss, ist eine Technologie zur Identifikation von AM-Bauteilen notwendig. Im Fokus der vorliegenden Arbeit steht dabei die CV-Technologie. Diese bietet gemäß den vorherigen Ausführungen ein Potential für den Einsatz innerhalb der Auftragsnachverfolgung in APS.

---

[427] Vgl. Lu et al. "*Towards an Integrated Data Schema Design for Additive Manufacturing: Conceptual Modeling*" (2015).

[428] Vgl. ebd.

Der Bereich der CV-Technologie ist durch eine hohe Dynamik zu charakterisieren.[429] Das Markt- und Forschungsumfeld für CV-Technologie muss für die Anwendung der digitalen Auftragsnachverfolgung systematisch und kontinuierlich auf neuste Trends analysiert werden. Hierbei gilt es, sowohl problemspezifische Randbedingungen, wie in den ersten beiden Anforderungsclustern beschrieben, als auch unternehmensspezifische Anforderungen zu Berücksichtigung.

Innerhalb einer ersten Anforderungsdimension ist daher die Sichtung und Analyse von CV-Technologie zur Identifikation von AM-Bauteilen auf dem Shopfloor von APS thematisiert. Hierfür muss auf Basis definierter Anforderungen an die digitale Auftragsnachverfolgung zunächst die Herleitung der für die Suche relevanten Fragestellung geschehen. Im Anschluss muss identifiziert werden, welche Technologiefelder für die Suche relevant sind und wie eine Informationsbeschaffung gestaltet sein kann. Die identifizierten technischen Lösungen müssen übersichtlich und in verkürzter Form für den Nutzenden aufbereitet werden, sodass anschließend eine Klassifizierung der CV-Technologien stattfinden kann. Folgende Abstufungen sind für die Sichtung und Analyse von CV-Technologie zur Identifikation von AM-Bauteilen definiert:

- *Nicht erfüllt:* Der Ansatz berücksichtigt keine Ansätze zur Durchführung einer systematischen Identifikation als auch Analyse von CV-Technologien unter gegebenen Anforderungen der digitalen Auftragsnachverfolgung und stellt die Ergebnisse nicht in einer übersichtlichen und verkürzten Form dar

- *Sehr gering erfüllt:* Der Ansatz berücksichtigt Ansätze zur Durchführung einer systematischen Identifikation, keinen Ansatz zur Analyse von CV-Technologien unter gegebenen Anforderungen der digitalen Auftragsnachverfolgung und stellt die Ergebnisse nicht in einer übersichtlichen und verkürzten Form dar

- *Teilweise erfüllt:* Der Ansatz berücksichtigt Ansätze zur Durchführung einer systematischen Identifikation, einen Ansatz zur Analyse von CV-Technologien unter gegebenen Anforderungen der digitalen Auftragsnachverfolgung, stellt aber die Ergebnisse nicht in einer übersichtlichen und verkürzten Form dar

- *Erfüllt:* Der Ansatz berücksichtigt Ansätze zur Durchführung einer systematischen Identifikation, einen Ansatz zur Analyse von CV-Technologien unter gegebenen Anforderungen der digitalen Auftragsnachverfolgung und stellt die Ergebnisse in einer übersichtlichen, aber keiner verkürzten Form dar

- *Voll erfüllt:* Der Ansatz berücksichtigt Ansätze zur Durchführung einer systematischen Identifikation, einen Ansatz zur Analyse von CV-Technologien unter gegebenen Anforderungen der digitalen Auftragsnachverfolgung und stellt die Ergebnisse in einer übersichtlichen und verkürzten Form dar

[429] Vgl. Fortune Business Insights "*Computer Vision Markt*" (2024).

Basierend auf der Sichtung und Analyse von CV-Technologie müssen die Ergebnisse im Anschluss zunächst bewertet werden, um die für einen Anwendungsfall sinnvollste Lösung zu identifizieren. Als Basis zur Bewertung dienen die zuvor definierten Anforderungen an die digitale Auftragsnachverfolgung. Hierfür müssen sowohl technische Aspekte einer potentiellen Lösung als auch betriebswirtschaftliche Aspekte hinreichend berücksichtigt werden. Es gilt zudem darauf zu achten, dass sich CV-Technologien schnell weiterentwickeln, weshalb die Bewertung flexibel auf Änderungen anpassbar sein muss. Zuletzt ist auf Basis der Bewertungsergebnisse eine finale Auswahl der Zieltechnologie zu treffen. Die Anforderungserfüllung wird wie folgt festgelegt:

- *Nicht erfüllt:* Der Ansatz berücksichtigt keine der vorher definierten Anforderungen, bewertet diese sowohl technisch als auch betriebswirtschaftlich nicht und stellt zudem keine Logik zur finalen Auswahl dar
- *Sehr gering erfüllt:* Der Ansatz berücksichtigt in teilen die zuvor definierten Anforderungen, bewertet diese sowohl technisch als auch betriebswirtschaftlich nicht und stellt zudem keine Logik zur finalen Auswahl dar
- *Teilweise erfüllt:* Der Ansatz berücksichtigt die zuvor definierten Anforderungen vollständig, bewertet diese sowohl technisch als auch betriebswirtschaftlich nicht und stellt zudem keine Logik zur finalen Auswahl dar
- *Erfüllt:* Der Ansatz berücksichtigt die zuvor definierten Anforderungen vollständig, bewertet diese sowohl technisch als auch betriebswirtschaftlich, stellt allerdings keine Logik zur finalen Auswahl dar
- *Voll erfüllt:* Der Ansatz berücksichtigt die zuvor definierten Anforderungen vollständig, bewertet diese sowohl technisch als auch betriebswirtschaftlich und stellt zudem eine Logik zur finalen Auswahl dar

Anforderungen an die operative Umsetzung

Um eine digitale Auftragsnachverfolgung erfolgreich innerhalb eines APS zu applizieren, müssen sowohl technische als auch organisatorische Aspekte berücksichtigt werden.[430] Aus technischer Sicht ist die Adaption der ausgewählte CV-Technologie auf das im jeweiligen APS vorliegende Produkt- und Prozessspektrum zu adaptieren. Dem Nutzenden muss zunächst aufgezeigt werden, welche Vorbereitungen zu treffen sind, um diese Adaption sicherzustellen. Hierfür ist beispielsweise die Bereitstellung der jeweils vorliegenden CAD-Daten und die zielgerichtete Aufbereitung dieser notwendig. Innerhalb einer Entwicklungsphase muss detailliert sein, wie die Adaption des Algorithmus auf die zuvor aufbereiten Daten stattfinden muss. Innerhalb der Applikationsphase ist die technische Überwachung der Leistungsfähigkeit des CV-Nachverfolgungssystems zu detaillieren. Die Anforderungserfüllung wird wie folgt definiert:

---

[430] Vgl. Schuh et al. "*Product- and Process-related Influencing Factors for Computer-Vision based Tracing in Additive Manufacturing*" (2024).

- *Nicht erfüllt:* Der Ansatz berücksichtigt keine technischen Aspekte der Datenaufbereitung auf Basis von CAD-Daten, keine Vorgehensweise zur Adaption von Algorithmen, keine Validierung der Adaption in Form einer Testphase und keine technische Aspekte der Applikationsphase
- *Sehr gering erfüllt:* Der Ansatz berücksichtigt technischen Aspekte der Datenaufbereitung auf Basis von CAD-Daten, keine Vorgehensweise zur Adaption von Algorithmen, keine Validierung der Adaption in Form einer Testphase und keine technischen Aspekte der Applikationsphase
- *Teilweise erfüllt:* Der Ansatz berücksichtigt technischen Aspekte der Datenaufbereitung auf Basis von CAD-Daten, eine Vorgehensweise zur Adaption von Algorithmen, keine Validierung der Adaption in Form einer Testphase und keine technischen Aspekte der Applikationsphase
- *Erfüllt:* Der Ansatz berücksichtigt technischen Aspekte der Datenaufbereitung auf Basis von CAD-Daten, eine Vorgehensweise zur Adaption von Algorithmen, eine Validierung der Adaption in Form einer Testphase aber keine technischen Aspekte der Applikationsphase
- *Voll erfüllt:* Der Ansatz berücksichtigt technischen Aspekte der Datenaufbereitung auf Basis von CAD-Daten, eine Vorgehensweise zur Adaption von Algorithmen, eine Validierung der Adaption in Form einer Testphase als auch technische Aspekte der Applikationsphase

Neben den technischen Aspekten sind auch organisatorische Aspekte innerhalb der operativen Umsetzung zu berücksichtigen. Hierzu zählen die Definition der organisatorischen Rahmenbedingungen der Umsetzung, wie beispielsweise die Definition der Aufbau- und Ablauforganisation des Projektes. Nachdem das CV-Nachverfolgungssystem ausgelegt ist, gilt es die operative Anwendung zu überwachen. Demnach muss eine Vorgehensweise durch Ansätze beschrieben werden, wie die Leistungsfähigkeit eines CV-Nachverfolgungssystems in der praktischen Anwendung zu überwachen und gegebenenfalls anzupassen ist.[431] Hierfür sind im Rahmen der vorliegenden Arbeit folgende Abstufungen detailliert:

- *Nicht erfüllt:* Der Ansatz berücksichtigt die organisatorische Integration der CV-Nachverfolgung in das sozio-technische System Unternehmen in Form einer Aufbau- als auch Ablauforganisation nicht und zeigt auch keine Aspekte der Überwachung und der Verbesserung des CV-Nachverfolgungssystems auf
- *Sehr gering erfüllt:* Der Ansatz berücksichtigt die organisatorische Integration der CV-Nachverfolgung in das sozio-technische System Unternehmen in Form einer Aufbauorganistaion, zeigt keine Aspekte der Überwachung und der Verbesserung des CV-Nachverfolgungssystems auf

[431] Vgl. Schuh et al. "*Product- and Process-related Influencing Factors for Computer-Vision based Tracing in Additive Manufacturing*" (2024).

- *Teilweise erfüllt:* Der Ansatz berücksichtigt die organisatorische Integration der CV-Nachverfolgung in das sozio-technische System Unternehmen in Form einer Aufbau- und Ablauforganisation, zeigt keine Aspekte der Überwachung und der Verbesserung des CV-Nachverfolgungssystems auf
- *Erfüllt:* Der Ansatz berücksichtigt die organisatorische Integration der CV-Nachverfolgung in das sozio-technische System Unternehmen in Form einer Aufbau- und Ablauforganisation, zeigt Aspekte der Überwachung auf, stellt aber keine Aspekte der Verbesserung des CV-Nachverfolgungssystems dar
- *Voll erfüllt:* Der Ansatz berücksichtigt die organisatorische Integration der CV-Nachverfolgung in das sozio-technische System Unternehmen in Form einer Aufbau- und Ablauforganisation, zeigt Aspekte der Überwachung auf, und stellt zudem Aspekte der Verbesserung des CV-Nachverfolgungssystems dar

3.2 Vorstellung und Bewertung bestehender Ansätze

In der Wissenschaft existieren unterschiedliche Ansätze, welche die digitale Auftragsnachverfolgung in APS adressieren. Wissenschaftliche Ansätze beinhalten oftmals die Begriffe „Tracing", „Computer Vision", „Part Recognition" oder auch „Part Tracing" im Titel. Nach Schuh definiert die digitale Auftragsrückverfolgung in APS als die Entwicklung eines Cyber-physischen Systems mit direktem Bezug zu Industrie 4.0.[432]

Zur ganzheitlichen Identifikation und Bewertung bestehender Ansätze, wurde auf Basis des zuvor definierten Anforderungssystems eine systematische Literaturrecherche durchgeführt. Hierbei wurden die vorherigen Oberbegriffe herangezogen und auf Basis von Kreativitätstechniken sinnvoll kombiniert und ergänzt. Das Ergebnis der Literaturrecherche sind insgesamt acht identifizierte wissenschaftliche Ansätze. Jeder dieser Ansätze weißt eine besondere Relevanz in Bezug auf die Auslegung der digitalen Auftragsnachverfolgung auf. Eine Unterteilung der Ansätze ist übergeordnet in den drei Themenbereichen der Industrie 4.0, des AM und der Datenmodellierung möglich.

Die digitale Auftragsnachverfolgung in APS hat einen direkten Bezug zur Industrie 4.0. Dieser Bezug wird innerhalb des Kapitels 3.2.1 durch die Arbeit von BOUGDIRA ET AL.[433] hergestellt.

---

[432] Vgl. Schuh et al. "*Product- and Process-related Influencing Factors for Computer-Vision based Tracing in Additive Manufacturing*" (2024).

[433] Vgl. Bougdira et al. "*A traceability proposal for industry 4.0*" (2020).

Weitergehend sind die Ansätze von *SOLA ET AL.*[434], *JAHNKE ET AL.*[435], *ARNDT*[436], *OBST ET AL.*[437], *SCHUH ET AL.*[438, 439] und *LU ET AL.*[440] zu identifizieren. Diese Ansätze sind alle einem direkten Bezug zum AM-Bereich zuzuordnen. Alle Ansätze, außer der von LU ET AL., sind hierbei anhand der zum Einsatz kommenden Methode zur Identifikation von Bauteilen zu unterscheiden. Während *SOLA ET AL.*, *ARNDT* und *JAHNKE ET AL.* traditionelle Identifikationsansätze beschreiben, legen *SCHUH ET AL.* und *OBST ET AL.* den Fokus auf CV-Technologie in der Auftragsrückverfolgung.

Zuletzt stellt der Ansatz von LU ET AL. einen Bezug der Auftragsnachverfolgung innerhalb des AM-Bereichs für die dazu notwendige Datenmodellierung dar. Die Datenmodellierung steht eng mit der Identifikationsmethode in Beziehung und ist daher auch Bestandteil, aber nicht Fokus, mehrerer anderer Ansätzen.

3.2.1 Auftragsnachverfolgungsansatz in der Industrie 4.0

Der Ansatz von BOUGDIRA ET. AL. beschreibt einen Ansatz zur intelligenten Auftragsnachverfolgung. Kern des Ansatzes ist die Erweiterung der Nachverfolgung mit Datenquellen im Kontext der Industrie 4.0, um beispielsweise eine Produktabsicherung oder Qualitätskontrolle direkt in die Nachverfolgung integrieren zu können.[441] Die Autoren setzen ihren Ansatz dabei in den Kontext der Industrie 4.0 und validieren den Ansatz anhand eines Beispiels aus der Lebensmittelindustrie.[442]

Das Vorgehen des Ansatzes nach BOUGDIRA ET. AL. ist in drei Schritte unterteilbar. Im ersten Schritt wird auf Basis des Stands der Forschung beschrieben, dass Ansätze der Auftragsnachverfolgung im Sinne der Industrie 4.0 bisher die Abbildung industrieller Prozesse, deren Status, den Kontext der Ausführung und die Interaktion zwischen Nutzer und Prozess beschrieben haben. Dabei werden drei Kernelemente aufgeführt, welche jeweils nach dem Stand der Forschung durch eine Ontologie abgebildet sind: Prozess, Situation und Ressource. Basierend auf den bisherigen Ansätzen leiten die Autoren ein intelligentes Nachverfolgungssystem her,

---

[434] Vgl. Sola et al. "*How Can We Provide Additively Manufactured Parts with a Fingerprint? A Review of Tagging Strategies in Additive Manufacturing*" (2021).

[435] Vgl. Jahnke et al. "*Production-Integrated Markings for Traceability of AM Parts in the Context of Industry 4.0*" (2016).

[436] Vgl. Arndt "*Bauteilindividuelle und verfahrensspezifische Kennzeichnung und Identifikation für die Additive Fertigung*" (2018).

[437] Vgl. Obst et al. "*Komplexität und wirtschaftlicher Nutzen künstlicher Intelligenz zur automatisierten und industrialisierten Erkennung additiv gefertigter Bauteile*" (2021).

[438] Vgl. Schuh et al. "*Part Recognition in Additive Production Systems using a Computer-vision Approach*" (2022).

[439] Vgl. Schuh et al. "*Product- and Process-related Influencing Factors for Computer-Vision based Tracing in Additive Manufacturing*" (2024).

[440] Vgl. Lu et al. "*Towards an Integrated Data Schema Design for Additive Manufacturing: Conceptual Modeling*" (2015).

[441] Vgl. Bougdira et al. "*A traceability proposal for industry 4.0*" (2020) S. 3355.

[442] Vgl. ebd. S. 3364-3365.

welches neben der Nachverfolgung auch eine Produktüberwachung ermöglicht.[443] Dabei folgt eine intelligente Nachverfolgung drei Grundprinzipien. Erstens, stellt eine intelligente Nachverfolgung eine Menge von Aktivitäten dar. Zweitens benutzt jede Aktivität eine bestimme Vorgehensweise. Drittens müssen Nutzer die Aktivitäten in bestehende Prozesse einbinden.[444] Hierfür werden drei Aktivitäten unterschieden: Das Sammeln, das Bereitstellen und das Überwachen.[445] Dabei stellt das Sammeln sicher, dass alle Produkt-relevanten Daten richtig aufgenommen und gespeichert werden. Dabei umfassen die Produkt-relevanten Daten nicht nur die Produkteigenschaften, sondern auch die Herkunft, Besitzer und die Historie des Produktes. Die Aktivität des Bereitstellens ermöglicht die Identifikation, Nachverfolgung und Lokalisierung. Über die Überwachungsaktivitäten wird sichergestellt, dass relevante Daten für die Produktsicherheit und –Qualität nutzbar gemacht werden. Zusammenfassend besteht ein intelligentes Nachverfolgungssystem aus Aktivitäten, welche die Identifikation, das Sammeln von Daten aus heterogenen Quellen und das Bereitstellen Produkt-bezogener Informationen sicherstellen. Als Basis eines intelligenten Nachverfolgungssystems ist der komplette Produktlebenszyklus definiert.[446]

Im zweiten Schritt wird auf Basis der Beschreibung der intelligenten Nachverfolgung eine Modellierung des beschriebenen Konzeptes vorgenommen. Die Autoren greifen dabei auf eine Ontologie-basierte Modellierung zurück. Ontologie-basierte Modellierung ermöglicht die Repräsentation von komplexen Strukturen und Sachzusammenhängen. Zunächst wird definiert, dass die Industrie 4.0 ein Teil der intelligenten Auftragsnachverfolgung ist und aus den drei vier Klassen physischer Kontext, Umgebung, Objekte und einem Datenelement besteht. Die intelligente Nachverfolgung besteht aus den drei zuvor im Konzept definierten Klassen Aufnahme, Bereitstellen und Überwachen.[447] Auf Basis dieser übergreifenden Modellierung folgt die Ontologie-basierte Detaillierung der Industrie 4.0 durch die Autoren in Form von Relationsdiagrammen. Um Daten aus der Industrie 4.0 für die intelligente Nachverfolgung vollumfänglich nutzbar machen zu können, detaillieren die Autoren die Ontologie zwischen Objekt, Umgebung und Sensor.[448] Basierend auf den Einzelmodellen lässt sich eine aktivitätsbasierte Modellierung der intelligenten Auftragsnachverfolgung vornehmen. Das Ergebnis ist in der nachfolgenden Abbildung dargestellt.

[443] Vgl. Bougdira et al. "*A traceability proposal for industry 4.0*" (2020) S. 3357.

[444] Vgl. ebd. S. 3358.

[445] Vgl. ebd. S. 3358.

[446] Vgl. ebd. S. 3358.

[447] Vgl. ebd. S. 3360.

[448] Vgl. ebd. S. 3361.

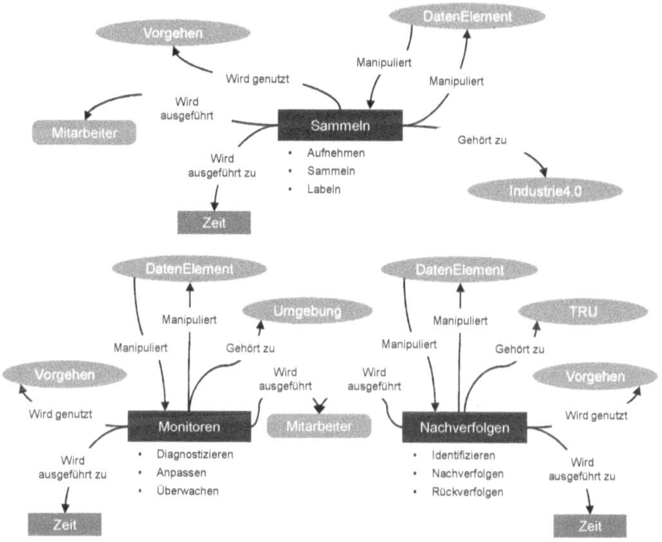

Abbildung 3.3: Modellierung der Aktivitäten im Kontext der Auftragsnachverfolgung[449]

Das Modell unterscheidet die drei Kernaktivitäten Aufnahme, Bereitstellung und Überwachen. Die Aufnahme beinhaltet dabei das Aufnehmen, Speichern und Labeln von Daten. Die Aufnahmeaktivität stellt die richtige Aufnahme von Daten sicher, welche in Bezug auf das Objekt relevant sind. Die Speicheraktivität ermöglicht eine Sicherung aller Datenelemente in korrekter Form. Um alle Eigenschaften eines Objekt dem Objekt selbst zuordnen zu können, wird für jedes Objekt ein einzigartiger Identifikator genutzt. Durch die Aktivität des ‚Erwerbens' werden Daten aus der Objektumgebung im Sinne der Industrie 4.0 gesammelt. Das Labeln der Daten stellt sicher, dass jedem Datensatz ein Zeitpunkt als auch eine Lokalität zugeordnet werden. Die Bereitstellung von Daten enthält die Aktivitäten Identifikation und Nachverfolgung. Dabei stellen die beiden Aktivitäten eine Sequenz dar, um an die gewünschten Informationen zu gelangen. Hierbei sollen innerhalb der Nachverfolgungsaktivität nur die für den Nutzer relevanten Informationen bereitgestellt werden.[450] Das Überwachen besteht aus den Aktivitäten Überwachen, Diagnostizieren und Justieren. Hierbei folgen die drei Aktivitäten der Sequenz eines Entscheidungsprozesses. Durch das Überwachen wird ein proaktives Eingreifen in ablaufenden Prozesse ermöglicht und damit beispielsweise die gewünschte Produktqualität sichergestellt. Durch das Modell ist eine Ableitung anwendungsspezifischer Ontologien zur Implementierung einer intelligenten Nachverfolgung möglich.[451] Im letzten Schritt überführen die Autoren die theoretischen Ergebnisse, indem sie eine Cloud-basierte Applikation nutzen um

[449] Vgl. Bougdira et al. "*A traceability proposal for industry 4.0*" (2020) S. 3362.

[450] Vgl. ebd. S. 3361.

[451] Vgl. ebd. S. 3362.

einen Anwendungsfall aus der Lebensmittelindustrie abzubilden. Dabei wird zur Ableitung der Ontologie auf eine generische Vorgehensweise zurückgegriffen, die auch in Sektoren abseits der Lebensmittelindustrie Anwendung finden kann.[452]

Das Ziel des Ansatzes von BOUGDIRA ET AL. ist die Entwicklung und Validierung eines Konzeptes zum intelligenten Nachverfolgung im Kontext der Industrie 4.0. Die Anforderungsdimension der Praktikabilität ist durch die Implementierung und Validierung eines Prototyps als voll erfüllt zu werten. Durch die Anwendung der theoretischen Ergebnisse auf einen realen Anwendungsfall für den Leser eine systematische Vorgehensweise ersichtlich, wodurch die Anforderungsdimension der Konkretheit auch als voll erfüllt zu werten ist. Die Modellierung von Bougdira ist nicht Anwendungsfall-spezifisch, weshalb keine Erfassung historischer Auftragsdaten und auch keine Ableitung von Anforderungen aus diesen stattfindet. Aus diesem Grund werden die beiden Anforderungen der Kategorie Daten- und Anforderungserhebung als nicht erfüllt bewertet. Die Produkt- und Prozessontologie wird durch Bougdira in der generischen Modellierung der intelligenten Nachverfolgung berücksichtigt. Hierbei wählen BOUGDIRA ET AL. einen Ansatz, der das Produkt als Kern der intelligenten Nachverfolgung darstellt und dem Produkt jeweils Daten aus Prozess-, Mitarbeitenden und Umweltinteraktion zuordnet. Das Modell ist zudem durch die praktische Validierung in ein Datenmodell überführbar, wie der Anwendungsfall zeigt. Insgesamt wird eine Bewertung hinsichtlich der Anforderungsdimension zur Ontologie des Produkt- und Prozessportfolios als erfüllt vorgenommen. Die Sichtung, Analyse und Auswahl von Technologie für die Identifikation von Bauteilen auf dem Shopfloor ist nicht Teil des Ansatzes von BOUGDIRA ET AL. – aus diesem Grund wird hier die Bewertung nicht erfüllt vorgenommen. Die Operationalisierung des Ansatzes ist theoretisch nicht beschrieben, lediglich die technische Einbettung wird am Rande der praktischen Validierung berücksichtigt. Aus diesem Grund ist die Bewertung der Anforderung hinsichtlich der technischen Einbettung als nur in Teilen erfüllt und die Bewertung der Anforderung hinsichtlich der organisatorischen Einbettung als nicht erfüllt eingestuft.

3.2.2 Übersicht von Markierungsstrategien für die Additive Fertigung

Ziel des Ansatzes von SOLA ET AL. ist die Übersicht des Status Quo nach dem Stand der Technik und Forschung in Hinsicht auf Identifikatoren für additiv gefertigte Bauteile. Hierbei werden die beiden Teilbereiche kunststoffbasierte und metallische additive Fertigungsverfahren in Bezug auf die Herstellung des Bauteils unterschieden. Neben allgemeinen Vor- und Nachteilen werden die Identifikator-Strategien insbesondere hinsichtlich der Anforderungen und der Beeinflussung der Bauteileigenschaften analysiert um Letzen Endes eine Vorgehensweise zur Auswahl von Identifikatoren für additiven Bauteile herleiten zu können.[453]

Motiviert über Anwendungsfälle für Identifikatoren im AM-Bereich, wie beispielsweise der Nachverfolgung über den Produktlebenszyklus oder auch den Kopierschutz, unterscheiden die Autoren zunächst zwei grundlegende Anforderungscluster in Bezug auf Identifikatoren, der

[452] Vgl. Bougdira et al. "*A traceability proposal for industry 4.0*" (2020) S. 3362 f.

[453] Vgl. Sola et al. "*How Can We Provide Additively Manufactured Parts with a Fingerprint? A Review of Tagging Strategies in Additive Manufacturing*" (2021) S. 1 f.

Identifikation selbst als auch und der Authentifizierung. Durch eine systematische Literaturrecherche basierend auf Schlüsselwörtern, werden Ansätze identifiziert, die Anforderungen an Identifikatoren für den AM-Bereich definieren. Auf Basis dieser Ansätze leiten die Autoren zusammenfassend grundlegende Anforderungen ab, welche durch Identifikatoren im AM-Bereich erfüllt werden müssen. Dabei wird qualitativ zwischen technischen und nicht-technische Anforderungen. Zu den technischen Anforderungen zählt beispielsweise, dass Identifikatoren nicht kopiert werden können, in Größe und Form zum Bauteil passen müssen oder auch verschleifest sein müssen. Zu den nicht-technischen Anforderungen zählen beispielsweise Anforderungen hinsichtlich Kosten, der Auffindbarkeit des Identifikators auf oder innerhalb des Bauteils oder auch der Einzigartigkeit des Identifikators.[454]

Im Anschluss stellen die Autoren Ansätze vor, wie Identifikatoren realisiert werden können. Eine Unterscheidung erfolgt in den Teilbereich der Detektoren, die mechatronische Komponenten darstellen, welche an bzw. in das AM-Bauteil auf- bzw. eingebracht werden können, und dem Teilbereich der eingebetteten Identifikatoren, welche direkt im AM-Prozess als Teil des Bauteils hergestellt werden. Detektoren können beispielsweise Radio RFID-Chips sein, welche auf das AM-Bauteil aufgebracht oder während des AM-Prozesses in das Bauteil eingebracht werden können. Zu den eigebetteten Identifikatoren zählen beispielsweise in oder auf das Bauteil integrierte Geometrien, wie QR-Codes. Basierend auf den vorgestellten Ansätzen, beschreiben die Autoren qualitativ, welche Vor- und Nachteile die jeweiligen Identifikatoren in Kombination mit unterschiedlichen AM-Technologien aufweisen. Die Autoren führen eine Tabelle auf, in der aufgezeigt wird, welche die unterschiedlichen Identifikator-Strategien existieren, für welche Anwendungsfälle sich diese eignen und welche Herausforderungen aktuell bestehen.[455]

Hervorzuheben ist, dass nahezu alle Identifikator-strategien die mechanischen Eigenschaften des Bauteils beeinflussen können. Lediglich das Aufbringen eines Detektors auf die Oberfläche eines additiv gefertigten Bauteils weißt keine mechanischen Eigenschaftsveränderungen auf. Geometrische Identifikatoren auf der Bauteiloberfläche, wie beispielsweise QR-Codes, sind weit verbreitet, besitzen allerdings den zentralen Nachteil, dass in die CAD-Datei entsprechend die Geometrie integriert werden müssen. Hierdurch entsteht manueller Mehraufwand in der Arbeitsvorbereitung.[456] Für keramische Materialien gibt nach den Rechercheergebnissen der Autoren derzeit noch keine Ansätze zur Applikation von Identifikatoren. Die Autoren Stellen die Hypothese auf, dass für unterschiedliche AM-Technologien unterschiedliche Methoden zur Applikation von Identifikatoren entwickelt und ausgewählt werden müssen.[457]

Der Ansatz von SOLA ET AL. verfolgt das Ziel, bestehende Ansätze auf der Wissenschaft zur Applikation von Identifikatoren im AM-Bereich zu strukturieren als auch Vor- und Nachteile der jeweiligen Ausprägung auszumachen. Die Autoren fassen ihre Ergebnisse in rein qualitativer

---

[454] Vgl. Sola et al. "*How Can We Provide Additively Manufactured Parts with a Fingerprint? A Review of Tagging Strategies in Additive Manufacturing*" (2021) S. 4 f.

[455] Vgl. ebd. S. 7-8.

[456] Vgl. ebd. S. 24.

[457] Vgl. ebd. S. 21.

Form zusammen, wodurch die Anforderung der Praktikabilität als nur sehr gering erfüllt bewertet wird. Für manche Identifikator-Strategien stellen die Autoren modellhaft Abbildungen zur Vorgehensweise dar, weshalb die Konkretheit mit der Ausprägung „teilweise erfüllt“ gewertet wird. Der Ansatz zeigt qualitativ Anforderungen in Bezug auf die Identifikatoren auf, vernachlässigt dabei allerdings Normen und Unternehmens-spezifische Randbedingungen. Aus diesem Grund wird die Anforderungsdimension der Anforderungserhebung als nur sehr gering erfüllt bewertet. Eine Aufnahme des Status Quo im jeweiligen APS wird nicht vorgenommen, weshalb die komplementäre Anforderung hierzu als nicht erfüllt gewertet wird. Eine Produkt- und Prozessontologie als auch ein Datenmodell ist nicht Teil des Ansatzes, die konträren Anforderungsdimensionen gelten als nicht erfüllt. Die Autoren stellen die Identifikation und Bewertung von Ansätzen zur Identifikation von AM-Bauteilen dar, vernachlässigen dabei allerdings die Berücksichtigung von CV-basierten Technologien. Die Anforderungsdimension gilt daher als teilweise erfüllt. Eine Auswahl von Technologie zur Identifikation von AM-Bauteilen ist nicht Teil des Ansatzes, aus diesem Grund wird die entsprechende Anforderungsdimension mit „nicht erfüllt“ bewertet. Zuletzt umfasst der Ansatz keine Berücksichtigung der Operationalisierung der jeweiligen Identifikationstechnologien innerhalb eines APS. Aus diesem Grund werden die entsprechenden Anforderungsdimensionen mit der Ausprägung „nicht erfüllt“ bewertet.

3.2.3 Bauteilindividuelle Identifikation in der additiven Fertigung

Ziel des Ansatzes von ARNDT ist die Entwicklung und Bereitstellung einer Methode zur durchgängigen bauteilindividuellen und verfahrensspezifischen Kennzeichnung und Identifikation für die additive Fertigung.[458] Dies impliziert die Anpassung und Erweiterung bestehender Prozessketten der additiven Fertigung. Die Methode soll insbesondere in der Arbeitsvorbereitung unterstützen, indem sie auf Basis der Bauteilgeometrie und dem geplanten additiven Fertigungsverfahren einen Kennzeichnungsansatz generiert, welche eine Kombination aus Kennzeichnungsträger und Identifikatorart repräsentiert. Darüberhinausgehend ist die Ableitung eines bauteilindividuellen und verfahrensspezifischen durchgängigen Informationsmodells Zielsetzung der Arbeit.[459] ARNDT definiert additive Produktionssysteme als Kontext des Ansatzes und spezifiziert das betrachtete System als die durchgängige Informationsverarbeitung vom Dateneingang über die Arbeitsvorbereitung, der additiven Fertigung bis zur Nachbearbeitung der Bauteile.[460]

Auf Basis des Standes der Technik und Forschung definiert ARNDT zunächst ein Anforderungsprofil an die Methode zur bauteilindividuellen und verfahrensspezifischen Kennzeichnung und Identifikation für die additive Fertigung. Hierbei definiert ARNDT die vier Dimension

[458] Vgl. Arndt "*Bauteilindividuelle und verfahrensspezifische Kennzeichnung und Identifikation für die Additive Fertigung*" (2018) S. 58.

[459] Vgl. ebd. S. 58-59.

[460] Vgl. ebd. S. 60.

der Anforderungen: Kennzeichnung, Informationsmodell, durchgängige Identifikation und Implementierung. Die Anforderungen werden in Festforderungen und Wünschen differenziert.[461] Aufbauend auf den hergeleiteten und formulierten Anforderungen wird ein Konzept zu bauteilspezifischen Kennzeichnung und Identifikation additiver Bauteile abgeleitet. Die hierbei verwendete konzeptionelle Vorgehensweise besteht aus zwei Ansätzen. Zum einen bildet ein prozess- und aktivitätsorientierte Ansatz einen Bestandteil der Vorgehensweise, welcher den Ablauf der zu verarbeitenden Informationen über den Gesamtprozess beschreibt.[462] Zum anderen wird auf einen Ansatz der Informationsmodellierung zurückgegriffen, wodurch die durch die Prozesse und Aktivitäten erzeugten Informationen systematisch abgebildet werden können.[463] Das Ergebnis der konzeptionellen Vorgehensweise stellt ein Vier-Ebenen-Modell als Konzeptstruktur dar, welches in Abbildung 3.4 gezeigt ist.

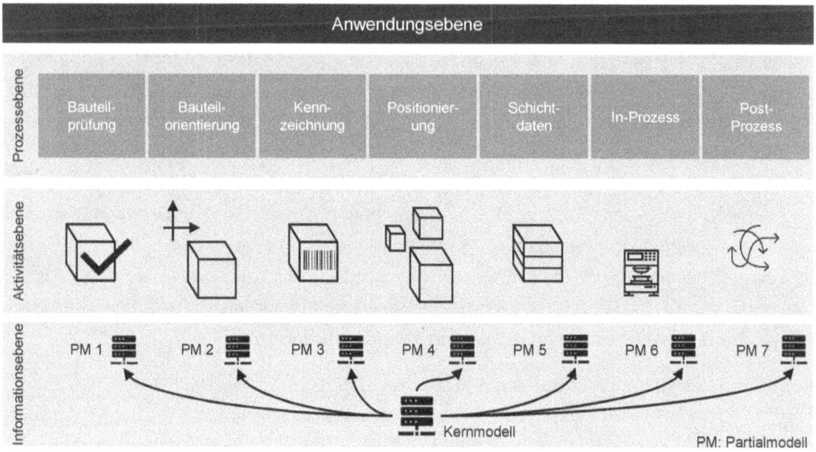

Abbildung 3.4: Drei-Ebenen Konzept für die Bauteilnachverfolgung[464]

Das Modell beinhaltet dabei eine übergeordnete Prozessebene, in der der Gesamtprozess der bauteilindividuellen und verfahrensspezifischen Kennzeichnung und Identifikation für die additive Fertigung abgebildet ist. Jedem der aus der übergeordneten Prozesskette definierten Teilprozesse ist eine Aktivitätsebene zugeordnet, in welche der Teilprozess in Aktivitäten mit definiertem Input und Output beschrieben wird. Das Fundament des Vier-Ebenen-Modells bildet eine Informationsebene.[465] Das Informationsmodell besteht dabei aus einem Kernmodell und

---

[461] Vgl. Arndt "*Bauteilindividuelle und verfahrensspezifische Kennzeichnung und Identifikation für die Additive Fertigung*" (2018) S. 76 f.

[462] Vgl. ebd. S. 85.

[463] Vgl. ebd. S. 85.

[464] I.A.a. ebd. S. 88.

[465] Vgl. ebd. S. 88.

einem Partialmodell für jeden Teilprozess. Das Kernmodell bildet dabei die essentiellen Informationen und Abhängigkeiten zur bauteilindividuellen und verfahrensspezifischen Kennzeichnung und Identifikation ab und gilt prozessübergreifend.[466] Die Partialmodelle erfassen Informationen und Beziehungen aus den jeweiligen Teilprozessen inklusive deren Aktivitäten. Hierbei sieht ARNDT auch ein Paritalmodell für die Phase Nutzung und Lebenszyklusende vor.[467]

Der spätere Anwender der Methode interagiert mit dem Gesamtsystem über eine Anwendungsebene. Die Anwendungsebene umfasst dabei die Eingabe von Bauteilen als auch dem dazugehörigen Anforderungsprofil und stellt auch eine Möglichkeit zur Nachverfolgung kundenindividueller Aufträge dar.

Nach der Detaillierung der Konzeptes implementiert ARNDT die Methode im Rahmen einer Softwareapplikation.[468] Hierbei unterscheidet ARNDT die zwei grundlegenden Systemfunktionalitäten Bauteilkennzeichnung und Identifikation und Nachverfolgung. Die Auswahl und Applikation einer Variante von Kennzeichnungsträger und Identifikator wird dem Nutzer durch die Systemfunktionalität Bauteilkennzeichnung bereitgestellt. Der Input zur Bauteilkennzeichnung ist das orientierte Bauteil als auch das bauteilindividuelle Anforderungsprofil. Der Output ist eine ausgewähltes und auf das Bauteil übertragene Kennzeichnung samt Identifikator. Zur Identifikation der Bauteile über den nachfolgenden Produktionsprozess wird die Systemfunktionalität Identifikation und Nachverfolgung implementiert. Der Nutzer kann damit das Bauteil im jeweiligen Teilprozess erfassen und Informationen, wie beispielsweise aus dem Status der Nachbearbeitung, bauteilindividuell erfassen. Abschließend validiert ARNDT die Softwareapplikation durch zwei Anwendungsbeispiele und vergleicht die durch die Softwareapplikation erzeugen Ergebnisse mit dem zuvor definierten Anforderungsprofil.[469]

Das Ziel des Ansatzes von ARNDT ist die Entwicklung eines Assistenzsystems zur bauteilindividuellen und verfahrensspezifischen Kennzeichnung und Identifikation additiv gefertigter Bauteile. Hierbei ist die Praktikabilität durch die entwickelte Softwarelösung voll erfüllt. Zudem ist für den Nutzer durch die Software ein systematisches Vorgehen ersichtlich. ARNDT beschreibt den Status Quo und die Zieldefinition nur aus generischer Sicht aus Basis des Standes der Technik und Forschung, eine unternehmensspezifische Ableitung des Status Quo und der Zieldefinition ist nicht Teil der Arbeit. Anforderungen aus dem Produktportfolio werden nur auf bauteilindividueller Ebene berücksichtigt, da ARNDT die Grundannahme einer bauteilindividuellen Nachverfolgung heranzieht. Die Produkt- und Prozessontologie wird bei durch ARNDT direkt in einem Informationsmodell abgebildet, es besteht für den Anwender der Methode keine Möglichkeit zur Visualisierung der Produkt- und Prozessontologie. In Folge dessen ist auch eine Ableitung von prozessseitigen Anforderungen hinsichtlich der Bauteilidentifikation nicht möglich. Arndt detailliert keine technischen Lösungen zur Erfassung der Bauteile durch Identifikationssysteme. Daher ist die Anforderungsdimension entsprechend als nicht berücksichtigt

[466] Vgl. Arndt "*Bauteilindividuelle und verfahrensspezifische Kennzeichnung und Identifikation für die Additive Fertigung*" (2018) S. 89.

[467] Vgl. ebd. S. 89.

[468] Vgl. ebd. S. 143 f.

[469] Vgl. ebd. S. 162 f.

bewertet. Die Einbindung der entwickelten Softwarelösung in bestehende Unternehmenssysteme ist nicht Teil der Arbeit von ARNDT, dennoch werden erste Ansätze zur technischen Integration der Software beschrieben. Aus diesem Grund ist die Anforderung der technischen Integration als teilweise erfüllt bewertet und die Anforderung der organisatorischen Integration als nicht erfüllt.

3.2.4 Produktionsintegrierte Markierungen von additiv gefertigten Bauteilen

Der Ansatz von JAHNKE ET AL. untersucht die Potentiale des Einsatzes von Produkt-integrierten Merkmalen in der additiven Fertigung. Hierbei ist das Ziel des Ansatzes die Untersuchung verschiedener Einflussfaktoren auf die automatisierte Applikation von Markierungen auf additiven Bauteilen. Die Autoren setzen die Arbeit dabei in den Kontext der Industrie 4.0 und beschreiben Markierungen von Produkten als entscheidenden Faktor, um Produkte einem digitalen Abbild zuordnen zu können und damit eine Nachverfolgbarkeit sicherzustellen. Eine Nachverfolgbarkeit im Sinne der Industrie 4.0 birgt dabei viele Vorteile in den Bereichen des Qualitätsmanagements, der Produktion, dem Nachverkauf als auch der Logistik.[470]

Die Autoren stellen zunächst, basierend auf dem GS1 Standard, existierende Methoden der Literatur vor, welche Ausprägungen Markierungen aufweisen können. Dabei unterscheiden die Autoren 1D, 2D und 3D Markierungen. Die Autoren legen ihrer Analyse eine Pulverbett-basierten additiven Fertigungstechnologie zugrunde.[471] Für die zuvor unterschiedenen Markierungen zählen die Autoren jeweils qualitative Vor- und die Nachteile auf. Zudem ist es möglich, verschiedenen Ansätze zu kombinieren und damit die Information zu variieren, je nachdem von welcher Seite die Markierung ausgelesen wird.[472]

Zunächst wird ein Testbauteil definiert, welches im durch einen Lasersinterprozess additiv gefertigt werden soll. Auf dem Testbauteil sollen in einem Versuch die dem GS1 Standard entsprechenden 18x18 Pixel großen Markierungen additiv integriert werden.[473] Dabei ist ein Testaufbau definiert, der konstantes Licht liefert, die Identifikation selbst erfolgt durch eine Smartphone Kamera, welche technisch nicht tiefer spezifiziert ist. Auf dem Smartphone ist die App MANATEE WORKS zur Identifikation der Barcodes installiert. Als Zielgröße der Versuche ist die Identifikationsrate (Rating of Measureability, RoM) definiert.[474]

Die Versuchsergebnisse zeigen, dass die Identifikationsgenauigkeit aller produzierten Markierungen von Winkel abhängt. Dabei sind Markierungen, welche in die Oberfläche oder auf die

---

[470] Vgl. Jahnke et al. "*Production-Integrated Markings for Traceability of AM Parts in the Context of Industry 4.0*" (2016) S. 2395-2396.

[471] Vgl. ebd. S. 2398.

[472] Vgl. ebd. S. 2399.

[473] Vgl. ebd. S. 2400.

[474] Vgl. ebd. S. 2401.

Oberfläche des Bauteils integriert worden sind, unter einem Winkel von 30 Grad am schlechtesten identifizierbar. Zuletzt ist bei allen Versuchen festgestellt worden, dass die Identifikation Genauigkeit höher ist, desto größer die Markierung selbst ist.[475]

Um die Applikation von Markierungen wirtschaftlich für die additive Fertigung nutzen zu können, ist es zwingend notwendig, dass dies automatisch geschieht und nicht manuell, da die manuelle Applikation nicht skalierbar und damit in der Praxis nicht wirtschaftlich umsetzbar ist.[476] Aus diesem Grund beschreiben die Autoren eine Softwarelösung, welches an der Universität Paderborn entwickelt wurde und beschrieben die automatische Applikation von Markierungen mit diesem.

Als zentrales Ergebnis des Ansatzes sind die aus dem Versuch stammenden Parameter zur Gestaltung von Markierungen zu nennen. Hierbei sind Markierungen besser lesbar, je größer diese sind. Daneben sind Markierungen, welche in das Produkt selbst, unter der Oberfläche, integriert sind am schlechtesten lesbar. Des Weiteren ist durch die Autoren anhand einer Softwarelösung eine Prozessdefinition vorgenommen worden, wann Markierungen auf oder in additive Bauteile eingebracht werden und wie Markierungen zudem zur Authentifizierung von Bauteilen nutzbar gemacht werden können.[477]

Der Ansatz von JAHNKE ET AL. verfolgt das Ziel, Markierungen automatisieret auf additive Bauteile auf bzw. einzubringen um damit dann eine Identifikation bzw. Authentifizierung zu ermöglichen. Hierbei wird die Praktikabilität des Ansatzes durch reale Fallbeispiele untermauert. Zudem wird auf den GS1 Standard zurückgegriffen, welcher industrieweit appliziert ist.[478] Damit gilt die Praktikabilität des Ansatzes als voll erfüllt. Die Konkretheit des Ansatzes ist durch den realen Versuch als auch die vorgestellte Softwarelösung sichergestellt und gilt damit auch als voll erfüllt. Auf das Produktportfolio und dessen Anforderung an die Nachverfolgbarkeit wird im Ansatz nicht eingegangen. Damit ist diese Anforderungsdimension als nicht berücksichtigt anzusehen. Eine generische Prozesskette einer Pulver-bett basierten additiven Fertigungstechnologie wird von Jahnke beschrieben, allerdings wird nicht auf Variationen im Prozess eingegangen, weshalb die Produkt-Prozess Ontologie als nur im geringen Maß berücksichtigt gilt. Zudem wird keine Modellierung der Daten des Informationsflusses vorgenommen, weshalb die Anforderung als nicht berücksichtigt gewertet wird. Die Instanz Identifikation findet im Ansatz von JAHNKE ET AL. über Markierungen und eine Smartphone App statt. Andere Technologien zur Identifikation additiv gefertigter Bauteile werden nicht diskutiert. Eine Auswahl einer bestimmten Technologie zur Erfassung der Markierungen wird nicht vorgenommen, dennoch erfolgt eine Optimierung einer Technologie. Aus diesem Grund wird die Sichtung von Technologie als nicht berücksichtigt gewertet und die Auswahl von Technologie als gering berücksichtigt gewertet. Die Operationalisierung des Ansatzes ist durch eine Software be-

---

475 Vgl. Jahnke et al. "*Production-Integrated Markings for Traceability of AM Parts in the Context of Industry 4.0*" (2016) S. 2401.

476 Vgl. ebd. S. 2402.

477 Vgl. ebd. S. 2403 f.

478 Vgl. GS1 Germany "*GS1 Standards*" (2024).

schrieben. JAHNKE ET AL. beleuchtet hierbei die technische als auch die organisatorische Integration der Software durch eine Prozessbeschreibung. Die Anforderungsdimensionen sind damit als berücksichtigt zu werten.

3.2.5 Einsatz von Computer Vision für die Nachverfolgung additiver Bauteile

Die technische und monetäre Evaluation des Einsatzes von CV zur automatisierten industriellen Erkennung additiv gefertigter Bauteile ist Gegenstand des Ansatzes von OBST ET AL. Die Untersuchung basiert dabei auf einer bereits industriell in der Automobilindustrie applizierte pulverbett-basierte additive Fertigungstechnologie der Firma HP und umfasst die gesamte operativ auf dem Shopfloor ablaufenden Prozesskette.[479]

Die Autoren stellen zunächst das bei ihnen zu produzierende Produktportfolio anhand von Fallbeispielen vor, und nehmen eine Unterscheidung in die Kategorien Serien- bzw. Prototypenteile vor. Die Autoren argumentieren, dass additive Prozessfolgen heute noch viele manuelle Schritte ausweisen, die eine Skalierung der Produktionsdurchsatzes beschränkt und zur gleichen Zeit hohe Kosten verursacht.[480] Die Autoren zeigen daraufhin den Prozess der Bauteilidentifikation und Zuordnung als ein Fallbeispiel eines manuell ablaufenden Prozesses, der oftmals zu Endpässen in der realen Produktionsumgebung führt. Die, bei den Autoren, operativ auf dem Shopfloor auflaufende Prozesskette basiert auf der HP MJF Technologie.[481]

Hierbei gehen die Autoren von einer generischen Prozesskette als Betrachtungsbereich aus, bei der alle zu fertigenden Bauteile die gleichen Prozessschritte durchlaufen. Die Identifikation und Zuordnung von Bauteilen besteht dabei nur im letzten Prozessschritt, der Logistik, eine Rolle. Der prozentuale zeitliche Anteil der Zeit, in der sich Bauteile in der Logistik befinden, wird in die vier Anteile Identifikation, Inspektion, Qualitätskontrolle und Labeln unterschieden. Dabei stellt die Identifikation mit insgesamt 40 % den größten zeitlichen Anteil dar.[482] Dies gilt nach den Autoren aber nur für Bauteile, welche der Kategorie Prototyp zuzuordnen sind, bei Serienbauteilen entfällt der Prozess der Bauteilspezifischen Identifikation oftmals, oder ist nur einmal für jeden Batch notwendig.[483] Aus Basis von den Autoren identifizierter Trends hin zu höheren Batchvolumen, höheren Bauräumen und schnelleren AM-Technologien verstärkt sich die Problemstellung einer nicht skalierbaren, manuellen Identifikation und Zuordnung von Bauteilen in Zukunft.[484] Während die Identifikationskosten für Bauteile abhängig von der Bauteilzahl steigen, fallen die Kostenanteile für Maschine und Material pro Bauteil durch Skalierungseffekte ab.[485] Auf Basis der Kostenstrukturvorhersage argumentieren die Autoren, dass ein

[479] Vgl. Obst et al. "*Komplexität und wirtschaftlicher Nutzen künstlicher Intelligenz zur automatisierten und industrialisierten Erkennung additiv gefertigter Bauteile*" (2021) S. 143.

[480] Vgl. ebd. S. 142.

[481] Vgl. ebd. S. 143.

[482] Vgl. ebd. S. 143.

[483] Vgl. ebd. S. 144.

[484] Vgl. ebd. S. 144.

[485] Vgl. ebd. S. 144.

hohes ökonomisches Potential in einer automatisierten Identifikation und Zuordnung additiv gefertigter Bauteile besteht.[486]

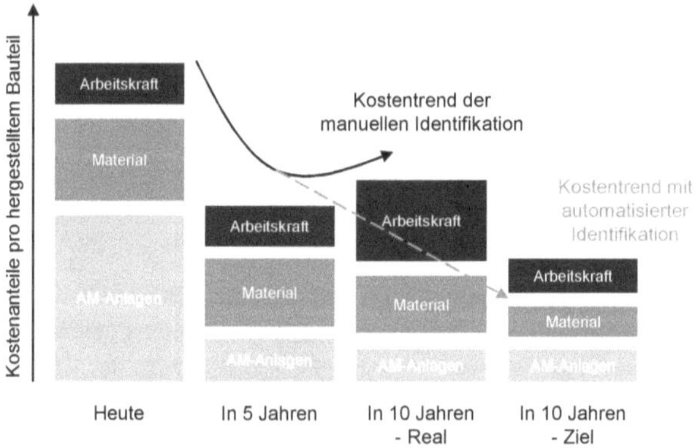

Abbildung 3.5: Vorhersage der Kostenentwicklungen der manuellen Identifikation[487]

Basierend auf den Vorüberlegungen, dass eine manuelle Identifikation und Zuordnung von Bauteilen in Zukunft einen Engpass in der Produktion darstellt, identifizieren und bewerten OBST. ET AL. verschiedene Methoden um additiv gefertigte Bauteile zu identifizieren. Nach den Ergebnissen einer Expertenbefragung eignet sich CV-Technologie insbesondere für den Einsatzzweck und wird im weiteren Verlauf näher von den Autoren betrachtet.[488] Hierzu werden zunächst sogenannte Komplexitätsfaktoren eingeführt, die insbesondere eine Herausforderung für die Anwendung von CV-Technologie darstellen, und diese jeweils mit Fallbeispielen untermauert. Hierbei werden die insgesamt vier nachfolgenden Komplexitätsfaktoren durch die Autoren beschrieben: „Identify common geometries", Bauteilausrichtung im Identifikationsprozess, Dimensionen und Format der Bauteile als auch Grenzfälle.[489]

Die Autoren identifizieren die AM-Vision Anlage von der niederländischen Firma AM-FLOW als einen geeigneten Ansatz zu Identifikation ihrer Bauteile und erläutern die Grundlegende Funktionsweise dieser. Hierbei fährt das Bauteil auf einem Förderband in das Maschineninnere, wobei es von mehreren Kameras aus unterschiedlichen Winkeln erfasst wird. Der Algorithmus der Maschine ist bereits auf der CAD-Datenbasis der sich in der Produktion befindlichen Bauteile vortrainiert. Hierbei ist insbesondere anzumerken, dass eine Stabilitätsanalyse der Bauteile im Vorfeld automatisch durchgeführt wird, wodurch die Prädiktionsrate weiter gesteigert

[486] Vgl. Obst et al. "*Komplexität und wirtschaftlicher Nutzen künstlicher Intelligenz zur automatisierten und industrialisierten Erkennung additiv gefertigter Bauteile*" (2021) S. 144.

[487] I.A.a. ebd. S. 144.

[488] Vgl. ebd. S. 145.

[489] Vgl. ebd. S. 146.

werden kann.[490] Zudem ist es möglich, die Maschine auf unterschiedliche Farben und Materialien zu kalibrieren. Über eine API-Schnittstelle kann die Maschine zudem problemlos in die bestehende IT-Infrastruktur eingebunden werden. Die Maschine wurde in Vorversuchen getestet und auf Basis der Versuche Daten abgeleitet, anhand derer eine dynamische Kostenkalkulation durchgeführt werden kann, um das ökonomische Potential der technischen Lösung zu evaluieren. Die Autoren gehen dabei von einem Bauteildurchsatz von täglich 130 Bauteilen aus, bei einer jährlichen Wachstumsrate von 5 %. Zudem sind weitere Abschätzungen zu Kosten und Zeiten der Bauteilidentifikation getroffen, auf die an dieser Stelle nicht weiter eingegangen wird.[491]

Die Kostenberechnung zeigt, dass die manuelle Identifikation und Zuordnung von Bauteilen in Zukunft kontinuierlich steigen wird, da zum einen das Produktionsvolumen steigt und damit parallel auch die Komplexität der Identifikation und zum andern auch die Kosten für die Mitarbeitenden inflationsbedingt steigen. Das AM-Vision System spart im Vergleich zum manuellen Prozess direkt nach Applikation Kosten ein, zudem wird die Kosteneinsparung in jedem Jahr größer, durch die Skalierbarkeit der Lösung. Zudem merken die Autoren abschließend an, dass die Technologie sich insb. für Baujobs mit geometrisch unterschiedlichen Bauteilen eignet.[492]

Der Ansatz beschreibt die Applikation einer CV-Technologie zur Identifikation und Zuordnung von Bauteilen innerhalb eines realen Produktionssystems. Das Vorgehen ist durchgehend auf Praxisbeispiele und reale Produktionsdaten gestützt, wodurch der Erfüllungsgrad der allgemeinen Anforderungen als sehr hoch zu werten ist. Die Autoren zeigen zwar teilweise historische Auftragsdaten, allerdings nur in Bezug auf die Bauteilzahl pro Batch. Die Synthese von Anforderungen hinsichtlich der Rückverfolgbarkeit ist nur gering erfüllt, da die Autoren eine generische Prozesskette ihrer Arbeit zu Grunde legen. Aus diesem Grund ist die Ontologie und Datenmodellierung nicht von den Autoren berücksichtigt worden. Die Autoren sichteten mehrere technologische Ansätze zur Identifikation von Bauteilen, stellen allerdings nicht die zugrundeliegende Methode dar, weshalb die Sichtung von Technologie als nicht hinreichend berücksichtigt gewertet wird. Die Auswahl der Zieltechnologie, in diesem Fall CV, wird auf Basis einer Expertenbefragung durchgeführt, die Auswahlfaktoren sind nicht hergeleitet. Aus diesem Grund gilt die Anforderung zur Auswahl von Technologie als nur unzureichend berücksichtigt. Sowohl die technische als auch die organisatorische Einbettung der Lösung in das bestehende Produktionssystem ist nicht von den Autoren beleuchtet worden, weshalb dies jeweils als nicht berücksichtigt in die Bewertungssystematik eingeht.

---

[490] Vgl. Obst et al. "*Komplexität und wirtschaftlicher Nutzen künstlicher Intelligenz zur automatisierten und industrialisierten Erkennung additiv gefertigter Bauteile*" (2021) S. 146.

[491] Vgl. ebd. S. 149.

[492] Vgl. ebd. S. 149 f.

3.2.6 Bauteilidentifikation in additiven Produktionssystemen

Eine App-basierte Lösung zur Bauteilidentifikation in additiven Produktionssystemen ist Gegenstand des Ansatzes von SCHUH ET AL. Ziel der Arbeit ist die Vorstellung einer neuen Lösung zur CV-basierten Bauteilidentifikation, die Optimierung des dazugehörenden Algorithmus und die anschließende ökonomische Evaluation der Lösung. Die Autoren setzen die Arbeit in den Anwendungskontext additiver Produktionssysteme und beschreiben die Bauteilidentifikation, in Anlehnung an OBST ET AL., als nicht skalierbaren manuellen Arbeitsschritt.[493]

Zunächst wird das Konzept für eine CV-basierte und dezentrale Identifikationsmethode für additiv gefertigte Bauteile vorgestellt. Dabei kommt ein App zum Einsatz, welche aus einen Frontend als auch einem Backend besteht. Das Frontend, eine Smartphone App, bietet dem Bedienenden die Möglichkeit zur Aufnahme von Bildern des zu identifizierenden Bauteils. Die aufgenommenen Bilder werden dann an da dazugehörige Backend übermittelt, in dem die Fotos mit Hilfe von eines Multi-View-CNN Algorithmus analysiert und einem Bauteil in der hinterlegten Datenbank zugeordnet wird. Der Bedienende bekommt Metainformationen zum Bauteil im Anschluss direkt in der App angezeigt und hat zudem die Möglichkeit, auf die CAD-Daten des Bauteils zugreifen.[494]

Da der Algorithmus nicht auf realen Bauteilen trainiert werden kann, zeigen die Autoren eine Prozesskette auf, welche es ermöglicht, den Algorithmus auf Basis von synthetischen Daten vorzutrainieren. Hierbei werden auf Basis von CAD-Daten stabile Positionen des Bauteils ermittelt, in denen das Bauteil auf einer horizontalen Oberfläche liegen kann. In den stabilen Positionen wird das CAD-Modell anschließend gerendert, wodurch realitätsnahe Bilder des Bauteils entstehen. Auf Basis dieser Bilder wird im Anschluss ein automatisches Training eines vortrainierten Neuronalen Netzes vorgenommen bis eine bestimmte Leistungsfähigkeit erreicht ist. Die Autoren setzen als Algorithmus zur Identifikation auf einen neuartigen MVCNN Ansatz. Der MVCNN Ansatz ermöglicht mehrere Bilder parallel als Input und besteht darum aus einer zweiteiligen Architektur. Zuerst wird jedes Bild von einem separaten CNN klassifiziert und die Ergebnisse einer jeden Klassifikation in ein weiteres neuronales Netz gegeben. Dabei bietet der MVCNN Ansatz die Möglichkeit, unterschiedliche vortrainierte Grundnetzarchitekturen zu verwenden.[495]

Im Ansatz wird ein Testdatensatz von historisch real gefertigten Bauteilen definiert, welcher 24 Bauteile umfasst. Auf Basis des Testdatensatz und des MVCNN Ansatzes definieren die Autoren einen vollfaktoriellen Versuchsplan, mit dem Ziel die Identifikationsgenauigkeit zu steigern. Hierfür wird im ersten Schritt auf die Ishikawa-Methode zurückgegriffen, um Einflussfaktoren auf die Identifikationsgenauigkeit zu ermitteln. Die Autoren schließen auf Basis von Vorarbeiten und Erfahrungswissen gewisse Faktoren aus, die wenig Einfluss auf die Identifikationsgenauigkeit haben und führen dann den vollfaktoriellen Versuchsplan auf definierten Pa-

[493] Vgl. Schuh et al. "*Part Recognition in Additive Production Systems using a Computer-vision Approach*" (2022) S. 96.

[494] Vgl. ebd. S. 97.

[495] Vgl. ebd. S. 97.

rametern durch. Für die Faktoren mit dem größten Einflussfaktor wird im Anschluss eine weitere Untersuchung vorgenommen, wobei am Ende eine Optimierte Identifikationsgenauigkeit von 95,1 % auf dem realen Datensatz erreicht werden.[496]

Um das vorgestellte und optimierte Konzept mit existierenden Lösungen ökonomisch zu vergleichen setzen die Autoren in Anlehnung an OBST. ET AL. eine jährliche Kostenrechnung für die Identifikation additiv gefertigter Bauteile auf.[497] Dabei betrachtet die Kostenrechnung sowohl das vorgestellte App-basierte Konzepte als auch die AM-Vision Maschine von der Firma AM-FLOW als auch den heute nach Stand der Technik manuell ablaufenden Prozess. Hierbei wird ein Berechnungszeitraum von 10 Jahren gewählt mit einer jährlichen Durchsatzwachstumsrate additiv gefertigter Bauteile von 3 %.[498]

Die Autoren können auf Basis der Kostenberechnung zeigen, dass das vorgestellte Konzept weniger Kosten verursacht als die AM-Vision Maschine und der manuelle Prozess. Nach den Ergebnissen sind Kosteneinsparungen von ca. 30 % im Vergleich zur AM-Vision und ca. 50 % im Vergleich zum manuellen Prozess direkt im ersten Einsatzjahr zu erwarten. Durch die Skalierbarkeit der App-Lösung steigt die Kosteneinsparung im Vergleich zum manuellen Prozess sukzessive mit dem Bauteildurchsatz an.[499] Neben den reinen Kosteneinsparungen nennen die Autoren zudem die Flexibilität der App-Lösung als klaren Vorteil, denn Bauteile können so dezentral überall in der Produktion identifiziert und zugeordnet werden, dies ist beispielsweise bei Applikation der AM-Vision Maschine nicht der Fall.

Der Ansatz beschreibt die mobile Applikation von CV-Technologie für die Identifikation und Zuordnung von Bauteilen auf dem Shopfloor additiver Produktionssysteme. Die Vorgehensweise ist dabei durchgehend auf Praxisbeispielen und Produktionsdaten gestützt, eine Umsetzung des Konzeptes findet anhand eines physischen Prototypen statt. Der Erfüllungsgrad der allgemeinen Anforderungen ist damit als voll erfüllt zu werten. Die Untersuchung der Autoren beruht auf einem definierten Testdatensatz, welcher bereits produziert wurde. Auf eine Untersuchung von Anforderungen resultierend aus dem Produktportfolio wird nicht eingegangen. Aus diesem Grund ist sind die beiden Subanforderungen der Daten- und Anforderungserhebung als nur zu einem sehr geringen Teil erfüllt anzusehen. Die Autoren legen ihrer Untersuchung, ähnlich zu OBST ET AL. eine generische Prozesskette zu Grunde, gehen damit nicht auf die Ontologie des Produkt- und Prozessportfolios ein und vertiefen auch nicht die Ausgestaltung eines dazugehörigen Datenmodells. Deshalb ist die Anforderungsdimension als nicht erfüllt zu werten. Die Anforderungsdimension der Instanz Identifikation wird von den Autoren durch ein strukturiertes und nachvollziehbares Vorgehen berücksichtigt. Jedoch wird bei der Sichtung von Technologie eine Einschränkung auf CV-Technologie vorgenommen. Aus diesen Gründen ist die Anforderungsdimension der Sichtung von Technologie als sehr gering erfüllt und die Anforderungsdimension der Auswahl von Technologie als erfüllt zu werten. Auf

---

496 Vgl. Schuh et al. "*Part Recognition in Additive Production Systems using a Computer-vision Approach*" (2022) S. 99.

497 Vgl. ebd. S. 99-100.

498 Vgl. ebd. S. 100.

499 Vgl. ebd. S. 100.

die Operationalisierung ihres Konzeptes gehen die Autoren nur zu einem sehr geringen Teil ein, weshalb die beiden Subanforderungen als nur sehr gering erfüllt zu bewerten sind.

3.2.7 Einflussfaktoren auf die Auftragsnachverfolgung additiver Bauteile

Der Ansatz von SCHUH ET AL. hat das Ziel, Produkt- als auch Prozessseitige Einflussfaktoren auf die CV-basierte Auftragsnachverfolgung in additiven Produktionssystemen zu identifizieren um damit Entscheidungen für oder gegen den Einsatz von CV-Technologie für den Anwendungsfall in Zukunft zu befähigen. Die Arbeit baut dabei insbesondere auf den beiden Vorarbeiten von OBST ET AL.[500] und SCHUH ET AL.[501] auf und setzt die Arbeit in den Kontext der ersten beiden Ausbaustufen der Industrie 4.0 nach SCHUH ET AL.[502]

Die Autoren beschreiben zunächst die vierte industrielle Revolution und begründen, dass die digitale Auftragsrückverfolgung ein zentraler Schritt ist, um Industrie 4.0 aktiv in Unternehmen einsetzen zu können.[503] Die durchgängige digitale Auftragsnachverfolgung kann insgesamt mit den Schritten Visualisierung und Transparenz im Kontext der Industrie 4.0 gleichgesetzt werden. Um die Auftragsnachverfolgung technisch im Kontext additiver Produktionssysteme umzusetzen, fokussieren sich die Autoren insbesondere CV.[504] Um Einflussfaktoren auf den Einsatz von CV für die Identifikation additiv gefertigter Bauteile untersuchen zu können, stellen die Autoren zunächst einen Ansatz vor, der das Produktportfolio additiver Produktionssysteme in die Dimensionen Produkttiefe und Produktbreite gliedert.[505] Dabei sind AM-Serienteile einer nur geringen Produkttiefe und -breite zugeordnet, da es sich um Gleich-Teile handelt. Prototypen und Unikate hingegen besitzen eine hohe Varianz, wodurch sie einer hohen Programmbreite bei gleichzeitig geringer Produkttiefe zuzuordnen sind. Als dritte Kategorie werden Bauteile der Mass-Customization genannt, welche einer mittleren Programmbreite aber hohen Programmtiefe zugeordnet sind. Die drei Bauteilkategorien werden in der Validierungsphase der Arbeit herangezogen, um die Vollständigkeit der identifizierten Einflussfaktoren zu prüfen.[506]

Für die Identifikation Produkt- als auch Prozess-spezifischer Einflussfaktoren leiten die Autoren zunächst auf Basis von Vorarbeiten ein Ishikawa-Diagramm ab. Dabei werden vier Hauptstränge identifiziert: Bauteil, AM-Technologie, Geometrie und Nachbearbeitung. Prozess-ba-

[500] Vgl. Obst et al. "*Komplexität und wirtschaftlicher Nutzen künstlicher Intelligenz zur automatisierten und industrialisierten Erkennung additiv gefertigter Bauteile*" (2021).

[501] Vgl. Schuh et al. "*Part Recognition in Additive Production Systems using a Computer-vision Approach*" (2022).

[502] Vgl. Schuh et al. "*Product- and Process-related Influencing Factors for Computer-Vision based Tracing in Additive Manufacturing*" (2024) S. 2.

[503] Vgl. ebd. S. 2.

[504] Vgl. ebd. S. 2-3.

[505] Vgl. ebd. S. 3.

[506] Vgl. ebd. S. 3.

sierte Einflussfaktoren beschreiben Faktoren, welche durch den physischen Materialfluss eines jeden Bauteils nach Erstellung des additiven Grundkörpers bis zu Logistik entstehen.[507] Bauteile müssen zur Zuordnung individueller Nachbearbeitungsschritte zunächst identifiziert werden. Diese Identifikation muss für jeden Bauteil zumindest genau einmal durchgeführt werden. Hierbei ergibt sich eine fundamentale Problemstellung der Identifikation eines Bauteils P aus einem Batch an Bauteilen B.[508] Die Problemstellung ist in Anlehnung an Schuh et. Al. nachfolgend in Abbildung 3.7 dargestellt.

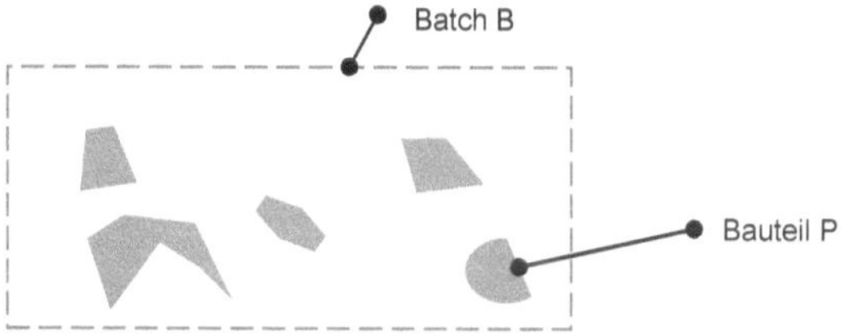

Abbildung 3.6: Identifikation eines Bauteils aus einer Grundmenge von Bauteilen[509]

Für die Identifikation des Bauteils P aus dem Batch B werden die Einflussfaktoren der Bauteilanzahl des Batches B, als auch die geometrische Varianz der Bauteile P im Batch B identifiziert. Eine höhere Bauteilanzahl führt zu einem höheren Aufwand beim Training von CV-Algorithmen, da mehr Bauteile angelernt werden müssen.[510] Die geometrische Varianz definiert wie unterschiedlich Geometrien eines Batches B sind. Je ähnlicher Bauteile sind, desto schwieriger ist eine korrekte Identifikation dieser. Sind sich Geometrien sehr ähnlich, muss beim Training von CV-Algorithmen insbesondere auf die sich unterscheidenden Bauteilabschnitte geachtet werden, wodurch der Aufwand zusätzlich steigt.[511] Eine weitere Prozessspezifischer Einflussfaktor ist in der Prozessphase definiert, in der sich ein Bauteil zum Zeitpunkt der Identifikation befindet. Beispielsweise kann bei pulver-bett basierten AM-Technologien Restmaterial am Bauteil kleben, wodurch sich das Realteil strak vom CAD-Abbild unterscheidet, auf Basis dessen der CV-Algorithmus trainiert wurde. Auch die Veränderung der Oberflächenstruktur kann durch bestimmte Nachbearbeitungsschritte induziert werden und damit direkt die Identifikation beeinflussen.[512]

Bauteilspezifische Einflussfaktoren beschreiben Faktoren, die weder von der AM-Technologie noch der Prozesskette abhängig sind. Dabei können die Kategorien Bauteiltyp und Bauteilei-

---

[507] Vgl. Schuh et al. "*Product- and Process-related Influencing Factors for Computer-Vision based Tracing in Additive Manufacturing*" (2024) S. 5.

[508] Vgl. ebd. S. 5.

[509] I.A.a. ebd. S. 5.

[510] Vgl. ebd. S. 5.

[511] Vgl. ebd. S. 6.

[512] Vgl. ebd. S. 6.

genschaften unterschieden werden. Der Bauteiltyp bezieht sich dabei auf den zuvor vorgestellten drei Bauteilkategorien: Serienteile, Prototypen bzw. Unikate und Bauteile im Bereich Mass-Customization. Generell ist die Anwendbarkeit von CV-Technologie bei Prototypen und Unikaten einfacher durch die vielen Produkt-individuellen geometrischen Feature als beispielsweise bei Bauteilen der Mass-Customization. Bauteileigenschaften mit einem Einfluss auf die Anwendbarkeit von CV sind die Geometrie eines Bauteils und die dadurch definierte geometrische Feature. Hierbei erwähnen die Autoren, dass die Feature beispielsweise auch groß genug sein müssen um diese durch ein Kamerasystem optisch zu erfassen. Weitere Faktoren sind durch die Autoren genannt, an dieser Stelle aber nicht weiter ausgeführt.[513]

Die zuvor hergeleiteten Einflussfaktoren werden von den Autoren am Ende der Arbeit auf echte Anwendungsfälle übertragen und auf Vollständigkeit überprüft. Dabei wird jeweils Fallbeispiel anhand der übergeordneten Bauteilkategorien herangezogen. Für Serienteile unterscheiden sich in der Grundgeometrie nicht, weshalb für eine individuelle Erkennung ein geometrisches Feature, wie beispielsweise ein Data-Matrix Code auf die Geometrie appliziert werden muss. Zur Identifikation muss eine ausreichende Bildqualität sichergestellt werden, dies kann nach dem Stand der Technik beispielsweise durch Vorrichtungen geschehen. Insgesamt bewerten die Autoren die Anwendbarkeit von CV hier als machbar.[514]

Individualisierte Bauteile unterscheiden sich durch geometrisch individuelle Feature, wie beispielsweise Schriftzüge. Desto größer der Grad der Individualisierbarkeit der Geometrie, desto besser ist das Bauteil später durch CV identifizierbar. Eine Farbgebung und geometrische Änderungen im Verlaufe der Prozesskette muss durch spezifisches Training des CV-Algorithmus kompensiert werden. Die Autoren bewerten individualisierte Bauteile als insgesamt geeignet für Identifizierbarkeit über CV. Zuletzt sind Prototypen durch ihre oftmals einzigartige Geometrie sehr gut für die Identifizierbarkeit über CV geeignet. Eine Identifikation ist dabei bei Prototypen öfter notwendig, durch zugrundeliegende, individuelle Prozessketten.[515]

Der Ansatz von SCHUH ET AL. identifiziert und strukturiert Einflussfaktoren auf die Identifikation additiver Bauteile durch CV. Durch konkrete, reale Anwendungsfälle und Erklärungen am Ende der Arbeit ist der Erfüllungsgrad der allgemeinen Anforderungen als hoch zu werten. Die Autoren schlüsseln das Produktportfolio additiver Produktionssysteme auf und unterscheiden Produktkategorien als auch die dazugehörigen Anforderungen in Hinsicht auf die Nachverfolgbarkeit implizit - wodurch die Anforderung zur Erfassung historischer Auftragsdaten und Synthese von Anforderungen als berücksichtigt bewertet wird. Die Ontologie des Produkt-Prozessportfolios wird von den Autoren berücksichtigt, allerdings nicht in vollem Umfang. Die Autoren gehen nicht auf unterschiedliche technologische Möglichkeiten zur Instanz Identifikation ein und bewerten diese auch nicht, weshalb die beiden dazugehörigen Anforderungen als nicht berücksichtigt bewertet werden. Zudem wird weder die technische noch die organisatorische Einbettung adressiert.

---

513 Vgl. Schuh et al. "*Product- and Process-related Influencing Factors for Computer-Vision based Tracing in Additive Manufacturing*" (2024) S. 5-6.

514 Vgl. ebd. S. 7-8.

515 Vgl. ebd. S. 6.

3.2.8 Datenstrukturmodell für die additive Fertigung

Der Ansatz von LU ET AL. verfolgt das Ziel, ein Datenstrukturmodell unter Berücksichtigung bestehender Standards und Normen für die additive Fertigung zu entwickeln. Das zu entwickelnde Datenstrukturmodell soll das strukturierte Erfassen, Speichern und Nutzen von AM-Daten über den Wertschöpfungszyklus ermöglichen.[516] Die Notwendigkeit des Datenstrukturmodells für die additive Fertigung wird von den Autoren aufgrund der Komplexität additiver Fertigungstechnologie und den weitreichenden additiven Prozessketten hergeleitet. Als übergeordneter Kontext des Ansatzes wird die lückenlosen und digitalen Rückverfolgbarkeit einzelner Produkte definiert.[517]

Zunächst wird von den Autoren der Umfang des zu entwickelnden Datenstrukturmodells abgegrenzt und konsekutiv Anforderungen an das Datenstrukturmodell für die additive Fertigung hergeleitet.[518] Als Basis zur Abgrenzung ziehen die Autoren eine Unterscheidung in relevante Rollen- und Nutzungskontexte heran. Dabei soll das Datenstrukturmodell im Rollenkontext unterschiedliche Anwender in ihren Aufgaben unterstützen, wie Beispielsweise Konstrukteuren, Produktionsmitarbeitern, Qualitätsingenieuren, Materialwissenschaftlern bis hin zu Anlagenherstellern. Durch eine einheitliche Datenstruktur soll der Informationsaustausch zwischen Anwendern erleichtert und damit insgesamt beispielsweise die Bauteilqualität verbessert werden.[519] Als Nutzungskontext definieren die Autoren sowohl Nutzungen in Bezug auf den AM-Lebenszyklus als auch Nutzungen in Bezug auf die AM-Lieferkette. Die Nutzungen in Bezug auf den AM-Lebenszyklus reichen dabei von Kostenoptimierungen für die Produktion bis hin zu einer modellbasierten AM-Prozessführung. Die Nutzungen der AM-Lieferkette bestehen aus Materialinformationen und Maschineninformationen. Als Ordnungsrahmen zur Modellierung definieren die Autoren die Lebenszyklusanalyse nach GERYVILLE, da diese für breit gefächerte Anwendungsfälle mit hohem heterogenen Datenvolumen geeignet ist. GERYVILLE definiert drei fundamentale Anforderungen – ein standardisiertes Protokoll zur Erleichterung der Datenverfügbarkeit, einen kohärenten Datenfluss als auch den Austausch von Daten in einem erweiterbaren Datenformat. Alle drei Anforderungen setzen dabei eine Modularität der Modellierung zur Updatefähigkeit und Rückwärtskompatibilität des Datenstrukturmodells voraus. Um ein Datenstrukturmodell auf Basis der zuvor definierten Anforderungen und des Ordnungsrahmens ableiten zu können, werden zunächst die für die Rollen- und Nutzungskontexte notwendigen Informationen von den Autoren detailliert. Dazu wird ein Prozess-Aktivitäts-Diagramm für den AM-Prozess von der Bauteilkonstruktion bis zur Qualitätsprüfung aufgestellt und notwendige Informationsflüsse beschrieben.[520]

---

516 Vgl. Lu et al. "*Towards an Integrated Data Schema Design for Additive Manufacturing: Conceptual Modeling*" (2015) S. 9.

517 Vgl. ebd. S. 1.

518 Vgl. ebd. S. 2-3.

519 Vgl. ebd. S. 3.

520 Vgl. Lu et al. "*Towards an Integrated Data Schema Design for Additive Manufacturing: Conceptual Modeling*" (2015) S. 3.

Auf Basis der Ergebnisse des Prozess-Aktivitäts-Diagramm analysieren die Autoren bestehende Normen und Standards hinsichtlich der Erfüllung notwendiger Informationsflüsse. Dabei wird auf relevante Normen und Standards zurückgegriffen, das AMF, das 3MF, die ISO 6983 und die ISO 14649 zurückgegriffen. Die Normen und Standards werden dabei in den zwei Dimensionen, der Anwendbarkeit für die notwendigen Informationsflüsse und der Erfüllung der drei Anforderungen nach Geryville, qualitativ bewertet.[521] Die Ergebnisse zeigen, dass kein Standard die Anforderungen in vollem Maße erfüllt, weshalb eine Erweiterung vorhandener Standards durch ein ganzheitliches Datenstrukturmodell notwendig ist.

Hierzu legen die Autoren zunächst basierend auf einer Analogieanalyse die drei Hauptinstanzen für die Datenstrukturmodellierung fest und zeigen auf, dass sich alle im Aktivitätsdiagramm definierten Aktivitäten diesen Kategorien zuordnen lassen.[522] Zusätzlich werden die Beziehungen zwischen den drei Hauptinstanzen von den Autoren detailliert. An dieser Stelle sei auf das von den Autoren erstellte ER-Diagramm verwiesen.[523]

Die Baujobinstanz beinhaltet Informationen zu den jeweiligen Baujobs, wie beispielsweise der Baujob-ID. Die Baujobinstanz kann dabei ein oder mehrere Produkte enthalten, je nachdem wie viele Bauteile in einem Baujob zusammengefasst werden. Die Baujobinstanz ist im Datenstrukturmodell die übergeordnete Instanz zu sehen, mit Hilfe derer ein Bauteil-spezifischer ganzheitlicher Informationsaustausch ermöglicht wird.[524] Die Prozessinstanz wandelt Input zu Outputs um und verbindet hierzu Ressourcen als Inputs mit den Baujobs bzw. einzelnen Produkten als Outputs. Die Prozessinstanz unterteilt sich dabei in drei Subinstanzen, der Konstruktion, dem Herstellprozess und der Validierung, analog zu den Aktivitäten des zuvor erarbeiteten Aktivitätsdiagramms.[525]

Der Konstruktionsinstanz sind notwendige Informationen für die Validierung als auch relevante Materialinformationen des Herstellers jeweils über eine Instanz zugeordnet. Dem Herstellprozess sind Materialinformationen aus der Arbeitsvorbereitung, Störgrößen, und Anlagenparameter jeweils als Instanz zugeordnet. Die Anlagenparameter sind wiederum einem bestimmten Equipment zugeordnet. Die Produktinstanz ist der Output einer Prozessinstanz. Die Produktinstanz beinhaltet die ganzheitliche Darstellung eines Produktes, wozu die Autoren auf vorhandene Standards, wie der ISO 10303 AP238/AP 242, oder auch dem AMF zurückgreifen. Ressourcen sind der Input der Prozessinstanz, wobei die Ressourcen in vier Instanzen unterteilt sind: der Equipment Instanz, der Softwareinstanz, der Personalinstanz und der Materialinstanz. Dabei enthalten alle Instanzen die für die erfolgreiche Durchführung des AM-Prozesses notwendigen Informationen als auch erweiterte Metadaten für eine genaue Rückverfolgbarkeit von Produkten.

Zur Modellierung kann hier unabhängig der AM-Domäne auf unterschiedliche Standards zurückgegriffen werden. Die Equipment Instanz lässt sich nach der ASTM: F2792 – 12A in drei

[521] Vgl. ebd. S. 4-5.

[522] Vgl. ebd. S. 5.

[523] Vgl. ebd. S. 6.

[524] Vgl. ebd. S. 6-7.

[525] Vgl. ebd. S. 7.

weitere Subinstanzen aufteilen.[526] Das entwickelte Datenstrukturmodell wird von den Autoren durch eine Case-Study validiert, indem durch die prototypische Implementierung des Datenstrukturmodells effizient die Wiederholgenauigkeit eines LPBF Prozesses validiert werden konnte.[527]

Im Ansatz von LU ET AL. wird ein Datenstrukturmodell für die additive Fertigung entwickelt und anhand einer Case-Study validiert. Durch die prototypische Validierung eines Anwendungsfalls als auch parallele Erklärungen ist der Erfüllungsgrad der allgemeinen Anforderungen in beiden Subkategorien als erfüllt zu werten. Die Erfassung historischer Auftragsdaten wird von den Autoren nicht explizit angesprochen, ist aber implizit durch das Datenstrukturmodell sichergestellt, wodurch die Anforderung als teilweise erfüllt gewertet wird. Die aus dem Produktportfolio implizierten Anforderungen hinsichtlich der Nachverfolgbarkeit wird von den Autoren nicht diskutiert, hier wird eine Bewertung mit dem Erfüllungsgrad nicht erfüllt vorgenommen. Eine Ontologie zwischen Produkt und Prozess ist durch das Datenmodell implizit gegeben, die Autoren gehen allerdings nicht explizit auf diese ein, weshalb die Bewertung als nur sehr gering erfüllt gilt. Da das abgeleitete Datenstrukturmodell die Abbildung der Produkt-Prozess Ontologie aber grundsätzlich ermöglicht, gilt diese Anforderung als erfüllt. Da die Rückverfolgbarkeit von additiven Produkten nicht im Fokus der Arbeit standen, wird hier jeweils eine Bewertung der Ausprägung nicht erfüllt gewählt. In Hinsicht auf die technische Einbettung des entwickelten Datenstrukturmodells wird lediglich beschrieben, mittels welcher Technologie ein Prototyp umgesetzt wurde. Aus diesem Grund wir eine Bewertung mit der Ausprägung sehr gering erfüllt gewählt. Die organisatorische Einbettung in Unternehmen ist nicht Gegenstand des Ansatzes, weshalb hier der Erfüllungsgrad der Anforderungen nicht erfüllt ist.

3.3 Aggregation der Bewertung

Nachfolgend sind die Bewertungen der zuvor vorgestellten Ansätze aggregiert und auf Basis dessen die handlungsleitende Forschungsfrage abgeleitet. Insgesamt wird damit die dritte Phase der angewandten Forschung nach ULRICH abgeschlossen. Die Bewertung ist hierbei, wie zuvor beschrieben, in den drei Themenbereichen Industrie 4.0, AM und Datenmodellierung geordnet.

Der Ansatz von BOUGDIRA ET AL. zeigt als Bindeglied zwischen der digitalen Auftragsnachverfolgung und der Industrie 4.0 relevante Schnittmengen auf. Die Ansätze von SOLA ET AL., ARNDT, JAHNKE ET AL., OBST ET AL. und SCHUH ET AL. weißen eine besondere Relevanz in Bezug auf die Identifikation von Bauteilen im AM-Bereich auf. Zuletzt weißt der Ansatz von LU ET AL. eine umfängliche Strukturierung der im AM-Bereich anfallenden Daten auf. Abbildung 3.9 zeigt die zusammengefasste Bewertung der zuvor vorgestellten Ansätze.

526 Vgl. Lu et al. "*Towards an Integrated Data Schema Design for Additive Manufacturing: Conceptual Modeling*" (2015) S. 7.

527 Vgl. ebd. S. 9.

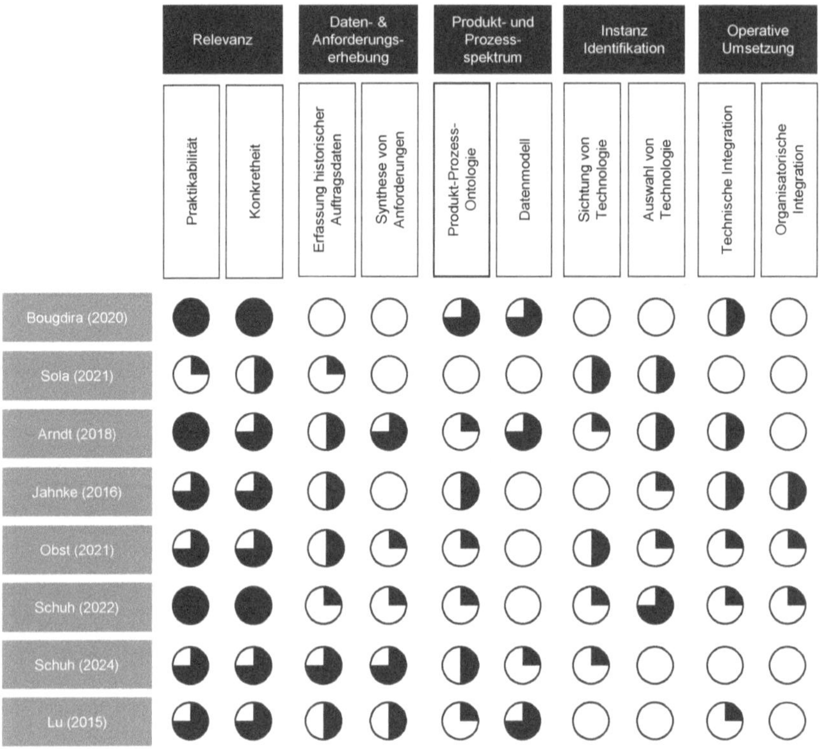

Abbildung 3.7: Zusammenfassung der Bewertung bestehender Ansätze[528]

Auf Basis der aggregierten Bewertung sind Defizite in der Forschung ersichtlich. Die jeweiligen Defizite sind anhand des jeweiligen Erfüllungsgrads der Anforderungen nachfolgend, strukturiert anhand der vier Anforderungsdimensionen, beschreiben. Auf eine aggregierte Bewertung der Relevanz wird an dieser Stelle nicht gesondert eingegangen.

In der Dimension der Daten- und Anforderungserhebung stellt insbesondere der Ansatz von ARNDT eine Basis zu Weiterentwicklung dar. Arndt fokussiert innerhalb seiner Arbeit klassische Ansätze zur Auftragsrückverfolgung innerhalb von APS.[529] CV-Technologie steht nicht im Fokus. Die Spezifika der CV-Technologie implizieren jedoch Anforderungsspezifika, welche es durch eine Methode abzubilden gilt. Eine solche Methode wird nur in groben Zügen von SCHUH ET. AL umrissen.

[528] *Eigene Darstellung.*

[529] Vgl. Arndt "*Bauteilindividuelle und verfahrensspezifische Kennzeichnung und Identifikation für die Additive Fertigung*" (2018).

Die Beziehung zwischen dem Produkt- und Prozessspektrum wird insbesondere in der Arbeit von LU ET. AL in Form eines Datenmodells adressiert.[530] Das beschriebene Vorgehen zur Datenmodellierung bietet eine Basis für die Modellierung der Daten innerhalb eines CV-Nachverfolgungssystems. Die Ansätze von SCHUH ET. AL[531] und OBST ET. AL[532] zeigen Anwendungsbeispiele umgesetzter Datenmodelle auf, welche zusätzlich Berücksichtigung in einer späteren Modellierung finden können. Das durch das Produkt- und Prozessspektrum implizierte Anforderungsportfolio an die digitale Auftragsnachverfolgung wird von SCHUH ET. AL innerhalb von Identifikationskonfigurationen teilweise berücksichtigt.

Innerhalb der Dimension Instanz Identifikation ist sowohl die Sichtung als auch die Auswahl von CV-Technologie innerhalb der Auslegung der digitalen Auftragsnachverfolgung zu diskutieren. Dies geschieht insbesondere in den Arbeiten von SCHUH ET. AL[533], OBST ET. AL[534] und JAHNKE ET. AL[535]. Letzterer legt den Fokus auf Data-Matrix-Codes, während SCHUH ET. AL und OBST ET. AL explizit CV-Technologie in den Fokus stellen. Hierbei kommt allerdings bei keinem vorgestellten Ansatz ein methodisches Vorgehen zur Sichtung und Auswahl von CV-Technologie zum Ausdruck. Beide Ansätze zeigen in Form von Anwendungsbeispielen mögliche Kriterien innerhalb des Vorgehens zur Sichtung und Auswahl von CV-Technologie auf.

Zuletzt ist innerhalb der Dimension Operationalisierung bewertet, inwiefern die operative Umsetzung eines Nachverfolgungssystems innerhalb der Ansätze berücksichtigt ist. SCHUH ET. AL[536] und OBST ET. AL[537] diskutieren hierbei rein die technische Integration der jeweiligen Lösungen in ein bestehendes APS. Dies geschieht wieder auf Basis von Best-Practices, ein methodisches Vorgehen in nicht Teil des Ergebnisses. ARNDT diskutiert organisatorische Aspekte, wie beispielsweise die Erfassung von Kennzahlen.[538] Die Verwertung dieser wird nicht

---

530 Vgl. Lu et al. "*Towards an Integrated Data Schema Design for Additive Manufacturing: Conceptual Modeling*" (2015).

531 Vgl. Schuh et al. "*Part Recognition in Additive Production Systems using a Computer-vision Approach*" (2022).

532 Vgl. Obst et al. "*Komplexität und wirtschaftlicher Nutzen künstlicher Intelligenz zur automatisierten und industrialisierten Erkennung additiv gefertigter Bauteile*" (2021).

533 Vgl. Schuh et al. "*Product- and Process-related Influencing Factors for Computer-Vision based Tracing in Additive Manufacturing*" (2024).

534 Vgl. Obst et al. "*Komplexität und wirtschaftlicher Nutzen künstlicher Intelligenz zur automatisierten und industrialisierten Erkennung additiv gefertigter Bauteile*" (2021).

535 Vgl. Jahnke et al. "*Production-Integrated Markings for Traceability of AM Parts in the Context of Industry 4.0*" (2016).

536 Vgl. Schuh et al. "*Part Recognition in Additive Production Systems using a Computer-vision Approach*" (2022).

537 Vgl. Obst et al. "*Komplexität und wirtschaftlicher Nutzen künstlicher Intelligenz zur automatisierten und industrialisierten Erkennung additiv gefertigter Bauteile*" (2021).

538 Vgl. Arndt "*Bauteilindividuelle und verfahrensspezifische Kennzeichnung und Identifikation für die Additive Fertigung*" (2018).

diskutiert. Der Ansatz von BOUGDIRA ET. AL[539] definiert unterschiedliche Anforderungsdimensionen in Bezug auf organisatorische Aspekte, welche für eine nachfolgende Modellierung als Basis herangezogen werden können.

3.4 Detaillierung der Forschungsfrage

Innerhalb von Kapitel 2.4 wird aus der Praxis das Defizit der digitalen Durchgängigkeit innerhalb der operativen Auftragsabwicklung in APS detailliert. Anwendungsbeispiele aus der Praxis zeigen, dass ein großen Potential zur Effizienzsteigerung besteht, wenn CV-Technologie innerhalb der Auftragsnachverfolgung von APS angewandt wird. Das Anwendungspotential wird in den Ansätzen von OBST ET AL. als auch SCHUH ET AL. innerhalb betriebswirtschaftlicher Aspekte tiefergelegt. Andere relevante Ansätze in der Wissenschaft beleuchten einzelne Teile eines Nachverfolgungssystems. LU ET AL. beschreiben, wie etwa die Datenmodellierung vor dem Hintergrund der Industrie 4.0 innerhalb von AM-Dienstleistern aussehen kann. Innerhalb klassischer Identifikationsverfahren, wie Datenmatrix- oder auch QR-Codes, konnte bereits durch eine systematische Vorgehensweise das Anwendungspotential gesteigert werden, wie die Arbeiten von ARNDT und JAHNKE ET AL. zeigen. Insgesamt ergibt sich die Notwendigkeit einer methodischen Vorgehensweise zur Auslegung der digitalen Auftragsnachverfolgung, insbesondere mittels CV. Die dafür notwendigen Anforderungen an eine Vorgehensweise sind innerhalb von Kapitel 3.2 detailliert. In Kapitel 3.3 folgt eine Analyse wissenschaftlicher Ansätze mit Hilfe der Anforderungen.

Die innerhalb von Kapitel 3.2 zeigt Lücken für eine methodische Vorgehensweise zur Auslegung der digitalen Auftragsnachverfolgung auf. Ohne diese methodische Vorgehensweise ist es in der Praxis nicht möglich, CV-Technologie zielgerichtet innerhalb der digitalen Auftragsnachverfolgung einzusetzen. Die Ursache für das Fehlen einer methodischen Vorgehensweise zur Auslegung CV-basierter Nachverfolgungssysteme ist der Fokus auf bisher etablierten Methoden zur Auftragsnachverfolgung, welche als Identifikator nicht das Bauteil und dessen Merkmal selbst nutzen, sondern einen zusätzlichen Identifikator hierfür voraussetzen. Die Steigerung der Leistungsfähigkeit CV-basierter Systeme in den letzten Jahren zeigt, dass die Anwendung der Technologie in der Auftragsnachverfolgung viele Potentiale bietet.

Die Analyse als auch Bewertung der acht Ansätze aus der Wissenschaft zeigt, dass keiner der Ansätze diese Gestaltung der digitalen Auftragsnachverfolgung vollständig detailliert. Defizite konnten im Rahmen der Analyse in den vier Dimensionen Daten- und Anforderungserhebung, Produkt- und Prozessspektrum, Instanz Identifikation und Operationalisierung ausgemacht und innerhalb von Kapitel 3.3 aggregiert werden. Aufbauend auf den in Kapitel 3.3 identifizierten Defiziten ergibt sich ein Handlungsbedarf, welcher durch die nachfolgende Forschungsfrage detailliert wird:

Wie kann eine digitale Auftragsnachverfolgung von Bauteilen auf dem Shopfloor additiver Produktionssysteme ausgelegt werden?

[539] Vgl. Bougdira et al. "*A traceability proposal for industry 4.0*" (2020).

Auf Basis der formulierten Forschungsfrage können weitere, spezifischere Forschungsfragen detailliert werden, welche die Beantwortung der übergeordneten Forschungsfrage strukturieren.[540] Diese zergliedern sich anhand der zuvor definierten Anforderungsdimensionen. Eine zielgerichtete Auslegung der digitalen Auftragsnachverfolgung muss direkte und indirekte Anforderungen strukturiert vor dem Hintergrund einer vorherigen Analyse des Status Quo als auch Zieldefinition gliedern. Eine Gliederung der zugehörigen Anforderungsbereiche wurde bereits in ersten Ausführungen von SCHUH ET AL. detailliert.[541] Die Anforderungsbereiche müssen, durch den stetigen Wandel im Produkt- und Prozessportfolio, zudem in einem modifizierbaren Rahmen zusammengeführt werden. Insgesamt ist die Anforderungserhebung mit Hilfe einer ersten Unterforschungsfrage adressiert, welche lautet:

a) Wie kann ein modifizierbares Anforderungsmodell für die digitale Auftragsnachverfolgung in additiven Produktionssystemen hergeleitet und strukturiert werden?

Innerhalb eines APS hat insbesondere das vorhandene Produkt- als auch Prozessspektrum einen wesentlichen Einfluss für die Auslegung einer digitalen Auftragsnachverfolgung. Das Produkt- und Prozessspektrum wird wie zuvor beschrieben, über eine ganzheitliche Ontologie definiert. Auf Basis einer Ontologie sind nach SCHUH ET AL.[542] und OBST ET AL.[543] relevante Identifikationskonfigurationen ableitbar[544], welche wiederrum den Inhalt eines Anforderungsmodells bilden. Innerhalb dieser Identifikationskonfigurationen wird indirekt die geforderte Leistungsfähigkeit eines CV-Nachverfolgungssystems beschrieben. Folgende Unterforschungsfrage adressiert die für die Auslegung einer digitalen Auftragsnachverfolgung relevante Herleitung einer Ontologie:

b) Wie muss eine ganzheitliche Ontologie zur Abbildung aller relevanten Produkt- und Prozesskombinationen aufgebaut sein?

Auf Basis des strukturell als auch inhaltlich hergeleiteten Anforderungsmodells gilt es eine passende CV-Technologie zu identifizieren. Da das Feld der CV-Technologie stetige Weiterentwicklungen erfährt[545], muss eine Methode zur Identifikation der auf die vorliegende Problemstellung passende CV-Technologie diese Dynamiken intern abbilden können. Eine Auswahl ist sowohl aus betriebswirtschaftlicher als auch technischer Sicht zu begründen, wie die

[540] Vgl. Kubicek "*Heuristische Bezugsrahmen und heuristisch angelegte Forschungsdesign als Elemente einer Konstruktionsstrategie empirischer Forschung*" (1976) S. 17 f.

[541] Vgl. Schuh et al. "*Product- and Process-related Influencing Factors for Computer-Vision based Tracing in Additive Manufacturing*" (2024) S. 4.

[542] Vgl. ebd. S. 4.

[543] Vgl. Obst et al. "*Komplexität und wirtschaftlicher Nutzen künstlicher Intelligenz zur automatisierten und industrialisierten Erkennung additiv gefertigter Bauteile*" (2021) S. 144.

[544] Vgl. Schuh et al. "*Product- and Process-related Influencing Factors for Computer-Vision based Tracing in Additive Manufacturing*" (2024) S. 5.

[545] Vgl. Fortune Business Insights "*Computer Vision Markt*" (2024).

Arbeiten von OBST ET AL.[546] als auch SCHUH ET AL.[547] zeigen. Die Unterforschungsfrage lautet wie folgt:

> **c) Wie muss eine Methode zur Auswahl verschiedener Identifikationstechnologien, insbesondere mit Computer Vision, aufgebaut sein?**

Zuletzt ist im Rahmen der Auslegung der digitalen Auftragsnachverfolgung die ausgewählte CV-Technologie auf den jeweils vorliegenden Anwendungsfall im Rahmen einer operativen Umsetzung zu adaptieren. Diese Adaption muss sowohl auf technischer als auch organisatorischer Perspektive in das System Unternehmen stattfinden. Aus technischer Sicht muss der jeweilige CV-Algorithmus auf die Daten des vorliegenden APS adaptiert werden. Hierfür sind organisatorische Randbedingungen zu setzen, wie etwa die Definition der übergeordneten Projektorganisation. Die abschließende Phase der Auslegung der digitalen Auftragsnachverfolgung ist durch eine vierte Unterforschungsfrage adressiert:

> **d) Wie kann die operative Umsetzung der ausgewählten Identifikationsmethode im System Unternehmen gestaltet werden?**

Alle definierten Forschungsfragen sind für eine ganzheitliche Gestaltung der digitalen Auftragsnachverfolgung im nachfolgenden zu beantworten. Hierbei sind insbesondere auch Überschneidungen und Wechselwirkungen zwischen den einzelnen Unterforschungsfragen innerhalb der Beantwortung zu berücksichtigen.

---

546 Vgl. Obst et al. "*Komplexität und wirtschaftlicher Nutzen künstlicher Intelligenz zur automatisierten und industrialisierten Erkennung additiv gefertigter Bauteile*" (2021) S. 150.

547 Vgl. Schuh et al. "*Part Recognition in Additive Production Systems using a Computer-vision Approach*" (2022) S. 5.

4 Konzeptionierung des Gestaltungsmodells

Die Bewertung bestehender Ansätze zur Auslegung der digitalen Auftragsnachverfolgung innerhalb von APS in Kapitel 3.3 zeigt, dass kein Lösungsansatz bisher die definierten Anforderungen hinreichend erfüllt. Auf Basis der praktischen und theoretischen Grundlagen, welche im zweiten und dritten Kapiteln detailliert sind, wird nachfolgend ein Gestaltungsmodell konzeptioniert, welches die detaillierten Forschungsfragen beantworten soll. Das vierte Kapitel stellt dabei die Phasen drei, vier und fünf nach der angewandten Forschung nach ULRICH dar, wobei die fünfte Phase nach ULRICH weitreichend Teil des fünften Kapitels ist.

Im vorliegenden Kapitel folgt zunächst eine Einführung in die systemorientierte Managementlehre, der das Konzept der Gestaltung von Systemen zu Grunde liegt. Die zum Verständnis notwendigen Grundlagen der Systemtheorie und Modellbildung werden anschließend erläutert. Auf Basis dieser Grundlagen werden die Merkmale der Modellierung definiert. Anschließend folgt die Synthese der Gestaltungselemente des Modells. Am Ende des Kapitels wird eine kritische Reflexion der bisherigen Ergebnisse in Bezug auf die zuvor gestellte übergeordnete Forschungsfrage und den spezifischen Forschungsfragen durchgeführt, bevor das Modell im fünften Kapitel detailliert wird.

4.1 Systemorientierte Managementlehre

Die systemorientierte Managementlehre ist die Lehre von der Gestaltung und Lenkung sozialer Systeme.[548] Ein Unternehmen ist in der Literatur als soziales System definiert.[549] Bevor ein Modell zur Gestaltung der Auftragsnachverfolgung in additiven Produktionssystemen abgeleitet werden kann, ist daher die Einarbeitung in die Grundlagen der Gestaltungsmodellierung im Rahmen der systemorientierten Managementlehre notwendig.

Nach ULRICH umfasst die systemorientierten Managementlehre rein konzeptionelle Aufgaben, die eigentliche Ausführung dieser Aufgaben erscheinen lediglich als Konsequenz auf einer operationellen Ebene einer Organisation.[550] ULRICH bezieht sich dabei auf zweckorientierte soziale Systeme. Durch diese Eingrenzung wird eine Betrachtungsweise definiert, die vorschreibt, welche Merkmale eines realen Objektes erfasst und welche weggelassen werden sollen.[551] Hierzu definiert ULRICH durch das Merkmal „sozial" die Integration des Menschen als Systemelement und grenzt damit soziale Systeme gegenüber technischen Systemen ab, welche den Menschen nicht als Systemelement beinhalten, wie beispielsweise technische Systeme.[552] Mit Hilfe des Merkmals „zweckorientiert" beschränkt ULRICH sich auf solche Systeme, deren Erfüllung von Funktionen innerhalb der Gesellschaft bestehen.[553] Damit ist durch die

[548] Vgl. Ulrich "*Management*" (1984) S. 67.

[549] Vgl. Bleicher "*Das Konzept Integriertes Management*" (2011) S. 29.

[550] Vgl. Ulrich "*Management*" (1984) S. 11.

[551] Vgl. ebd. S. 99.

[552] Vgl. ebd. S. 98.

[553] Vgl. ebd. S. 98.

Zweckorientierung die Erfüllung der Bedürfnisse der Systemumwelt neben dem Selbstzweck eingeschlossen.[554] Nach Definition von ULRICH beschreibt das Management zweckorientierter sozialer Systeme das Gestalten, Lenken und Entwickeln.[555] Gestalten ist das Schaffen und zweckgerichtete Erhalten eines Systems. Die Aufgabe des Gestaltens ist demnach bestimmte Dinge und Menschen aus der Umwelt auszuwählen und diese als Komponenten eines lebensfähigen Systems zusammenzusetzen. Hierbei beschränkt sich das Gestalten nicht nur auf das initiale gestalten eines Systems, sondern ist vielmehr das kontinuierliche Neuschaffen und umgestalten eines Systems zum Systemerhalt. Das Ergebnis des Gestaltens kann aus Managementperspektive als Gestaltungsmodell bezeichnet werden, welche eine zu schaffende Wirklichkeit abbilden.[556] Unter dem Begriff Lenken definiert ULRICH das Bestimmen von Zielen und Festlegen, Auslösen und Kontrollieren der dafür notwendigen Aktivitäten des Systems oder Systemelementes. Die Definition der Entwicklung eines Systems aus Managementperspektive schließt sich der Gestaltung und Lenkung eines Systems an. Die Entwicklung stellt sicher, dass auf den Zielzustand eines Systems hingearbeitet bzw. dieser auch erreicht wird.[557] Die systemorientierte Managementlehre ist die Anwendung der Systemtheorie auf soziale Systeme.[558] Nachfolgend werden daher die Grundlagen der Systemtheorie ausgeführt.

4.1.1 Systemtheorie

Die Systemtheorie beschreibt nach ULRICH die Wissenschaft vom Aufbau und der Klassifikation von Systemen.[559] Der Systembegriff selbst ist je nach Fachbereich und Anwendung unterschiedlich definiert. [560] Nach PATZAK ist ein System eine Menge von Elementen, welche durch definierte Eigenschaften jeweils charakterisiert sind. Zwischen den Elementen eines Systems bestehen dabei Beziehungen, welche wechselseitig, beinflussbar und zeitlich variabel sein können.[561] Ein ähnliches Verständnis besteht auch bei HABERFELLNER.[562] BRUNS ergänzt den Systembegriff zusätzlich um eine Struktur, die durch die Elemente des Systems und ihrer Eigenschaften als auch ihrer Beziehungen besteht.[563] Die Struktur eines Systems wird auch als Systemgrenze bezeichnet, da sie eine Abgrenzung zwischen System und Systemumgebung darstellt.[564] Eine weitere Unterscheidung kann nach PATZAK in offene und geschlossene Systeme erfolgen.[565] Geschlossene Systeme weisen keine Interaktion zu der Systemumgebung auf. Offene Systeme interagieren hingegen mit der Systemumgebung.[566] Bei offenen

---

[554] Vgl. Ulrich "*Management*" (1984) S. 98.

[555] Vgl. ebd. S. 11.

[556] Vgl. ebd. S. 114.

[557] Vgl. ebd. S. 120 f.

[558] Vgl. ebd. S. 67.

[559] Vgl. ebd. S. 67.

[560] Vgl. Patzak "*Systemtechnik — Planung komplexer innovativer Systeme*" (1982) S. 19.

[561] Vgl. ebd. S. 19.

[562] Vgl. Haberfellner et al. "*Systems Engineering*" (2015) S. 32.

[563] Vgl. Bruns "*Systemtechnik*" (1991) S. 31.

[564] Vgl. Haberfellner et al. "*Systems Engineering*" (2015) S. 33.

[565] Vgl. Patzak "*Systemtechnik — Planung komplexer innovativer Systeme*" (1982) S. 20.

[566] Vgl. ebd. S. 20.

Systemen sind Beziehungen innerhalb des Systems selbst stärker ausgeprägt als die Beziehungen, die über Systemgrenze hinausgehen.[567] Die Beziehungen eines Systems zur jeweiligen Systemumgebung besteht durch definierte Ein- und Ausgänge.[568] PATZAK definiert eine Klassifikationssystematik von Systemen, auf die an dieser Stelle der Vollständigkeit halber hingewiesen sei.[569] Die nachfolgende Abbildung zeigt zusammenfassend den Aufbau und die Struktur eines Systems.

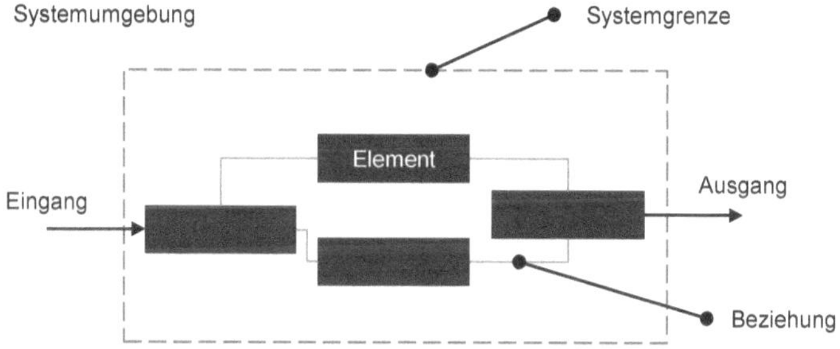

Abbildung 4.1: Aufbau und Struktur eines Systems[570]

Systeme können nach PATZAK in vier Systemtypen klassifiziert werden: Zielsysteme, Programmsysteme, Wirksysteme und Objektsysteme.[571] Dabei stellen Zielsysteme das Ziel als Endzustand, in Form einer Hierarchie dar. Praktische Beispiele hierfür sind Pflichten- oder auch Lastenhefte. Programmsysteme hingegen beinhalten die notwendigen Aktivitäten zur Zielerreichung. Vertreter von Programmsystemen sind beispielsweise Projektpläne. Wirksysteme setzen sich aus soziotechnischen Systemen zusammen und beinhalten damit sowohl den Menschen als Komponente als auch weitere, nicht menschliche Systemkomponenten. Wirksysteme sind damit Träger der, in Programmsystemen definierten, Aktivitäten.[572] Als Wirksysteme kann damit beispielsweise ein Unternehmen verstanden werden. Zuletzt beschreiben Objektsysteme das Ergebnis des vom Wirksystem umgesetzten Programmsystem.[573]

Systeme besitzen dabei Systemeigenschaften, welche die Funktion und das Verhalten des Systems bestimmen. Eine Unterscheidung kann dabei in die Kategorien der Zustandseigenschaft, der Wirkeigenschaft und der Verhaltenseigenschaft vorgenommen werden.[574] Die Zustandseigenschaft beschreibt dabei den Zustand eines Systems und definiert damit die elementarste Systemeigenschaft. Die Wirkeigenschaft baut auf der Zustandseigenschaft auf und

[567] Vgl. Haberfellner et al. "*Systems Engineering*" (2015) S. 6.
[568] Vgl. Patzak "*Systemtechnik — Planung komplexer innovativer Systeme*" (1982) S. 20.
[569] Vgl. ebd. S. 21.
[570] I.A.a. Bruns "*Systemtechnik*" (1991) S. 31.
[571] Vgl. Patzak "*Systemtechnik — Planung komplexer innovativer Systeme*" (1982) S. 30.
[572] Vgl. ebd. S. 31.
[573] Vgl. ebd. S. 31-32.
[574] Vgl. ebd. S. 32-33.

beschreibt die Funktion des Systems in Bezug auf die Wandlung des Systeminputs in den Systemoutput. Die Verhaltenseigenschaft beschreibt, wie sich das System selbst in Bezug auf dessen Systemumgebung verhält und baut dabei auf der Zustands- und Wirkeigenschaft auf. Eine weitere Eigenschaftseinteilung nach Patzak ist dabei auch in raumbezogene, zeitbezogene und inhaltsbezogene Eigenschaften möglich.[575] Systemeigenschaften werden nach Patzak in die beiden Kategorien funktionsbedingt oder funktionsbedingend unterteilt. Funktionsbedingte Eigenschaften sind jene Systemeigenschaften, welche für eine bestimmte Einzelfunktion eines Systems erbringen. Funktionsbedingende Eigenschaften sind Systemeigenschaften, welche die Nutzung einer Einzelfunktion eines Systems sicherstellen.[576]

Die Struktur eines Systems ist definiert als die Abbildung der zwischen den Systemkomponenten bestehenden Relationen.[577] PATZAK definiert dabei zwei grundlegende Systemstrukturen, die Aufbaustruktur und die Ablaufstruktur. Aufbaustrukturen gliedern die sachlichen Zusammenhänge eines Systems und dienen somit der Aufbauanalyse eines Systems. Die Aufbaustruktur erfordert eine statische Betrachtungsweise des Systems. Bespielhafte Darstellungsformen sind dabei Baumstrukturen, Hierarchiestrukturen oder auch Matrixstrukturen. Ablaufstrukturen dienen der Darstellung der Systemfunktionen in einer zeitlichen und logischen Ordnung und dienen der Funktionsanalyse eines Systems. In der Ablaufstruktur ist eine dynamische Betrachtungsweise heranzuziehen. Beispielhafte Darstellungsformen können Entscheidungsbäume, Flussdiagramme oder auch Matrixstrukturen sein.[578]

Systemdenken ist nach BÖHM ist die Nutzung der systemtheoretischen Grundlagen zur Lösung von Problemen.[579] Probleme werden dabei als eine Diskrepanz zwischen einem vorhandenen Ist-Zustand und einem gewünschten Soll-Zustand definiert. Probleme können dabei in der Gegenwart auftreten oder auch für die Zukunft vorausgesagt werden.[580] Das Systemdenken kann als Rahmenwerk zum Problemlöseprozess gesehen werden. Ein Problem wird dabei vom Groben ins Details, den sogenannten Teilproblemen, zerlegt. Diese Zerlegung ermöglicht anschließend eine Detailbetrachtung der resultierenden Teilprobleme und damit deren systematische Bearbeitung. Auf Basis aller Teillösungen kann zuletzt eine Gesamtlösung synthetisiert werden.[581]

Analog dem Vorgehen des Systemdenkens ist die vorliegende Dissertation strukturiert. Im zweiten Kapitel folgt die Problemdefinition und Problemanalyse. Im Anschluss werden innerhalb von Kapitel 2.4 Teilprobleme identifiziert. Mit Hilfe der Teilprobleme werden dann im dritten Kapitel Lösungen für die jeweiligen Teilprobleme in der Wissenschaft gesucht. Da bestehende Ansätze nicht in vollem Umfang die Teilprobleme lösen können, werden Forschungsfragen definiert, anhand der die Lösung strukturiert wird. Im vierten Kapitel wird der Rahmen

---

575 Vgl. Patzak "*Systemtechnik — Planung komplexer innovativer Systeme*" (1982) S. 33.

576 Vgl. ebd. S. 35.

577 Vgl. ebd. S. 39.

578 Vgl. ebd. S. 40.

579 Vgl. Bleicher "*Das Konzept Integriertes Management*" (2011) S. 32.

580 Vgl. ebd. S. 32-33.

581 Vgl. ebd. S. 35.

definiert, anhand dessen die Gesamtlösung gegliedert wird. Im fünften Kapitel folgt die Detaillierung der Gesamtlösung.

Im Rahmen dieser Vorgehensweise des Systemdenkens sind vier Grundsätze in der Literatur definiert.[582] Zuerst beschreibt das Vorgehensprinzip vom Groben zum Detail eine schrittweise Eingrenzung des Problemfeldes. Damit wird das Risiko einer zu frühen Detaillierung einzelner Systemelemente ausgeschlossen. Das Vorgehensprinzip der Variantenbildung definiert, dass Lösungsansätze für eine Problemstellung identifiziert und strukturiert werden, bevor eine Reduktion von Alternativen erfolgt. Das Vorgehensprinzip der Gliederung in Projektphasen definiert einen strukturierten Ablauf des Lösungsweges und umfasst die Abgrenzung zeitlich und inhaltlich handhabbarer Schritte. Zuletzt definiert das Vorgehensprinzip des Problemlöseprozesses das problemneutrale Vorgehen zur Abarbeitung von Problemstellungen. Dies umfasst sowohl die Zielsuche, die Lösungssuche als auch die Lösungsauswahl. Durch die Nutzung dieser Grundprinzipien wird das Übertragen ingenieurwissenschaftlicher Methoden auf benachbarte Fachgebiete ermöglicht und umgekehrt. Damit ist ein interdisziplinärer Problemlöseprozess durch das Systemdenken möglich.[583]

Die Begrifflichkeit des Systems steht in einem engen Zusammenhand mit der Begrifflichkeit des Modells.[584] Ein Modell spiegelt dabei einen realen Sachverhalt in abstrahierter und vereinfachter Form wieder, wobei es oftmals zur Vorhersage des Verhaltens eines realen Systems herangezogen wird.[585] Das Modell eines realen Systems ermöglicht damit die Manipulation dessen ohne direkten Einfluss auf das reale System. Der Einsatz von Modellen kann beispielsweise aus wirtschaftlichen Gründen sinnvoll sein, wenn Manipulationen am Realsystem beispielsweise zu kostspielig sind oder das reale Systeme in seiner Funktionsweise durch den Eingriff eingeschränkt wird.[586] Die Gestaltung der digitalen Auftragsnachverfolgung in APS beschreibt die Entwicklung eines Zielzustandes, welcher ohne vorherige Abstraktion des realen Systems innerhalb einer Modellbildung erhöhte wirtschaftliche Risiken, durch direkten Eingriff in das operativ laufende Realsystem, induziert. Nachfolgend werden die Grundlagen der Modelltheorie eingeführt.

---

[582] Vgl. Haberfellner et al. "*Systems Engineering*" (2015) S. 28 f.

[583] Vgl. ebd. S. 12 f.

[584] Vgl. Lukas "*Gestaltungsmodell zur thermischen Auslegung additiver Prototypenwerkzeuge aus Kunststoff*" (2024) S. 116.

[585] Vgl. Patzak "*Systemtechnik — Planung komplexer innovativer Systeme*" (1982) S. 307.

[586] Vgl. ebd. S. 307-308.

4.1.2 Modelltheorie

Die Modelltheorie beschreibt die Generierung, Pflege und Deutung von Modellen.[587] Ein Modell besitzt definierte Inputs und Outputs.[588] Dabei können Modellzustände in der Vergangenheit, der Gegenwart oder auch der Zukunft beschreiben.[589] Modelle lassen sich nach STOCHAWIAK anhand des Abbildungsmerkmals, des Verkürzungsmerkmals und des pragmatischen Merkmals charakterisieren.[590] Das Abbildungsmerkmal beschreibt, dass ein Modell eine Abbildung eines natürlichen oder künstlichen Originals ist. Das Verkürzungsmerkmal definiert, dass das Modell die zum Zweck passenden Sachzusammenhänge des Originals abbildet und irrelevante Sachzusammenhänge nicht abbildet. Zuletzt definiert das pragmatische Merkmal, dass Modelle immer in Hinblick auf den jeweiligen Verwendungszweck geschaffen sind.[591,592]

Modelle lassen sich nach PATZAK zwei Kategorien unterteilen. Modelle mit einer objektorientierten Gliederung können weiter in technologische und transformationslogische Modelle unterteilt werden. Als technologisch konnotierte Modelle gelten Modelle, die den gleichen syntaktischen Aufbau wie das Original aufweisen. Zu den technologischen Modellen gehören Modelle physischer Gegenstände, verbale Modelle, formale Modelle und mathematische Modelle. Hingegen gelten als transformationslogisch konnotierte Modelle, Modelle die nach der Beziehung des Modells zum abgebildeten System gegliedert sind. Zu den transformationslogischen Modellen gehören maßstäbliche Modelle, Analogmodelle und symbolische Modelle. Nach PATZAK ist der Übergang der drei Modelltypen fließend.[593]

Neben der objektorientierten Gliederung von Modellen kann auch eine zweckbezogene Gliederung herangezogen werden. Dabei ist neben dem Zweck zugleich auch der Prozess der Modellbildung relevant. Die Bildung von Modellen kann induktiv, deduktiv oder normativ erfolgen, wobei letztere Anteile einer induktiven und deduktiven Modellbildung kombiniert. Eine induktive Modellbildung verfolgt das Ziel der Schaffung von Hypothesen. Eine deduktive Modellbildung verfolgt das Ziel der Validierung von Hypothesen.[594] Zuletzt verfolgt die normative Modellbildung das Ziel der Festlegung eines angestrebten Zielzustands.[595] Damit lassen sich nach dem Verwendungszweck vier aufeinander aufbauende Modelltypen unterscheiden: Beschreibungsmodelle, Erklärungsmodelle, Vorhersagemodelle und Entscheidungsmodelle.[596] Beschreibungsmodelle bilden vorgefundene Zustände ab und stellen darüber hinaus Informationen bereit, unter welchen Voraussetzungen die beschriebenen Zustände eine Gültigkeit aufweisen oder welche Wirkzusammenhänge zum Auftreten beobachteter Zustände führen. Die Modellbildung für Beschreibungsmodelle beinhaltet damit weder wesentliche induktive noch

---

587 Vgl. Kühn "*Lebenszyklusorientierte Leistungssysteme im Werkzeugbau*" S. 87.

588 Vgl. Patzak "*Systemtechnik — Planung komplexer innovativer Systeme*" (1982) S. 30.

589 Vgl. ebd. S. 312 f.

590 Vgl. Stachowiak "*Allgemeine Modelltheorie*" (1973) S. 157 f.

591 Vgl. ebd. S. 157 f.

592 Vgl. Patzak "*Systemtechnik — Planung komplexer innovativer Systeme*" (1982) S. 313 f.

593 Vgl. ebd. S. 311-312.

594 Vgl. ebd. S. 312-313.

595 Vgl. ebd. S. 313.

596 Vgl. ebd. S. 312.

deduktive Schritte.[597] Erklärungsmodelle beinhalten qualitative oder quantitative Erklärungen für bestimme Zustände eines Realsystems. Erklärungsmodelle beinhalten eine Definition der Voraussetzungen der Gültigkeit des Modells. Für die Modellbildung wird auf eine induktive Vorgehensweise zurückgegriffen. Basierend auf den Erklärungsmodellen liefern Vorhersagemodell eine Aussage über den zukünftigen Zustand oder das zukünftige Verhalten eines Systems. In der Modellbildung wird dazu auf eine deduktive Vorgehensweise zurückgegriffen. Zur Bewertung der Güte eines Prognosemodells lassen sich historische Daten heranziehen, um nachträglich die Prognose eines bereits eingetretenen Zustands oder Verhaltens zu validieren.[598]

Zuletzt definiert PATZAK Entscheidungsmodelle als Modelle, anhand derer Handlungsalternativen bestimmt werden um einen angestrebten Zielzustand oder ein angestrebtes Systemverhalten zu realisieren. Entscheidungsmodelle können als Beschreibungsmodelle angestrebter Zustände oder Verhalten aufgefasst werden. In der Modellbildung wird dazu auf ein deduktives und normatives Vorgehen zurückgegriffen.[599] Zusammenfassend sind die vorherigen Ausführungen in Abbildung 4.2 dargestellt.

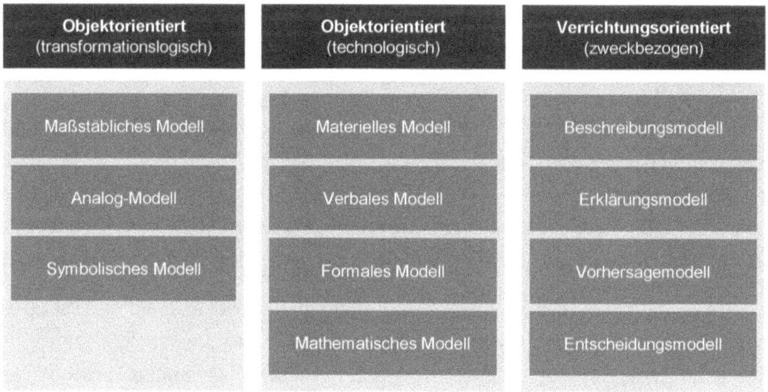

Abbildung 4.2: Gliederung verschiedener Modellarten[600]

Die Modellbildung ist der Prozess der modellhaften Abbildung eines Systems. Für das Vorgehen der Modellbildung existieren in der Wissenschaft unterschiedliche Ansätze. Der vorliegenden Dissertation liegt eine Vorgehensweise in Anlehnung an BÖHM[601] zugrunde. BÖHM unterscheidet dabei zwei Phasen. In der ersten Phase wird das abzubildende System in ein Gedankenmodell abstrahiert. In der zweiten Phase erfolgt die Modellierung des zuvor erstellten

[597] Vgl. Patzak "*Systemtechnik — Planung komplexer innovativer Systeme*" (1982) S. 312.

[598] Vgl. ebd. S. 314.

[599] Vgl. ebd. S. 314-315.

[600] Vgl. ebd. S. 312 f.

[601] Vgl. Böhm et al. "*System-Entwicklung in der Wirtschaftsinformatik*" (2002).

Gedankenmodells durch Darstellung mit Hilfe von Sprache, Figuren, Grafiken oder auch Zahlen. Mit Hilfe der Konkretisierung des Gedankenmodells erfolgt eine weitere Abstraktion. Als abschließender Schritt der zweiten Phase wird das erstellte Modell validiert und, falls notwendig, angepasst. Dieser Schritt wird immer dann durchgeführt, wenn das Gedankenmodell modifiziert wird.[602] Das Vorgehen ist innerhalb von Abbildung 4.3 dargestellt.

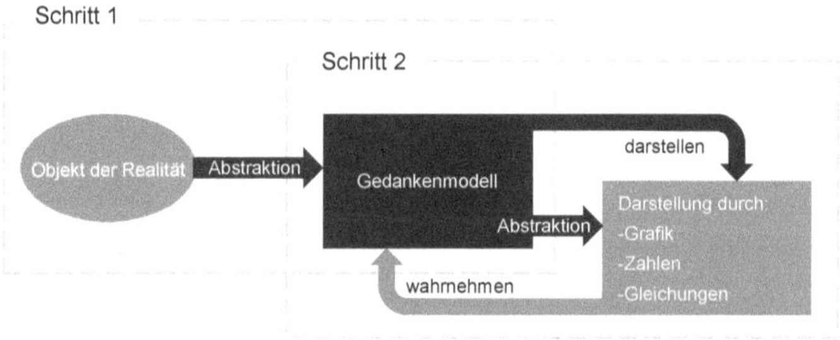

Abbildung 4.3: Prozess der Modellbildung[603]

4.2 Grundlage des Gestaltungsmodells

Im zweiten und dritten Kapitel sind Problemstellungen aus der Praxis und Theorie aufgeführt. Zur zielgerichteter Adressierung dieser Problemstellungen ist die Darstellung eines Zielzustandes notwendig. Für die Entwicklung eines Zielzustandes soziotechnischer Systeme empfiehlt ULRICH die Erarbeitung von Gestaltungsmodellen.[604] Entsprechend der vier existierenden Modellarten nach PATZAK wird ein Gestaltungsmodell zur Abbildung der Lösung ausgewählt.

Ein solches Gestaltungsmodell für die digitale Auftragsnachverfolgung auf dem Shopfloor von APS soll nachfolgend detailliert werden. Als Grundlage zur Herleitung des Gestaltungsmodells ist zunächst ein Realsystem zu definieren. Hierbei wird sowohl eine beschreibende hierarchische Einordnung als auch eine zweckorientierte Einordnung herangezogen. Es folgt die Definition der Zielsetzung, der Nutzenden und dem Nutzungszeitraum. Abschließend werden formale als auch inhaltliche Anforderungen an das Modell definiert.

4.2.1 Definition des Realsystems

Das übergeordnete reale System der vorliegenden Dissertation ist als das, in Kapitel 2.1.3 definierte, APS zu detaillieren. Die Systemdefinition ist sowohl für interne als auch externe APS der AM-Dienstleister heranzuziehen. APS sind als Unternehmen zu verstehen und damit

602 Vgl. Böhm et al. "*System-Entwicklung in der Wirtschaftsinformatik*" (2002) S. 25 f.

603 I.A.a. ebd. S. 25 f.

604 Vgl. Ulrich "*Management*" (1984) S. 184.

offenen, dynamischen und soziotechnischen Systeme zuzuordnen.[605] In Bezug auf die Systemidentifikation nach MILLING[606] ist das APS als oberste organisatorische Entscheidungsebene zu definieren. Die Subsysteme der APS werden anhand der generischen Prozesskette im AM-Bereich nach GIBSON[607] zergliedert. Dies legt insgesamt eine auftragsabwicklungsorientierte Betrachtungsweise zugrunde. Die Elemente der Prozesskette sind hierarchisch dem APS untergeordnet, untereinander aber dennoch gleichgestellt und eng miteinander verknüpft. Diese Verknüpfung besteht in der operativen Auftragsabwicklung selbst. Die Gestaltung der digitalen Auftragsnachverfolgung innerhalb von APS wird in der vorliegenden Dissertation als Bestandteil eines APS verstanden.

Aus der Betrachtungsweise des AM-Auftragsabwicklungsprozesses wird deutlich, dass die Auftragsnachverfolgung für versch. Subsysteme relevant ist. Umgekehrt ist jedoch für die Auftragsabwicklung nicht jeder Aspekt der Auftragsnachverfolgung relevant. Nach PATZAK sind Aspektsysteme, Systeme, die lediglich die Elemente eines Gesamtsystems enthalten, zwischen denen unter dem jeweils betrachteten Aspekt Beziehungen existieren.[608] Aspektsysteme sind damit als Filter zu verstehen, mittels dessen nur die für die Problemstellung relevanten Teile eines Systems abgebildet werden.

Das für die digitale Auftragsnachverfolgung relevante Aspektsystem besteht aus den Elementen der Arbeitsvorbereitung, der Nachbearbeitung, der QS als auch der Logistik innerhalb der operativen Auftragsabwicklung. Innerhalb der Arbeitsvorbereitung wird festgelegt, welche Produkte in welchem Zeitraum im APS hergestellt werden. Hierbei werden explizit Baujobs aus unterschiedlichen Bauteilen zusammengestellt, welche wiederrum einen direkten Einfluss auf die später physisch auftretenden Identifikationskonfigurationen haben. Insgesamt besteht damit ein erheblicher Einfluss der Arbeitsvorbereitung als auch der Nachbearbeitung auf die digitale Auftragsnachverfolgung. Innerhalb der QS als auch der Logistik müssen Bauteile immer vor einem Arbeitsschritt identifiziert werden, bevor diese entsprechend weiter prozessiert werden können. Die Identifikation der Bauteile ist wiederrum ein Subsystem der digitalen Auftragsnachverfolgung. Damit werden die QS als auch Logistik als relevante Aspektsysteme zur Auslegung der digitalen Auftragsnachverfolgung verstanden. Innerhalb von Darstellung 4.4 ist die ablauforganisatorische Betrachtungsweise inkl. des Hervorhebens relevanter Aspektsysteme verdeutlicht.

---

[605] Vgl. Bleicher "*Das Konzept Integriertes Management*" (2011) S. 29.

[606] Vgl. Milling "*Die Konzeptionierung von Entscheidungsmodellen sozialer Systeme*" (1979).

[607] Vgl. Gibson et al. "*Additive Manufacturing Technologies*" (2010).

[608] Vgl. Patzak "*Systemtechnik — Planung komplexer innovativer Systeme*" (1982) S. 43-44.

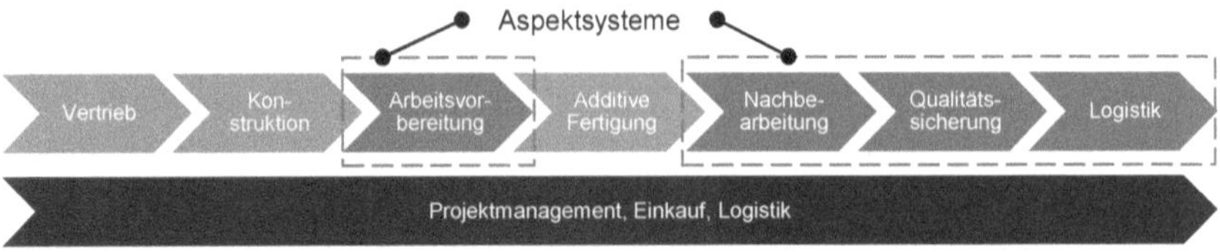

Abbildung 4.4: Aspektsysteme für die digitale Auftragsnachverfolgung[609]

Die ablauforganisatorische Betrachtung ist nachfolgend durch eine zweckorientierte Betrachtung ergänzt. Hierzu wird zunächst das APS als sozio-technisches Gesamtsystem übergeordnet definiert. Die ZOPH-Methode der Systemmodellierung nach NEGELE ET AL.[610] wird auf das Gesamtsystem angewandt, um das Entwicklungssystem der digitalen Auftragsnachverfolgung zu modellieren. Nach NEGELE ET AL. werden vier unterschiedliche Systemtypen herangezogen, um eine vollständige Modellierung sicherzustellen. Das Zielsystem beschreibt zunächst alle Ziele des Gesamtsystems. Dies können beispielsweise Anforderungen versch. Stakeholder sein oder auch Normen, Regularien und Gesetzte sein. Das Objektsystem beinhaltet das eigentliche Produkt der Entwicklung, inklusive relevanter Eigenschaften, Strukturen und Funktionen. Innerhalb des Prozesssystems sind alle relevanten Prozesse, Aktivitäten und Ereignisse detailliert, welche zur Erreichung der im Zielsystem definierten Ziele notwendig sind. Zuletzt beschreibt das Handlungssystem die Organisation des Gesamtsystems APS, beispielsweise in Form der Organisationsstruktur oder auch den verfügbaren Ressourcen.[611]

Die Auslegung der digitalen Auftragsnachverfolgung wird nachfolgend in einer zweckorientierten Betrachtungsweise nach der ZOPH-Methode modelliert. Als übergeordnete Systemgrenzen werden die dem System APS zugeordneten Inputs und Outputs in Form des Absatzmarktes, den Lieferanten und der Konkurrenz definiert, analog zu den definierten Systemgrenzen nach LACHMEYER.[612]

Das Zielsystem umfasst eine Anforderungsbeschreibung an die digitale Auftragsnachverfolgung in der additiven Fertigung. Diese Anforderungen umfassen im Kern die notwendige Leistungsfähigkeit des zu entwickelnden Nachverfolgungssystems. Das Prozesssystem beinhaltet die zur Zielerreichung notwendigen Aktivitäten. Diese werden anhand der zuvor definierten Forschungsfragen in die Teile der Anforderungserhebung, der Technologiesichtung und -auswahl als auch der operativen Umsetzung unterteilt. Das Objektsystem stellt wiederrum das Nachverfolgungssystem an sich dar. Nachverfolgungssysteme lassen sich gemäß den Ausführungen innerhalb von Kapitel 2.3 in die Subsysteme des Identifikationssystems und des Systems der Datenverarbeitung weiter unterteilen.

609 *Eigene Darstellung.*

610 Vgl. Negele et al. "*ZOPH – A Systemic Approach to the Modeling of Product Development Systems*" (1997) S. 267.

611 Vgl. ebd. S. 267-268.

612 Vgl. Lachmayer et al. "*Additive Serienfertigung*" (2018) S. 7.

Zuletzt beschreibt das Wirksystem die, für die Auslegung der digitalen Auftragsnachverfolgung, relevanten Teile des sozio-technischen Systems APS. Hierunter zählen beispielsweise die Organisation einer operativen Umsetzung des Objektsystems der digitalen Auftragsnachverfolgung innerhalb des Gesamtsystems. Abbildung 4.5 stellt die, mittels der ZOPH-Methode, modellierte Betrachtungsweise der Auslegung der digitalen Auftragsnachverfolgung dar.

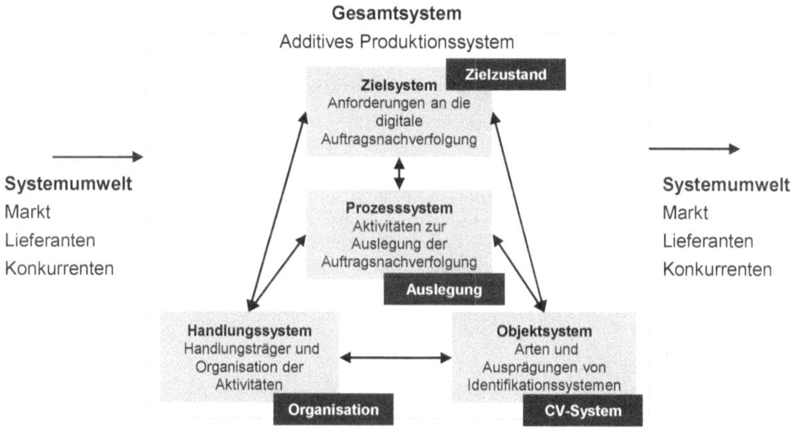

Abbildung 4.5: ZOPH-Modellierung der Auslegung einer Auftragsnachverfolgung[613]

Eine hierarchische Einordnung der digitalen Auftragsnachverfolgung in das Realsystem kann durch eine Kombination der ablauforganisatorischen Betrachtungsweise und der zweckorientierten Betrachtungsweise erzeugt werden. Auf der obersten Ebene steht hierbei das APS an sich, dessen Zweck die Herstellung und Verkauf additiver Produkte aus Rohstoffen unter Zuhilfenahme von materiellen und immateriellen Ressourcen ist. APS können entsprechend der generischen AM-Prozesskette nach LACHMEYER[614] entlang der Auftragsabwicklungsprozesses auf einer zweiten Ebene unterteilt werden. Wie zuvor definiert, sind nicht alle Aktivitäten der Auftragsabwicklung für die Auslegung der digitalen Auftragsnachverfolgung relevant. Näher betrachtet werden im Nachfolgenden die Arbeitsvorbereitung, die Nachbearbeitung, die QS als auch die Logistik. Da der Vertrieb, die Konstruktion als auch die additive Fertigung selbst keinen Einfluss auf die digitale Auftragsnachverfolgung haben, werden diese drei Systeme nicht weiter betrachtet. Die relevanten Teilaspekte der auf der zweiten Ebene betrachten Systeme werden in einer dritten Ebene detailliert. Abbildung 4.6 zeigt modellhaft die zuvor beschriebene Betrachtungsweise, welche im Nachfolgenden weiter detailliert wird.

[613] Eigene Darstellung i.A.a. Negele et al. "*ZOPH – A Systemic Approach to the Modeling of Product Development Systems*" (1997) S. 268.

[614] Vgl. Lachmayer et al. "*Additive Serienfertigung*" (2018) S. 6.

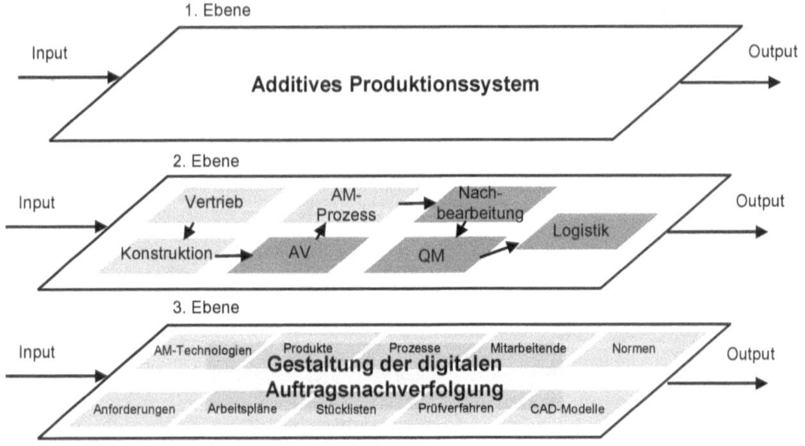

Abbildung 4.6: Hierarchische Einordnung der digitalen Auftragsnachverfolgung[615]

Innerhalb der Arbeitsvorbereitung (AV) wird festgelegt, welche Bauteile zu einem Baujob innerhalb einer AM-Technologie kombiniert werden. Hierdurch folgt implizit die Festlegung der später auf dem Shopfloor zustande kommenden Identifikationskonfigurationen nach SCHUH ET AL.[616] Die aus der AV stammenden Daten, beispielsweise in Form von Handhabungsanforderungen, der AM-Technologie, den Stücklisten oder den Arbeitsplänen sind relevante Inputs für die Auslegung der digitalen Auftragsnachverfolgung.

Nachdem die Bauteile durch die AM-Technologie hergestellt wurden, werden diese gemäß der Spezifikation des Arbeitsplans nachbearbeitet. Innerhalb der Nachbearbeitung stehen bei AM-Dienstleistern eine Vielzahl möglicher Prozesse und Prozesskombinationen zur Verfügung. Gemäß dem Arbeitsplan werden die Bauteile durch die Mitarbeitenden den Prozessen zugeführt und entsprechend bearbeitet.

Nachdem die Nachbearbeitung abgeschlossen ist, wird in der Regel eine QS für relevante Qualitätsmerkmale der Produkte durchgeführt. Die QS muss nicht zwangsweise am Ende der jeweiligen Nachbearbeitungskette durchgeführt werden, sondern kann auch in diese integriert werden. Je nach QS-Methode, müssen einzelne Bauteile zunächst identifiziert, werden, um im Anschluss die innerhalb der QS-Methode erhobenen Metadaten dem Bauteil eindeutig zuordnen zu können. Die Ausprägung dieser Metadaten hängt maßgeblich vom verwendeten Prüfverfahren ab. Im Anschluss an die Nachbearbeitung bzw. QS werden die Bauteile logistisch

---

615 Eigene Darstellung i.A.a. Lukas "*Gestaltungsmodell zur thermischen Auslegung additiver Prototypenwerkzeuge aus Kunststoff*" (2024) S. 122.

616 Vgl. Schuh et al. "*Product- and Process-related Influencing Factors for Computer-Vision based Tracing in Additive Manufacturing*" (2024) S. 5.

abgewickelt. Hierbei ist eine Identifikation des jeweiligen AM-Produktes und Zuordnung zum Endkunden notwendig.

4.2.2 Zielsetzung, Nutzende und Nutzungszeitraum

Das inhaltliche Ziel des Gestaltungsmodells für die Auftragsnachverfolgung auf dem Shopfloor additiver Produktionssysteme ist die Erreichung von Effektivitäts- und Effizienzsteigerungen in der operativen Auftragsabwicklung. Zunächst lassen sich durch die Gestaltung der Auftragsnachverfolgung direkt Kosten für sekundäre, nicht wertschöpfende Prozesse einsparen. Darüber hinaus ist durch die Gestaltung der Auftragsnachverfolgung auch eine Erhöhung der Transparenz in APS zu erwarten. Diese erhöhte Transparenz bildet eine Grundlage zur Anwendung weitere Entwicklungsstufen im Sinne der Industrie 4.0. Die Notwendigkeit des Gestaltungsmodells resultiert u. a. aus den Trends der produzierenden Industrie als auch den Trends der APS. Das Gestaltungsmodell soll einen Leitfaden für Nutzenden darstellen, anhand dessen die Auftragsnachverfolgung ausgelegt werden kann. Hierfür sind für den Nutzenden in einer nachvollziehbaren Weise Einflussgrößen auf die Auftragsnachverfolgung in APS zu definieren mit individuellen Zielgrößen zu verknüpfen und konkrete Handlungsanweisungen in Form einer Ablaufstruktur darzustellen.

Die Nutzenden sind diejenigen Personen, für die die Auftragsnachverfolgung innerhalb der APS Relevanz besitzt. Eine Unterscheidung kann dabei zwischen Anwendenden und Verwendenden getroffen werden.[617] Anwendende sind diejenigen Personen, die die Auftragsnachverfolgung im APS vollumfänglich auslegen möchten. Diese Aufgabe muss nicht zwangsweise einer einzelnen Person zugeschrieben sein, sondern kann auch für unterschiedliche Phasen der Auftragsabwicklung selbst unterschiedlichen Personen zugewiesen sein. Hierbei existiert keine Einschränkungen der Anwendenden auf Berufsgruppen oder Funktionen innerhalb des APS. Gegenüber den Anwendenden, sind die Verwendende des Gestaltungsmodells diejenigen Personen, die nicht direkt an der Gestaltung der Auftragsnachverfolgung innerhalb eines APS beteiligt sind, beispielsweise Forschende aus der Industrie oder Wissenschaft. Verwendende sind demnach nicht direkt Teil eines APS.

Der Zeitraum der Nutzung des Gestaltungsmodells unterliegt keiner zeitlichen Beschränkung. Eine indirekte Anwendbarkeit ist nach aktuellem Stand sichergestellt, da die Entwicklung des nachfolgend detaillierten Gestaltungsmodells auf Basis aktueller Handlungsfelder stattgefunden hat. Es gilt jedoch zu berücksichtigen, dass sowohl die Grundlagen aus der Praxis als auch der Theorie einem stetigen Wandel unterliegen, sodass Forschungsergebnisse über die Zeit in Teilen oder vollkommen die Gültigkeit verlieren. Es ist Aufgabe der Wissenschaft, kontinuierlich die Gültigkeit des Gestaltungsmodells, auf Basis des Standes der Praxis und Theorie, zu überprüfen. Die Gültigkeit des Gestaltungsmodells endet, wenn zukünftige Entwicklungen der additiven Fertigung, der Industrie 4.0 oder der Auftragsnachverfolgung keine weitere Anwendung des Gestaltungsmodells mehr zulassen.

---

[617] Vgl. Komorek "*Gestaltungsmodell für kollaborative Wertschöpfung im industriellen Werkzeugbau*" (2014) S. 97 f.

4.2.3 Anforderungen

Die vorliegende Arbeit verfolgt den Ansatz der systemorientierten Managementlehre, innerhalb der die Gestaltung eines zweckorientierten soziotechnischen Systems angestrebt wird. Hierzu muss ein entsprechendes Gestaltungsmodell konzipiert werden.[618] Vor der Modellentwicklung müssen Anforderungen an das Modell definiert werden. Hierbei können sowohl formale als auch inhaltliche Anforderungen unterschieden werden.[619] Formale Anforderungen sind in den Grundsätzen der Modelltheorie verankert. Inhaltliche Anforderungen sind aus praktischen und theoretischen Defiziten abzuleiten.[620]

4.2.3.1 Formalen Anforderungen

BECKER definiert sechs Anforderungen als Grundsätze ordnungsmäßiger Modellierung: Richtigkeit, Relevanz, Wirtschaftlichkeit, Klarheit, Vergleichbarkeit und systematischer Aufbau. Hierbei sind die Grundsätze der Richtigkeit, Relevanz und Wirtschaftlichkeit eine notwendige Voraussetzung für die Erstellung und Nutzung von Modellen. Die Grundsätze der Klarheit, Vergleichbarkeit und des systematischen Aufbaus sind hingegen ergänzbar. Es sei auch angemerkt, dass die sechs Grundsätze wechselseitig in Beziehung untereinanderstehen.[621]

Grundsatz der Richtigkeit

Das Modell ist konsistent zur abgebildeten Realität. Bespiele zur Sicherstellung sind die Verwendung einheitlicher Begrifflichkeiten.[622]

Grundsatz der Relevanz

Das Modell bildet nur die für die jeweilige Problemstellung relevanten Teile in einem hinreichenden Abstraktionsniveau der Realität ab.[623]

Grundsatz der Wirtschaftlichkeit

Bei der Modellerstellung ist stets drauf zu achten, dass aus betriebswirtschaftlicher Sicht der Nutzen gegenüber dem Aufwand zur Modellerstellung überwiegt.[624]

Grundsatz der Klarheit

Das Modell stellt die Modellinhalte in sachlicher, konsistenter und vereinheitlichter Form dar.[625]

Grundsatz der Vergleichbarkeit

---

618 Vgl. Ulrich "*Management*" (1984) S. 11.

619 Vgl. Kantelberg "*Gestaltung agiler Entwicklungsprozesse technischer Produkte*" S. 105 f.

620 Vgl. Becker "*Konzeptionelle und terminologische Grundlegung*" (1998) S. 437.

621 Vgl. ebd. S. 436-437.

622 Vgl. ebd. S. 438.

623 Vgl. ebd. S. 438.

624 Vgl. ebd. S. 438.

625 Vgl. Becker "*Konzeptionelle und terminologische Grundlegung*" (1998) S. 438-439.

Ein erstelltes Modell samt dessen Ergebnissen kann mit Modellen und deren Ergebnisse aus anderen Modellierungsansätzen vergleichen werden.[626]

Grundsatz des systematischen Aufbaus

Das Modell stellt sicher, dass Schnittstellen zu angrenzenden Modellen existieren für den fokussierten Ausschnitt der Realität.[627]

Wie zuvor aufgeführt, lassen sich Modelle lassen nach STOCHAWIAK anhand von drei Merkmalen, des Abbildungsmerkmals, des Verkürzungsmerkmals und des pragmatischen Merkmals, charakterisieren. Diese lassen sich mit den sechs, von Becker definierten, Merkmal verknüpfen. Das Abbildungsmerkmal kann dabei mit dem Grundsatz der Richtigkeit und Relevanz gleichgesetzt werden.[628] Es beschreibt, dass Modelle Abbildungen künstlicher oder natürlicher Originale darstellen. Die Attribute des Modells entsprechen dabei den Attributen des Originals.[629] Das Verkürzungsmerkmal kann mit dem Grundsatz der Relevanz und Klarheit verglichen werden.[630] Es beschreibt nach Stachowiak, dass ein Modell nur die für die Problemstellung relevanten Attribute des Original aufweist.[631] Zuletzt ist das pragmatische Merkmal mit den Grundsätzen der Wirtschaftlichkeit und Klarheit gleichzusetzen.[632] Damit stellt das pragmatische Merkmal sicher, dass das Modell einem bestimmten Zweck dient, der von der modellierenden Person festgelegt wird, und der über einen bestimmten Zeitraum gilt.[633]

Die drei Merkmale von STOCHAWIAK und die sechs Grundsätze der Modellierung von BECKER stehen teilweise in Widerspruch zueinander. Aus diesem Grund greift LUKAS auf das Prinzip der Balancierung zurück, das besagt, dass alle formalen Anforderungen (FA) berücksichtigt werden und keine zugunsten anderen nicht erfüllt wird.[634] In Anlehnung an ROSEMANN sind nachfolgend die Grundsätze in Bezug auf den Modellgegenstand konkretisiert.[635] Hierbei wird auf das in Kapitel 3.1.2 definierte Anforderungssystem zurückgegriffen.

Für das Gestaltungsmodell zur digitalen Auftragsnachverfolgung auf dem Shopfloor von APS ist zuerst der Grundsatz der Richtigkeit herzuleiten, der teilweise kohärent zum Abbildungsmerkmal steht.

---

[626] Vgl. ebd. S. 439.

[627] Vgl. ebd. S. 439.

[628] Vgl. Lukas "*Gestaltungsmodell zur thermischen Auslegung additiver Prototypenwerkzeuge aus Kunststoff*" (2024) S. 124.

[629] Vgl. Stachowiak "*Allgemeine Modelltheorie*" (1973) S. 131.

[630] Vgl. Lukas "*Gestaltungsmodell zur thermischen Auslegung additiver Prototypenwerkzeuge aus Kunststoff*" (2024) S. 124.

[631] Vgl. Stachowiak "*Allgemeine Modelltheorie*" (1973) S. 132.

[632] Vgl. Lukas "*Gestaltungsmodell zur thermischen Auslegung additiver Prototypenwerkzeuge aus Kunststoff*" (2024) S. 124.

[633] Vgl. Stachowiak "*Allgemeine Modelltheorie*" (1973) S. 133.

[634] Vgl. Lukas "*Gestaltungsmodell zur thermischen Auslegung additiver Prototypenwerkzeuge aus Kunststoff*" (2024) S. 124.

[635] Vgl. Rosemann et al. "*Vorbereitung der Prozessmodellierung*" (2005) S. 55.

FA1
Das Modell gibt die Zusammenhänge der Auftragsabwicklung in APS hierarchisch korrekt wieder, wobei eine einheitliche Begriffsdefinition herangezogen wird.

Die zweite FA wird auf Basis des Grundsatzes der Relevanz abgeleitet. Zusammen mit der FA1 wird somit das Abbildungsmerkmal nach Stochawiak erfüllt.

FA2
Das Modell gibt die Zusammenhänge der Auftragsabwicklung in APS wieder und berücksichtigt dabei nur diejenigen Systemteile, die für die Gestaltung der Auftragsnachverfolgung relevant sind.

Auf Basis des Grundsatzes der Wirtschaftlichkeit wird die dritte FA abgeleitet. In Kombination mit der zweiten FA ist dadurch das Verkürzungsmerkmal erfüllt.

FA3
Der Aufwand zur Erstellung des Modells ist geringer als der Nutzen, den das Gestaltungsmodell für die digitale Auftragsnachverfolgung bietet.

Unter Berücksichtigung des Grundsatzes der Klarheit wird die vierte FA definiert. Diese ist teilweise kohärent zur Sicherstellung des pragmatischen Merkmals nach Stochawiak.

FA4
Das Gestaltungsmodell zur Auftragsnachverfolgung in APS ist in einer einheitlichen Form definiert, sodass eine Klarheit über die Modellteile und die Sachzusammenhänge für den Anwender und Verwender bestehen.

Die Berücksichtigung des Grundsatzes der Vergleichbarkeit ist Kern der fünften FA. Hierbei ist anzumerken, dass diese im Konflikt mit dem Verkürzungsmerkmal steht. Die Vergleichbarkeit kann durch den Grundsatz der Verkürzung beeinträchtigt werden.

FA5
Das Gestaltungsmodell zur Auftragsnachverfolgung in APS lehnt sich schematisch an verwandte Modelle auf dem Gebiet der Auftragsnachverfolgung an.

Die letzte FA ist die Anforderung hinsichtlich des schematischen Aufbaus. Dabei steht diese im Konflikt mit der Anforderung des Verkürzungsmerkmals. Das pragmatische Merkmal ist zum schematischen Aufbau teilweise kohärent zu sehen.

FA6

Das Gestaltungsmodell zur Auftragsnachverfolgung in APS definiert Schnittstellen zu Prozessmodellen im Umfeld der APS.

4.2.3.2 Inhaltliche Anforderungen

Die inhaltlichen Anforderungen (IA) wurden bereits im Kapitel 3.1.2 hergeleitet. Diese bilden den aktuellen wissenschaftlichen Standpunkt hinsichtlich der Gestaltung der digitalen Auftragsnachverfolgung in APS ab. Eine Konkretisierung der Anforderungen wird nachfolgend in vier Bereichen im systemtheoretischen Kontext vorgenommen. Die erste IA beschreibt die Notwendigkeit der Anforderungs- und Datenerhebung als Basis für die Gestaltung der digitalen Auftragsnachverfolgung innerhalb von APS. Dies umfasst die Analyse historischer Auftragsdaten als auch die Synthese von Anforderungen auf Basis dieser Daten. Daher ist die IA1 in zwei Teile unterteilt.

IA1.1

Das Gestaltungsmodell zur Auftragsnachverfolgung in APS integriert eine Vorgehensweise zur systematischen Erfassung historischer Auftragsdaten.

IA1.2

Das Gestaltungsmodell zur Auftragsnachverfolgung in APS integriert eine Vorgehensweise zur systematischen Ableitung von Anforderungen auf Basis der zuvor erfassten Auftragsdaten.

Die zweite IA definiert die Berücksichtigung der im APS befindlichen Produkt- und Prozessontologie. Hierbei ist zunächst die Erfassung der im APS vorhandenen Produkt-Prozessontologie sicherzustellen und im Anschluss eine Datenmodellierung auf Basis der Ontologie als auch der Anforderungen aus IA1 abzuleiten. Hierfür wird IA2 in die folgenden zwei Teile gegliedert.

IA2.1

Das Gestaltungsmodell zur Auftragsnachverfolgung in APS stellt eine strukturierte Vorgehensweise zur Erfassung der sich im APS befindlichen Produkt-Prozessontologie bereit.

IA2.2

Das Gestaltungsmodell beinhaltet eine systematische Vorgehensweise zur Ableitung eines Datenmodells auf Basis der im APS vorhandenen Produkt- und Prozessontologie.

Die dritte IA richtet sich speziell an die Identifikation der Produktinstanzen auf dem Shopfloor der APS. Hierbei müssen sowohl auf Basis der Anforderungen, die als Ergebnisse aus der IA1 und IA2 vorliegen, die Sichtung von potentieller Technologie erfolgen und eine Vorgehensweise bereitgestellt werden, mit Hilfe der eine Auswahl verschiedener technologischer Alternativen vorgenommen werden kann.

IA3

Das Gestaltungsmodell zur Auftragsnachverfolgung in APS stellt eine strukturierte Vorgehensweise zur Sichtung potentieller technischer Lösungsansätze zur Erfassung von Produktinstanzen bereit und definiert explizit eine Systematik der Auswahl von technologischen Alternativen.

Die letzte IA fokussiert die operative Umsetzung der erarbeiteten Gesamtlösung innerhalb des APS. Hierbei müssen neben den technischen Aspekten auch organisatorische Aspekte Berücksichtigung finden.

IA4

Das Gestaltungsmodell zur Auftragsnachverfolgung in APS definiert Schritte in sowohl technischem als auch organisatorischem Sinne zur operativen Umsetzung der in IA3 identifizierten technischen Alternative.

Im Sinne der wissenschaftlichen Korrektheit, sind die fachlichen als auch die inhaltlichen Anforderungen einer kritischen Überprüfung, jeweils nach der Konzeptionierung, der Detaillierung als auch der Validierung des Gestaltungsmodells zu unterziehen. Dies ist Gegenstand der Kapitel 4.5, Kapitel 5.5 als auch Kapitel 6.3.

4.3 Herleitung der Gestaltungselemente

In den Kapiteln zwei, drei und vier wurden Anforderungen an ein Gestaltungsmodell für die Auslegung der digitalen Auftragsnachverfolgung innerhalb von APS hergeleitet. Diese Anforderungen werden im nachfolgenden Kapitel in Gestaltungselemente überführt. Zur Sicherstellung der Vollständigkeit und Relevanz der einzelnen Gestaltungselemente ist eine theoretische

Grundlage der Herleitung notwendig.[636] Diese wird zunächst im vorliegenden Kapitel eingeführt. Auf Basis dieser kann nachfolgend die Strukturierung der Gestaltungselemente geschehen. Am Ende des Kapitels folgt ein Zwischenfazit, welches das hergeleitete Gestaltungsmodell anhand der zuvor definierten Anforderungen validiert.

4.3.1 Grundlage der Herleitung

Bisher existiert kein ganzheitliches Modell, welches die Gestaltung eines CV-Nachverfolgungssystems zur Auftragsnachverfolgung für APS adressiert. Die Gestaltung der Auftragsnachverfolgung auf dem Shopfloor von APS wurde durch OBST ET AL., SCHUH ET AL. und JAHNKE ET AL. als interdisziplinäre Gestaltungsaufgabe definiert, welche sowohl Aspekte der PPS, des Material- und Informationsflusses als auch der Informationstechnik beinhaltet.[637] Zur übergeordneten Strukturierung der Auslegung ist ein methodischer Ordnungsrahmen notwendig. In Anlehnung an vorherige ingenieurwissenschaftliche Arbeiten wie die von LUKAS[638] und SCHULTES[639], ist die Auslegung der digitalen Auftragsnachverfolgung innerhalb von APS als ein operatives Managementproblem einzuordnen. Operative Managementprobleme lassen sich, mittels des Ordnungsrahmens von BLEICHER, in Form von Gestaltungsmodellen strukturieren.[640]

Gestaltungsmodelle nach BLEICHER besteht aus den drei Bereichen Struktur, Verhalten und Aktivität. Hierbei bilden Strukturelemente den Rahmen des Gestaltungsmodells. Der Nutzen des Gestaltungsmodells wird durch Aktivitätselemente erzeugt und dabei von Verhaltenselementen gesteuert. Die Strukturelemente sind das Abbild des Ergebnisses der Aktivitätselemente auf Basis von Normen und Verfahrensweisen der Verhaltenselemente.[641] Die Verhaltenselemente stehen im Zentrum des Gestaltungsmodells und verbinden damit die Struktur- und Aktivitätselemente. Die Verhaltenselemente stellen zudem die Zusammenhänge des Gestaltungsmodells mit dessen Umwelt dar.[642] Der Ordnungsrahmen nach BLEICHER ist in Abbildung 4.7 dargestellt.

---

636 Vgl. Lange "*Prozessmodell für den Werkzeugbau im iterativen Produktentwicklungsprozess*" S. 138.

637 Vgl. Obst et al. "*Komplexität und wirtschaftlicher Nutzen künstlicher Intelligenz zur automatisierten und industrialisierten Erkennung additiv gefertigter Bauteile*" (2021) S. 142.

638 Vgl. Lukas "*Gestaltungsmodell zur thermischen Auslegung additiver Prototypenwerkzeuge aus Kunststoff*" (2024) S. 115 f.

639 Vgl. Schultes "*Gestaltungsmodell zur digitalen Vernetzung von Werkzeugbaubetrieben mit Lieferanten*" S. 110 f.

640 Vgl. Lukas "*Gestaltungsmodell zur thermischen Auslegung additiver Prototypenwerkzeuge aus Kunststoff*" (2024) S. 128 f.

641 Vgl. ebd. S. 127.

642 Vgl. Lukas "*Gestaltungsmodell zur thermischen Auslegung additiver Prototypenwerkzeuge aus Kunststoff*" (2024) S. 134.

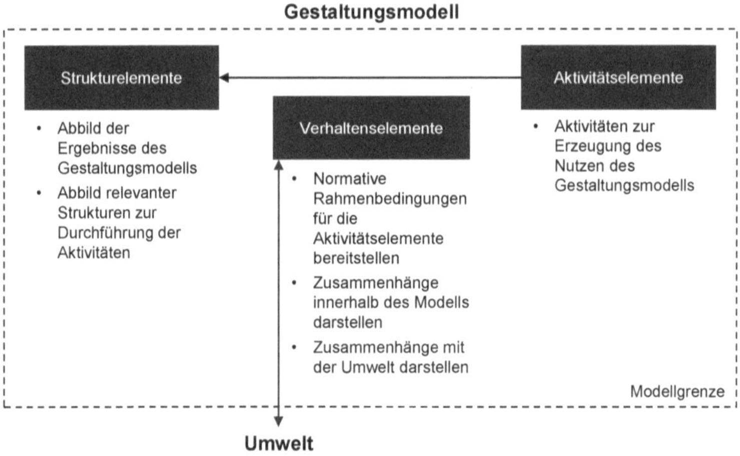

Abbildung 4.7: Kernelemente eines Gestaltungsmodells[643]

Der durch das Gestaltungsmodell adressierte Betrachtungsbereich ist die operative Auftragsabwicklung auf dem Shopfloor von APS, analog zu den Ausführungen des Kapitels 4.2.1. Der Gestaltungsbereich ist definiert als Auslegung der digitalen Auftragsnachverfolgung innerhalb von APS. Eine Aggregation der Eigenschaften des Betrachtungs- als auch Gestaltungsbereichs und Gruppierung dieser in spezifische Modellbereiche, vereinfacht die Erfüllung der formalen Anforderungen.[644] Nachfolgend ist eine Aggregation als auch Gruppierung der Eigenschaften aufgeführt.

Die Auftragsnachverfolgung auf dem Shopfloor von APS verfolgt das übergeordnete Ziel, Transparenz im APS über operativ ablaufende Prozesse und den jeweiligen Auftragsstatus zu erlangen. Der Standort und Status der jeweiligen Bauteile wird durch die digitale Auftragsnachverfolgung erfasst und die relevanten Information digital dokumentiert. Die Eigenschaften des Produktspektrums setzen maßgeblich Rahmenbedingungen für die Auslegung der digitalen Auftragsnachverfolgung in APS.[645] Daher ist das Produktspektrum als ein Strukturelement innerhalb der Auslegung anzusehen.

Neben dem Produktportfolio haben die im APS verfügbaren Prozesse und Prozesskombinationen einen maßgeblichen Einfluss auf die Gestalt der Auftragsnachverfolgung. Hierdurch wird in Anlehnung an SCHUH ET AL.[646] bestimmt, zu welchen Zeitpunkten Bauteile aus welcher

---

[643] *Eigene Darstellung.*

[644] Vgl. Lukas "*Gestaltungsmodell zur thermischen Auslegung additiver Prototypenwerkzeuge aus Kunststoff*" (2024) S. 127.

[645] Vgl. Schuh et al. "*Product- and Process-related Influencing Factors for Computer-Vision based Tracing in Additive Manufacturing*" (2024) S. 1 f.

[646] Vgl. ebd. S. 5.

Grundmenge identifiziert werden müssen. Die Grundmenge hängt dabei von dem im APS vorhandenen Prozessspektrum ab. Daneben ergeben sich durch einzelne Prozesse spezifische Anforderungen an die Gestalt der Auftragsnachverfolgung, beispielsweise durch die Anhaftung von Pulver an den Bauteilen. Ein zweiter normativer Teil des Gestaltungsmodells ist demnach das Prozessspektrum, welches als Strukturelement abgebildet wird.

Das Produkt- und Prozessspektrum stehen unmittelbar zueinander in Bezug, da die Produkteigenschaften durch eine Verkettung von einzelnen Prozessschritten innerhalb des APS erzeugt werden. Die Eigenschaften der Bauteile ändern sich dabei stetig über die Prozesse. Zur Sicherstellung einer zielführenden Auslegung der digitalen Auftragsnachverfolgung, muss die Interaktion zwischen dem jeweils vorliegenden Produkt- als auch Prozessspektrum innerhalb der Gestaltungsmodells berücksichtigt werden. Die Interdependenzen zwischen Produkt- und Prozessspektrum werden durch Verhaltenselemente beschrieben.

Zuletzt ist das zentrale Ziel des Gestaltungsmodells die Auslegung eines CV-Nachverfolgungssystems, welches die Auftragsnachverfolgung für den jeweilig spezifischen Anwendungsfall befähigt. Das CV-Nachverfolgungssystem ist das Ergebnis der innerhalb der Auslegung und daher als drittes Strukturelement definiert. Das CV-Nachverfolgungssystem wird auf Basis einer Auslegung innerhalb der Aktivitätselemente erzeugt.

Zur Ordnung der Modellelemente kann ein Modellrahmen gemäß der jeweils vorliegenden Problemstellung herangezogen werden. Die Auslegung der digitalen Auftragsnachverfolgung wird im nachfolgenden als Entwicklung eines Cyber-physischen Systems verstanden. In Anlehnung an die Ausführungen von GRÄßLER ET AL.[647] und STITTGEN[648] dient nachfolgend als Modellrahmen das V-Modell nach VDI-2206. Das V-Modell dient der systematischen Entwicklung Cyber-physischer Systeme.[649] Die fundamentale Idee des V-Modells ist die Zerlegung eines Systems auf dem linken Schenkel und eine Integration von Elementen zu Subsystemen auf dem rechten Schenkel. Zwischen den beiden Schenkeln findet eine kontinuierliche Verifizierung und Validierung des zu entwickelnden Systems statt.[650] Das V-Modell kann grundsätzlich in drei Abschnitte der Analysephase, der Bewertungsphase und der Umsetzungsphase unterteilt werden. Im Nachfolgenden wird das V-Modell inkl. der drei Phasen als strukturierender Rahmen des Gestaltungsmodells herangezogen.

4.3.2 Herleitung der Strukturelemente

Die strukturelle Herleitung der Gestaltungselemente wird nachfolgend durch eine inhaltliche Definition erweitert. Dies kann auf Basis einer Verknüpfung der relevanten Eingangs- und Aus-

[647] Vgl. Gräßler et al. "*V-model based development of cyber-physical systems and cyber-physical production systems*" (2021) S. 256-257.

[648] Vgl. Stittgen "*Grundlagen zur produktionslogistischen Positionierung im Umfeld der Additiven Fertigung am Beispiel des Laser Powder Bed Fusion*" S. 75.

[649] Vgl. Verein deutscher Ingenieure "*Verein deutscher Ingenieure (VDI/VDE 2206)*" (2021) S. 18.

[650] Vgl. Verein deutscher Ingenieure "*Verein deutscher Ingenieure (VDI/VDE 2206)*" (2021) S. 19.

gangsgrößen geschehen. Diese Eingangs- und Ausgangsgrößen bestimmen normative Rahmenbedingungen des Gestaltungsmodells.[651] Nach den vorherigen Ausführungen sind die Eingangsgrößen des Gestaltungsmodells das im jeweiligen APS vorhandene Produkt- und Prozessspektrum. Diese müssen erfasst und Anforderungen an das Zielsystem aus diesen definiert werden. Für die Erfassung ist jeweils ein Strukturelement für das Produkt- und Prozessspektrum notwendig. Die Ausgangsgröße stellt das, unter Berücksichtigung der spezifischen Rahmenbedingungen des APS als auch der spezifischen Rahmenbedingungen der CV-Technologie, ausgelegtes CV-Nachverfolgungssystem dar. Das CV-Nachverfolgungssystem verbindet dabei die normativen Rahmenbedingungen des Produkt- als auch des Prozessspektrums. Der Sachverhalt ist im V-Modell innerhalb von Abbildung 4.8 dargestellt, indem das Strukturelement des Produkt- als auch Prozessspektrums auf dem linken Schenkel des V-Modells als Eingangsgröße, und das Strukturelement des CV-Nachverfolgungssystems als Ausgangsgröße dargestellt ist.

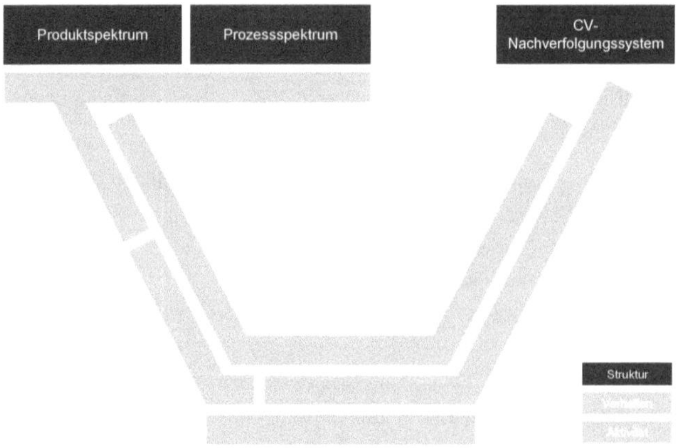

Abbildung 4.8: Strukturelemente des Gestaltungsmodells[652]

Nachfolgend wird eine inhaltliche Herleitung und Begründung der Strukturelemente aufgeführt. Hierbei werden Gestaltungsaspekte definiert, welche im fünften Kapitel weiter detailliert werden. Es folgt gemäß den vorherigen Ausführungen zuerst eine Detaillierung des Produkt- und Prozessspektrums und im Anschluss eine Herleitung des CV-Nachverfolgungssystems.

4.3.2.1 CV-Nachverfolgungssystem

Das Nachverfolgungssystem bildet das erste Strukturelement innerhalb des Gestaltungsmodells. Dieses stellt das Zielsystem dar und befähigt die Zuordnung der additiv gefertigten Pro-

[651] Vgl. Lukas "*Gestaltungsmodell zur thermischen Auslegung additiver Prototypenwerkzeuge aus Kunststoff*" (2024) S. 130.

[652] *Eigene Darstellung.*

dukte innerhalb der operativ ablaufenden Prozesskette. Hierbei bildet das Nachverfolgungssystem das zentrale Element ab, um einen Abgleich zwischen physischem Materialfluss und digitalem Informationsfluss zu erlangen. Innerhalb eines ersten Gestaltungsaspektes sind mögliche Ausprägungen, insbesondere der CV-basierten Nachverfolgungssysteme, darzulegen. Der Gestaltungsaspekt bildet damit die Basis für das Zielverständnis innerhalb des Auslegungsprozesses ab.

Auf Basis der konkreten Ausprägung des CV-Nachverfolgungssystems und der Integration dieser in die operative Prozesskette ergeben sich bestimme Eigenschaften. Diese Eigenschaften sind maßgeblich innerhalb der späteren Auslegung der digitalen Auftragsnachverfolgung von Relevanz. Daher werden diese Eigenschaften für den Nutzenden des Gestaltungsmodells innerhalb eines zweiten Gestaltungsaspektes strukturiert. Das hierbei vertiefte Verständnis des Nutzenden in Bezug auf CV-Nachverfolgungssysteme trägt zur zielgerichteten Durchführung der Auslegung der digitalen Auftragsnachverfolgung bei.

4.3.2.2 Produktspektrum

Im Zentrum der Auslegung der digitalen Auftragsnachverfolgung stehen additive Bauteile innerhalb eines APS. Diese Bauteile müssen grundsätzlich identifiziert werden, um spezifische Anforderungen durch die jeweilig notwendigen Prozesse erfüllen zu können. Daneben ergeben sich weitere Anwendungsfälle, für die eine Identifikation einzelner Produkte notwendig sein kann, wie beispielsweise eine QS oder auch Logistik. Hierbei ist das Produktspektrum in APS zumeist hochvariant. Es besteht im Kern die Herausforderung, ein breit gefächertes Anforderungsspektrum hinsichtlich der CV-basierten Auftragsnachverfolgung zu analysieren und zielgerichtete Anforderungskategorien zu ermitteln.

Das Strukturelement des Produktspektrums beinhaltet zwei Gestaltungsaspekte. Zunächst ist eine übergeordnete Strukturierung des jeweils im APS vorliegende Produktspektrums notwendig. Hierfür muss das Gestaltungsmodell einen entsprechenden Rahmen bieten, innerhalb dessen dies gestaltet werden kann. Insbesondere müssen hierfür alle relevanten Informationen vorgelegt und zergliedert werden. Ferner ist der Prozess zur Herleitung von Kriterien zu gestalten, anhand derer eine Strukturierung des Produktspektrums vorgenommen werden kann. Der übergeordneten Strukturierung folgend ist in einem zweiten Gestaltungsaspekt zu definieren, welche konkreten Anforderungscluster sich an eine digitale Auftragsnachverfolgung ergeben. Diese bildet einen Rahmen von Grobanforderungen an die digitale Auftragsnachverfolgung und damit die Basis der Detaillierung der Interdependenzen zwischen Produkt- und Prozessspektrum.

4.3.2.3 Prozessspektrum

Aus dem innerhalb eines APS herzustellenden Produktspektrums und dessen Anforderungen, ergeben sich die zur Herstellung notwendigen Prozesse und Prozessfolgen. Diese sind innerhalb eines weiteren Strukturelements zusammengefasst. Auf Basis der Prozessfolgen und der im APS sich simultan befindlichen Aufträgen ergeben sich, in Zusammenspiel mit den Produktanforderungen, Identifikationspunkte innerhalb der Prozessketten selbst, an denen Bauteile identifiziert werden müssen. Diese Punkte inkl. der vorhandenen Grundmenge an Bauteilen in diesen werden, in Anlehnung an SCHUH ET AL., Identifikationskonfigurationen genannt.[653]

Das Strukturelement des Prozessspektrums, gliedert sich in Anlehnung an das Strukturelement des Produktspektrums, in zwei Gestaltungsaspekte. Zunächst ist innerhalb eines Gestaltungsaspekts eine Strukturierung des im jeweiligen APS vorliegende Prozessspektrum zu gestalten. Zur Herleitung der Identifikationskonfiguration ist es zudem notwendig, dass die möglichen Prozesskombinationen strukturiert werden. Daher ist innerhalb eines zweiten Gestaltungsaspekts eine Typologisierung des Prozessspektrums in Bezug auf die digitale Auftragsnachverfolgung zu gestalten. Diese Typologisierung bildet die zweite Grundlage zur Detaillierung der, innerhalb der Verhaltenselemente detaillierten, Interdependenzen des Produkt- und Prozessspektrums.

4.3.3 Herleitung der Verhaltenselemente

Verhaltenselemente haben nach BLEICHER eine begründete, leitende und realisierende Wirkung.[654] Sie sind auch ohne die Anwendung des Gestaltungsmodells nach außen hin sichtbar. Verhaltenselemente beschreiben sowohl die Zusammenhänge innerhalb des Gestaltungsmodells als auch Zusammenhänge des Gestaltungsmodells mit dessen Umwelt.[655] Nachfolgend werden insgesamt drei Verhaltenselemente unterschieden: Die Dependenz des Produkt- und Prozessspektrums, das CV-Anforderungsmanagement und das CV-Technologiescouting.

Der Zusammenhang zwischen Produkt- und Prozessspektrum detailliert, welche Anforderungen sich aus der Dependenz eben dieser ergeben. Das Verhaltenselement stellt damit den inneren Zusammenhang der beiden Strukturelemente des Produkt- und Prozessspektrums dar. Um diese Zusammenhänge innerhalb der Aktivitätselemente in Form von Anforderungen übergreifend erfassen und strukturieren zu können, ist die Definition einer Verhaltensweise in Form eines CV-zentrierten Anforderungsmanagements notwendig. Daher wird in einem zweiten Verhaltenselement das CV-Anforderungsmanagement detailliert. Diese verbindet innerhalb des Gestaltungsmodells zudem den Input in Form der Strukturelemente des Produkt- und Prozessspektrums mit dem Output in Form des CV-Nachverfolgungssystems. Damit ist das CV-Anforderungsmanagement über den gesamten Auslegungsprozess relevant. Zuletzt muss die Auslegung der digitalen Auftragsnachverfolgung die Entwicklungen im Bereich der CV-Technologien berücksichtigen. Dies stellt die Schnittstelle des Gestaltungsmodells mit dessen Umwelt dar. Das Verhaltenselement CV-Technologiescouting ist innerhalb der Bewertungsphase des V-Modells platziert, da in dieser Phase die Auswahl und Bewertung technologischer Alternativen für zuvor detaillierte Anforderungen stattfindet. Die drei Verhaltenselemente sind in Abbildung 4.9 im Rahmen des Gestaltungsmodells dargestellt.

---

[653] Vgl. Schuh et al. "*Product- and Process-related Influencing Factors for Computer-Vision based Tracing in Additive Manufacturing*" (2024) S. 5.

[654] Vgl. Becker "*Konzeptionelle und terminologische Grundlegung*" (1998) S. 438.

[655] Vgl. Lukas "*Gestaltungsmodell zur thermischen Auslegung additiver Prototypenwerkzeuge aus Kunststoff*" (2024) S. 134.

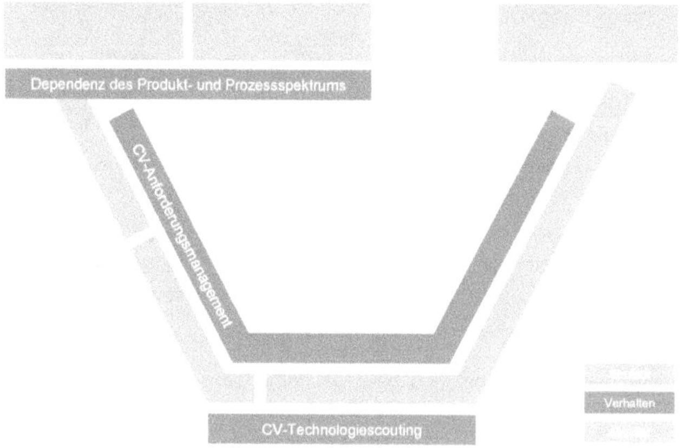

Abbildung 4.9: Verhaltenselemente des Gestaltungsmodells[656]

4.3.3.1 Dependenz des Produkt- und Prozessspektrums

Innerhalb des ersten Verhaltenselements sind die Dependenzen zwischen dem Produktspektrum und dem Prozessspektrum zu strukturieren. Ziel des Verhaltenselements ist es, die Zusammenhänge zwischen den Rahmenbedingungen für die Auslegung der digitalen Auftragsnachverfolgung für den Nutzenden ersichtlich darzustellen. Das Verhaltenselement stellt damit die Basis zur Strukturierung als auch Durchführung der Aktivitätselemente dar.

Das Verhaltenselement zergliedert sich in zwei Gestaltungsaspekte. Zunächst muss übergeordnet auf Basis der Strukturelemente des Produkt- und Prozessspektrum die jeweils bei AM-Dienstleistern vorkommenden Kombinationen erfasst werden. Hierfür gilt es zu gestalten, wie auf Basis der vorhandenen Produkt- und Prozessspektrums Archetypen von APS ermittelt werden können. Diese helfen dem Nutzenden später, übergeordnete Rahmenbedingungen in strukturierter Form innerhalb der Aktivitätselemente zu erfassen.

Zugleich bilden die Archetypen die Basis für eine Gestaltung einer detaillierten Analyse des Zusammenspiels zwischen Produkt- und Prozessspektrum vor dem Hintergrund der digitalen Auftragsnachverfolgung. Innerhalb eines zweiten Gestaltungsaspektes gilt es daher zu gestalten, wie die Veränderungen der Bauteileigenschaften über die Prozessfolgen hinweg erfasst und strukturiert werden können. Ziel des Gestaltungsaspektes ist aufzuzeigen, wie sich detailliert durch den Zusammenhang des Produkt- und Prozessspektrum die Eigenschaften der Bauteile über den Prozess verändern. Hieraus resultiert die Basis für die eigentliche Anforderungssynthese innerhalb der Aktivitätselemente.

[656] *Eigene Darstellung.*

4.3.3.2 CV-Anforderungsmanagement

Das zweite Verhaltenselement ist das CV-Anforderungsmanagement. Dieses stellt übergeordnet einen normativen Rahmen für die innerhalb der Aktivitätselemente durchzuführende Auslegung der digitalen Auftragsnachverfolgung dar. Aus diesem Grund verbindet das Verhaltenselement den Input und den Output innerhalb des V-Modells. Ziel des Verhaltenselements ist die Organisation eines APS dazu zu befähigen, die Auslegung der digitalen Auftragsnachverfolgung zielführend in einem interdisziplinären Team effizient durchzuführen. Das Verhaltenselement bildet die Basis um die nachfolgend konzeptionierten Aktivitätselemente sinnvoll unter Berücksichtigung der durch die Strukturelemente gegebenen Rahmenbedingungen zu verknüpfen.

Innerhalb des Verhaltenselements sind zwei Gestaltungsaspekte detailliert. Zunächst ist die Erfassung als auch Strukturierung jeglicher Anforderungen auf normativer Ebene zu gestalten. Hierfür ist zu definieren, welche Anforderungsquellen im jeweiligen APS vorliegen und wie diese jeweils adressatengerecht abzufragen sind. Letzterer Aspekt stellt die eigentliche anforderungsgerechte Erfassung von Anforderungen dar. In einem zweiten Gestaltungsaspekt müssen die zuvor erfassten Anforderungen zweckbezogen strukturiert werden, damit eine zielführende Auslegung der digitalen Auftragsnachverfolgung sichergestellt werden kann. Daher gilt es zunächst die Validierung und anschließend die Priorisierung der Anforderungen zu gestalten.

4.3.3.3 CV-Technologiescouting

Das dritte Verhaltenselement ist das CV-Technologiescouting. Das Ziel des Verhaltenselements ist die Detaillierung der Beziehung zwischen dem Gestaltungsmodell, insbesondere in Form der detaillierten Anforderungen, und dessen Umwelt. Dies geschieht über die innerhalb des CV-Nachverfolgungssystems zum Einsatz kommende CV-Technologie. Da die CV-Technologie in einem stetigen Wandel steht, ist zum Zeitpunkt der Auslegung der digitalen Auftragsnachverfolgung der jeweilige Entwicklungsstand innerhalb eines CV-Technologiescoutings zu erfassen. Das Verhaltenselement stellt hierbei, analog zum vorherigen Verhaltenselement den normativen Rahmen des CV-Technologiescoutings dar. Die durchzuführenden Aktivitäten sind innerhalb der jeweiligen Aktivitätselemente detailliert.

Innerhalb des CV-Technologiescoutings werden zwei Gestaltungsaspekte unterschieden. Zu Beginn muss der für das Technologiescouting notwendige Informationsbedarf ermittelt werden. Hierzu ist zu gestalten, wie Suchfelder zu definieren sind und innerhalb dieser Hierarchien zu detaillieren sind. Ziel ist es, dem Nutzenden einen normativen Rahmen zur Verfügung zu stellen, der bei zur Ermittlung des Informationsbedarfs für den jeweiligen Anwendungsfall herangezogen werden kann. Der zweite Gestaltungsaspekt besteht in der Definition des normativen Rahmens zur Informationsbeschaffung. Hierzu ist im Anwendungskontext zu gestalten, wie Verantwortlichkeiten innerhalb der Organisation zu definieren sind, welche Informationsquellen bestehen und wie notwendige Detaillierungsgrad der zu erhebenden Informationen aussehen muss. Auf Basis des detaillierten Verhaltenselements sind Teile des Aktivitätselements der operativen Umsetzung befähigt. Daher überschneidet sich das Verhaltenselement mit dem nachfolgend eingeführten Aktivitätselement innerhalb des V-Modells.

4.3.4 Herleitung der Aktivitätselemente

Die Strukturelemente des Gestaltungsmodells sind durch Aktivitätselemente verbunden, welche wiederum die notwendigen Aktivitäten für die Auslegung der digitalen Auftragsnachverfolgung gestalten. Die Aktivitätselemente stellen für den Nutzenden einen strukturierten Leitfaden dar, anhand dessen der Nutzenden die Auslegung der digitalen Auftragsnachverfolgung vornehmen kann. Dazu werden innerhalb der vorliegenden Arbeit drei Aktivitätselemente unterschieden: Die Datenaufbereitung, die Anforderungssynthese und die operative Umsetzung.

Die Auslegung beginnt mit der Aufbereitung der im APS vorliegenden Daten mit Ziel der Charakterisierung des Produkt- und Prozessspektrums. Dies wird innerhalb des Aktivitätselements der Datenaufbereitung detailliert. Die Daten müssen in Bezug auf Anforderungen an die digitale Auftragsnachverfolgung im nächsten Schritt analysiert werden. Hierfür ist das Aktivitätselement der Anforderungssynthese detailliert. Nachdem die Anforderungen konkretisiert sind, wird in einem letzten Schritt innerhalb des Aktivitätselements der operativen Umsetzung diskutiert, wie die operative Umsetzung eines CV-Nachverfolgungssystems innerhalb eines APS zu gestalten ist.

Die Aktivitätselemente der Datenaufbereitung und der Anforderungssynthese sind auf dem linken Schenkel des V-Modells angeordnet, da diese die vorliegende Problemstellung der Auslegung der digitalen Auftragsnachverfolgung jeweils in Teilproblemen detaillieren. Die Ergebnisse der Datenaufbereitung fließen zudem als Input in die Anforderungssynthese ein. Die Anforderungssynthese zieht sich zudem zum Teil in die Bewertungsphase ein, da gegebenenfalls Anforderungen, auf Basis der Inhalte des CV-Technologiemanagement, zu validieren sind. Die operative Umsetzung beinhaltet sowohl die Beschreibung notwendiger Aktivitäten innerhalb der Bewertungs- als auch Gestaltungsphase im V-Modell. Der Übergang zwischen den Aktivitätselementen der Anforderungssynthese und der operativen Umsetzung ist als fließend, dem entsprechenden Anwendungsfall entsprechend zu sehen. Die Aktivitätselemente sind innerhalb des Modellrahmens in Abbildung 4.10 dargestellt.

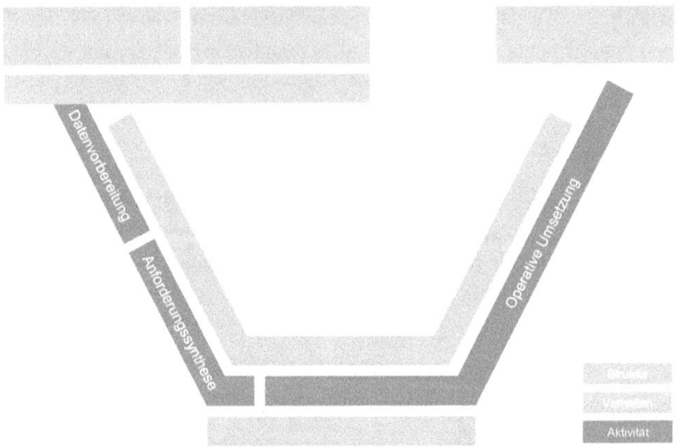

Abbildung 4.10: Aktivitätselemente des Gestaltungsmodells[657]

4.3.4.1 Datenaufbereitung

Die Auslegung der digitalen Auftragsnachverfolgung ist abhängig von der Ausprägung eines vorliegenden APS in Form des vorhandenen Produkt- und Prozessspektrums. Diese muss im ersten Schritt der Auslegung erfasst werden. Das Aktivitätselement gestaltet daher innerhalb von zwei Gestaltungsaspekten, welche Quellen für die Datenaufbereitung relevant sind und wie diese durchzuführen ist. Ziel ist es, dem Nutzenden eine Übersicht zu vermitteln, welche potentiellen Datenquellen in APS vorliegen und welche Methoden für eine systematische Auswertung von Daten für den Anwendungsfall bestehen.

Innerhalb des ersten Gestaltungsaspektes ist die Definition relevanter Datenquellen gestaltet. Hierfür wird zunächst eine Einteilung potentiell vorhandener Daten vorgenommen und anschließend diskutiert, in welchen Systemen diese Daten typischerweise digital gespeichert sind. Innerhalb eines zweiten Gestaltungsaspektes wird gestaltet, wie Daten anforderungsgerecht aufzubereiten sind. Hierzu müssen zunächst mögliche Fehlertypen innerhalb von Daten definiert und Methoden zur Datenaufbereitung eingeführt werden. Das Aktivitätselement gestaltet übergeordnet den Prozess zur Identifikation relevanter Datenquellen und zur zielführenden Aufbereitung der Daten aus eben diesen Datenquellen. Die Datenaufbereitung schließt sind im V-Modell direkt dem Eingang in Form der Strukturelemente des Produkt- und Prozessspektrums an.

4.3.4.2 Anforderungssynthese

Die Anforderungssynthese baut auf den zuvor aufbereiteten Daten auf und stellt das zweite Aktivitätselement dar. Mittels des Aktivitätselements wird eine Vorgehensweise gestaltet, um

---

[657] *Eigene Darstellung.*

Anforderungen an die digitale Auftragsnachverfolgung auf Basis der erhobenen Daten zu ermitteln. Dadurch ist der Nutzenden, in Kombination mit den normativen Rahmenbedingungen des CV-Anforderungsmanagements, in der Lage, ganzheitlich Anforderungen an das jeweils vorliegende APS zu synthetisieren.

Innerhalb der Anforderungssynthese sind zwei Gestaltungsaspekte detailliert. Zunächst wird der Gestaltungsaspekt detailliert, wie aus den zuvor erhobenen Daten Identifikationskonfigurationen zu ermitteln sind. Hierfür ist insbesondere zu gestalten, welche Methoden sich inwiefern für eine zielgerichtete Herleitung der Anforderungen eignen. Sind auf Basis der Daten alle Identifikationskonfigurationen ermittelt, gilt es zu gestalten, wie diese in sachlogischen Segmenten zusammenzufassen sind. Diese Zusammenfassung ist innerhalb eines zweiten Gestaltungsaspektes detailliert, den Identifikationsclustern. Auch hier ist konkret zu gestalten, welche Methoden sich für die vorliegende Problemstellung eigenen und wie eine Wahl zwischen den Methoden aussehen muss. Nach operativen Durchführung der Inhalte des Aktivitätselements ist der Nutzenden in der Lage, die im jeweils vorliegenden APS vorkommenden Identifikationskonfigurationen zu quantifizieren und diese sachlogisch in Segmenten zusammenzufassen. Damit ist übergeordnet die Basis für das letzte Aktivitätselement in Form der operativen Umsetzung geschaffen.

4.3.4.3 Operative Umsetzung

Innerhalb eines dritten Aktivitätselements ist die operative Umsetzung der Auslegung der digitalen Auftragsnachverfolgung zu gestalten. Das Ziel der operativen Umsetzung ist die Befähigung der Umsetzung innerhalb vorgegebener Rahmenbedingungen eins APS. Hierfür werden drei Gestaltungsphasen innerhalb der operativen Umsetzung unterschieden: Notwendige Aktivitäten vor der eigentlichen Auslegung, innerhalb der Auslegung und nach der Auslegung der digitalen Auftragsnachverfolgung.

Innerhalb der operativen Umsetzung sind drei Gestaltungsaspekte, gemäß den zuvor definiteren Phasen der Umsetzung definiert. Der erste Gestaltungsaspekt beleuchtet, welche Vorbereitungen vor der eigentlichen Auslegung der digitalen Auftragsnachverfolgung zu treffen sind. Hierbei werden sowohl die Auswahl der passenden CV-Technologie als auch das Aufsetzen einer passenden Projektorganisation gestaltet. Innerhalb eines zweiten Gestaltungsaspektes wird die Erstellung einer Bilddatenbasis und die Adaption des ausgewählten Algorithmus auf diese Daten gestaltet. Die Anwendungsphase stellt den dritten Gestaltungsaspekt dar und detailliert sowohl die Gestaltung von Kennzahlen als auch die Gestaltung eines kontinuierlichen Verbesserungsprozesses.

4.4 Synthese des Gestaltungsmodells

Das Gestaltungsmodell zur digitalen Auftragsnachverfolgung auf dem Shopfloor additiver Produktionssysteme nutzt das Konzept des integrierten Managements nach BLEICHER und ergänzt dieses um das, in der VDI-2206 definierte, V-Modell in Form eines ordnenden Rahmens. Das Gestaltungsmodell gliedert sich in insgesamt neun Gestaltungselemente. Diese sind zusammenfassend innerhalb von Abbildung 4.11 innerhalb des Modellrahmens dargestellt.

Die drei Strukturelemente des Produktspektrums, des Prozessspektrums als auch des CV-Nachverfolgungssystems bilden die Inputs bzw. Outputs des Gestaltungsmodells. Diese sind am Start bzw. Ende des V-Modells einzuordnen. Die drei Aktivitätselemente verbinden alle Struktur- und Verhaltenselemente. Die Aktivitätselemente stellen zusammen alle Aktivitäten dar, die der Nutzende des Modells durchführen muss, um die Auslegung der digitalen Auftragsnachverfolgung erfolgreich durchzuführen. Die Verhaltenselemente stellen in jeder Phase des V-Modells ein normatives Methodenwerk bereit, aus Basis dessen die innerhalb der Aktivitätselemente definierten Aktivitäten zielgerichtet gesteuert werden können. Zusätzlich definiert das Verhaltenselement der Dependenz zwischen Produkt- und Prozessspektrum die Zusammenhänge der beiden Modellelemente.

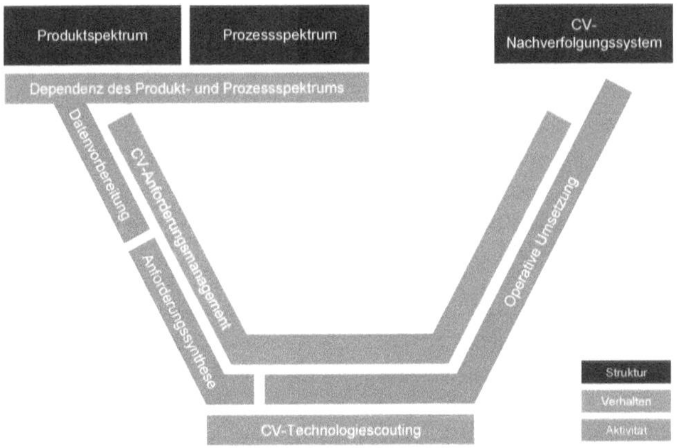

Abbildung 4.11: Konzept des Gestaltungsmodells zur digitalen Auftragsnachverfolgung[658]

Das Ziel der Auslegung der digitalen Auftragsnachverfolgung ist das CV-Nachverfolgungssystem, welches in einem Strukturelement am Ende des Auslegungsprozesses nach dem V-Modell angeordnet ist. Das CV-Nachverfolgungssystem ist in sich geschlossen und beeinflusst nicht die beiden anderen Strukturelemente. Die Aktivitätselemente des Gestaltungsmodells verfolgen das übergeordnete Ziel, die operative Auslegung der digitalen Auftragsnachverfolgung innerhalb von APS zu gestalten. Hierfür berücksichtigen die Aktivitätselemente die Nor-

[658] *Eigene Darstellung.*

men und Verhaltensweisen der Verhaltenselemente als auch die Strukturen des jeweils vorliegenden Produkt- und Prozessspektrums. Das Ergebnis der Aktivitätselemente wird innerhalb des Strukturelements des CV-Nachverfolgungssystems detailliert.

Die Verhaltenselemente sind, in Anlehnung an LUKAS, analog zu einer Kultur innerhalb eines Unternehmens zu verstehen.[659] Mittels der Verhaltenselemente werden die Handlungen innerhalb des Gestaltungsmodells gesteuert. Der Einfluss der Verhaltenselemente auf die Struktur- und Aktivitätselemente folgt dabei phasenbezogen definierten Abläufen. Innerhalb der ersten Phase dienen die Verhaltenselemente der Dependenz des Produkt- und Prozessspektrums dazu, Abhängigkeiten zwischen beiden Modellelementen aufzudecken und zu strukturieren. Das CV-Anforderungsmanagement kommt in jeder Modellphase zum Einsatz, um Anforderungen zu systematisieren als auch eine Validierung der Umsetzung anhand der Anforderungen durchzuführen. Dies garantiert die Zielerreichung innerhalb der Gestaltungsmodells. Zuletzt beeinflusst das Verhaltenselement des CV-Technologiescoutings die Interaktion des Gestaltungsmodells mit dessen Umwelt. Die Umwelt ist im vorliegenden Gestaltungsmodell als Zusammenfassung aller Entwicklung innerhalb des CV-Technologiefelds definiert.

4.5 Fazit zum Konzept des Gestaltungsmodells

Vor der Detaillierung des Gestaltungsmodells innerhalb des fünften Kapitels folgt zunächst eine kritische Reflexion des Konzeptes des Gestaltungsmodells. Die im Kapitel 3.4 abgeleitete zentrale Forschungsfrage muss durch das konzeptionierte Gestaltungsmodell beantwortet werden können. Die in Kapitel 3.4 synthetisierte Forschungsfrage lautet:

Wie kann eine digitale Auftragsnachverfolgung von Bauteilen auf dem Shopfloor additiver Produktionssysteme ausgelegt werden?

Innerhalb des Kapitels 4.2.3 sind Anforderungen formalen als auch inhaltlicher Ausprägungen definiert. Beide Anforderungsstränge müssen durch das Konzept des Gestaltungsmodells zur Auslegung der digitalen Auftragsnachverfolgung in APS erfüllt werden. Die nachfolgende Überprüfung der Anforderungen gliedert sich hierzu in zwei Teile. Zunächst wird die Erfüllung der inhaltlichen Anforderungen validiert, gefolgt von einer Analyse der Erfüllung der formalen Anforderungen. Werden alle Anforderungen erfüllt, ist die Beantwortung der übergeordneten Forschungsfrage sichergestellt. Die erste inhaltliche Anforderung ist wie folgt definiert:

[659] Vgl. Lukas "*Gestaltungsmodell zur thermischen Auslegung additiver Prototypenwerkzeuge aus Kunststoff*" (2024) S. 141.

IA1.1
Das Gestaltungsmodell zur Auftragsnachverfolgung in APS integriert eine Vorgehensweise zur systematischen Erfassung historischer Auftragsdaten.
IA1.2
Das Gestaltungsmodell zur Auftragsnachverfolgung in APS integriert eine Vorgehensweise zur systematischen Ableitung von Anforderungen auf Basis der zuvor erfassten Auftragsdaten.

Innerhalb der Strukturelemente folgt die Gestaltung der Strukturierung a des im APS vorhandenen Produktspektrums als auch vorhandenen Prozessspektrums. Diese Strukturierung wird zusätzlich um die Dependenz der beiden Strukturelemente detailliert. Auf Basis dessen ist eine zielgerichtete Aufbereitung historischer Auftragsdaten des APS innerhalb des Aktivitätselements Datenvorbereitung möglich. Die aufbereiteten Daten sind wiederrum die Grundlage zur Gestaltung der Anforderungssynthese und durch das entsprechende Aktivitätselement abgebildet. Übergreifend stellt das Verhaltenselement des CV-Anforderungsmanagements sicher, dass Anforderungen in einem normativen Rahmen einheitlich dokumentiert werden. Das Konzept des Gestaltungsmodells adressiert damit die zuvor aufgeführte inhaltliche Anforderung IA1.1 und IA1.2.

IA2.1
Das Gestaltungsmodell zur Auftragsnachverfolgung in APS stellt eine strukturierte Vorgehensweise zur Erfassung der sich im APS befindlichen Produkt-Prozessontologie bereit.
IA2.2
Das Gestaltungsmodell beinhaltet eine systematische Vorgehensweise zur Ableitung eines Datenmodells auf Basis der im APS vorhandenen Produkt- und Prozessontologie.

Innerhalb des Konzepts des Gestaltungsmodells wird die Wechselwirkung zwischen dem jeweils vorliegenden Produkt- und Prozessspektrums mittels des Verhaltenselement Dependenz des Produkt- und Prozessportfolios detailliert. Das Verhaltenselement bietet damit ein Rahmenwerk zur Ableitung einer Ontologie auf Basis der vorliegenden Strukturen des Produkt- als auch Prozessportfolios. Eine Quantifizierung dieses Zusammenspiels folgt innerhalb des Aktivitätselements der Anforderungssynthese. Das Aktivitätselement der operativen Umsetzung adressiert explizit die Ableitung eines Datenmodells auf Basis der innerhalb der Anforderungssynthese detaillierten Ontologie. Hiermit sind Nutzenden in der Lage, Datenmodelle auf Basis der vorherigen Analyse abzuleiten. Das Konzept des Gestaltungsmodells adressiert damit auch die zuvor aufgeführte inhaltliche Anforderung IA2.1 und IA2.2.

IA3

Das Gestaltungsmodell zur Auftragsnachverfolgung in APS stellt eine strukturierte Vorgehensweise zur Sichtung potentieller technischer Lösungsansätze zur Erfassung von Produktinstanzen bereit und definiert explizit eine Systematik der Auswahl von technologischen Alternativen.

Die Sichtung, Auswahl und Applikation von CV-Technologie folgt im Gestaltungsmodell innerhalb von zwei Gestaltungselementen. Zunächst wird innerhalb der Verhaltenselemente detailliert, wie ein CV-Technologiescouting innerhalb der Auslegung der digitalen Auftragsnachverfolgung übergeordnet gestaltet sein muss. Die konkrete operative Umsetzung folgt innerhalb des Aktivitätselements der operativen Umsetzung. Hierbei wird CV-Technologie unter Berücksichtigung der zuvor detaillierten Anforderungen ausgewählt. Das Konzept des Gestaltungsmodells berücksichtigt damit alle Aspekte der IA3.

IA4

Das Gestaltungsmodell zur Auftragsnachverfolgung in APS definiert Schritte in sowohl technischem als auch organisatorischem Sinne zur operativen Umsetzung der in IA3 identifizierten technischen Alternative.

Eine Vorgehensweise zur operativen Umsetzung wird insgesamt durch alle drei Aktivitätselemente adressiert. Die ersten beiden Aktivitätselemente zeigen auf, wie Nutzenden in einem vorliegenden APS Anforderungen an die digitale Auftragsnachverfolgung ermitteln können. Auf Basis dessen folgt eine Detaillierung der operativen Umsetzung im dritten Aktivitätselement. Diese besteht auf den drei Teilen der Vorbereitungs-, Entwicklungs- und Umsetzungsphase. Hierdurch ist die operative Umsetzung vollumfänglich, in technischem als auch organisatorischem Sinne durch das Konzept des Gestaltungsmodells adressiert. Die IA4 wird damit auch als erfüllt angesehen werden.

Neben den inhaltlichen Anforderungen ist zu analysieren, inwiefern die formalen Anforderungen im Konzept des Gestaltungsmodells zur digitalen Auftragsnachverfolgung berücksichtigt werden. Zunächst ist der Grundsatz der Richtigkeit vom Modell durch die Verwendung einheitlicher Begriffe sichergestellt. Der Grundsatz der Relevanz wird durch das Gestaltungsmodell insofern berücksichtigt, dass nur für die Problemstellung der Auftragsnachverfolgung relevante Teilsysteme der APS berücksichtigt werden. Der Grundsatz der Klarheit wird im Gestaltungsmodell durch die Einführung und Verwendung sachlicher, konsistenter und einheitlicher Darstellungsformen sichergestellt. Der Grundsatz der Vergleichbarkeit der Ergebnisse ist im Gestaltungsmodell durch die Verwendung existierende Ansätze für Teilbereiche des Modells sichergestellt. Der Grundsatz des schematischen Aufbaus wird im Gestaltungsmodell durch die Zulässigkeit des Aufbaus von Schnittstellen, analog zu Modellen eines digitalen Schattens, sichergestellt.

Zusammenfassend wird festgehalten, dass das Konzept des Gestaltungsmodells zur digitalen Auftragsnachverfolgung auf dem Shopfloor von APS sowohl die inhaltlichen als auch formalen Anforderungen erfüllt und damit die Beantwortung der übergeordneten Forschungsfrage sicherstellt. Damit besteht der Entwurf die Überprüfung vollständig, bietet jedoch Möglichkeiten zur weiteren Konkretisierung. Diese Konkretisierung wird nachfolgend im Rahmen des fünften Kapitels vorgenommen.

5 Detaillierung des Gestaltungsmodells

Im fünften Kapitel folgt die Detaillierung der Gestaltungselemente des Gestaltungsmodells. Übergreifend werden den Themengebieten zugeordnete Grundlagen eingeführt und die Gestaltungsaspekte der Gestaltungselemente vertieft. Das Kapitel folgt der Struktur der Herleitung des Gestaltungsmodells im Rahmen des vierten Kapitels. Zunächst folgt eine Detaillierung der Strukturelemente CV-Nachverfolgungssystem, Produktspektrum und Prozessspektrum. Anschließend werden die Verhaltenselemente Dependenz des Produkt- und Prozessspektrums, CV-Technologiescouting und CV-Anforderungsmanagement detailliert. Es folgt die Detaillierung der Aktivitätselemente Datenvorbereitung, Anforderungssynthese und operative Umsetzung. Am Ende eines jeden Gestaltungselements folgt eine Rückführung der Inhalte in das Gestaltungsmodell. Das Kapitel wird mit einer Synthese der Wechselwirkungen innerhalb des Gestaltungsmodells abgeschlossen.

5.1 Strukturelemente

Strukturelemente bilden den ordnenden Rahmen eines Gestaltungsmodells.[660] Auf Basis dieses ordnenden Rahmens gliedert sich die Gestaltung der digitalen Auftragsnachverfolgung innerhalb der vorliegenden Dissertation. Die Gestaltung der digitalen Auftragsnachverfolgung ist in Anlehnung an Abbildung 4.8 in drei Gestaltungselemente zu ordnen: Dem Produktspektrum, dem Prozessspektrum und dem CV-Nachverfolgungssystem. Das CV-Nachverfolgungssystem definiert in diesem Rahmen das auszulegende Zielsystem, während das Produkt- und Prozessspektrum die zu Berücksichtigenden Anforderungsdimensionen darstellen. Alle drei Strukturelemente sind nachfolgend detailliert.

5.1.1 CV-Nachverfolgungssystem

Ein CV-Nachverfolgungssystem nutzt Bildverarbeitung um Bauteile innerhalb eines Produktionssystems zu identifizieren. Ein Abgleich zwischen physischem Materialfluss und digitalen Informationsfluss wird mit Hilfe einer Identifikation hergestellt. Beispielsweise kann somit geprüft werden, welche Bauteile sich aktuell an welchem Ort im Produktionssystem befinden und ob diese noch in einer vorgegebenen Soll-Zeit fertiggestellt werden können. Zudem ist im Rahmen des Abgleichs auch der Transfer von Metadaten aus der physischen in die digitale Ebene möglich. Beispielsweise lassen sich nach abgeschlossenen Bearbeitungsschritten Metainformationen zum Zustand eines Bauteils digital übermitteln und damit dokumentieren. In Bezug auf die Industrie 4.0 stellt ein CV-Nachverfolgungssystem die Basis für eine Sichtbarkeit als auch eine Transparenz dar.

Zum Verständnis ist die fundamentale Bedeutung von Identifikationen auf dem Shopfloor von APS innerhalb von Abbildung 5.1 dargestellt. In Anlehnung an SCHUH ET AL. ergeben sich

[660] Vgl. Lukas "*Gestaltungsmodell zur thermischen Auslegung additiver Prototypenwerkzeuge aus Kunststoff*" (2024) S. 145.

sogenannte Identifikationskonfigurationen innerhalb der ablaufenden Prozesse.[661] Eine Identifikationskonfiguration beschreibt, welche Bauteile aus welcher Grundmenge an Bauteilen zu identifizieren sind. Hierzu kommt das CV-Nachverfolgungssystem zum Einsatz. Die Auslegung der digitalen Auftragsnachverfolgung besteht daher zentral in der Auswahl, Anpassung und Applikation von CV-Algorithmen auf zuvor detaillierte Anforderungen. Die Identifikation stellt somit die Grundlage für den Abgleich des physischen Materialflusses mit dem digitalen Informationsfluss dar. Abbildung 5.1 verdeutlicht den Sachverhalt.

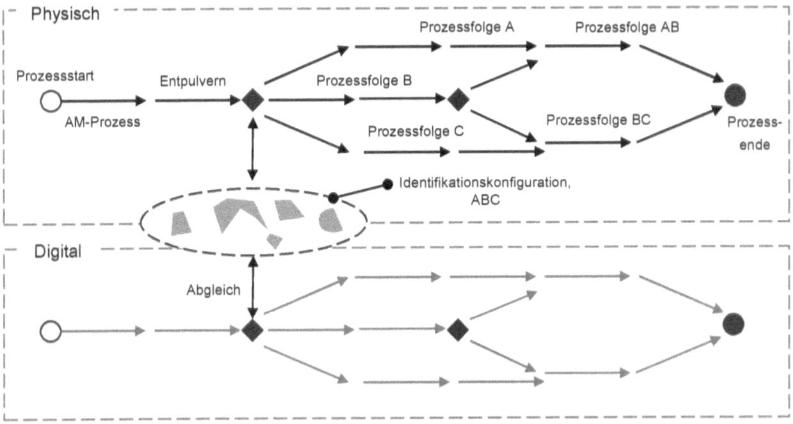

Abbildung 5.1: Einordnung der CV-Nachverfolgung in additive Produktionssysteme[662]

Das Ziel der Gestaltung der digitalen Auftragsnachverfolgung für APS ist die anforderungsgerechte Definition der Ausprägung eines CV-Nachverfolgungssystems. Hierzu sind zunächst die möglichen Ausprägungen in Form der Struktur von CV-Nachverfolgungssystemen für APS zu detaillieren. Diese Struktur bildet den ersten Gestaltungsaspekt eines CV-Nachverfolgungssystems ab. Innerhalb der Struktur wird sowohl der Aufbau von CV-Nachverfolgungssystemen als auch die Integration in die Produktionsprozesse detailliert. Unabhängig von der jeweiligen Struktur ergeben sich spezifische Eigenschaften von CV-Nachverfolgungssystemen. Ein Grundverständnis dieser Eigenschaften ist für die erfolgreiche Gestaltung eines konkreten CV-Nachverfolgungssystems vorausgesetzt. Daher werden diese Eigenschaften innerhalb eines zweiten Gestaltungsaspektes beschrieben. Abbildung 5.2 stellt die Inhalte des Kapitels zusammenfassend dar.

[661] Vgl. Schuh et al. "*Product- and Process-related Influencing Factors for Computer-Vision based Tracing in Additive Manufacturing*" (2024) S. 4.

[662] *Eigene Darstellung.*

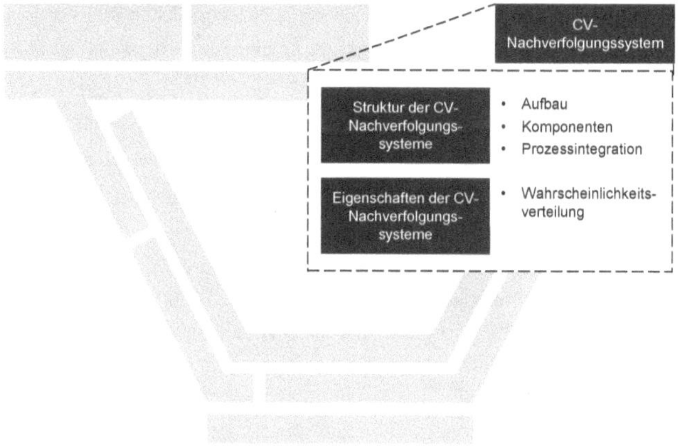

Abbildung 5.2: Detaillierung des Strukturelements CV-Nachverfolgungssystem[663]

5.1.1.1 Struktur CV-basierter Nachverfolgungssysteme

Um die Struktur von CV-Nachverfolgungssystemen zu detaillieren, ist zunächst eine Detaillierung der fundamentalen Definition dieser notwendig. CV-Nachverfolgungssysteme dienen dem Zweck einen Abgleich zwischen physischem Materialfluss und digitaler Informationsebene zu ermöglichen. Dazu sind Bauteile zu zunächst zu identifizieren. Hierbei greifen CV-Nachverfolgungssysteme im Kern immer auf CV-Algorithmen zurück. Eine erfolgreiche Identifikation ermöglicht dann weitere Schritte, wie etwa den Übertrag von Daten aus der realen Umgebung in die digitale Informationsebene. Das Einsatzgebiet der CV-Nachverfolgungssysteme ist der Shopfloor eines APS. Ein CV-Nachverfolgungssystem kann genau ab dann zum Einsatz kommen, sobald der physische Grundkörper eines Bauteils auf Basis von CAD-Daten in einem AM-Verfahren erzeugt wurde, bis zur Ausscheidung des Bauteils aus dem APS. Es sei ergänzt, dass die Nachverfolgbarkeit geht in der Theorie über das APS, innerhalb der Nutzungsphase eines Bauteils hinaus, wird im Rahmen der vorliegenden Arbeit aber nicht dediziert betrachtet.

Wie in vorherigen Arbeiten beschrieben, gibt es unterschiedliche Ausprägungen von CV-basierten Nachverfolgungssystemen.[664] Um den Aufbau von CV-basierten Nachverfolgungssytemen übergreifend und unabhängig der konkreten Ausprägung erfassen zu können, ist es zunächst notwendig, die zu variierenden Parameter eines CV-basierten Nachverfolgungssystems zu strukturieren, diese einzeln zu betrachten und deren mögliche Ausprägung zu defi-

[663] *Eigene Darstellung.*

[664] Vgl. Schuh et al. "*Part Recognition in Additive Production Systems using a Computer-vision Approach*" (2022).

nieren. Hierzu ist eine Methode erforderlich. Da die einzelnen Parameter nur in Teilen unabhängig voneinander betrachtet werden können, muss eine Methode diese Abhängigkeiten zudem berücksichtigen können.

Ein Ansatz, der diese Kriterien erfüllt, ist der Morphologie Ansatz nach ZWICKY.[665] Der Ansatz verfolgt das Ziel, Lösungen für Problemstellungen auf Basis von Beziehungen unterschiedlicher Objekte zueinander, zu strukturieren. Hierbei zeichnet sich das Vorgehen durch eine Neutralität gegenüber den aufgeführten Objekten aus. Der Ansatz verfolgt keine quantifizierte Bewertung, sondern setzt auf eine qualitative Bewertung und ein Konsistenzkriterium.[666] ZWICKY nutzt dabei einen morphologischen Kasten zur Strukturierung alternativer Lösungen zu einer definierten Problemstellung. Hierbei ist zunächst die Zerlegung einer definierten Problemstellung in alle denkbaren Parameter, welche diese beschreiben, notwendig. Dabei bildet die Anzahl der Parameter die n Dimensionen der „Zwicky-Box". Die einzelnen Parameter sind dann im Folgeschritt in den möglichen Ausprägungen zu unterteilen.[667]

Da in der Literatur noch keine generische Beschreibung des Aufbaus eines CV-basierten Nachverfolgungssystems für APS existiert, ist dies als Problemstellung, gemäß ZWICKY, definiert. Anhand des eingeführten Definition CV-basierter Nachverfolgungssysteme erfolgt die Zerlegung in alle denkbaren Parameter in Anlehnung an ZWICKY. Nachfolgende Parameter sind zu unterscheiden: der CV-Algorithmus, die Bildaufnahme, der Einsatzort, das Einsatzportfolio, die Bauteilfeature und der Funktionsumfang. Die Parameter werden nachfolgend eingeführt und in die jeweiligen Ausprägungen detailliert.

Zur Identifikation von Bauteilen über Bilddaten ist im Kern ein Algorithmus notwendig, welcher ein aufgenommenes Bild eines real existierenden Bauteils als Input zu einer Identifikation des Bauteils als Output verarbeitet. Dieser Algorithmus muss je nach Anforderungen des Anwendungsfalls spezifisch aus einer Menge an bestehenden Algorithmen ausgewählt und auf die spezifische Problemstellung adaptiert oder von Grund auf neu implementiert werden. Die für den jeweils vorliegenden Anwendungsfall konkreten Anforderungen an den Algorithmus sind hierzu aus den, im weiteren Verlauf der Dissertation, detaillierten Aktivitätselementen abzuleiten. Algorithmen in Form von Deep Neural Networks (DNN) oder auch Convolutional Neural Networks (CNN) sind typischerweise nach dem Stand der Forschung für den Anwendungsfall innerhalb von APS einzusetzen. Neuere Forschungsansätze beschreiben zudem Multi-View CNN (MVCNN) Ansätze als vielversprechend zur Identifikation von Bauteilen auf dem Shopfloor.[668]

Die Art der Bildaufnahme ist als zweiter Parameter definiert. Um ein Bauteil über einen CV-Algorithmus identifizieren zu können, ist die visuelle Aufnahme des Bauteils notwendig. Dies

---

[665] Vgl. Zwicky "*Morphologische Forschung*" (1989).

[666] Vgl. ebd. S. 30.

[667] Vgl. ebd. S. 107 f.

[668] Vgl. Schuh et al. "*Part Recognition in Additive Production Systems using a Computer-vision Approach*" (2022).

erfolgt über Kamerasysteme.[669, 670] Dabei lässt sich zwischen konventionellen Kameras unterscheiden, welche die Daten in zweidimensionaler Form aufnehmen und 3D-Kameras, welche die Daten in dreidimensionaler Form aufnehmen, unterscheiden. Konventionelle Kameras fokussieren mittels einer Linse das vom Bauteil reflektierte Licht für einen kurzen Zeitraum auf einen elektronischen Sensor. Der Sensor selbst besteht dabei aus lichtempfindlichen Fotodioden, welche das Licht in ein elektrisches Signal wandeln und damit die digitale Abbildung des vom Bauteil reflektierten Licht ermöglichen. Dabei können mit konventionellen Kamers keine Tiefeninformationen aufgenommen werden. Um Tiefeninformationen digital erfassen zu können, kommen 3D-Kameras zum Einsatz. Es existieren unterschiedliche Funktionsweisen. Eine typischerweise zum Einsatz kommende Funktionsweise ist die stereoskopische 3D-Kamera. Durch die parallele Aufnahme von zwei Bildern aus unterschiedlichen Winkeln gleichzeitig wird eine nachträgliche Berechnung der Tiefeninformation ermöglicht. Anschließend folgt eine Kombination der errechneten Tiefen- und Bilddaten. Durch den Einsatz von 3D-Kameras können, im Vergleich zu 2D-Kameras, mehr Informationen zur Identifikation eines Bauteils aufgenommen werden. Allerdings ist die Kameratechnik im Vergleich zur konventionellen 2D-Technik um ein vielfaches teurer.[671] Ansätze in der Forschung beschreiben zudem die Erfassung von Bauteilen mittels 2D-Kameras aus mehreren Winkeln gleichzeitig.[672, 673]

Ein weiterer Parameter ist der Einsatzort. Während auf dem Markt befindliche Lösungen zentrale Ansätze verfolgen[674], werden in der Forschung dezentrale Ansätze mittels Smartphones diskutiert.[675] Zentrale Ansätze bieten eine höheres Potential zur Automatisierbarkeit, sind dadurch aber eher für sich wiederholende Prozessketten geeignet. Dezentrale Lösungen sollten dann zum Einsatz kommen, wenn eine hohe Varianz innerhalb des Produkt- und Prozessportfolios eines APS besteht.

Das Einsatzspektrum beschreibt, welche Bauteile innerhalb eines vorliegenden Bauteilportfolios mittels des CV-Nachverfolgungssystems identifiziert werden können. Die Extremausprägungen des Parameters sind die Identifikation einer einzelnen Kategorie von Bauteilen, etwa nur einer einzelnen Serie oder das gesamte im APS vorliegende Produktportfolio. Das Einsatzspektrum ist auf Basis des im APS vorliegenden Produktportfolios und der Leistungsfähigkeit des zum Einsatz kommenden Algorithmus zu für den Anwendungsfall spezifisch zu wählen.

---

[669] Vgl. Schuh et al. "*Part Recognition in Additive Production Systems using a Computer-vision Approach*" (2022).

[670] Vgl. AM Flow "*AM Vision*" (2024).

[671] Vgl. Bartels "*2D- oder 3D Kamera*" (2016) S. 36 f.

[672] Vgl. Obst et al. "*Komplexität und wirtschaftlicher Nutzen künstlicher Intelligenz zur automatisierten und industrialisierten Erkennung additiv gefertigter Bauteile*" (2021) S. 145.

[673] Vgl. Schuh et al. "*Part Recognition in Additive Production Systems using a Computer-vision Approach*" (2022) S. 99.

[674] Vgl. AM Flow "*AM Vision*" (2024).

[675] Vgl. Schuh et al. "*Part Recognition in Additive Production Systems using a Computer-vision Approach*" (2022) S. 99.

Um Bauteile zu identifizieren, können unterschiedliche Eigenschaften eines Bauteils herangezogen werden. In den Ausführungen von Schuh[676] kommt beispielsweise die Geometrie und Farbe eines Bauteils zur Identifikation zum Einsatz. Arndt[677] beschreibt die Applikation externer Feature als eine Methode um darauf beispielsweise, gemäß den Ausführungen von Jahnke[678] Data-Codes zu applizieren. Je nach den herangezogenen Eigenschaften zur Identifikation ergeben sich unterschiedliche Anforderungen an die Auswahl der Bildaufnahme und des Algorithmus.

Der Funktionsumfang beschreibt zuletzt, welche Funktionalitäten ein CV-Nachverfolgungssystem bereitstellt. Hierbei bildet die Identifikation des Bauteils selbst eine Basis, welche von allen möglichen Ausprägungen geteilt wird. Steht rein die Identifikation des Bauteils als Funktionalität zur Verfügung, entspricht dies einer ersten Extremausprägung. Diese kann in einer zweiten Ausprägung durch die im jeweiligen Prozessschritt erfassten Metadaten ergänzt werden. Beispielsweise können nach einem Strahlen von Bauteilen Metainformationen zum Strahlprozess übermittelt werden, wie Drücke oder auch Volumenströme. Eine dritte Ausprägung besteht in einer integrierten Qualitätskontrolle. Diese kann automatisiert oder durch den Bedingenden des CV-Nachverfolgungssystems geschehen, etwa durch eine Sichtkontrolle. Der notwendige Funktionsumfang ist aus den anwendungsfallspezifischen Anforderungen abzuleiten und entsprechend zu gestalten. Nachfolgend sind die zuvor detaillierten Ausprägungen in Form eines morphologischen Kastens innerhalb von Abbildung 5.3 zusammengefasst.

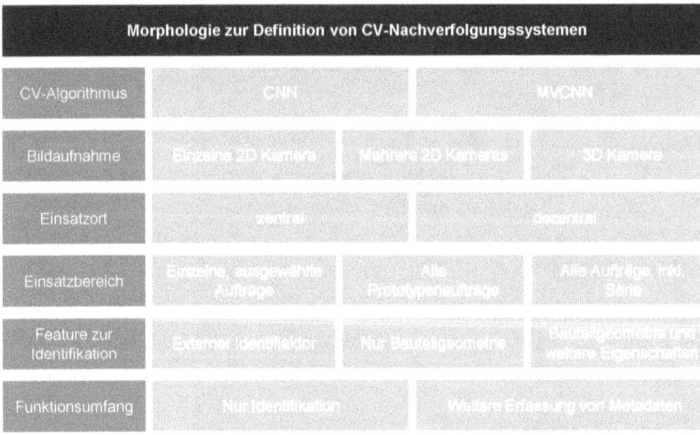

Abbildung 5.3: Morphologie zur Definition einer CV-basierten Auftragsnachverfolgung[679]

---

676 Vgl. Schuh et al. "*Part Recognition in Additive Production Systems using a Computer-vision Approach*" (2022).

677 Vgl. Arndt "*Bauteilindividuelle und verfahrensspezifische Kennzeichnung und Identifikation für die Additive Fertigung*" (2018).

678 Vgl. Jahnke et al. "*Production-Integrated Markings for Traceability of AM Parts in the Context of Industry 4.0*" (2016).

679 *Eigene Darstellung.*

Gemäß der Methode nach ZWICKY, ist neben der Definition der Parameter und der jeweiligen Ausprägung auch die Darstellung der Interdependenzen zwischen den einzelnen Parametern und deren Ausprägungen notwendig.[680] Die Interdependenzen der Parameter untereinander sind daher nachfolgend detailliert.

Im Zentrum des Objektdiagramms steht der Einsatzweck des CV-Nachverfolgungssystems. Der Einsatzzweck gibt vor, welche Feature zur Identifikation zu verwenden sind. Soll ein CV-Nachverfolgungssystem beispielsweise für die Identifikation von Serienteilen genutzt werden, sind Data-Codes unabdingbar, da Serienteile wie zuvor definiert die gleiche Geometrie besitzen. Dies schließt die Verwendung der Geometrie zur Identifikation einzelner Instanzen aus. Soll ein CV-Nachverfolgungssystem für Prototypen zum Einsatz kommen, ist durch die Unkenntnis über den späteren Einsatzweck und damit die Position eines Data-Codes eine geometriebasierte Identifikation notwendig. Der Einsatzzweck gibt zudem den Einsatzort vor. Prototypen weisen zumeist eine hohe Prozesskettenvarianz auf, wodurch dezentrale Lösungen vorzuziehen sind. Das Gegenteil gilt für Serienteile. Der Einsatzzweck detailliert zudem Anforderungen an den Funktionsumfang. Bei hohen Serienstückzahlen kann eine in die Identifikation integrierte Qualitätssicherung beispielsweise wirtschaftlich sein.

Die zu verwendenden Feature stellen Anforderungen an den CV-Algorithmus. Kommen Data-Codes zum Einsatz sind grundlegende andere Algorithmen auszuwählen als bei einer geometriebasierten Identifikation. Basierend auf dem ausgewählten Algorithmus ist zudem eine passende Bildaufnahmemethode zu wählen. MVCNN Algorithmen benötigen als Input beispielsweise mehrere 2D-Ansichten des zu identifizierenden Bauteils.

An die Bildaufnahme ergeben sich zudem Anforderungen seitens des Einsatzortes, des Funktionsumfangs und der Feature. Der Einsatzort detailliert Rahmenbedingungen des Einsatzes. Ist der Einsatzort dezentral, dann muss beispielsweise die Art der Bildaufnahme über portable Geräte funktionieren. Der Funktionsumfang detailliert weitere Anforderungen an die Bildaufnahme. Ist eine integrierte Qualitätssicherung gefordert, so müssen beispielsweise Anforderungen zwecks der Bildauflösungen erfüllt werden. Zuletzt ist durch die Feature vorgegeben, welche Bereiche der Bauteile durch die Bildaufnahme erfasst werden müssen.

Da CV-Nachverfolgungssysteme in Produktionsprozessen verwendet werden, bestehen Dependenzen zwischen diesen. Diese Dependenzen sind für ein vollständiges Verständnis eines CV-Nachverfolgungssystem zu detaillieren. CV-Nachverfolgungssysteme werden auf Basis synthetischer Daten trainiert um die Identifikation realer Bauteile im APS durchführen zu können. Es ist demnach notwendig, dass vor der ersten Identifikation innerhalb des physischen Materialflusses auf dem Shopfloor synthetische Daten der zu identifizierenden Bauteile erzeugt und mit Hilfe dieser der jeweilige CV-Algorithmus trainiert wurde. Auf dieser Basis lassen sich zwei Schritte ableiten, welche vor der eigentlichen Identifikation der Bauteile auf dem

680 Vgl. Zwicky "*Morphologische Forschung*" (1989) S. 117 f.

Shopfloor durchgeführt werden müssen: das Erzeugen der synthetischen Bilddaten und das Trainieren des Algorithmus.

Zur Erzeugung synthetischer Bilddaten sind CAD-Daten notwendig. CAD-Daten bilden die Basis zur Herstellung additiver Erzeugnisse[681] und liegen deshalb innerhalb des APS immer vor. Auf Basis der CAD-Daten können unterschiedliche Algorithmen zum Einsatz kommen, um mit Hilfe dieser, synthetische Bilddaten zu erzeugen. Bei der Erzeugung können zusätzliche Metainformationen zur späteren realen Identifikation berücksichtigt werden, wie etwa die Textur des Bauteils oder auch Hintergrunds.[682] Ein durch Nickelchen beschriebener Ansatz berechnet beispielsweise die stabilen Orientierungen der Bauteile, welche zu einer Näherung der synthetischen Daten an die Realdaten führen kann.[683] Mit dem Algorithmus lässt sich die Prädiktionsgenauigkeit steigern.[684]

Nachdem die Prozessschritte für die einzelnen Bauteile innerhalb der Arbeitsvorbereitung festgelegt worden sind, ergeben sich daraus die Rahmenbedingungen, welche Bauteile aus welcher Grundmenge in welchem Prozessschritt identifiziert werden müssen.[685] Daher müssen nach Freigabe dieser für die Produktion, alle CAD-Daten der Bauteile, die Prozessschritte und die daraus resultierenden Grundmengen als auch die verfügbaren Metainformationen einer digitalen Pipeline übergeben werden. Zusätzlich ist eine Information über den Zeitpunkt erforderlich, an dem das Training des Algorithmus abgeschlossen sein muss. Dieser Zeitpunkt ist gleich dem Zeitpunkt der Fertigstellung des Baujobs selbst. Der Zeitpunkt kann beispielsweise aus der Feinplanung der PPS des APS entnommen werden. Die Pipeline erzeugt dann eine entsprechende Bilddatenbasis.

Ist die Bilddatenbasis für die jeweilige Grundmenge erzeugt, kann ein zuvor ausgewählter Algorithmus auf Basis dieser trainiert werden. Innerhalb des Trainings wird zunächst die Bilddatenbasis in einen Trainingsdatensatz und einen Validierungsdatensatz unterteilt. Der Trainingsdatensatz dient zur eigentlichen mathematischen Optimierung des Algorithmus, während auf Basis des Validierungsdatensatz die eigentliche Leistungsfähigkeit des Algorithmus bewertet wird. Innerhalb von Abbildung 5.4 ist der Zusammenhang dargestellt.

[681] Vgl. Gibson et al. "*Additive Manufacturing Technologies*" (2010) S. 4.

[682] Vgl. Schuh et al. "*Part Recognition in Additive Production Systems using a Computer-vision Approach*" (2022) S. 98 f.

[683] Vgl. Nickchen et al. "*Generating Physically Sound Training Data for Image Recognition of Additively Manufactured Parts*" (2021).

[684] Vgl. Schuh et al. "*Part Recognition in Additive Production Systems using a Computer-vision Approach*" (2022) S. 100.

[685] Vgl. Schuh et al. "*Product- and Process-related Influencing Factors for Computer-Vision based Tracing in Additive Manufacturing*" (2024) S. 5.

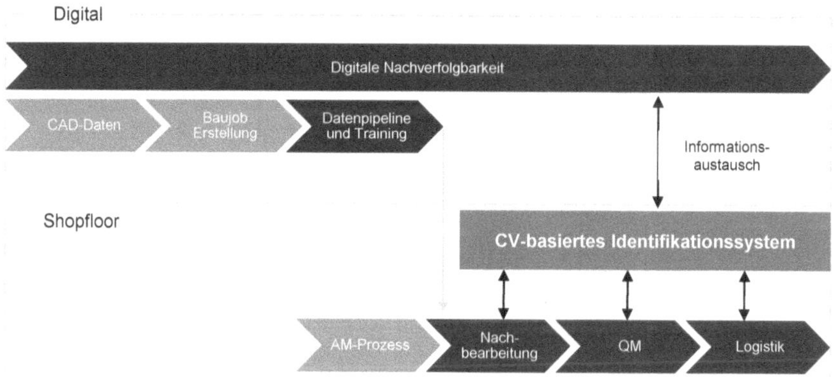

Abbildung 5.4: Prozessintegration eines CV-basierten[686]

5.1.1.2 Eigenschaften CV-basierter Nachverfolgungssysteme

Ein grundlegendes Verständnis der Eigenschaften von CV-Nachverfolgungssystemen ist für eine Auslegung der digitalen Auftragsnachverfolgung innerhalb von APS unabdingbar. Die Eigenschaften bilden den normativen Charakter eines CV-Nachverfolgungssystems, auf Basis dessen eine Auswahl und Applikation erfolgt. Im Zentrum steht dabei der CV-Algorithmus, welcher die Realdaten als Input zu einer Identifikation als Output umwandelt. Der Output ist dabei nicht eineindeutig, sondern eine Wahrscheinlichkeitsverteilung über alle in der jeweiligen Grundmenge vorhandenen Bauteile. Diese Wahrscheinlichkeitsverteilung setzt eine Interpretation für eine eineindeutige Identifikation voraus. Die Interpretation muss entweder durch den Nutzenden des CV-Nachverfolgungssystems erfolgen, oder durch den Einsatz von Schwellwerten. Wird auf den Nutzenden gesetzt, muss dieser wiederum ein Grundverständnis für die Eigenschaften CV-Algorithmen für die korrekte Interpretation nachweisen. Der Sachzusammenhang ist in Abbildung 5.5 veranschaulicht.

[686] Eigene Darstellung i.A.a. Schuh et al. "*Product- and Process-related Influencing Factors for Computer-Vision based Tracing in Additive Manufacturing*" (2024) S. 3.

Abbildung 5.5: Wahrscheinlichkeitsverteilung identifizierter Bauteile[687]

Weitere relevante Eigenschaften von CV-Algorithmen sind die Genauigkeit und die Robustheit. Die Genauigkeit gibt an, wie präzise der CV-Algorithmus Bauteile aus einer Grundmenge erkennen kann. Zur Quantifizierung der Genauigkeit kommen in der Praxis unterschiedliche Metriken zum Einsatz. Einfache Metriken setzen das Verhältnis der korrekten Vorhersagen und der Gesamtzahl der Vorhersagen in Relation zueinander. Insbesondere für CV-Algorithmen ist die Mean Average Precision ein entscheidendes Maß. Diese gibt an, wie groß die durchschnittliche Genauigkeit im Mittel über alle Klassen liegt.[688] Hierbei gilt insbesondere die Abhängigkeit dieser von der Klassenzahl zu berücksichtigen.

Die Robustheit beschreibt die Eigenschaft eines CV-Algorithmus, unter unterschiedlichen Bedingungen konsistente Ergebnisse zu liefern. Die Bedingungen können beispielsweise von der Belichtung, Winkeln oder auch von Rauschen beeinflusst werden. Die Robustheit kann beispielsweise über die Simulation von Störungen ermittelt werden. Hierzu werden die Validierungsdaten manipuliert und der CV-Algorithmus auf Basis dieser validiert. Das Ergebnis wird dann in Relation zu den Ergebnissen der nicht manipulierten Daten gesetzt. Verbreitete Manipulationsmethoden sind geometrische Transformationen, Beleuchtungs- oder Farbvariationen, das Hinzufügen von Rauschen oder auch eine Okklusion. Letztere beschreibt das teilweise Verdecken von Objekten.

Um Metriken die Vergleichbarkeit von Metriken sicherzustellen, kommen Benchmarks zum Einsatz. Eines der bekanntesten Benchmarks ist das IMAGENET Benchmark. Dieses umfasst

[687] *Eigene Darstellung.*

[688] Vgl. Szeliski "*Computer vision*" (2022) S. 225 f.

14+ Millionen Bilder von Objekten aus 1000 Klassen. ImageNet stellt die Grundlage vieler bedeutender Deep-Learning Fortschritte dar.[689] Ein Benchmark sollte somit die Basis die Auswahl eines CV-Algorithmus darstellen. Das Benchmark muss dem entsprechenden Anwendungsfall individuell auf Basis der jeweiligen Grundmengen erstellt und angewendet werden.

5.1.1.3 Zusammenfassung des Strukturelements CV-Nachverfolgungssystem

Das Strukturelement der CV-Nachverfolgungssysteme detailliert die letzte normative Grundalge zur Auslegung der digitalen Auftragsnachverfolgung innerhalb von APS. Die Berücksichtigung der Struktur und die sich aus der Struktur ergebenden Eigenschaften von CV-Nachverfolgungssystemen befähigt Nutzende des Gestaltungsmodells zur Auslegung der digitalen Auftragsnachverfolgung. Die Gestaltungsaspekte der Struktur und Eigenschaften adressieren die formalen Anforderungen FA2 und FA4 als auch die inhaltlichen Anforderungen IA1 und IA3. Eine Morphologie der CV-Nachverfolgungssysteme bildet eine Basis, auf dessen die Nutzende die für sich passende Lösung identifizieren können. Hierbei sind die innerhalb der Eigenschaften detaillierten Metriken zu berücksichtigen.

5.1.2 Produktspektrum

Die digitale Auftragsnachverfolgung bildet die Basis zur Sicherstellung der Sichtbarkeit und Transparenz im Sinne der Industrie 4.0 auf dem Shopfloor von APS. Diese werden durch die lückenlose digitale Nachverfolgung von Produkten innerhalb des APS sichergestellt. Die Auslegung der digitalen Auftragsnachverfolgung innerhalb von APS setzt daher die Kenntnisse des im jeweiligen APS zu erzeugenden Produktportfolios voraus. Es ist zunächst zu definieren, welche Art von Produkten innerhalb des APS erzeugt werden und inwiefern sich das Portfolio über der Zeit verändert. Je nach Produkttyp können sich unterschiedliche Anforderungen an das CV-Nachverfolgungssystem ergeben, welche wiederum in der Gestaltung der digitalen Auftragsnachverfolgung berücksichtigt werden müssen.[690] Hierzu werden zwei Gestaltungsaspekte detailliert: die Bauteilrandbedingungen und die Segmentierung.

Der erste Gestaltungsaspekt sind die Bauteilrandbedingungen. Diese liegen als Anforderungen an das zu erzeugende Bauteil vor und setzen damit Rahmenbedingungen für eine digitale Auftragsnachverfolgung. Für eine zielführende Auslegung der digitalen Auftragsnachverfolgung ist es unabdingbar diese Randbedingungen zu erfassen und zu strukturieren. Daher wird nachfolgend initial diskutiert, wie sich das Produktspektrum innerhalb von APS erfassen und strukturieren lässt.

Aufbauend auf der Strukturierung wird der zweite Gestaltungsaspekte detailliert. Diese besteht in einer Segmentierung der Bauteilanforderungen. Die Segmente bilden hierbei jeweils Mengen von Bauteilen, welche ähnliche Randbedingungen in Bezug auf die digitale Auftragsnachverfolgung aufweisen. Die Segmente bilden die Basis für die Anforderungssynthese an die

[689] Vgl. Deng et al. "*ImageNet: A large-scale hierarchical image database*" (2009).

[690] Vgl. Schuh et al. "*Product- and Process-related Influencing Factors for Computer-Vision based Tracing in Additive Manufacturing*" (2024) S. 5.

digitale Auftragsnachverfolgung. Die Gestaltungsaspekte des Produktportfolios sind nachfolgend innerhalb von Abbildung 5.6 dargestellt.

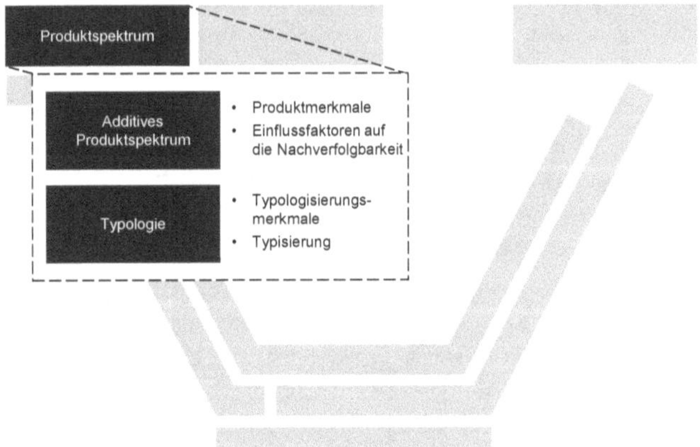

Abbildung 5.6: Detaillierung des Strukturelements Produktspektrum[691]

5.1.2.1 Struktur additiver Produktspektren

Der Begriff Produkt beschreibt im Sinne der Fertigungstechnik in sich geschlossene, aus einer Anzahl von Gruppen und/oder Teilen bestehende funktionsfähige Gegenstände. Diese Gegenstände sind nach DIN das Fertigungsendergebnis.[692] Noch nicht funktionsfähige Erzeugnisse werden auch als Zwischenerzeugnisse bezeichnet. In der Fertigungstechnik wird statt dem Begriff des Zwischenergebnisses oftmals der synonyme Begriff Halbzeug verwendet. In der vorliegenden Arbeit wird synonym zum Begriff Halbzeug der Begriff Bauteil verwendet.

Der Begriff Produktspektrum beschreibt die Gesamtheit der im APS erzeugten Produkte. Das Spektrum lässt sich, gemäß dem Betrachtungsfall, durch die Verwendung von Unterscheidungsmerkmalen gruppieren. Beispielsweise schlägt MÖHRLE für den Betrachtungsfall der Fabrikplanung eine Unterscheidung in Art, Menge und Periode der Produkte vor.[693] Ähnliche Ansätze finden sich auch in den Arbeiten von STITTGEN[694], SCHUH ET AL.[695] und OBST ET AL.[696].

---

[691] *Eigene Darstellung.*

[692] Vgl. Deutsches Institut für Normung DIN "*Deutsches Institut für Normung DIN (DIN 6789)*" (2013).

[693] Vgl. Möhrle "*Gestaltung von Fabrikstrukturen für die additive Fertigung*" (2018) S. 118.

[694] Vgl. Stittgen "*Grundlagen zur produktionslogistischen Positionierung im Umfeld der Additiven Fertigung am Beispiel des Laser Powder Bed Fusion*" .

[695] Vgl. Schuh et al. "*Product- and Process-related Influencing Factors for Computer-Vision based Tracing in Additive Manufacturing*" (2024).

[696] Vgl. Obst et al. "*Komplexität und wirtschaftlicher Nutzen künstlicher Intelligenz zur automatisierten und industrialisierten Erkennung additiv gefertigter Bauteile*" (2021).

Allen Ansätzen zur Strukturierung additiver Produktspektren ist gemein, dass diese basierend auf den jeweiligen Produktmerkmalen zunächst die anwendungsfallspezifischen Einflussfaktoren strukturieren um anschließend das Produktspektrum zu Segmentieren. Daher werden nachfolgend zunächst Produktmerkmale additiver Produkte detailliert, um auf Basis dieser eine Segmentierung im Folgekapitel vornehmen zu können.

Das übergeordnete Ziel eines APS ist die Herstellung additiver Produkte. Für diese Produkte werden im Rahmen der Produktentwicklung die relevanten Eigenschaften definiert, welche die jeweiligen Kundenbedürfnisse erfüllen. Hierbei werden Produktanforderungen als Forderungen bzgl. zu erfüllenden Eigenschaften oder Funktionen eines Produktes definiert. Produktanforderungen können aus unterschiedlichen Quellen wie beispielsweise Lastenheften stammen.[697] Hingegen definieren Produktmerkmale Eigenschaften eines Produktes. Eigenschaften wiederum sind das durch Beobachtungen und Messergebnisse eines Gegenstands. Merkmale umfassen alle relevanten Eigenschaften. Aus diesem Grund wird im Nachfolgenden der Begriff Merkmal verwendet. Merkmale besitzen eine bestimmte Bedeutung und zusätzlich eine Ausprägung.[698] Merkmale stellen damit eine konkrete Umsetzung von Anforderungen dar. Die Summe aller Anforderungen kann als Soll-Definition eines Produkts betrachtet werden, während die Summe aller Merkmale als die Ist-Definition eines Produkts zu verstehen ist.[699]

Eine Unterscheidung von Merkmalen kann in unterschiedlichen Bereichen erfolgen: Beschaffenheitsmerkmale, funktionale Merkmale als auch Bedingungsmerkmale. Beschaffenheitsmerkmale bezeichnen die Eigenschaften bzgl. der Beschaffenheit eines Produktes. Funktionale Merkmale beschreiben die Funktionalitäten oder auch im erweiterten Sinne den Zweck eines Produktes. Zuletzt beschreiben Bedingungsmerkmale Eigenschaften, welche durch Interaktion eines Produktes mit anderen Produkten oder Systemen ersichtlich werden.[700] Dabei sind Beschaffenheitsmerkmale unmittelbar definiert, während sich Funktions- und Bedingungsmerkmale auf Basis der Beschaffenheitsmerkmale ergeben.[701] Eine Übersicht der jeweiligen Merkmalstypen inkl. einiger Beispiele für den AM-Bereich ist in Anlehnung an EHRLENSPIEL[702] in Abbildung 5.7 dargestellt.

[697] Vgl. Baumgart "*Requirements Engineering*" (2016) S. 425 f.

[698] Vgl. Ehrlenspiel et al. "*Integrierte Produktentwicklung*" (2017) S. 30.

[699] Vgl. Lange "*Prozessmodell für den Werkzeugbau im iterativen Produktentwicklungsprozess*" S. 153 f.

[700] Vgl. Ehrlenspiel et al. "*Integrierte Produktentwicklung*" (2017) S. 30 f.

[701] Vgl. Ehrlenspiel et al. "*Integrierte Produktentwicklung*" (2017) S. 30.

[702] Vgl. ebd. S. 31.

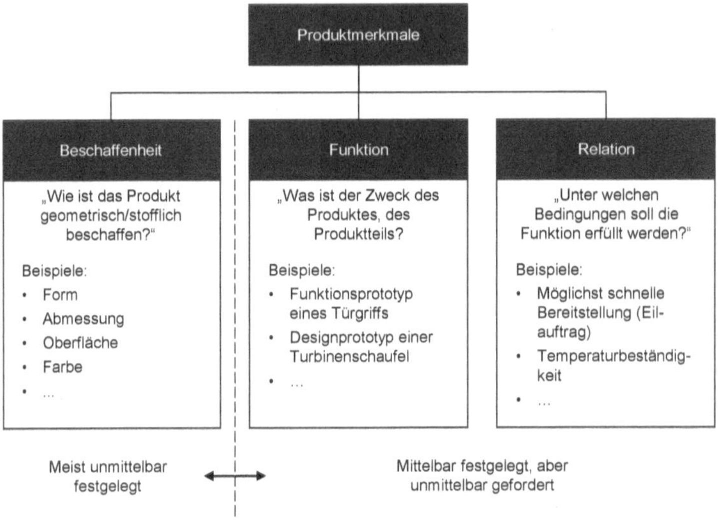

Abbildung 5.7: Klassifizierung von Produktmerkmalen[703]

Das innerhalb eines APS zu fertigende Produktportfolio lässt sich über die Merkmale der einzelnen Produkte beschreiben. Die Soll-Merkmale können in Form von Anforderungen aus den Auftragsinformationen extrahiert werden. Auftragsinformationen bilden somit die Basis, um das Produktspektrum zu charakterisieren. Da die Charakterisierung des Produktspektrums aus der Perspektive der digitalen Auftragsnachverfolgung stattfindet, ist nur der Teil der Auftragsinformationen relevant, welcher einen unmittelbaren oder mittelbaren Einfluss auf die Auftragsnachverfolgung hat.

Um eine Perspektive der Relevanz bzgl. der digitalen Auftragsnachverfolgung zu definieren, sind die in Kapitel 5.1.3 definierten Eigenschaften einer CV-basierten Auftragsnachverfolgung heranzuziehen. Zur Strukturierung der Problemstellung muss eine Methode eingesetzt werden, welche die Untersuchung von Ursache und Wirkung tieferlegt. Hierzu wurde in vorherigen Arbeiten bereits auf die Ishikawa-Methode gesetzt.[704] Die Methode wurde ursprünglich im Rahmen des Qualitätsmanagements entwickelt und eignet sich insbesondere für die Darstellung von Beziehungsgeflechten komplexer Strukturen. Mittels der Methode wird aktiv ein verbessertes Problemverständnis gefördert.[705]

Zunächst muss innerhalb der Ishikawa-Methode die der Problemstellung zugrundeliegende Wirkung definiert werden. Für die vorliegende Arbeit wurde als Wirkung die Anwendbarkeit von CV-Algorithmen innerhalb der Auftragsnachverfolgung von APS definiert. Als Ursachen

[703] I.A.a. Ehrlenspiel et al. "*Integrierte Produktentwicklung*" (2013) S. 31.

[704] Vgl. Schuh et al. "*Product- and Process-related Influencing Factors for Computer-Vision based Tracing in Additive Manufacturing*" (2024) S. 4.

[705] Vgl. "*Handbuch QM-Methoden*" (2015).

sind dann jeweils für die digitale Auftragsnachverfolgung relevanten Soll-Merkmale relevant. Diese werden nachfolgend im Rahmen der Ishikawa-Methode als Einflussfaktoren bezeichnet.[706]

Es sind innerhalb von Abbildung 5.8 Einflussfaktoren dargestellt, welche direkten oder indirekten Einfluss auf die Anwendbarkeit von CV-Algorithmen für die digitale Auftragsnachverfolgung haben. Als Ausgangsbasis zur Erstellung der Darstellung wurde auf vorherige Arbeiten zurückgegriffen.[707] Eine Unterscheidung der Einflussfaktoren folgt in die zuvor definierten drei Bereiche der Produktmerkmale: Beschaffenheitsmerkmale, funktionale Merkmale und Bedingungsmerkmale. Die dargestellten Einflussfaktoren können sich je nach Art und Ausprägung des jeweiligen APS teils stark unterscheiden und erheben daher keinen Anspruch auf Vollständigkeit. Nachfolgend werden die aufgeführten Einflussfaktoren vertieft.

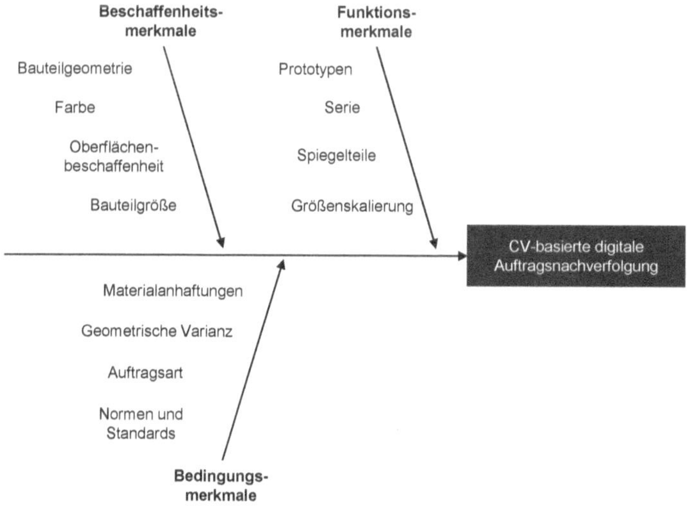

Abbildung 5.8: Produktseitige Einflussfaktoren auf die CV-basierte Nachverfolgung[708]

Einen unmittelbaren Einfluss auf die Anwendbarkeit von CV-Algorithmen innerhalb der digitalen Auftragsnachverfolgung haben Beschaffenheitsmerkmale eines Produktes wie die Geometrie, Farbe, Werkstoff oder auch Anforderungen bzgl. der Bauteiloberfläche. Die Geometrie eines Produktes hat einen wesentlichen Einfluss auf die Anwendbarkeit von CV-Algorithmen

[706] Vgl. ebd.

[707] Vgl. Schuh et al. "*Product- and Process-related Influencing Factors for Computer-Vision based Tracing in Additive Manufacturing*" (2024) S. 4.

[708] Eigene Darstellung i.A.a. Schuh et al. "*Product- and Process-related Influencing Factors for Computer-Vision based Tracing in Additive Manufacturing*" (2024) S. 4.

zur digitalen Auftragsnachverfolgung. Qualitativ gilt, je einzigartiger die Geometrie eines Bauteils, desto höher die Prädiktionsgenauigkeit eines CV-Algorithmus.[709] Dabei sind insbesondere geometrische Feature relevant. Diese Feature beschreiben geometrische Teile eines Produktes, anhand derer man diese eindeutig von ähnlichen Produkten unterscheiden kann. Dies kann beispielsweise ein individuelles Bohrmuster in einer Platte sein. Die Farbe, der Werkstoff als auch die Anforderungen bzgl. der Bauteiloberfläche haben einen unmittelbaren Einfluss auf die Prädiktionsgenauigkeit eines CV-Algorithmus, da diese Eigenschaften durch optische Sensorik direkt miterfasst und dem CV-Algorithmus als Input bereitgestellt werden können. Auch die Größe eines Produktes hat einen indirekten Einfluss auf die Anwendbarkeit von CV-Algorithmen. Ist ein Produkt sehr klein oder groß, muss sichergestellt werden, dass die optische Sensorik das Produkt vollumfänglich erfassen kann.

Neben den Beschaffenheitsmerkmalen haben auch die Funktionsmerkmale einen Einfluss auf die Anwendbarkeit von CV-Algorithmen innerhalb der digitalen Auftragsnachverfolgung. Wie in Abbildung 5.8 dargestellt, sind AM-Produkte nach dem späteren Verwendungszweck zu unterscheiden. Prototypen werden zumeist in Einzelserien hergestellt. Damit sind diese für ein CV-basiertes Identifikationssystem besser zu unterscheiden, als beispielsweise kleine Serien von Gleichteilen. Jedoch kann es in Aufträgen vorkommen, dass die gleiche Geometrie in unterschiedlicher Skalierung gefertigt werden soll. Dies ist darauf zurückzuführen, dass AM-Prozesse noch nicht die Maßhaltigkeit wie konventionelle Fertigungsverfahren erreichen. Insbesondere Gleichteile mit unterschiedlicher Skalierung sind für CV-Algorithmen nur schwer unterscheidbar, da die Größeninformation nur mit spezieller Sensorik[710] hinreichend präzise erfasst werden kann. Als weitere Herausforderung für die Anwendung von CV-Algorithmen im Prototypenbereich sind gespiegelte Geometrien zu nennen.[711] Eine große Menge von Gleichteilen können AM-Serien zugewiesen werden. Als Beispiel sei an dieser Stelle auf die von der BMW Group gefertigte Fensterführungsschiene[712] hingewiesen. Unterscheiden sich Geometrien nicht und müssen die gleichen Beschaffungsmerkmale erfüllen, sind diese schwer von CV-Algorithmen zu identifizieren. Aus diesem Grund kommen bei diesen Anwendungsfällen oft Datencodes zum Einsatz. Diese Datencodes bieten wiederum die Möglichkeit, jedes Produkt anhand eines Features in Form des Datencodes eindeutig zu identifizieren. Speziell zur Anwendung von Datencodes sei an dieser Stelle an die Ausführungen von ARNDT[713] und JAHNKE ET AL.[714] verwiesen.

---

709 Vgl. Schuh et al. "*Part Recognition in Additive Production Systems using a Computer-vision Approach*" (2022) S. 99.

710 Vgl. Obst et al. "*Komplexität und wirtschaftlicher Nutzen künstlicher Intelligenz zur automatisierten und industrialisierten Erkennung additiv gefertigter Bauteile*" (2021) S. 141 f.

711 Vgl. ebd. S. 145.

712 Vgl. BMW Group AG "*Fensterführungsschiene im 3D-Druck BMW i8 Roadster*" (2018).

713 Vgl. Arndt "*Bauteilindividuelle und verfahrensspezifische Kennzeichnung und Identifikation für die Additive Fertigung*" (2018).

714 Vgl. Jahnke et al. "*Production-Integrated Markings for Traceability of AM Parts in the Context of Industry 4.0*" (2016).

Neben den Beschaffenheits- und Funktionsmerkmalen können auch Bedingungsmerkmale einen unmittelbaren Einfluss auf die Anwendbarkeit von CV-Algorithmen innerhalb der digitalen Auftragsnachverfolgung haben. Durch bestimmte Rahmenbedingungen aus den unterschiedlichen Ausprägungen der additiven Fertigungstechnologie ergeben sich weitere, unmittelbare Einflüsse auf die Anwendbarkeit von CV-Algorithmen innerhalb der Auftragsnachverfolgung. Als Beispiel ist die Anhaftung von Materialresten oder auch Support am Bauteil zu nennen.[715] Hierdurch sind bestimmte Teile eines Produktes mittels Kameras nicht aufzunehmen, wodurch die Prädiktionsgenauigkeit eines CV-Algorithmus sinkt. Einen weiteren unmittelbaren Einfluss auf die Anwendbarkeit von CV-Algorithmen innerhalb der digitalen Auftragsnachverfolgung entsteht durch das Zusammenfassen unterschiedlicher Produkte innerhalb von Chargen. Dies gilt sowohl für den AM-Prozess selbst, als auch für die Nachbearbeitungsprozesse. Das chargenweise Prozessieren zieht nach sich, dass einzelne Produkte aus einer Grundgesamtheit an Produkten identifiziert werden müssen. Hierbei ist insbesondere, den Ausführungen von SCHUH ET AL. folgend, die geometrische Varianz der Produkte innerhalb einer Charge relevant.[716]

Sind Produkte geometrisch sehr unterschiedlich und die Gesamtzahl der Bauteile klein, ist mir einer höheren Prädiktionsgenauigkeit zu rechnen. Hingegen bedingen Chargen mit vielen Gleichteilen und damit einer geringen geometrischen Varianz und gleichzeitig hohen Stückzahl eine geringe Prädiktionsgenauigkeit und damit Anwendbarkeit von CV-basierter Auftragsnachverfolgung.[717] Des Weiteren ist entscheidend, welche Auftragsart ein AM-Produkt zugewiesen wird. Sind beispielsweise kurze Herstellzeiten innerhalb von Eilaufträgen gefordert, bedingt dies zeitliche Restriktionen zum Training des Algorithmus. Zuletzt beeinflussen Normen und rechtliche Rahmenbedingungen die Anwendbarkeit von CV-Algorithmen innerhalb der digitalen Auftragsnachverfolgung in APS. Ist beispielsweise gefordert, dass alle Einzelschritte im Herstellprozess eines AM-Produktes eindeutig digital dokumentiert werden müssen, so gelten diese Anforderungen unmittelbar für die zu entwickelnde Lösung einer digitalen Auftragsnachverfolgung.

Die zuvor beispielhaft aufgeführten Einflussfaktoren wurden auf Basis der Erfahrung des Autors im Rahmen von Industrie- als auch Forschungsprojekten abgeleitet und erheben keinen Anspruch auf Vollständigkeit. Für den jeweiligen Anwendenden des Schrittes innerhalb des Gestaltungsmodells gilt es, die für sie/ihn relevanten Einflussfaktoren mit Hilfe einer Methode zur Identifikation von Ursache-Wirkungs-Beziehungen abzuleiten und als Ausgangsbasis für die Aktivitätselemente zu verwenden.

---

[715] Vgl. Obst et al. "*Komplexität und wirtschaftlicher Nutzen künstlicher Intelligenz zur automatisierten und industrialisierten Erkennung additiv gefertigter Bauteile*" (2021) S. 143.

[716] Vgl. Schuh et al. "*Product- and Process-related Influencing Factors for Computer-Vision based Tracing in Additive Manufacturing*" (2024) S. 3.

[717] Vgl. ebd. S. 99-100.

5.1.2.2 Typologie additiver Produktspektren

Nachdem eine Strukturierung der für die digitale Auftragsnachverfolgung relevanten Einflussfaktoren erfolgt ist, wird auf Basis dieser eine Unterteilung des Produktspektrums vorgenommen. Ziel des Gestaltungsaspektes ist die Definition von Produktgruppen welche ähnliche Anforderungen an die digitale Auftragsnachverfolgung aufweisen. Diese werden innerhalb der Aktivitätselemente als Ausgangspunkt herangezogen, um eine technische Lösung zur Auftragsnachverfolgung auszulegen. Zur Unterteilung additiver Produktspektren sind die nachfolgenden drei Begriffe von zentraler Bedeutung: Typ, Typologisierung, Typologie und Typisierung.

Der Begriff Typ oder Typus beschreibt eine Vielzahl von Erscheinungen, welche mindesten ein gemeinsames Merkmal aufweisen.[718] Gemäß SCHIERENBECK ET AL. enthalten Typen Merkmale, welche in messbaren Sinne abstufbar sind und damit eine Ordnung erfolgen kann.[719] Hierzu kann zwischen ein- und mehrdimensionalen Typen unterschieden werden. Eindimensionale Typen besitzen nur ein abstufbares Merkmal, während mehrdimensionale Typen mehrere abstufbare Merkmale besitzen.[720]

Insbesondere sind die Begriffe Typologisierung, Typologie und Typisierung beim Umgang mit Typen relevant. Der Begriff Typologisierung beschreibt den Prozess, in dem die Einteilung von Typen die durch bestimmte Merkmale charakterisiert sind, erfolgt.[721] Die Typologie ist das Ergebnis des Prozesses der Typologisierung.[722] Wird ein neuer Typ in eine bestehende Typologie eingeordnet, wird dies als Typisierung bezeichnet.[723] Der Sachzusammenhang ist in Abbildung 5.9 verdeutlicht.

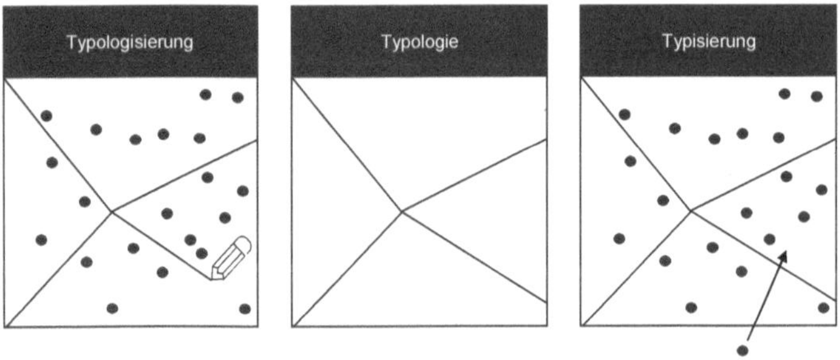

Abbildung 5.9: Begriffsabgrenzung – Typologisierung, Typologie und Typisierung[724]

[718] Vgl. Gabler Wirtschaftslexikon "*Stichwort: Typologie*" (2024).
[719] Vgl. Schierenbeck et al. "*Grundzüge der Betriebswirtschaftslehre*" (2016) S. 35.
[720] Vgl. Schierenbeck et al. "*Grundzüge der Betriebswirtschaftslehre*" (2016) S. 35.
[721] Vgl. Wirtschaftslexikon24 "*Suchbegriff: Typologisierung*" (2024).
[722] Vgl. Lamnek et al. "*Qualitative Sozialforschung*" (2016) S. 124.
[723] Vgl. Kuhlmann "*Methodik zur Gestaltung von Geschäftsprozessen im industriellen Werkzeugbau*" (2011) S. 90.
[724] I.A.a. ebd. S. 90.

Typologien dienen dazu, die Komplexität der Umwelt zu reduzieren und damit einen Untersuchungsgegenstand verständlich zu machen.[725] Bei der Erarbeitung einer Typologie ist zu beachten, dass jeder definierte Typ intern möglichst homogen ist. Hierdurch wird sichergestellt, dass die charakterisierenden Eigenschaften des jeweiligen Typs hervorgehoben werden. Vergleicht man Typen untereinander im Rahmen der Typologie, sollten diese jedoch möglichst heterogene Eigenschaften aufweisen.[726] Dies ermöglicht eine eindeutige Typisierung neuer Typen im Nachgang.

Eine Typologisierung kann prinzipiell anhand von zwei Methoden erfolgen: eine sachlogische Herleitung oder mit Hilfe statistischer Methoden. Es lassen sich zudem auch beide Methoden kombinieren.[727] Für die vorliegende Problemstellung eignet sich eine sachlogische Herleitung unter Berücksichtigung der zuvor detaillierten relevanten Merkmale additiver Produktspektren für die digitale Auftragsnachverfolgung. Ähnliche Vorgehensweisen finden sich zudem in den Arbeiten von SCHUH ET AL.[728], OBST ET AL.[729] und ARNDT[730]. Das Ergebnis der Typologisierung wird durch Steckbriefe für den Nutzenden dargestellt. Nachfolgend ist das Vorgehen an einem Fallbeispiel verdeutlicht, welches vom Nutzenden als strukturierende Grundlage herangezogen werden kann.

Ein anonymisierter externer AM-Dienstleister bietet einen AM-Service für Bauteile sowohl aus Kunststoff als auch Metall. Hierbei kommen das SLS als auch SLM Verfahren zum Einsatz. Der Dienstleister fertigt sowohl Einzelteile (70%) als auch kleinere Serien (30%) mit einer Stückzahl von 50-10000 Bauteilen. Die Einzelteile und kleinen Serien sind dabei jeweils gleichverteilt auf das SLS und SLM Verfahren. Innerhalb der Einzelteile ist die geometrische Varianz der Bauteile hoch. Dennoch kommt es ab und an vor, dass sich innerhalb der Einzelteile Spiegelteile oder auch gleiche Geometrien mit unterschiedlicher Skalierung befinden. Innerhalb der Serienteile sind die Geometrien größtenteils gleich, es kommt allerdings auch vor, dass Bauteile mit individualisierten Features vorkommen. Als Werkstoffe kommen im SLS Verfahren Polyamide mit unterschiedlichen Füllungsgraden zum Einsatz. Im SLM Verfahren werden Stähle und Aluminium hauptsächlich verarbeitet. Die Prozessketten sind vielfältig, der AM-Dienstleister bietet über 30 unterschiedliche Nachbearbeitungsverfahren an. Die Prozesse werden innerhalb des Kapitels 5.1.2 vertieft und sind damit noch nicht Gegenstand der nachfolgenden Betrachtung.

---

[725] Vgl. Kluge "*Empirisch begründete Typenbildung*" (1999) S. 13.

[726] Vgl. Kuhlmann "*Methodik zur Gestaltung von Geschäftsprozessen im industriellen Werkzeugbau*" (2011) S. 91.

[727] Vgl. Rittstieg "*Ambidextre Organisationsarchitekturen im industriellen Werkzeugbau*" S. 117.

[728] Vgl. Schuh et al. "*Product- and Process-related Influencing Factors for Computer-Vision based Tracing in Additive Manufacturing*" (2024).

[729] Vgl. Obst et al. "*Komplexität und wirtschaftlicher Nutzen künstlicher Intelligenz zur automatisierten und industrialisierten Erkennung additiv gefertigter Bauteile*" (2021).

[730] Vgl. Arndt "*Bauteilindividuelle und verfahrensspezifische Kennzeichnung und Identifikation für die Additive Fertigung*" (2018).

Aus den gegebenen Produktspektrum des externen AM-Dienstleisters kann anhand der aufgeführten Merkmale eine Typologisierung in Form eines Entscheidungsbaums erfolgen. Ein Entscheidungsbaum dient als methodischer Rahmen dazu, Typen für den Nutzenden eindeutig zu definieren und damit für eine Typisierung zu befähigen. Der Entscheidungsbaum ist nachfolgend nur als beispielhafte Methode dargestellt, für den Nutzenden gilt es eine auf den individuellen Anwendungsfall passende Methode zu wählen.

Die Ebenen des Entscheidungsbaums folgen den zuvor detaillierten Merkmalen der Bauteile. Eine Unterscheidung ist zunächst anhand des zum Einsatz kommenden Materials notwendig. Kunststoffe und Metalle unterschieden sich insbesondere in dem von der Oberfläche reflektiertem Licht als auch der Farbe. Hierdurch entstehen unterschiedliche Herausforderungen, verglichen mit den in Kapitel 2.2.5.3 aufgeführten Eigenschaften von CV-Nachverfolgungssystemen. Auf einer zweiten Ebene ist eine Unterscheidung anhand der Grundform eines Bauteils notwendig. Hierbei wird zwischen gleichen Grundformen und individuellen Grundformen unterschieden. Ein Beispiel ist in Abbildung 5.10 ersichtlich. Innerhalb der gleichen Grundformen wird eine weitere Ebene eingezogen, auf Basis gleiche und individuelle Feature unterschieden werden. Innerhalb der gleichen Feature folgt eine weitere Unterscheidung in größenskalierte Bauteile und gleiche Bauteile. Sind die Grundformen individuell folgt eine Unterscheidung in Spiegelteile und Einzelteile. Aus dem Entscheidungsbaum ergeben sich insgesamt fünf Typen von Bauteilen: Spiegelteile, Individualteile, Größenskalierte Bauteile, Gleichteile und Grundformgleichteile. Der Entscheidungsbaum ist in Abbildung 5.10 dargestellt.

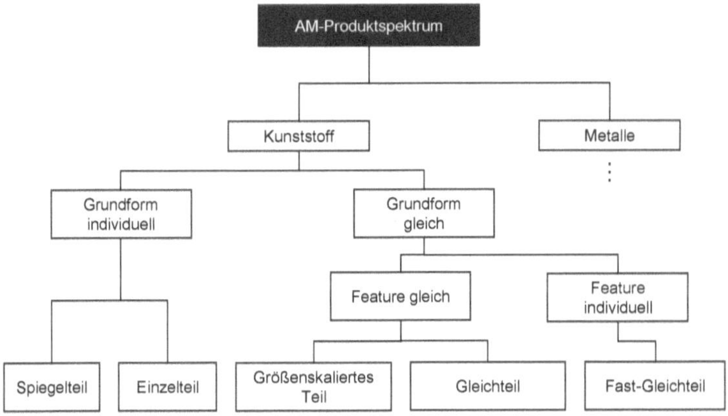

Abbildung 5.10: Typologisierung additiver Produktspektren[731]

5.1.2.3 Zusammenfassung des Strukturelements Produktspektrum

Das Strukturelement Produktportfolio befähigt den Nutzenden des Gestaltungsmodells zur Auslegung der digitalen Auftragsnachverfolgung durch die Strukturierung und Typologisierung

[731] *Eigene Darstellung.*

des im APS zu erzeugende Produktspektrum. Die Gestaltungsaspekte adressieren sowohl fachliche Anforderungen FA2, FA5 und FA6 als auch inhaltliche Anforderungen IA1 und IA2. Mit Hilfe der Ishikawa-Methode lassen sich die für die digitale Auftragsnachverfolgung relevanten Produktmerkmale identifizieren und strukturieren. Die strukturierten Produktmerkmale sind durch eine Typologisierung der digitalen Auftragsnachverfolgung zu ordnen. Die Typologie bildet die Grundlage für eine zielgerichtete Auslesung der digitalen Auftragsnachverfolgung eines APS.

5.1.3 Prozessspektrum

Um Produkte additiv zu fertigen, existieren heute eine Vielzahl unterschiedlicher additiver Fertigungs- und Nachbearbeitungstechnologien.[732] Das Ziel des Elements Prozessspektrum ist die Strukturierung der im jeweiligen APS vorhandenen additiven Fertigungs- und Nachbearbeitungstechnologien. Nachfolgend sind die Fertigungs- und die Nachbearbeitungsverfahren mit dem Begriff Prozesse generalisiert beschrieben. Aus den Prozessen selbst, als auch aus der Verkettung der einzelnen Prozesse untereinander ergibt sich ein zweiter Strang strukturierender Rahmenbedingungen, welche innerhalb der Auslegung der digitalen Auftragsnachverfolgung berücksichtigt werden müssen. Hierfür müssen Prozesse zunächst vor dem Hintergrund der digitalen Auftragsnachverfolgung generisch beschreiben werden. Auf Basis dieser Beschreibung muss analog zum Produktspektrum eine Typologisierung der Prozesse erfolgen.

Der erste Gestaltungsaspekt ist die Beschreibung additiver Fertigungs- und Nachbearbeitungsprozesse unter Berücksichtigung der für die digitale Auftragsnachverfolgung relevanten Faktoren. Hierzu ist zunächst zu detaillieren, wie sich Prozesse generisch beschreiben lassen. In einem zweiten Schritt ist eine Detaillierung von Kriterien notwendig, welche Eigenschaften der Prozesse Relevanz in Bezug auf die digitale Auftragsnachverfolgung aufweisen. Der Nutzende des Gestaltungsmodells wird durch den Gestaltungsaspekt dazu befähigt, das im jeweils vorliegenden APS vorhandene Prozessspektrum generisch zu beschreiben und die für die jeweilige Auslegung relevanten Einflussfaktoren zu ermitteln. Zudem dient der Gestaltungsaspekt als Grundlage für den nachfolgenden Gestaltungsaspekt.

Der zweite Gestaltungsaspekt ist die Typologisierung des Prozessspektrums vor dem Hintergrund der digitalen Auftragsnachverfolgung. Die Typologisierung des Prozessspektrums bildet eine zweite strukturierende Betrachtungsweise eines APS. Die Typologisierung erfolgt dabei analog zur vorherigen beispielhaft innerhalb eines Entscheidungsbaums. Die Typologisierung dient dem Nutzenden des Gestaltungsmodells zur Strukturierung der im jeweils vorliegenden APS vorhandenen Prozessspektrums für die Auslegung der digitalen Auftragsnachverfolgung. Gemeinsam mit der Typologisierung des Produktspektrums dient diese als Grundlage der Detaillierung der Interdependenzen zwischen Produkt- und Prozessspektrums innerhalb der Verhaltenselemente.

---

[732] Vgl. Verein deutscher Ingenieure "*Verein deutscher Ingenieure (VDI 3405)*" (2014) S. 1 f.

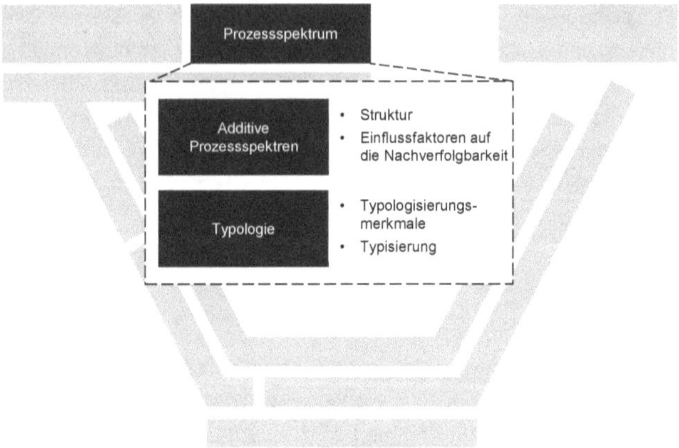

Abbildung 5.11: Detaillierung des Strukturelements Prozessspektrum[733]

5.1.3.1 Struktur additiver Prozessspektren

Die Grundlagen additiver Fertigungs- und Nachbearbeitungsprozesse wurden bereits im Kapitel 2.1 eingeführt. Im nachfolgenden Kapitel wird eine Strukturierung der, in den jeweiligen APS vorliegenden, Prozesse und Prozessketten vorgenommen. Die Ergebnisse dienen auf der einen Seite der Ableitung von Einflussfaktoren im weiteren Verlauf des Kapitels und auf der anderen Seite als Grundlage für die Aktivitätselemente innerhalb des Kapitels 5.3.

Fertigungs- und Nachbearbeitungsprozesse dienen der Erfüllung übergeordneter Fertigungsaufträge. Fertigungsaufträge definieren, welche Produkte in welcher Stückzahl zu welchem Zieldatum mit welchen Eigenschaften innerhalb des APS zu fertigen sind. Aus Basis der Fertigungsaufträge kann eine erste Strukturierung der im APS durchzuführenden Prozesse erfolgen. Hierfür ist die durch die Fertigungsaufträge definierte Fertigungsart zu bestimmen. Die Fertigungsart bildet die Häufigkeit der Leistungswiederholung im Produktionsprozess ab.[734] Damit bildet die Fertigungsart das Bindeglied zur zuvor detaillierten Struktur des Produktspektrums. Für klassische Produktionssysteme ist eine Strukturierung der Fertigungsart anhand der Auflagenhöhe und Wiederholungen pro Jahr möglich. Hierbei existieren vier unterschiedliche Typen der Fertigungsart.[735]

Die Einmalfertigung ist durch eine geringe Stückzahl zu typisieren, von der keine Wiederholungen im Betrachtungszeitraum von einem Jahr vorliegen. Eine Einzel- und Kleinserienfertigung wird durch eine Stückzahl von weniger als 50 Stück und einer Wiederholungshäufigkeit

---

[733] *Eigene Darstellung.*

[734] Vgl. Schomburg "*Entwicklung eines betriebstypologischen Instrumentariums zur systematischen Ermittlung der Anforderungen an EDV-gestützte Produktionsplanungs- und -steuerungssysteme im Maschinenbau*" (1980).

[735] Vgl. Schuh "*Produktionsmanagement*" (2014) S. 29.

von weniger als 12 typisiert. Hingegen zeichnet sich eine Serienfertigung durch eine Auflagenhöhe von über 50 Einheiten aus, bei einer gleichzeitigen Wiederholungshäufigkeit von weniger als 24 pro Jahr. Zuletzt typisiert die Massenfertigung Fertigungsarten, welche sehr große Stückzahlen in einer ununterbrochenen Fertigung erzeugen.[736] Letztere sind im AM-Bereich eher unüblich und daher nicht mit in Abbildung 5.12 aufgeführt.

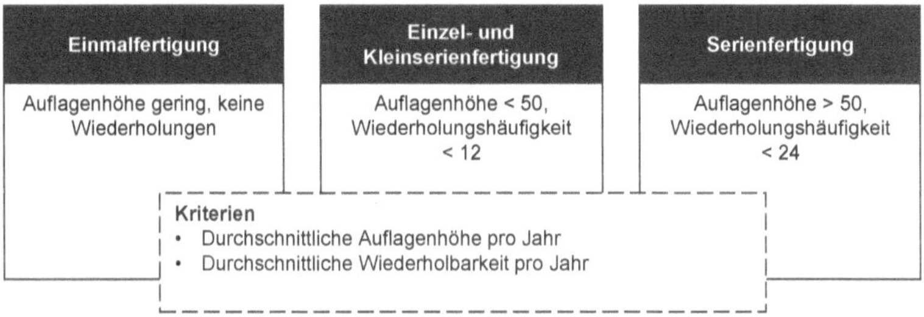

Abbildung 5.12: Kriterien zur Klassifizierung von Fertigungsaufträgen[737]

Fertigungsaufträge beinhalten die zur Erzeugung eines Produktes notwendigen Prozesse. Der Begriff Prozess ist innerhalb der DIN IEC 60050-351 definiert als die Gesamtheit von aufeinander einwirkenden Vorgängen in einem System, durch welche die Materie, Energie oder Information umgeformt, transportiert oder auch gespeichert wird.[738] Allgemein wird in den Ingenieurwissenschaften in die Prozesstypen Verfahrensprozess, Fertigungsprozess, Verteilungsprozess und auch Mess- und Prüfprozesse unterschieden.[739]

Insbesondere Fertigungsprozesse sind für die vorliegende Arbeit relevant. Innerhalb dieser lässt sich eine weitere, insbesondere für den AM-Bereich relevante, Unterscheidung definieren. Sequentielle Prozesse sind Prozesse, in denen Bauteile sequentiell bearbeitet werden. Ein Beispiel hierfür sind spanende Nachbearbeitungsprozesse von metallischen Bauteilen. Werden Bauteile hingegen parallel innerhalb eines Prozesses bearbeitet, werden diese Prozesse als parallele Prozesse definiert. Ein Beispiel im AM-Bereich sind Entpulverungsprozesse, in denen Pulveranhaftungen in einem Batch parallel von Bauteilen entfernt werden.

Die Prozessfolge beschreibt im Bereich der additiven Fertigung die nacheinander notwendigen Prozesse zur Erzeugung eines Produktes. Die Prozessfolgen besteht dabei stets aus mindestens einem additiven Fertigungsprozess und optionalen Nachbearbeitungsprozessen. Die Grundlagen dazu wurden bereits in Kapitel 2.1 vermittelt. Um Prozessfolgen zu strukturieren existieren bereits unterschiedliche Ansätze in der Literatur. Als übergeordneter Standard werden im AM-Bereich drei Prozessbereiche unterschieden: Pre-Prozess, In-Prozess und Post-

---

[736] Vgl. Schuh "*Produktionsmanagement*" (2014) S. 29.

[737] I.A.a. ebd. S. 29.

[738] Vgl. Deutsches Institut für Normung DIN "*Deutsches Institut für Normung DIN (DIN IEC 60050-351)*" (2014).

[739] Vgl. Deutsches Institut für Normung DIN "*Deutsches Institut für Normung DIN (DIN 69901)*" (2009).

Prozess. Innerhalb der Auslegung der digitalen Auftragsnachverfolgung stehen die Prozesse auf dem Shopfloor im Fokus, weshalb nachfolgend insbesondere Post-Prozesse betrachtet werden.

Zuletzt beschreibt der Begriff Prozessspektrum im Rahmen der vorliegenden Arbeit die Menge der im APS zur Verfügung stehenden Prozesse als auch die potentiell möglichen Prozessfolgen. Um das Prozessspektrum strukturieren zu können, sind Informationen zu den Prozessen und Prozessfolgen notwendig. Diese Informationen über die jeweils im APS vorhanden Prozesse und Prozessfolgen sind typischerweise aus den jeweiligen Arbeitsplänen der Produkte zu entnehmen. Innerhalb der Arbeitspläne finden sich prinzipiell Auftragsinformationen, wie beispielsweise die zu fertigende Stückzahl, die Prozessfolge als auch eine zeitliche Planung. Insgesamt detaillieren die Arbeitspläne die notwendigen Prozesse und deren zeitlichen Ablauf zur Erzeugung der Soll-Eigenschaften eines Produktes. Da Arbeitspläne oftmals betriebsspezifisch strukturiert sind, ist eine Detaillierung der Struktur an dieser Stelle nicht zielführend.

Zur Typologisierung der im jeweiligen APS vorhanden Prozessspektrums ist eine Detaillierung der Faktoren notwendig, welche die Auslegung der digitalen Auftragsnachverfolgung beeinflussen. Die Ermittlung dieser folgt analog zum Kapitel 5.1.1.1 innerhalb eines Ishikawa-Diagramms. Die nachfolgenden Ausführungen lehnen sich dabei an existierenden Ansätze[740] an und werden stellenweise detailliert. Wie in Kapitel 5.1.1.1 definiert, ist zunächst die Wirkung innerhalb der Ishikawa-Methode definiert werden. Dies folgt analog zur vorherigen Definition: Als Wirkung ist die Anwendbarkeit von CV-Algorithmen innerhalb der Auftragsnachverfolgung von APS heranziehen. Die Ursachen sind dann, analog zu 5.1.1.1 die Merkmale, welche innerhalb einer Typologisierung im Folgeschritt berücksichtigt werden müssen.

Um die Problemstellung eindeutig zu definieren, kommt nachfolgend die Betrachtungsweise von Identifikationskonfigurationen nach SCHUH ET AL.[741] zum Einsatz. Identifikationskonfigurationen beschreiben, die fundamentale technische Herausforderung ein Bauteil P aus einer Gesamtmenge eines Batches B zu erkennen. Diese Herausforderung wurde bereits in Abbildung 3.7 verdeutlicht. Die Konfigurationen hängt stark von der Fertigungsart, den sich parallel im APS befindlichen Fertigungsaufträgen, Prozessen und Prozessfolgen ab. Innerhalb eines beispielhaft erstellten Ishikawa-Diagramms sind daher vier Stränge von Einflüssen zu unterscheiden: Die Fertigungsart, der Prozess selbst, die Prozessfolge als auch die sich gleichzeitig im APS befindlichen Fertigungsaufträge. Die Strukturierung dient zur Veranschaulichung und ist durch den Nutzenden des Gestaltungsmodells für die jeweils vorliegende Auslegung zu hinterfragen, zu Verkürzen oder zu Ergänzen.

Die Fertigungsart hat einen direkten Einfluss auf die Anwendbarkeit und notwendige Ausprägung von CV-Nachverfolgungssystemen. Liegt eine Einmalfertigung vor, muss eine geringe Anzahl an Produkten durch eine individuelle Prozessfolge erzeugt werden. Die Identifikations-

---

740 Vgl. Schuh et al. "*Product- and Process-related Influencing Factors for Computer-Vision based Tracing in Additive Manufacturing*" (2024).

741 Vgl. ebd. S. 5.

konfigurationen beinhalten, unter Vernachlässigung der sich parallel im APS befindlichen Fertigungsaufträge, nur eine geringe Zahl von Bauteilen, wodurch eine Identifikation begünstigt wird. Ist hingegen eine Serienfertigung vorliegend, müssen viele Gleichteile in ähnlichen Prozessfolgen identifiziert werden. Dies setzt grundlegend andere Anforderungen an die Auslegung der digitalen Auftragsnachverfolgung.

Wie zuvor beschrieben, hat es einen Einfluss auf die Identifikationskonfiguration, wenn ein Prozess sequentiell oder parallel abläuft. Parallel ablaufende Prozesse erzeugen als Output eine Menge an Bauteilen, bei sequentiellen Prozessen kommen einzelne Bauteile aus dem Prozess heraus. Letztere müssen im Sachzusammenhang nicht identifiziert werden. Zudem sind dem Prozess Eigenschaften zuzuordnen. Beispielsweise können Pulverreste an Bauteilen anhaften, wodurch sich Implikationen auf die Anwendbarkeit von CV-Nachverfolgungssystemen ergeben.[742] Prozesse ändern die Eigenschaften der Bauteile. Die Dependenz zwischen Prozess und Produkt sind innerhalb der Verhaltenselemente vertieft. Ein Beispiel ist das Lackieren von Bauteilen. Hierdurch ändert sich die Farbe des Bauteils innerhalb eines Prozessschrittes und damit auch die resultierenden Anforderungen an ein CV-Nachverfolgungssystem.

Die Ausprägungen der Prozessfolgen implizieren Anforderungen an ein CV-Nachverfolgungssystem. Hierbei sind sowohl die Länge der Prozessfolgen als auch potentielle Wiederholungen von Prozessschritten aufgeführt. Ist eine Prozessfolge länger, ergeben sich mehr potentielle Identifikationskonfigurationen als bei kürzeren Prozessfolgen. Hierbei ist auch zu berücksichtigen, dass gewissen Teile einer Prozessfolge sich wiederholen können, beispielsweise durch einen nicht ordnungsgemäß abgelaufenen Prozess. Dies beeinflusst wiederrum die Zusammensetzung der jeweiligen Identifikationskonfigurationen und damit die Anforderungen an ein CV-Nachverfolgungssystem.

Zuletzt ist es für die Zusammensetzungen der Identifikationskonfigurationen nach SCHUH ET AL.[743] relevant, welche Fertigungsaufträge parallel innerhalb des APS erzeugt werden. Ein innerhalb der PPS vorgenommenes Aufteilen oder Zusammenfassung von Aufträgen beeinflusst direkt die auftretenden Identifikationskonfigurationen und damit auch das CV-Nachverfolgungssystem. Dies gilt nur für parallele Prozesse. Für sequentielle Prozesse ist die Anzahl der sich parallel im APS befindlichen Fertigungsaufträge unerheblich. Abbildung 5.13 zeigt das zuvor detaillierte Ishikawa-Diagramm.

---

[742] Vgl. Obst et al. "*Komplexität und wirtschaftlicher Nutzen künstlicher Intelligenz zur automatisierten und industrialisierten Erkennung additiv gefertigter Bauteile*" (2021) S. 143.

[743] Vgl. Schuh et al. "*Product- and Process-related Influencing Factors for Computer-Vision based Tracing in Additive Manufacturing*" (2024) S. 5.

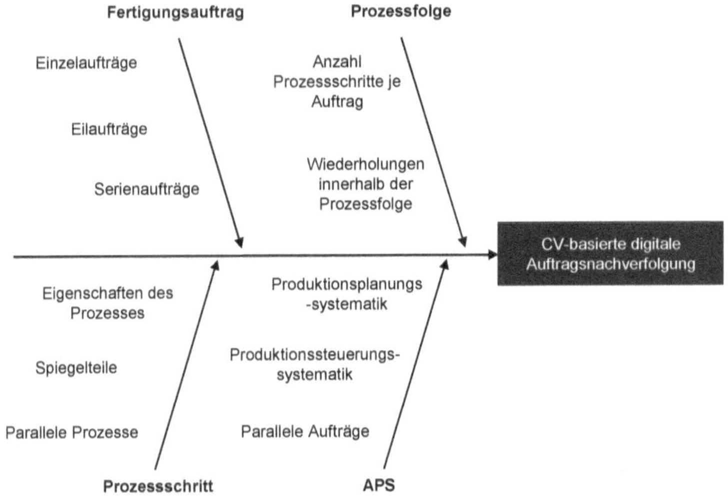

Abbildung 5.13: Prozessseitige Einflussfaktoren auf die CV-basierte Nachverfolgung[744]

5.1.3.2 Typologie additiver Prozessspektren

In Anlehnung an Kapitel 5.1.1.3 wird nachfolgend auf Basis der Strukturierung der relevanten Einflussfaktoren eine Unterteilung des Prozessspektrums vorgenommen. Ziel des Gestaltungsaspektes ist eine Betrachtung auf das APS zu erzeugen, welche die Prozesse gemäß dem Einfluss auf die Auslegung der digitalen Auftragsnachverfolgung strukturiert. Diese Betrachtung dient als Grundlage für die Detaillierung der Aktivitätselemente. Zur Unterteilung additiver Prozessspektren wird, analog zu Typologisierung des Produktspektrums auf eine sachlogische Herleitung anhand eines Fallbeispiels gesetzt. Die Typologie ist dem jeweils vorliegenden Anwendungsfall individuell vom Nutzenden des Gestaltungsmodells anzupassen.

Der zuvor aufgeführte anonymisierter externer AM-Dienstleister betreibt intern zwei AM Technologien, das SLS und SLM Verfahren. Innerhalb des SLS Verfahrens sind zwei unterschiedliche Anlagen im Einsatz, welche jeweils einen Polyamide verarbeiten. Innerhalb des SLS Verfahrens sind drei Anlagen im Einsatz, zwei Anlagen für jeweils unterschiedliche Stähle und eine Anlage für Aluminium. Die über 30 unterschiedlichen Nachbearbeitungsverfahren umfassen Verfahren nur für Kunststoffteile, nur für metallische Bauteile als auch Verfahren für beide Werkstoffe. Hierbei kommen sequentielle Verfahren, wie das spanende Nachbearbeiten von Bauteilen als auch parallele Verfahren, wie die Entpulverung von Bauteilen zum Einsatz. Der AM-Dienstleister hat das APS in zwei Teile segmentiert: Ein Teil zur Fertigung von Kunststoffen und ein Teil zur Fertigung von Metallen.

---

[744] *Eigene Darstellung.*

Um die Struktur und den Aufbau additiver Prozessspektren übergreifend und unabhängig der konkreten Ausprägung typologisieren zu können, wird an dieser Stelle nochmal auf den Morphologie Ansatz nach ZWICKY[745] zurückgegriffen. Der Morphologie Ansatz dient an dieser Stelle als beispielhafte Methode, für den Nutzenden gilt auch hier eine auf den individuellen Anwendungsfall passende Methode zu wählen.

Die Ebenen der Morphologie orientieren sich an den zuvor definierten Merkmalen des Prozessspektrums. Die Unterscheidung von Kunststoff und Metall ist an dieser Stelle wegen der Segmentierung der Prozesse als erste Ebene einzuziehen. Diese stellen die erste Ebene des morphologischen Kastens innerhalb von Abbildung 5.14 dar.

Die Fertigungsart stellt eine zweite Ebene im morphologischen Kasten dar. Hierbei werden die drei zuvor definierten Ausprägungen unterschieden: Einmalfertigung, Einzel- und Kleinserienfertigung als auch Serienfertigung. Eine Einordnung orientiert sich an den zuvor aufgeführten Zahlenwerten. Innerhalb der Prozessfolgen sind zunächst die Längen der Prozessfolgen zu unterscheiden. Hierbei existiert die Extremausprägung, dass nur der additive Fertigungsprozess selbst, auch Direct Manufacturing (DM) genannt, bestehen kann. Weitere Ausprägungen sind bis zu 10 Prozessschritte oder mehr als 10 Prozessschritte. Der Wert basiert aus den Ausführungen von Schuh.[746] Zudem werden innerhalb der Prozessfolgen auftretende Wiederholungen unterschieden in keine, seltene und oftmals vorkommende Wiederholungen. Innerhalb der Prozesse wird zunächst unterschieden, ob Prozesse sequentiell oder parallel ablaufen. Daneben werden auch die Eigenschaftsänderungen der Prozesse unterschieden: Keine, Anhaftungen, Farb- und Oberflächenveränderungen, Geometrieveränderungen und Feature Veränderungen. In einer letzten Ebene ist die Parallelität der sich im APS befindlichen Fertigungsaufträge adressiert. Eine Unterteilung folgt in fünf Ausprägungen: Nicht gegeben, nur für wenige Fertigungsaufträge, für einen größeren Teil der Fertigungsaufträge und für alle Fertigungsaufträge.

[745] Vgl. Zwicky "*Morphologische Forschung*" (1989).

[746] Vgl. Schuh "*Produktionsmanagement*" (2014) S. 32.

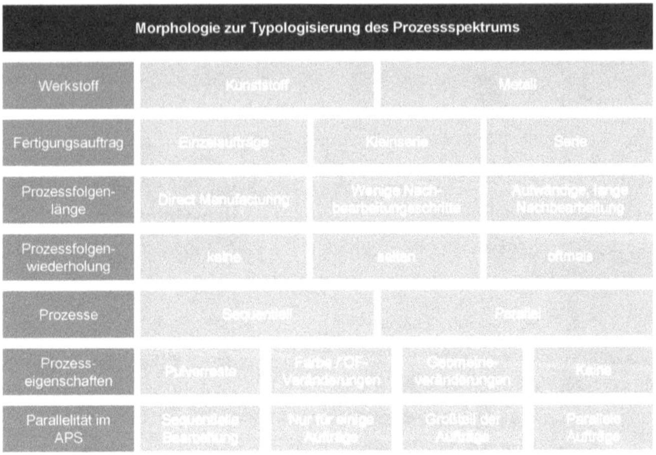

Abbildung 5.14: Typologisierung additiver Prozessspektren[747]

Anhand des in Abbildung 5.14 aufgeführten morphologischen Kastens können unterschiedliche Typen additiver Prozessspektren definiert werden. Hierbei ist zu beachten, dass innerhalb eines APS mehrere Typen additiver Prozessspektren gleichzeitig bestehen können, mindestens aber eine Ausprägung vorhanden sein muss. Beispielhaft sind auf Basis des zuvor vorgestellten AM-Dienstleisters nachfolgend zwei unterschiedliche Typen eines Prozessspektrums detailliert. Der Nutzende des Gestaltungsmodells muss auf Basis der für den jeweiligen Anwendungsfall abgeleiteten Morphologie die jeweils für sie oder ihn relevanten Typen ableiten.

Als erster Typ ist das Prototypenprozessspektrum für den Kunststoffbereich aufgeführt. Hierbei handelt es sich um Einmalfertigungsaufträge, welche zumeist nur wenige Prozessschritte beinhalten. Dies sind im Kunststoffbereich neben der eigentlichen additiven Fertigung des Bauteils das Abkühlen des Baujobs, das Entpulvern der Bauteile, eine Qualitätssicherung und der Versand. Innerhalb der Prozesskette wiederholen sich dabei keine Prozesse. Die Prozesse werden dabei sowohl sequentiell als auch parallel durchgeführt. Sequentielle Prozesse sind dabei die Qualitätssicherung und der Versand, alle anderen Prozessschritte sind parallel. Innerhalb der Post-Prozesse werden die Bauteileigenschaften manipuliert. Sowohl Pulverreste als auch eine Veränderung der Oberfläche sind durch das Entpulvern der Bauteile zu erwarten. Die eigentliche Geometrie oder Feature an den Bauteilen werden nicht verändert. Die Fertigungsaufträge sind in allen Prozessschritten parallelisiert, wodurch die Komplexität der Identifikationskonfiguration hoch ist.

Als zweiter Typ ist das Serienprozessspektrum für den metallischen Bereich aufgeführt. Hierbei handelt es sich aufgrund der geringen Stückzahl von weniger als 50 Einheiten um eine

---

747 *Eigene Darstellung.*

Einzel- bzw. Kleinserie. Die Prozessfolge umfasst mehr als 10 Schritte, wobei die Prozessfolgen alle gleich sein. Wiederholungen kommen selten vor, beispielsweise wenn ein Bauteil beim Abtrennen von der Substratplatte beschädigt wurde. Da es sich um Gleichteile mit einem individuellen Feature in Form eines Schriftzugs handelt, sind alle Prozessschritte bis auf die additive Fertigung sequentiell auszuführen. In einer spanenden Nachbearbeitung wird eine Funktionsfläche nachgefräst, wodurch Feature der Bauteile innerhalb dieses Prozesses verändert werden. Zuletzt ist nur selten eine Parallelität der Fertigungsaufträge im APS gegeben. Diese tritt ein, wenn ein Bauteil nicht ordnungsgemäß von der Substratplatte abgetrennt wurde.

Die Prozesstypen sind für den jeweils zugrundeliegenden Anwendungsfall zu definieren. Die Prozesstypen bilden eine weitere Betrachtungsweise, neben den Produkttypen, zur Strukturierung eines APS unter dem Aspekt der Auslegung der digitalen Auftragsnachverfolgung. Beide zusammen bilden die Basis zur weiteren Strukturierung der Verhaltens- als auch Aktivitätselemente.

5.1.3.3 Zusammenfassung des Strukturelements

Das Strukturelement Prozessspektrum hilft dem Nutzenden des Gestaltungsmodells in der Auslegung der digitalen Auftragsnachverfolgung in der Strukturierung und Typologisierung des Prozessspektrums eines im jeweils vorliegenden APS. Die beiden Gestaltungsaspekte der Strukturierung und Typologisierung adressieren die formalen Anforderungen FA1, FA2, FA5 und FA6. Zudem werden in den Gestaltungsaspekten die inhaltlichen Anforderungen IA1 und IA2 einbezogen. Mittels der Ishikawa-Methode und der anschließenden Morphologie ist eine strukturierende Basis gegeben, mit Hilfe der die Anforderungen an ein CV-Nachverfolgungssystem innerhalb der Auslegung der digitalen Auftragsnachverfolgung konkretisiert werden können. Dadurch bildet das Strukturelement einen weiteren Teil der Basis für eine zielführende Auslegung der digitalen Auftragsnachverfolgung auf dem Shopfloor von APS.

5.2 Verhaltenselemente

Um den Nutzen des Gestaltungsmodells in Form der Auslegung der digitalen Auftragsnachverfolgung erzeugen zu können, ist eine Definition von Randbedingungen notwendig, welche die Aktivitäten innerhalb der Aktivitätselemente zielgerichtet steuern.[748] Verhaltenselemente beschreiben hierfür sowohl Zusammenhänge innerhalb des Gestaltungsmodells als auch Zusammenhänge des Gestaltungsmodells mit der Umwelt.[749] Innerhalb des Gestaltungsmodells muss detailliert werden, wie das im jeweiligen APS vorliegende Produkt- und Prozessspektrum miteinander zusammenhängt mit dem Ziel einer Konkretisierung von Anforderungen an ein CV-Nachverfolgungssystem. Um Anforderungen strukturiert erfassen zu können, ist zudem die Detaillierung eines CV-spezifischen Anforderungsmanagements notwendig. Das CV-spezifische Anforderungsmanagement bildet das zweite Verhaltenselement. Die Interaktion des Gestaltungsmodells mit der Umwelt besteht innerhalb des CV-Technologiescoutings, welches das dritte Verhaltenselement darstellt. Alle drei Verhaltenselemente sind nachfolgend detailliert.

5.2.1 Dependenz des Produkt- und Prozessspektrums

Zur zielgerichteten Auslegung der digitalen Auftragsnachverfolgung in Form eines CV-Nachverfolgungssystems sind zunächst Anforderungen an dieses System zu definieren. Anforderungen ergeben sich aus dem Zusammenspiel des jeweils vorliegenden Produktspektrums, Prozessspektrums als auch weiteren Rahmenbedingungen, beispielsweise in Form von rechtlichen Randbedingungen. Die Anforderungen bilden die Schnittstelle zum Zielsystem, dem CV-Nachverfolgungssystem. Übergeordnet adressiert das Kapitel die Dependenz der Strukturelemente. Eine Detaillierung ist innerhalb eines Verhaltenselements notwendig, um für den Nutzenden entsprechende Rahmenbedingungen für eine erfolgreiche operative Umsetzung der Aktivitätselemente zu schaffen.

Der erste Gestaltungsaspekt bildet die Ordnung der Ausprägung eines APS auf Basis des zuvor strukturierten Produkt- und Prozessspektrums ab. Ziel des Gestaltungsaspektes ist eine qualitative Einordnung der Anwendbarkeit von CV-Nachverfolgungssystemen auf Basis der Ausprägungen eines APS. Dafür werden zunächst die dazu relevanten Parameter auf Basis der vorherigen Strukturelemente detailliert. Im Anschluss folgt die Ordnung der Ausprägungen in Form einer Morphologie. Die qualitative Bewertung der Einsetzbarkeit von CV-Nachverfolgungssystemen bildet den Abschluss.

Innerhalb eines zweiten Gestaltungsaspektes wird der Zusammenhang zwischen dem Produkt- und Prozessspektrum detailliert. Damit ist der Nutzende innerhalb der Aktivitätselemente in der Lage, eine zielgerichtete Auslegung der digitalen Auftragsnachverfolgung vorzunehmen.

---

[748] Vgl. Lukas "*Gestaltungsmodell zur thermischen Auslegung additiver Prototypenwerkzeuge aus Kunststoff*" (2024) S. 128.

[749] Vgl. ebd. S. 134.

Die Detaillierung des Gestaltungsaspektes beinhaltet eine Methode zur Detaillierung des Zusammenhangs für das jeweils vorliegende APS. Zudem werden die durch den Zusammenhang sich ergebenden Implikationen auf das CV-Nachverfolgungssystem qualitativ diskutiert.

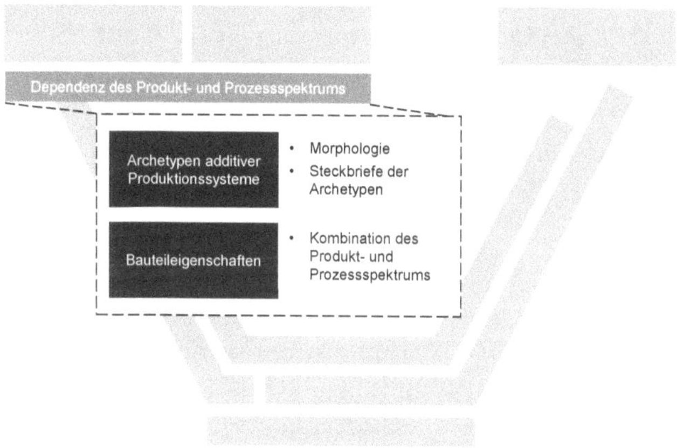

Abbildung 5.15: Detaillierung der Dependenz des Produkt- und Prozessspektrums[750]

5.2.1.1 Archetypen additiver Produktionssysteme

Die Auslegung der digitalen Auftragsnachverfolgung hängt von der jeweiligen Ausprägung des zugrundeliegenden APS ab. Wie bereits innerhalb von Kapitel 2.1 detailliert, existieren unterschiedliche Ausprägungen von APS. Hierbei kann zunächst zwischen internen und externen AM-Dienstleistern unterschieden werden. Durch die jeweilige Ausprägung eines APS ergeben sich wiederrum unterschiedliche Anforderungen an CV-Nachverfolgungssysteme. Daher wird nachfolgend für den Nutzenden des Gestaltungsmodells eine Ordnung von APS in Form von Archetypen detailliert. Diese werden dann qualitativ auf die Anwendbarkeit von CV-Nachverfolgungssystemen untersucht.

In der Literatur existieren bereits einige Ansätze zur Charakterisierung von Produktionssystemen.[751] SCHUH ET AL. unterscheidet vier unterschiedliche Fertigungstypen innerhalb des Produktionsmanagements: Auftragsfertiger, Rahmenvertragsfertiger, Variantenfertiger und Lagerfertiger. Unter einem Fertigungstyp ist dabei eine Gruppe von Produktionsunternehmen zusammenzufassen, welche durch ähnliche Ausprägungen von Merkmalen innerhalb von Kernprozessen aufweisen.[752] Die vier Fertigungstypen ergeben sich hierbei aufgrund des initialen

[750] *Eigene Darstellung.*

[751] Vgl. Schomburg "*Entwicklung eines betriebstypologischen Instrumentariums zur systematischen Ermittlung der Anforderungen an EDV-gestützte Produktionsplanungs- und -steuerungssysteme im Maschinenbau*" (1980).

[752] Vgl. Schuh "*Produktionsmanagement*" (2014) S. 33-34.

Merkmals der Auftragsauslösungsart. Interne als auch externe APS sind nach der Definition von Schuh größtenteils als Auftragsfertiger einzuordnen. Dies kann unter anderem anhand der in Kapitel 2.4 aufgeführten Daten argumentiert werden. Ein Leistungserstellungsprozess bei einem Auftragsfertiger wird hierbei von kundenindividuellen Bestellungen aufgelöst.[753] In seltenen Fällen ist eine Einordnung als Typ Rahmenvertragsfertiger möglich, beispielsweise bei einer vorliegenden additiven Serienproduktion. Innerhalb dieser liegen meist langfristig ausgerichtete Rahmenverträge zugrunde.[754]

Die Einordnung nach dem Fertigungstyp hilft zunächst für eine grobe Einordnung des Anforderungsumfangs an die digitale Auftragsnachverfolgung eines vorliegenden APS. Als Auftragsfertiger existieren eine Vielzahl unterschiedliche Kundenaufträge, die wiederum eine Vielzahl unterschiedlicher Aufträge innerhalb des APS implizieren. Ein CV-basierte Nachverfolgung ist daher beispielsweise auf Basis der Bauteilgeometrie gut anwendbar. Bei einem Rahmenvertragsfertiger werden Gleichteile oder nahezu Gleichteile in einer definierten Prozesskette gefertigt, weshalb zusätzliche Feature am Bauteil anzubringen sind, um dieses eindeutig zu identifizieren.

Da eine Einordnung in Auftrags- und Rahmenvertragsfertiger nicht ausreichend Interdependenzen zwischen dem im jeweiligen APS vorliegenden Produkt- und Prozessspektrum berücksichtigt, wird nachfolgend die Methode des morphologischen Kastens nach ZWICKY[755], in Anlehnung an die Arbeit von SCHUH ET AL.[756], angewandt, um diese tiefergehend zu charakterisieren. Als Parameter der Morphologie sind an dieser Stelle die zuvor aufgeführten Charakteristika des Produkt- und Prozessspektrums heranzuziehen, welche einen direkten Einfluss auf die Anwendbarkeit von CV-Nachverfolgungssystemen haben. Der nachfolgende morphologische Kasten dient hierbei zur Veranschaulichung. Der Nutzenden des Gestaltungsmodells ist auch hier dazu angehalten sowohl die Methode, deren Parameter und Ausprägungen für die ihm oder ihr vorliegende Auslegungsaufgabe anzupassen.

Als oberste Unterscheidungsebene ist innerhalb der Morphologie die Auftragsauslösungsart in Anlehnung an SCHUH ET AL.[757] definiert. Hierbei ist neben den zuvor aufgeführten Typen ein dritter Typ aufgeführt, welcher die Möglichkeit berücksichtigt, dass ein AM-Dienstleister nicht die Herstellung additiver Produkte anbietet, sondern auch Teile der eigenen Prozesskette als Service anbietet. Letztere stellt erhöhte Anforderungen an digitale die Auftragsnachverfolgung.

Eine weitere Unterscheidung ist anhand der pro Jahr gefertigten Produkte möglich. Auf Basis der in 2.4 durchgeführten Studie werden drei Gruppen unterschieden: Kleine, mittlere und größere Stückzahlen. Pauschal gilt hierbei, desto mehr Bauteile innerhalb des APS gefertigt werden, desto höher die Anforderungen an die digitale Auftragsnachverfolgung.

[753] Vgl. Schuh "*Produktionsmanagement*" (2014) S. 33.

[754] Vgl. ebd. S. 34.

[755] Vgl. Zwicky "*Morphologische Forschung*" (1989).

[756] Vgl. Schuh "*Produktionsmanagement*" (2014) S. 36.

[757] Vgl. ebd. S. 36.

Die dritte Ebene unterscheidet ob Spiegelteile oder größenvariierte Produkte innerhalb des APS gefertigt werden. Diese stellen in Bezug auf die Eigenschaften von CV-Nachverfolgungssystemen eine besondere Herausforderung dar. Ebenso produktseitig sind die innerhalb des APS zu verarbeitenden Materialien zu unterscheiden. Je breiter das zu verarbeitende Materialspektrum, desto höher die Anforderungen an die digitale Auftragsnachverfolgung. Dies liegt an der erhöhten Varianz innerhalb der auftretenden Indentifikationskonfigurationen.

Die im APS zum Einsatz kommenden AM-Verfahren beeinflussen ebenfalls die Ausprägung der Anforderungen an die digitale Auftragsnachverfolgung. Je breiter das im APS zu fertigende Produktspektrum, je mehr AM-Prozesse sind notwendig, um den varianten Anforderungen gerecht zu werden. Mit jedem weiteren AM-Verfahren steigt die Komplexität der Anforderungen an ein CV-Nachverfolgungssystem. Gleiches gilt für die im APS zum Einsatz kommenden Nachbearbeitungsverfahren. Die Anzahl der notwendigen Nachbearbeitungsverfahren hängt dabei direkt von den zu erfüllenden Produktanforderungen ab. Je breiter die Produktanforderungen, desto diverser die notwendige Zahl unterschiedlicher Nachbearbeitungsverfahren. Die Nachbearbeitungs- als auch AM-Verfahren können zudem mittels externer Dienstleister durchgeführt werden. Kommen diese zum Einsatz, ergeben sich zusätzliche Anforderungen an die digitale Auftragsnachverfolgung, da beispielsweise Bauteile auch auf dem Shopfloor des externen Dienstleisters nachverfolgbar sein müssen.

Zuletzt ist die durchschnittliche Zahl der notwendigen Prozessschritte bedeutend. Grundsätzlich gilt, je länger die Prozessfolgen, desto mehr Identifikationskonfigurationen ergeben sich. Diese steigern die Anforderungskomplexität an die digitale Auftragsnachverfolgung. Ein konkreter Grenzwert zwischen kurzen, mittellangen und langen Prozessfolgen existiert hierbei nicht, da dieser individuell auf das vorliegende APS anzupassen ist. Die Morphologie ist innerhalb von Abbildung 5.16 verdeutlicht. Zusätzlich sind innerhalb von Abbildung 5.16 zwei exemplarische Archetypen von APS dargestellt, welche nachfolgend detailliert sind.

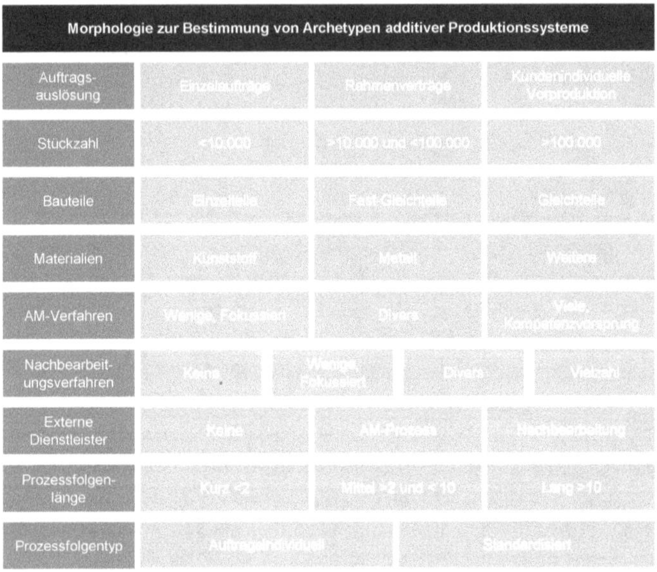

Abbildung 5.16: Typologisierung von Archetypen additiver Produktionssysteme[758]

Der erste Archetyp ist ein additiver Einzelteilfertiger. Dieser fertigt eine kleine bis mittlere Stückzahl von Bauteilen jährlich auf Basis von Bestellungen von Einzelaufträgen. Die Bauteile sind dabei größtenteils Einzelteile. Zum Einsatz kommen fokussiert ausgewählte Materialien und AM-Verfahren. Zu diesen passend ist eine kleine Anzahl an Nachbearbeitungsverfahren im Einsatz. Die Integration externer Dienstleister in die Prozesse erfolgt selten, wenn aber dann nur in der Bauteilnachbearbeitung. Die Prozessfolgen sind kurz. Das APS additiver Einzelteilfertiger weißt eine qualitativ eine gute Eignung für die Anwendbarkeit von CV-Nachverfolgungssystemen auf. Dies liegt an einer, auf Basis des vorhandenen Produkt- und Prozessspektrums, kleiner, vorhersagbarer Anzahl vorliegender Identifikationskonfigurationen.

Ein zweiter Archetyp ist der flexible additive Kleinserienfertiger. Dieser fertigt eine mittlere Stückzahl additiver Produkte pro Jahr auf Bestellung durch Einzelteilaufträge als auch kleineren Rahmenverträgen. Das Produktspektrum umfasst dabei sowohl Einzelteile als auch Gleichteile. Teilweise kommen auch Spiegel- und größenvariierte Bauteile vor. Das Materialspektrum ist diversifiziert, mit einem Fokus auf Kunststoffen und Metallen. Innerhalb des APS steht eine Vielzahl an AM-Verfahren zur Verarbeitung der Materialauswahl zur Verfügung. Die Nachbearbeitungstechnologien sind breit gefächert, in seltenen Fällen kommen Spezialverfahren externer Dienstleister in der Nachbearbeitung zum Einsatz. Die durchschnittliche Zahl der Prozessfolgen ist mittellang. Im Gegensatz zum additiven Einzelteilfertiger ist die Komplexität der Anforderungen an ein CV-Nachverfolgungssystem erhöht. Innerhalb des APS eines

758 *Eigene Darstellung.*

flexiblen additiven Kleinserienfertigers besteht eine hohe Anzahl von Identifikationskonfigurationen, welche nur mit einer hinreichend detaillierten Planung gut vorhersagbar sind. Die Anwendbarkeit von CV-Nachverfolgungssystemen ist nur unter erhöhtem Aufwand umsetzbar.

Ein dritter Archetyp ist der additive Serienfertiger. Dieser stellt auf Basis von Rahmenverträgen Gleichteile und Nahezu-Gleichteile her. Die Bauteile weisen dabei keine Spiegelungen oder Größenvariationen auf. Die zum Einsatz kommenden AM- und Nachbearbeitungsverfahren sind auf einige wenige fokussiert. Auf externe Dienstleister wird nicht zurückgegriffen. Die Prozessfolgen sind aufgrund der hohen Produktanforderungen zwar lang, aber wenig variant. Hierdurch ergeben sich gut vorhersagbare Identifikationskonfigurationen im APS, wodurch die Anwendbarkeit von CV-Nachverfolgungssystemen grundlegend gegeben ist. Da viele Gleichteile und Nahezu-Gleichteile gefertigt werden, ergeben sich erhöhte Anforderungen an die Synthese der für die Identifikation notwendigen Feature.

Der Nutzende des Gestaltungsmodells ist innerhalb der Auslegung der jeweiligen Auftragsnachverfolgung dazu angehalten, das vorliegende APS einem oder mehreren Archetypen zuzuweisen. Diese Zuweisung stellt die Basis für die detaillierte Auslegung im Folgeschritt dar. Die Zuweisung muss dabei nicht eineindeutig sein, da AM-Dienstleister in der Realität mehrere Ausprägungen aufweisen können. Als Fallbeispiel sei an dieser Stelle auf das BMW AMC verwiesen, welches neben Serien- auch Prototypenteile als interner Dienstleister fertigt.

5.2.1.2 Bauteileigenschaften

Der zweite Gestaltungsaspekt zur Detaillierung der Interdependenzen besteht in der detaillierten Betrachtung des Zusammenspiels des Produkt- und Prozessspektrums. Diese verfolgt das Ziel der Detaillierung der im jeweiligen APS vorliegenden Identifikationskonfigurationen. Hierbei stehen die Eigenschaften der Bauteile im Fokus. Diese Eigenschaften ändern sich innerhalb einer Prozessfolge stetig. Beispielsweise kann durch das Strahlen von Bauteilen die Oberfläche verändert werden, wodurch sich die Anforderungen an eine digitale Auftragsnachverfolgung ändern können.

Innerhalb von Abbildung 5.17 ist der Zusammenhang zwischen den Eigenschaftsänderungen der Bauteile und der Prozessfolgen dargestellt. Hierzu sind zwei Dimensionen aufgetragen. In Y-Richtung ist eine beispielhafte Prozessfolge zur Fertigung eines Produktes aufgetragen. Hierzu zählen im Beispiel der eigentliche AM-Prozess, ein strahlendes Nachbearbeitungsverfahren, ein Schleifen einer Funktionsfläche, ein Nachbohren einer Bohrung als auch ein Lackierprozess. Die X-Richtung zeigt typische Eigenschaften eines Bauteils, welche die digitale Auftragsnachverfolgung beeinflussen. Dazu zählen im Beispiel die Größe, die Farbe, die Oberflächenbeschaffenheit, oder auch die Existenz dedizierter geometrischer Feature. Die Eigenschaftsänderungen sind jeweils durch Pfeile dargestellt. Ein Pfeilstart markiert den Prozess, welche die entsprechende Eigenschaft erzeugt oder verändert.

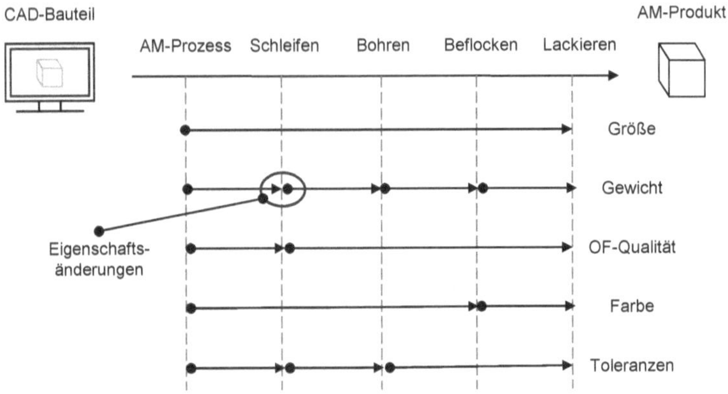

Abbildung 5.17: Eigenschaftsänderungen additiver Bauteile über eine Prozessfolge[759]

Durch den AM-Prozess werden die Eigenschaften eines Bauteils erzeugt, welche dann über die Prozessfolge innerhalb der Nachbearbeitung zu den in den Produktanforderungen geforderten Eigenschaften geändert werden. Zur detaillierten Beschreibung der Identifikationskonfigurationen ist es notwendig, die Eigenschaften eines jeden Bauteils innerhalb einer Identifikationskonfiguration zu kennen, da diese einen unmittelbaren Einfluss auf die Leistungsfähigkeit des CV-Nachverfolgungssystems hat. Eine Übersicht dieser Eigenschaften ist durch die in Abbildung 5.17 dargestellte Strukturierung möglich. Mittels der zweidimensionalen Betrachtung wird detailliert der Zusammenhang zwischen Produkt- und Prozessspektrum ersichtlich. Die Darstellung dient als Ausgangsbasis für die innerhalb von Kapitel 5.3.2 ausgeführte Anforderungssynthese. Die aufgeführte Analyse dient dabei nur als Fallbeispiel zur Veranschaulichung und kann vom Nutzenden auf den jeweiligen Anwendungsfall angepasst werden.

5.2.1.3 Zusammenfassung der Dependenz

Das Verhaltenselement Interdependenzen der Strukturelemente zeigt die Zusammenhänge der Strukturelemente des Gestaltungsmodells auf und unterstützt dadurch die Auslegung der digitalen Auftragsnachverfolgung. Hierzu sind zwei Gestaltungsaspekte zu unterscheiden. Zunächst ist ermöglicht eine Strukturierung des zugrundeliegenden Archetyps eines APS eine prinzipielle Einordnung des Anforderungsumfangs an die digitale Auftragsnachverfolgung. Innerhalb des Gestaltungsaspektes der Bauteileigenschaften ist zudem der Zusammenhang zwischen den Eigenschaften der Bauteile, den Charakteristika der Prozesse und den resultierenden Identifikationskonfigurationen aufgezeigt. Das Verhaltenselement adressiert die formalen Anforderungen FA1, FA2 und FA5. Zudem werden auch die inhaltlichen Anforderungen IA1 und IA2 adressiert. Insgesamt bildet das Verhaltenselement eine Basis für die innerhalb von Kapitel 5.3 Auslegung der digitalen Auftragsnachverfolgung.

[759] *Eigene Darstellung.*

5.2.2 CV-Anforderungsmanagement

Um die digitale Auftragsnachverfolgung innerhalb eines APS gestalten zu können, ist die Definition relevanter Anforderungen notwendig. Anforderungen definieren dabei die Gesamtheit der Eigenschaften und Funktionen, die ein System erfüllen muss, um die Erwartungen und Bedürfnisse der Stakeholder zu erfüllen.[760] Der Begriff Stakeholder beschreibt Individuen oder Organisationen, welche einen Einfluss auf Anforderungen eines Systems haben.[761] Die eigentliche Detaillierung der Anforderungen an die digitale Auftragsnachverfolgung geschieht innerhalb der Aktivitätselemente. Zuvor ist jedoch der normative Rahmen zur Erfassung und Strukturierung dieser Anforderungen innerhalb des vorliegenden Verhaltenselemente zu detaillieren.

Der erste Gestaltungsaspekt detailliert den normativen Rahmen zur Erfassung von Anforderungen an die digitale Auftragsnachverfolgung. Ziel ist die Konkretisierung von Anforderungsquellen als auch einer systematischen Anforderungserfassung im Rahmen der vorliegenden Arbeit. Hierzu wird zunächst eine allgemeingültige Definition des Begriffs der Anforderungen aufgeführt, gefolgt von einer Spezifizierung des Anforderungsbegriffs im Anwendungskontext der vorliegenden Arbeit. Der Gestaltungsaspekt beleuchtet zudem die Strukturierung von Anforderungsquellen. Anschließend wird die Auswahl von Methoden zur systematischen Erfassung von Anforderungen diskutiert.

Innerhalb des zweiten Gestaltungsaspekts wird die Strukturierung der Anforderungen im Rahmen der digitalen Auftragsnachverfolgung thematisiert. Ziel des Gestaltungsaspektes ist, dem Nutzenden einen methodischen Rahmen bereitzustellen, anhand dessen die Ergebnisse der konkreten Anforderungserhebung innerhalb der Aktivitätselemente übergeordnet strukturiert werden können. Hierzu folgt zunächst die Diskussion, wie Anforderungen im Rahmen der Auslegung der digitalen Auftragsnachverfolgung zu ordnen sind. Der Ordnung folgt die Detaillierung der Konsistenzprüfung der Anforderungen. Abschließend wird diskutiert, wie Anforderungen zu priorisieren sind. Die Gestaltungsaspekte des CV-Anforderungsmanagements sind innerhalb von Abbildung 5.18 dargestellt.

[760] Vgl. Pohl "*Requirements engineering fundamentals*" (2015) S. 19 f.

[761] Vgl. ebd. S. 19.

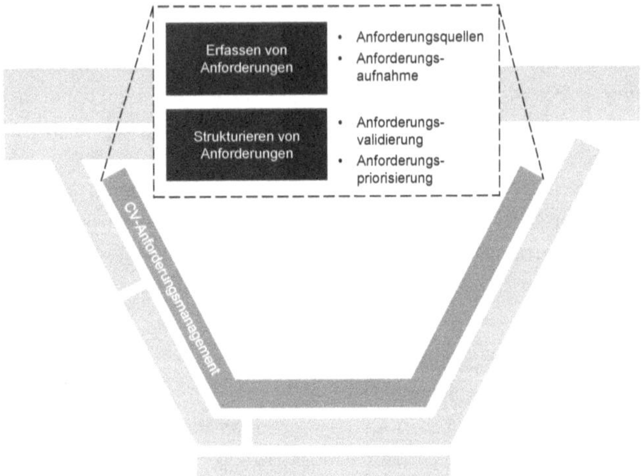

Abbildung 5.18 Detaillierung des Verhaltenselements CV-Anforderungsmanagement[762]

5.2.2.1 Erfassen von Anforderungen

Es existieren unterschiedliche Versionen von Definitionen für den Begriff Anforderungen. Im Rahmen der vorliegenden Arbeit wird auf die Definition der VDI 2206 zurückgegriffen, wobei Anforderungen die Beschaffenheit, Fähigkeit oder Leistung beschrieben, die ein Produkt erfüllen oder besitzen muss.[763] Grundsätzlich können drei Arten von Anforderungen zu unterscheiden: Funktionale Anforderungen, nicht-funktionale Anforderungen und Randbedingungen.[764]

Funktionale Anforderungen beschreiben die spezifische Funktion, welche durch das zu entwickelnde System erfüllt werden muss. Ein Beispiel ist die vorgegebene Verarbeitung von Input zu Output Daten. Nicht-funktionale Anforderungen legen Qualitätsmerkmale fest, welche durch das System zu erfüllen sind. Beispiele sind die Skalierbarkeit oder auch die Zuverlässigkeit eines Systems. Zuletzt sind durch Randbedingungen Einschränkungen berücksichtigt. Diese können beispielsweise in Form von gesetzlichen Vorgaben oder auch unternehmensindividuellen Standards vorliegen.[765]

Anforderungen bilden eine normative Basis für die Auslegung der digitalen Auftragsnachverfolgung eines jeden APS. Daher sind Anforderungen innerhalb der Auslegung in einem ersten Schritt zu detaillieren. Anforderungen ergeben sich aus der Ausprägung und dem Zusammenhang der Strukturelemente des Produkt- und Prozessspektrums. Anforderungen definieren, in

---

[762] *Eigene Darstellung.*

[763] Vgl. Verein deutscher Ingenieure "*Verein deutscher Ingenieure (VDI/VDE 2206)*" (2021) S. 3.

[764] Vgl. Pohl "*Requirements engineering fundamentals*" (2015) S. 8.

[765] Vgl. ebd. S. 8.

Anlehnung an die VDI 2206[766], die Beschaffenheit, Fähigkeit und Leistung, welche ein CV-Nachverfolgungssystem im jeweiligen Systemkontext erfüllen muss. Der Systemkontext definiert hierbei das für Ableitung der Anforderungen relevante System.[767] Dies ist im vorliegenden Fall das System APS. Zur Veranschaulichung sind nachfolgend beispielhafte funktionale als auch nicht-funktionale Anforderungen an ein CV-Nachverfolgungssystem, in Form von Texten, aufgeführt.

Eine funktionale Anforderung ist beispielsweise die Definition der Leistungsfähigkeit in Form der durchzuführenden korrekten Identifikationen eines Bauteils P aus einer Grundmenge B. Zudem können auch Anforderungen hinsichtlich der Bedienbarkeit durch den Nutzenden den funktionalen Anforderungen zugewiesen werden. Hingegen beschreiben die nicht-funktionalen Anforderungen keine konkreten Eigenschaften des Systems, sondern Qualitätsmerkmale. In Bezug auf CV-Nachverfolgungssysteme sind das beispielsweise die Verfügbarkeit der Systems oder die durch das System erfüllten Normen.

Die Anforderungserhebung beschreibt das Ableiten von Anforderungen auf Basis der relevanten Restriktionen eines jeweils zu entwickelnden Systems als auch auf Basis von Bedürfnissen oder Wünschen der Stakeholder.[768] Zur Anforderungserhebung innerhalb der digitalen Auftragsnachverfolgung sind daher zwei Anforderungsquellen zu unterscheiden: Anforderungen auf Basis der Charakteristika des jeweils vorliegenden APS als auch Anforderungen auf Basis der relevanten Stakeholder. Die Anforderungen auf Basis der Charakteristika des APS sind dabei tendenziell gut quantifizierbar, da diese aus vorliegenden Auftragsdaten abgeleitet werden können. Anforderungen von Stakeholdern, beispielsweise Wünsche des späteren Anwenders des CV-Nachverfolgungssystems, sind hingegeben meist in qualitativer Form vorliegend. Um quantitative und qualitative Anforderungen an ein CV-Nachverfolgungssystem vollumfänglich erfassen zu können, ist die Verwendung einer Methode notwendig.

Innerhalb der Methode muss das relevante System zur Synthese der Anforderungen, in Anlehnung an POHL[769], definiert werden. Dies ist bereits im Rahmen der vorliegenden Arbeit, in Form der hierarchischen Herleitung des APS innerhalb von Kapitel 4.2 geschehen. Auf Basis dieser Modellierung sind Anwendungsfälle des zu entwickelnden Systems zu beschreiben, welche die Beschaffenheit, Fähigkeiten oder Leistungen des CV-Nachverfolgungssystems darstellt. Hierzu können beispielsweise standardisierte Modellierungssprachen wie die UML[770] oder SysML[771] zum Einsatz kommen, um die Beziehungen des Systems und des Zielsystems

---

[766] Vgl. Verein deutscher Ingenieure "*Verein deutscher Ingenieure (VDI/VDE 2206)*" (2021).

[767] Vgl. Pohl "*Requirements engineering fundamentals*" (2015) S. 15.

[768] Vgl. Verein deutscher Ingenieure "*Verein deutscher Ingenieure (VDI/VDE 2206)*" (2021) S. 3.

[769] Vgl. Pohl "*Requirements engineering fundamentals*" (2015) S. 13.

[770] Vgl. UML2 "*Unified Modeling Language*" (2024).

[771] Vgl. SysML "*SysML Open Source Project*" (2024).

zu beschreiben.[772] Aus dieser Beschreibung können dann Anforderungen synthetisiert werden. Die Auswahl passender Modellierungsmethoden für den jeweiligen Anwendungsfall ist dem Nutzenden des Gestaltungsmodells überlassen.

5.2.2.2 Strukturieren von Anforderungen

Der vorherige Gestaltungsaspekt definiert einen Rahmen zur Erfassung von Anforderungen. Um diese zielgerichtet in die Auslegung der digitalen Auftragsnachverfolgung integrieren zu können, ist in einem zweiten Gestaltungsaspekt zu detaillieren, wie die Anforderungen strukturiert, validiert und in Hinsicht auf die Auslegung priorisiert werden können. Ziel des Gestaltungsaspektes ist dem Nutzenden einen normativen Rahmen bereitzustellen, welcher strukturiert unterstützt ein Anforderungsmanagement durchzuführen.

Da die Auslegung der digitalen Auftragsnachverfolgung eine Entwicklung eines Cyberphysischen Systems darstellt, muss eine Methode idealerweise einen Bezug zu diesen aufweisen. Nachfolgend wird hierzu das Modellbasierte Systems Engineering (MBSE) eingeführt. Diese integriert strukturierende Aspekte innerhalb Cyberphysischer Systeme.[773] Der Nutzende des Gestaltungsmodells ist dazu angehalten, die Anwendbarkeit des MBSE auf den jeweils vorliegenden Anwendungsfall zu überprüfen und ggf. eine andere Methode zu wählen.

MBSE ist eine Methode des Systems Engineerings[774] (SE), in der Anforderungen an ein zu entwickelndes System nicht mehr ausschließlich auf Dokumenten basieren, sondern auf Modellen. MBSE weist viele Vorteile im Vergleich zu Text-basierter Anforderungssynthese auf. Zunächst ermöglicht der MBSE Ansatz eine grundsätzlich präzisere und umfassendere Modellierung des betrachteten Systems. In traditionellen Ansätzen, wie der Nutzung von Lasten- und Pflichtenheften, ist eine Unschärfe durch die natürliche Mehrdeutigkeit von Sprache gegeben. Hierdurch sind in der Praxis oftmals ausschweifende Diskussionen zwischen den Stakeholdern notwendig, um ein einheitliches Verständnis zu erzeugen.[775]

Innerhalb der MBSE, wir mit Hilfe standardisierter Modellierungssprachen eine Eindeutigkeit der jeweiligen Modelle sichergestellt. Ein weiterer Vorteil im Kontext der vorliegenden Arbeit liegt darin, dass MBSE die Grundlage für digitale Zwillinge bereitstellt. Der physische Zwilling wird durch die im MBSE Prozess definierten Modelle beschrieben und kann damit zu späteren Zeitpunkten gegen diesen abgeglichen werden. Die daraus resultierende Transparenz kann im Sinne der Industrie 4.0 für viele weitere Optimierungen herangezogen werden. Durch die einheitliche, über verschiedene Disziplinen hinweg wiederverwertbare Modellierungssprache ermöglicht das MBSE zudem eine interdisziplinare Zusammenarbeit. Weitere Vorteile des MBSE sind die Wiederverwendbarkeit verschiedener Modellkomponenten, ein vereinfachtes Management von Redundanzen als auch eine hohe Sicherheit und Zuverlässigkeit.[776] Die Modelle innerhalb des MBSE werden auf Basis standardisierter Modellierungssprachen erstellt.

---

[772] Vgl. Pohl "*Requirements engineering fundamentals*" (2015) S. 15.

[773] Vgl. Verein deutscher Ingenieure "*Verein deutscher Ingenieure (VDI/VDE 2206)*" (2021) S. 6.

[774] Vgl. Wymore "*Model-Based Systems Engineering*" (2018).

[775] Vgl. Pohl "*Requirements engineering fundamentals*" (2015) S. 59 f.

[776] Vgl. Borky et al. "*Effective model-based systems engineering*" (2019) S. 3-4.

Diese standardisierten Modellierungssprachen stellen sicher, dass Systeme eindeutig definiert als auch interdisziplinär verstanden werden.[777]

Zur Strukturierung der Anforderungen ist für den jeweiligen Anwendungsfall eine passende Modellierungssprache zu wählen. Hierbei ist zu berücksichtigen, dass die Modellierungssprache alle geforderten Spezifika des jeweiligen Anwendungsfalls abbilden kann. Als veranschaulichendes Bespiel ist im nachfolgenden die Systems Modeling Language (SysML) detailliert. Die SysML ist eine grafische, standardisierte Modellierungssprache, welche oftmals im MBSE zum Einsatz kommt, um komplexe Systeme zu modellieren.[778] Die Modellierungssprache basiert auf früheren Iterationen der Unified-Modeling-Language (UML) und wurde im Jahr 2007 in einer ersten Version veröffentlicht.[779]

Innerhalb der SysML sind drei unterschiedliche Diagrammtypen definiert: Strukturdiagramme, Anforderungsdiagramme und Verhaltensdiagramme. Die Diagramme stellen im Sinne der Modelle des MBSE unterschiedliche Sichten auf ein Modell dar. Es ist wichtig zu verstehen, dass Modellelemente in keinen, einem oder mehreren Diagrammen gezeigt werden können. Zudem bilden die Diagramme fast ausschließlich einen Ausschnitt aus dem Modell, nur in seltenen Fällen das ganze Modell ab. Die Verknüpfung der einzelnen Modellelemente kann, muss aber nicht durch die Diagramme gezeigt werden.[780] Eine Übersicht der innerhalb der SysML definierten Diagrammtypen und Diagramme ist in Abbildung 5.19 dargestellt.

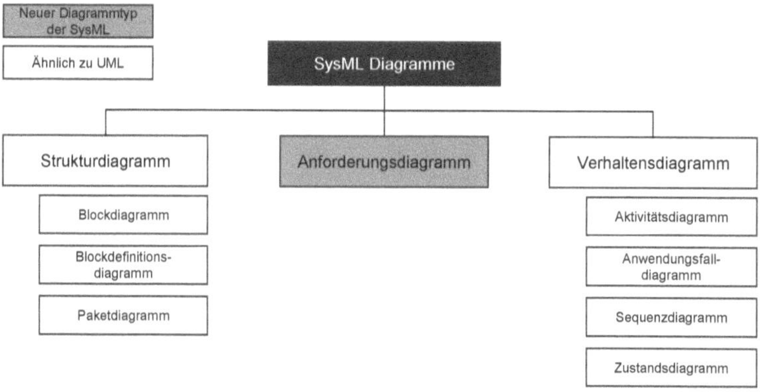

Abbildung 5.19: Diagrammtypen innerhalb der SysML[781]

Der jeweilige Diagrammtyp ist durch den Nutzenden für den jeweils vorliegenden Anwendungsfall spezifisch auszuwählen. Insbesondere Anforderungsdiagramme innerhalb der

[777] Vgl. ebd. S. 27 f.

[778] Vgl. Nyamsi "*IT-Lösungen auf Basis von SysML und UML*" (2023) S. 1-2.

[779] Vgl. UML2 "*Unified Modeling Language*" (2024).

[780] Vgl. Nyamsi "*IT-Lösungen auf Basis von SysML und UML*" (2023) S. 343-344.

[781] Vgl. ebd. S. 344.

SysML können dabei unterstützen, die Anforderungen hierarchisch zu ordnen und die Beziehungen zwischen den Anforderungen weiter zu detaillieren. Hierbei sind unterschiedliche Beziehungsarten, gemäß dem vorliegenden Anwendungsfall, zu detaillieren. Durch die Detaillierung der Beziehungen zwischen den Anforderungen ist zudem eine Validierung der Konsistenz der Anforderungen untereinander gegeben. Weitere Kriterien für die Anforderungsvalidierung sind in Pohl[782] aufgeführt und an dieser Stelle nicht weiter detailliert.

Innerhalb des Anforderungsmanagements kann eine Priorisierung von Anforderungen notwendig sein. Eine Priorisierung kann dabei auf unterschiedlichen Perspektiven erfolgen, beispielsweise lassen sich Anforderungen gemäß der Implementierungsreihenfolge unterteilen. [783] Zur Priorisierung ist daher zunächst ein Priorisierungsziel durch den Nutzenden zu definieren. Zudem sind gemäß dem kontinuierlichen Anforderungsmanagement die Rahmenbedingungen einer jeweiligen Priorisierung zu dokumentieren, wie etwa die an der Priorisierung mitwirkenden Stakeholder. Gemäß dem jeweiligen Priorisierungsziel und den Rahmenbedingungen ist durch den Nutzenden eine Priorisierungsmethode zu wählen.[784] Für Beispiele sei an dieser Stelle auf die Ausführungen von POHL verwiesen.[785]

5.2.2.3 Zusammenfassung des CV-Anforderungsmanagement

Das Verhaltenselement CV-Anforderungsmanagement definiert den normativen Rahmen zur Anforderungssynthese innerhalb der Auslegung der digitalen Auftragsnachverfolgung in APS. Mittels der definierten Erfassung und Strukturierung von Anforderungen ist der Nutzende des Gestaltungsmodells in der Lage, die innerhalb der Aktivitätselemente konkret für den jeweiligen Anwendungsfall erhobenen Anforderungen in einem übergeordneten Anforderungsmanagement zu erfassen, zu strukturieren, zu validieren und zu priorisieren. Im Sinne des übergeordneten Gestaltungsmodells adressiert das Verhaltenselement sowohl formale Anforderungen als auch inhaltliche Anforderungen. FA1, FA4 und FA6 werden innerhalb des Verhaltenselements berücksichtigt. Zudem sind die inhaltlichen Anforderungen IA2 und IA4 adressiert.

5.2.3 CV-Technologiescouting

Verhaltenselemente beschreiben Zusammenhänge des Gestaltungsmodells mit der Umwelt. [786] Innerhalb der Auslegung der digitalen Auftragsnachverfolgung ist eine Sichtung und Auswahl von CV-Technologie notwendig. Diese Sichtung und Auswahl stellt eine Schnittstelle zwischen dem Gestaltungsmodell auf der einen Seite und der Umwelt auf der anderen Seite dar. Die Schnittstelle wird nachfolgend detailliert.

[782] Vgl. Pohl "*Requirements engineering fundamentals*" (2015) S. 94 f.

[783] Vgl. ebd. S. 118.

[784] Vgl. ebd. S. 119.

[785] Vgl. ebd. S. 119 f.

[786] Vgl. Lukas "*Gestaltungsmodell zur thermischen Auslegung additiver Prototypenwerkzeuge aus Kunststoff*" (2024) S. 134.

Innerhalb der Gestaltung der digitalen Auftragsnachverfolgung folgt die Auswahl von CV-Technologie unter Berücksichtigung der dazu relevanten Randbedingungen. Die Auswahl von Technologie unter gegebenen Randbedingungen ist Gegenstand des Technologiemanagements.[787] Im vorliegenden Kapitel werden daher zunächst die Grundlagen des Technologiemanagements eingeführt. Im Anschluss werden auf Basis der Grundlagen zwei Gestaltungsaspekte tiefergelegt, welche die Schnittstelle zwischen dem Gestaltungsmodell und dessen Umwelt darstellen: Der Informationsbedarf und die Informationsbeschaffung.

Der erste Gestaltungsaspekt des Informationsbedarfs adressiert zunächst die Strukturierung von Suchfeldern für die Informationsbeschaffung. Hierbei werden Technologieausprägungen und deren relevante Merkmale synthetisiert. Der Gestaltungsaspekt hilft dem Nutzenden des Gestaltungsmodells dabei, die jeweils für sie oder ihn relevanten Suchfelder zu identifizieren und gemäß der Relevanz zu strukturieren. Damit bildet der erste Gestaltungsaspekt eine strukturelle Beschreibung zwischen Umwelt und Gestaltungsmodell ab.

Der zweite Gestaltungsaspekt besteht in der Detaillierung der Informationsbeschaffung. Ziel ist es, dem Nutzenden dazu zu befähigen, im ihm oder ihr vorliegenden APS Verantwortlichkeiten zu definieren und mit Hilfe dieser eine zielführende Informationssuche durchzuführen. Hierbei werden auch potentielle Kooperationsformen mit externen Entitäten definiert. Die Informationsbeschaffung stellt übergeordnet den Informationsfluss von der Umwelt in das Gestaltungsmodell dar. Abbildung 5.20 fasst die Inhalte des vorliegenden Kapitels zusammen.

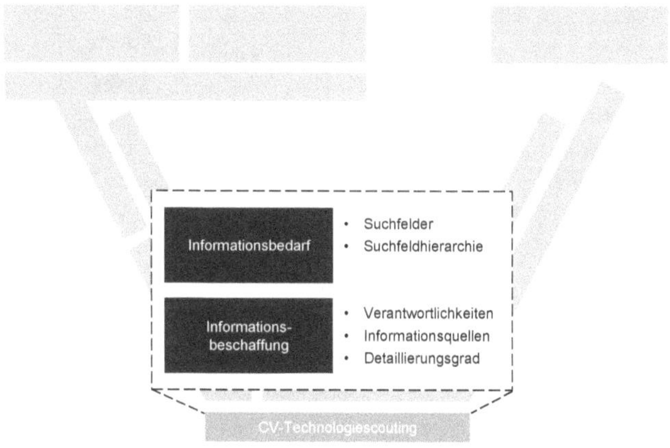

Abbildung 5.20: Detaillierung des Verhaltenselements CV-Technologiescouting[788]

[787] Vgl. Schuh et al. "*Technologiemanagement*" (2011) S. 1 f.
[788] *Eigene Darstellung.*

5.2.3.1 Grundlagen

Technologiemanagement ist ein inhaltlicher Teilbereich der Unternehmensführung. Im Fokus des Technologiemanagements steht die gezielte Änderungen oder Integration einer Technologie zur Sicherung oder Stärkung einer Marktposition. Dies umfasst die Effizienzsteigerung interner Abläufe durch den Einsatz neuer Technologien. Die Kernaufgabe des Technologiemanagements ist die Bereitstellung der für aktuelle oder auch zukünftige Leistungen notwendige Technologie zum richtigen Zeitpunkt und angemessenen Kosten.[789]

Technologiemanagement ist auf die Entstehungs- und Verwertungssicht von Technologie gerichtet. Die Entstehungssicht umfasst dabei die Neu- und Weiterentwicklung von bestehender oder gänzlich neuer Technologie. Die Verwertungssicht berücksichtigt dabei gleichzeitig die Anwendung der Technologiekompetenz entlang des Technologielebenszyklus.[790] Nach BROCKHOFF stellt das Technologiemanagement die Beschaffung, Speicherung und Verwertung neuen technologischen Wissens dar. Dies kann innerhalb der Unternehmenseigenen Forschung und Entwicklung (FuE) geschehen oder auch extern eingekauft werden. Nach dieser Definition ist das FuE-Management ein Teilbereich des Technologiemanagements. Technologiemanagement kann, in Anlehnung an die bereits eingeführte Systemtheorie im Rahmen des vierten Kapitels, als Subsystem eines Unternehmens angesehen werden.[791]

Das Aufgabenspektrum des Technologiemanagements ist durch verschiedene Autoren unterschiedlich weitreichend detailliert worden, da Technologiemanagement als interdisziplinäre Aufgabe verstanden wird. Allen Ansätzen ist gemein, dass sich die Ansätze zumeist anhand der Ablauforganisation dem Lebenszyklus von Technologie ordnen.[792] Das Konzept der Technologielebenszyklen beschreibt dabei idealtypische Entwicklungsverläufe von Technologien. Das Aufgabenspektrum des Technologiemanagements wird in die folgenden sechs Felder unterteilt: Technologiefrüherkennung, Technologieplanung, Technologieentwicklung, Technologieverwertung, Technologieschutz und Technologiebewertung.[793] Dabei ist anzumerken, dass die Felder 1-5 konsekutiv durchlaufen werden, während die Technologiebewertung immer wieder parallel dazu geschieht.[794]

Insbesondere die Technologiefrüherkennung ist für die vorliegende Arbeit von besonderer Relevanz. Ziel der Technologiefrüherkennung ist es, rechtzeitig relevante Informationen über die Änderung von Technologie bereitzustellen, um Chancen und Risiken frühzeitig zu erkennen. Als Teil der Aktivitäten umfasst die Technologiefrüherkennung dabei die Analyse und Prognose technologischer Potentiale neuer Technologien. Dies gilt für den vorliegenden Fall der CV-basierten Auftragsnachverfolgung. Die Erkenntnisse aus der Technologiefrüherkennung

---

789 Vgl. Schuh et al. "*Technologiemanagement*" (2011) S. 5.

790 Vgl. ebd. S. 8.

791 Vgl. ebd. S. 8 f.

792 Vgl. Schuh et al. "*Technologiemanagement*" (2011) S. 15.

793 Vgl. ebd. S. 15.

794 Vgl. ebd. S. 17.

stoßen direkt Technologieentscheidungen in Unternehmen an.[795] Innerhalb der Technologiefrüherkennung werden drei Suchperspektiven unterschieden: Das Technologiescanning, das Technologiemonitoring und das Technologiescouting.[796] Allen Suchperspektiven ist dabei gemein, dass diese das Ziel verfolgen, durch eine Informationssuche Entscheidungsgrundlagen hinsichtlich potenzieller technologischer Handlungsoptionen bereitzustellen.[797]

Das Technologiescanning beschreibt die ungerichtete Suche nach Informationen, welche innerhalb des Technologiemonitorings beispielsweise durch einen speziellen Themenbezug eingegrenzt wird. Das Technologiescouting hingegen ist die auftragsmäßige, gerichtete Beschaffung von Detailinformationen zu spezieller Technologie.[798] Hierbei beschreibt der Begriff „auftragsmäßig" die gezielte Informationssuche im Rahmen von beispielsweise Entwicklungsprojekten.[799] Durch den auftragsbezogenen Charakter ist das Suchfeld innerhalb des Technologiescoutings klein und klar abgegrenzt. Innerhalb des Technologiescoutings können drei weitere Prozessschritte für den Umfang der vorliegenden Arbeit definiert werden: Die Ermittlung des Informationsbedarfs, die Beschaffung der Informationen und die Bewertung dieser.[800]

Der Informationsbedarf stellt die Summe der für das jeweilige Technologiescouting relevanten Informationen dar. Den Umfang des Informationsbedarfs zu ermitteln, ist ein notweniger initialer Schritt um einen „information overload" zu vermeiden. Die zielgerichtete Beschreibung des Informationsbedarfs spezifiziert zudem das Suchproblem und trägt damit zur effizienten Beschaffung der Informationen bei.[801] An die Definition und Strukturierung des Suchproblems schließt die Informationsbeschaffung an. Ziel der Informationsbeschaffung ist es, der anschließenden Informationsanalyse und –Bewertung eine informatorische Grundlage bereitzustellen. Innerhalb der Informationsbeschaffung ist festzulegen nach welchen Kriterien Informationsquellen ausgewählt und die detaillierte Suche vollzogen werden soll.[802] Die sich trotz der Einschränkung in Form der Suchfelder ergebende Informationsfülle muss im Rahmen einer Informationsbewertung aufbereitet und verdichtet werden. Ziel der Informationsbewertung ist die Bereitstellung einer für die jeweilige Fragestellung relevante Informationsgrundlage für nachfolgende Technologieentscheidungen.[803] Dabei können Informationen gemäß der Fragestellung selektiert, analysiert oder auch um Prognosen ergänzt werden.

---

[795] Vgl. ebd. S. 89.

[796] Vgl. ebd. S. 93.

[797] Vgl. ebd. S. 94.

[798] Vgl. ebd. S. 94.

[799] Vgl. ebd. S. 98.

[800] Vgl. ebd. S. 102.

[801] Vgl. Schuh et al. "*Technologiemanagement*" (2011) S. 98-99.

[802] Vgl. ebd. S. 121.

[803] Vgl. ebd. S. 130-131.

Eine Technologiebewertung von CV-Technologie wurde bereits in Form von Anwendbarkeitsstudien in einigen Ansätzen zuvor diskutiert.[804, 805] Hierbei stand insbesondere das Kriterium der potentiellen Kostenersparnisse im Fokus. Die aktuelle technologische Leistungsfähigkeit und die Prognose der zukünftigen Leistungsfähigkeit wurde dabei nur am Rande untersucht. Da die technologische Leistungsfähigkeit aber der entscheidende Faktor zur Erreichung von umfassenden Kosteneinsparungen ist, ist eine detaillierte Untersuchung dieser relevant. Ein spezifisches Technologiescouting für die Leistungsfähigkeit CV-basierter Nachverfolgungssysteme in APS ist notwendig, welches nachfolgend detailliert wird.

5.2.3.2 Informationsbedarf

Die Ermittlung des Informationsbedarfs stellt den ersten Schritt des Technologiescoutings dar. Zur Beschreibung des Informationsbedarfs hat sich in der Praxis die Verwendung von konkreten Suchfeldern bewährt. Technologische Suchfelder stellen Bereiche für die Technologiefrüherkennung dar, innerhalb derer gezielt nach neuen Technologien gesucht werden soll. Damit strukturieren die Suchfelder die geforderten Informationen und beschränken die Suchmenge auf die jeweils relevanten Informationen ein.[806]

Um Suchfelder systematisch ableiten zu können, ist eine Modellierung der für die jeweiligen Suchfelder relevanten Technologiebereiche als auch eine Klassifizierung dieser notwendig. Diese Modellierung kann anhand unterschiedlicher Methoden erfolgen, wie beispielsweise der Modellierung des im Unternehmen zum Einsatz kommenden Technologieportfolios oder auch anhand von Technologiebäumen. Die Modellierung bietet dabei eine initiale Strukturierung anhand der bereits erste Anhaltspunkte für potentielle Informationsbedarfe ermittelt werden können.[807]

Die Modellierung des Technologiebereichs der CV-Nachverfolgungssysteme stellt somit einen ersten Gestaltungsaspekt dar. Diese kann anhand der, im Rahmen der Strukturelemente, detaillierten Struktur erfolgen. Dabei steht im Kern eines CV-Nachverfolgungssystems der zum Einsatz kommende CV-Algorithmus. Die Leistungsfähigkeit des Algorithmus wird maßgeblich durch weitere Komponenten der CV-Nachverfolgungssystems bestimmt, wie beispielweise der Qualität der dem Algorithmus zur Verfügung gestellten Bilder durch die verwendete Kamera. Daher ist zunächst eine Modellierung der Zusammenhänge der technologischen Felder notwendig. Die Zusammenhänge sind durch die in Kapitel 5.1.1.2 detaillierten Eigenschaften bereits dargestellt.

Aufbauend auf der vorherigen Betrachtung müssen im nächsten Schritt die für die technologischen Komponenten relevanten Parameter und Merkmalausprägungen ermittelt werden. Merkmale sind definiert als Eigenschaften eines Systems, welche beobachtet und bewertet

---

804 Vgl. Obst et al. "*Komplexität und wirtschaftlicher Nutzen künstlicher Intelligenz zur automatisierten und industrialisierten Erkennung additiv gefertigter Bauteile*" (2021).

805 Vgl. Schuh et al. "*Part Recognition in Additive Production Systems using a Computer-vision Approach*" (2022).

806 Vgl. Schuh et al. "*Technologiemanagement*" (2011) S. 113-114.

807 Vgl. Schuh et al. "*Technologiemanagement*" (2011) S. 114.

werden können. Parameter hingegen sind die am System zu variierenden Größen, welche das Systemverhalten und damit die Merkmale beeinflussen. Die Merkmale und Parameter für das vorliegende System sind bereits zuvor, innerhalb von Kapitel 5.1, vorstrukturiert worden. Es ist eine Methode notwendig, welche die Merkmale und Parameter für das Technologiescouting anwendungsgerecht aufbereitet. Hierzu wird im nachfolgenden auf Technologiesteckbriefe zurückgegriffen. Diese spannen die für eine Technologie relevanten Dimensionen in Form von Merkmalen und Parametern zunächst auf. Die Dimensionen sind anschließend durch die, innerhalb einer Anforderungssynthese, ermittelten Anforderungen in der jeweils notwendigen Ausprägung ergänzend zu quantifizieren.

Als Fallbeispiel ist in Abbildung 5.21 ein Technologiesteckbrief für einen CV-Nachverfolgungssystem detailliert worden. Aus den vorherigen Ausführungen ergeben sich die vier übergeordneten Dimensionen: Input, Bauteil, Konfiguration als auch Training und Betrieb. Diese vier Dimensionen sind auf Basis der heutigen Entwicklungsstands CV-basierter Nachverfolgungssysteme[808] definiert worden. Es ist darauf hingewiesen, dass sich diese Dimensionen gemäß dem jeweils vorliegenden Anwendungsfall erweitern oder ändern können. Innerhalb der Dimensionen sind unterschiedliche Parameter und Merkmale des jeweiligen CV-Nachverfolgungssystems aufgeführt. Eine detaillierte Definition der einzelnen Subdimensionen ist bereits in Kapitel 5.1 geschehen, weshalb an dieser Stelle nicht vertiefend darauf eingegangen wird.

[808] Vgl. Schuh et al. "*Part Recognition in Additive Production Systems using a Computer-vision Approach*" (2022).

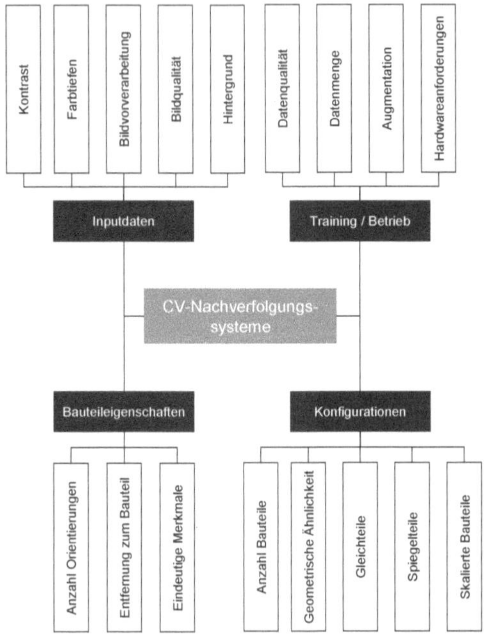

Abbildung 5.21: Relevante Eigenschaften von Algorithmen für Technologiesteckbriefe[809]

Im Anschluss sind technologische Suchfelder auf Basis der Technologiesteckbriefe abzuleiten. Es gilt insbesondere zu beachten, dass gleiche Suchfelder aus unterschiedlichen technologischen Komponenten existieren können. Insbesondere wenn die technologischen Komponenten direkt miteinander Interagieren, ergeben sich Suchfelder aus unterschiedlichen Perspektiven. Im vorliegenden Fallbeispiel ergeben sind Input Anforderungen innerhalb der technologischen Komponente des CV Algorithmus, welche gleich dem Output der vorgeschalteten Bildverarbeitung sein müssen.

Als Methode zur Definition der Suchfelder wird auf die im Technologiemanagement gängige Verwendung von Suchfeldhierarchien zurückgegriffen.[810] Die Suchfeldhierarchie gliedert Hauptsuchfelder, wie beispielsweise die Identifikation von Objekten mittels CV-Algorithmen in mehrere Untersuchfelder, wie beispielsweise MVCNN, CNN und R-CNN. Innerhalb der Untersuchfelder können dann je nach Bedarf weitere Untersuchfelder detailliert werden. Bei der Strukturierung der Suchfelder im Rahmen der Gestaltung einer CV-basierten Auftragsnachverfolgung, ist zwingend entsprechendes Domänen mit Expertenwissen zu verknüpfen, um die Qualität der Suchfelder sicherzustellen. Sind die Suchfelder detailliert und validiert, folgt die Beschaffung der notwendigen Informationen im Folgeschritt.

---

809 *Eigene Darstellung.*

810 Vgl. Schuh et al. "*Technologiemanagement*" (2011) S. 20 f.

Die Definition der technologischen Suchfelder stellt eine Strukturierung der Schnittstelle zwischen Gestaltungsmodell und Umwelt dar. Innerhalb der Suchfelder sind die Suchkriterien definiert, nach welchen im Folgeschritt gezielt gesucht werden kann. Hierdurch entsteht übergeordnet ein Informationsfluss ausgewählter Informationen aus der Umwelt in das Gestaltungsmodell.

5.2.3.3 Informationsbeschaffung

Die Informationsbeschaffung bildet den zweiten Gestaltungsaspekt innerhalb des CV-Technologiescoutings. Die Informationsbeschaffung ist Teil des übergeordneten Informationsverarbeitungsprozesses der Technologiefrüherkennung, welcher das Bindegliedzwischen der Informationsbedarfsbestimmung und der Informationsanalyse darstellt.[811] Das Ziel des Gestaltungsaspekts ist die Bereitstellung der für die weitere Analyse notwendigen technologischen Informationen zu CV-basierten Nachverfolgungssystemen in entsprechender Quantität und Qualität auf Basis der zuvor detaillierten technologischen Suchfelder. Hierzu ergeben sich in Anlehnung an Schuh drei inhaltliche Aspekte: Die Definition der Zuständigkeit, die Auswahl der Informationsquellen und die Definition des Detaillierungsgrads der Informationssuche.[812]

Die Definition der internen Zuständigkeit hängt maßgeblich davon ab, in welchem Ausmaß die Informationsbeschaffung die zukünftigen Geschäftstätigkeiten der Unternehmung beeinflusst. Als Extremausprägungen führen SCHUH ET AL. Megatrends und technologische Detailinformationen an.[813] Basierend darauf lässt sich der vorliegende Fall der Auslegung der Auftragsnachverfolgung direkt den technologischen Detailinformationen zuordnen, da durch diese eine inkrementelle Innovation zu erwarten ist.

Innerhalb der Auslegung der digitalen Auftragsnachverfolgung ist eine Zuständigkeit innerhalb des APS zu suchen. Hierbei sind insbesondere die praktische Erfahrung und das technische Grundverständnis für CV-Technologie vorauszusetzen. Eine weitere Möglichkeit ist externe Entitäten hinzuzuziehen, beispielsweise durch eine Kooperation mit Hochschulen und Universitäten. Dies verringert zudem den Einfluss des CV-Technologiescoutings auf das Tagesgeschäft.

Ist die interne Zuständigkeit definiert, müssen relevante Informationsquellen für die systematische Suche ausgewählt werden. Als relevante Informationsquellen gelten dabei Quellen, mit Hilfe derer eine optimale Erfüllung des Informationsbedarfs zu erwarten ist. Für stark forschungsorientierte Detailthemen eignen sich beispielsweise insbesondere Veröffentlichungen in Fachzeitschriften als Informationsquelle. Des Weiteren ist auf Primärinformationen über beispielsweise Direktkontakte zurückzugreifen, wenn die Validität der Informationen eine hohe Relevanz hat.[814] Über Direktkontakte ergibt sich zudem der Vorteil, dass implizites Wissen

---

[811] Vgl. Schuh et al. "*Technologiemanagement*" (2011) S. 121.

[812] Vgl. ebd. S. 121 f.

[813] Vgl. ebd. S. 121.

[814] Vgl. ebd. S. 122.

bezogen werden kann. Implizites Wissen beschreibt Wissen, welches nicht veröffentlicht wurde und damit den neusten Stand innerhalb eines Technologiefeldes.

Zudem ist der Prozess der Informationsbeschaffung auch direkt mit Kosten verbunden. Der überwiegende Teil der Kosten besteht in Personalkosten, ein kleineren Teil stellen zudem Sachkosten dar. Daher ist im Vorfeld der Informationsbeschaffung stets der Nutzen einzelner Informationsquellen den damit verbundenen Kosten gegenüberzustellen.[815]

Die Auslegung der digitalen Auftragsnachverfolgung basiert, wie innerhalb von Kapitel 2.2.5 aufgeführt, auf den neusten Entwicklungen im Bereich der künstlichen Intelligenz. Dieser Bereich ist im Forschungskontext dynamisch, neuste Erkenntnisse werden in kurzen Zeiträumen innerhalb von Journals, Konferenzen und White Papern veröffentlicht.[816] Hierbei ist eine Vielzahl unterschiedlicher Institutionen involviert. Zur Gestaltung der Informationsbeschaffung ist für den Nutzenden eine Übersicht der zur Verfügung stehenden Informationsquellen notwendig. Die Auswahl der jeweils relevanten Informationsquellen ist dann auf Basis des zugrundeliegenden individuellen Anwendungsfalls heranzuziehen. Eine Übersicht unterschiedlicher Wissensquellen inklusive von Bespielen als auch der spezifischen Vor- und Nachteile ist in Tabelle 5.1 dargestellt.

---

[815] Vgl. Schuh et al. "*Technologiemanagement*" (2011) S. 123-124.

[816] Vgl. Zhang et al. "*The AI Index 2021 Annual Report*" (2021).

Tabelle 5.1: Relevante Wissensquellen für das CV-Technologiescouting[817]

Quelle	Beispiele	Vorteile	Nachteile	Notwendiger eigener Wissensstand
Wissenschaftliche Publikationsdatenbanken	IEEE Xplore, SpringerLink	Aktuelle, wissenschaftlich hochwertige Forschungsarbeiten	Kostenpflichtig, erfordern hohes technisches Verständnis	◕
Fachzeitschriften und Konferenzbeiträge	ICCV, CVPR	Detaillierte Experimente und Performance Vergleiche	Kostenpflichtig, teilweise hoher Zeitaufwand für Vergleiche	◕
Online Bibliotheken und Archive	Github, TensorFlor Model Garden	Direkter Zugang zu Modellen und Quellcodes	Codequalität variabel, setzte Programmierkenntnisse voraus	●
Datenbanken für Algorithmen	MOT Challenge, KITTI Veision Benschmark Suite	Standardisierte Testdaten ermöglichen Vergleich	Hohes spezifisches Wissen zur Nachvollziehbarkeit notwendig	●
Kooperationen mit Forschungseinrichtungen	Fraunhofer Gesellschaft, Universitäten	Konsolidierter Einblick in den Stand der Forschung	Oftmals geringes praktisches Verständnis schränkt Austausch ein	◑
Kooperationen mit Softwaredienstleistern	Reanmo GmbH, ProductionAI GmbH	Hohes praktisches Verständnis erleichtert Austausch	Potentiell geringeres Wissen über neusten Stand der Forschung	◔

Anhand Tabelle 5.1 wird deutlich, dass die Informationsbeschaffung je nach Informationsquelle einen unterschiedlichen Wissensstand im Bereich der CV-Algorithmen voraussetzt. Beispielweise ist ein tiefes Verständnis notwendig, um die innerhalb der Suchfelder definierten Informationen aus den Datenbanken für Algorithmen zu extrahieren. Hingegen bietet die Kooperation mit Softwaredienstleistern eine Möglichkeit, wenn kein tiefes Verständnis zu CV-gestützten Algorithmen vorhanden ist.

Abschließend muss der Detaillierungsgrad innerhalb der Informationsbeschaffung den in Kapitel 5.3.2.2 definierten Suchfeldern gerecht werden. Dies kann über die Abdeckung der innerhalb des Technologiesteckbriefe geforderten Dimensionen überprüft werden. Fehlen einzelne Informationen zu Merkmalen und Parametern, ist zunächst zu prüfen, inwiefern dies die spätere Informationsbewertung einschränkt. Eine hohe Einschränkung kann beispielsweise durch fehlende Informationen zur Erkennungsrate ausgehen, da diese einen wesentlichen Einfluss auf die Berechnung der Wirtschaftlichkeit eines CV-Nachverfolgungssystems hat.[818] Eine optimale Informationsbeschaffung liefert Informationen zu allen im Technologiesteckbrief aufgeführten Subdimensionen.

[817] *Eigene Darstellung.*

[818] Vgl. Schuh et al. "*Part Recognition in Additive Production Systems using a Computer-vision Approach*" (2022) S. 100-101.

5.2.3.4 Zusammenfassung des Verhaltenselements CV-Technologiescouting

Das Verhaltenselement CV-Technologiescouting definiert die Schnittstelle zwischen Gestaltungsmodell und Umwelt. Dies geschieht innerhalb der Konkretisierung der beiden Gestaltungsaspekte des Informationsbedarfs und der Informationsbeschaffung. Übergeordnet werden durch das Verhaltenselement die fachlichen Anforderungen FA4 und FA5 als auch die inhaltlichen Anforderung IA3 adressiert. Die Strukturierung des notwendigen Informationsbedarfs und die gezielte Suche nach diesen Informationen bildet die Voraussetzung einer zielführenden Auslegung der digitalen Auftragsnachverfolgung innerhalb von APS ab. Gleichzeitig wird durch das Verhaltenselement die Wechselwirkung zwischen Gestaltungsmodell und Umwelt in Form eines gerichteten Informationsflusses detailliert.

5.3 Aktivitätselemente

Im dritten Abschnitt werden die Aktivitätselemente zur digitalen Auftragsnachverfolgung innerhalb von APS detailliert. Die Aktivitätselemente erzeugen den Nutzen des Gestaltungsmodells in Form der Strukturelemente und orientieren sich an den normativen Randbedingungen der Verhaltenselemente. Der Anwendende soll durch das nachfolgende Kapitel eine Antwort auf die Frage bekommen, wie er oder sie die digitale Auftragsnachverfolgung bei sich im APS gestaltet und operativ umsetzt. Das vorliegende Kapitel ist hierzu in drei Abschnitte gegliedert. Zunächst folgt die Synthese von Anforderungen an die digitale Auftragsnachverfolgung. Auf Basis der Anforderungen wird dann ein Technologiescouting durchgeführt. Im letzten Abschnitt wird die operative Umsetzung detailliert.

5.3.1 Datenvorbereitung

Um Anforderungen auf die digitale Auftragsnachverfolgung innerhalb von APS detaillieren zu können, ist es zunächst notwendig zu definieren, welche Daten zur Synthese der Anforderungen relevant sind. Diese Daten müssen erhoben und anschließend für die weitere Analyse anforderungsgerecht aufbereitet werden. Im nachfolgenden ist eine Detaillierung notwendig, welche detailliert, welche Daten für die Gestaltung der digitalen Auftragsnachverfolgung innerhalb von APS relevant sind, wie diese zu erheben und aufzubereiten sind. Zur Identifikation relevanter Daten für die Gestaltung der digitalen Auftragsnachverfolgung innerhalb von APS muss zunächst definiert werden, welche Faktoren die digitale Auftragsnachverfolgung beeinflussen. Diese Faktoren werden im Rahmen der vorliegenden Arbeit als Teil der Verhaltenselemente detailliert. Innerhalb des Kapitels 5.2 wurde basierend auf den Ausführungen von OBST ET AL. und SCHUH ET AL. detailliert, wie Faktoren systematisch zu erfassen sind.

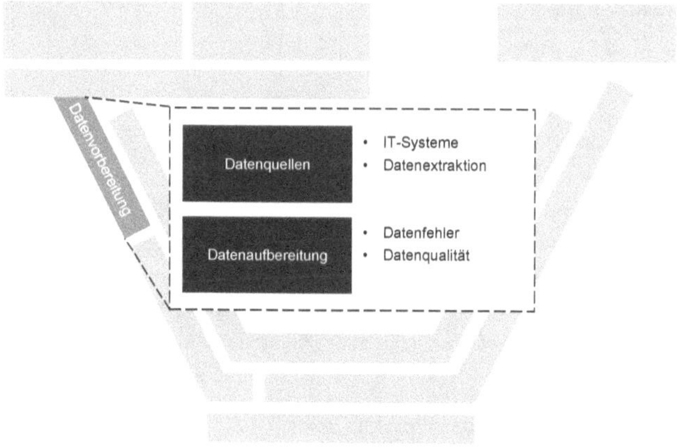

Abbildung 5.22: Detaillierung des Aktivitätselements Datenvorbereitung[819]

[819] *Eigene Darstellung.*

5.3.1.1 Datenquellen

Nachdem die Einflussfaktoren für den jeweils individuell vorliegenden Anwendungsfall synthetisiert sind, müssen diese Einflussfaktoren in ihrer Ausprägung detailliert werden. Dazu dienen historische Daten des jeweils vorliegenden APS. Im Produktionsumfeld wird übergeordnet eine Unterscheidung in Bestands- und Bewegdaten getroffen.[820] Diese Daten liegen in der Regel in unterschiedlichen digitalen Systemen im jeweiligen APS vor. Für die innerhalb von Kapitel 5.2 definierten Einflussfaktoren sind in Anlehnung an Sauermann die jeweils typischen Speicherorte innerhalb von Abbildung 5.24 beschrieben.

Tabelle 5.2: Relevante Produktionsdatenarten und deren typische Speicherorte[821]

	IT-Systeme	ERP	MES	PDM/PLM	ERM/SRM	BDE/MDE	CAD	CAPP	CAE	CAM	CAQ
	Stücklisten	X	X	X							
	Personalstammdaten	X	X								
Stammdaten	Kunden-/Lieferantendaten	X	X		X						
	Arbeitspläne	X	X	X				X			
	Produkt-/Konstruktionsdaten	X	X	X			X		X	X	
	Auftragsdaten	X	X			X					
	Personalbezogene Daten	X	X	X		X					
Bewegungsdaten	Maschinendaten		X			X					
	Lager-/Materialdaten	X	X	X		X					
	QM-Daten		X			X					X

Hierbei kann sich für Nutzende des Gestaltungsmodells die Herausforderung ergeben, dass nicht für alle vorliegenden Einflussfaktoren Daten vorliegen. Insbesondere in KMUs kommen meist keine dedizierten ME-Systeme zum Einsatz, wodurch sich das extrahieren detaillierte Prozessdaten erschwert.[822] Für fehlende Daten gilt es deshalb, entweder das jeweils vorliegende Erfahrungswissen sinnvoll zu nutzen oder eine umfangreiche Datenerfassung durchzuführen.

Sind die relevanten Daten identifiziert, gilt es diese im nächsten Schritt für die Datenauswertung zentral zu sammeln und aufzubereiten. Da IT-Systeme in der Regel keine Möglichkeit zur umfassenden Datenaufbereitung und Datenanalyse bereitstellen, wird eine flexiblere Lösung

[820] Vgl. Sauermann "*Datenbasierte Prognose und Planung auftragsspezifischer Übergangszeiten*" .

[821] Vgl. ebd.

[822] Vgl. Babel "*Systemintegration in Industrie 4.0 und IoT*" (2024) S. 164.

empfohlen. Dieser Lösung müssen allerdings im ersten Schritt die jeweils relevanten Daten bereitgestellt werden. Hierfür sind die Daten zunächst aus den jeweiligen IT-Systemen zu extrahieren. Dabei kommt im Stand der Technik oftmals das Datenaustauschformat Comma-Separated-Values (CSV) zum Einsatz. Das Dateiformat beschreibt dabei den Aufbau einer Textdatei, mit Hilfe der, strukturierte Daten ausgetauscht werden können.[823] CSV-Dateien werden dann eine entsprechende Lösung zur Datenaufbereitung und Datenanalyse eingeladen. Typische zum Einsatz kommende Lösungen sind Tabellenkalkulationsprogramme wie Excel, oder auch dedizierte Lösungen für die KI-basierte Datenanalyse wie Orange.[824] Die Auswahl der jeweiligen Lösungen ist vom Anwendungsfall abhängig und hierdurch den Nutzenden des Gestaltungsmodells überlassen.

5.3.1.2 Datenaufbereitung

Die Aufbereitung der Daten spielt für die nachfolgende Analyse eine zentrale Rolle, da die Qualität und Struktur der Daten einen maßgeblichen Einfluss auf das Analyseergebnis haben. Innerhalb der Aufbereitung werden die zuvor erhobenen Daten aus den unterschiedlichen Datenquellen konsolidiert und zu einem einzelnen Datensatz verschmolzen.[825] Hierbei kann es durchaus vorkommen, dass einzelne Datenpunkte aus unterschiedlichen Datenquellen den gleichen Sachzusammenhang modellieren. Diese und weitere Fehler werden im Rahmen der Datenaufbereitung behoben.

Typisch vorliegende Fehler in Daten sind bereits umfangreich durch Literatur[826, 827, 828] beschrieben, hierauf wird nur verkürzt im Rahmen der vorliegenden Arbeit eingegangen. Zunächst können für das Analyseziel zu wenige oder nicht repräsentative Daten vorliegen. Gab es im definierten Beobachtungszeitraum beispielsweise besondere Ereignisse, wie beispielsweise den Ausbruch der Covid-19 Pandemie, dann können die Daten in diesem Zeitraum durch beispielsweise eine geringe Auslastung des APS, von der Norm abweichen. Die vorliegenden Daten können zudem fehlerhaft sein. Neben fehlenden Werten innerhalb der Daten können auch Fehler bei der Erfassung der Daten zu Inkonsistenzen führen. Beispielsweise können Tipp-Fehler von Mitarbeitenden innerhalb von Freifeldern eines ERP vorkommen. Bei numerischen Werten können Ausreißer vorkommen. Ausreißer beschreiben Datenpunkte, die sich deutlich von anderen Werten eines Datensatzes abheben und außerhalb des für die Datenpunkte typischen Wertebereichs liegen.[829]

Zur Vermeidung inkonsistenter Daten und damit der Verringerung des Aufwands der Aufbereitung im Nachgang, wird empfohlen, einen einheitlichen Datenkatalog aufzubauen. In die-

---

[823] Vgl. Deutsche Nationale Bibliothek "*CSV – Comma-separated values*" (2024).

[824] Vgl. Boos et al. "*Erfolgreich Daten analyieren im Werkzeugbau*" (2024) S. 21.

[825] Vgl. Papp et al. "*Handbuch Data Science*" (2019) S. 133.

[826] Vgl. ebd. S. 134 f.

[827] Vgl. Sauermann "*Datenbasierte Prognose und Planung auftragsspezifischer Übergangszeiten*" .

[828] Vgl. Gluchowski "*Datenmanagement und Datenanalyse*" (2024).

[829] Vgl. Papp et al. "*Handbuch Data Science*" (2019) S. 133 f.

sem Datenkatalog kann dann fest definiert werden, welche Form einzelne Datenpunkte Systemübergreifend haben müssen. Dies bedeutet, nach erfolgreicher Umsetzung können Datenpunkte aus unterschiedlichen Datenquellen wie durch einen Katalog ausgewählt und kombiniert werden können.[830]

5.3.2 Anforderungssynthese

Ziel der Identifikationskonfiguration ist die Definition der Konfigurationen, aus denen Bauteile innerhalb des APS mit Hilfe von CV-Technologie erkannt werden müssen. Damit bildet das Ergebnis der Identifikationskonfiguration und der nachfolgenden Identifikationscluster die Basis für das CV-Technologiescouting im Folgeschritt. Die Voraussetzung der Synthese der Konfigurationskonfiguration sind die erhoben Daten zu Beschreibung des innerhalb von Kapitel 5.2 definierten Produkt- als auch Prozessspektrums eines vorliegenden APS.

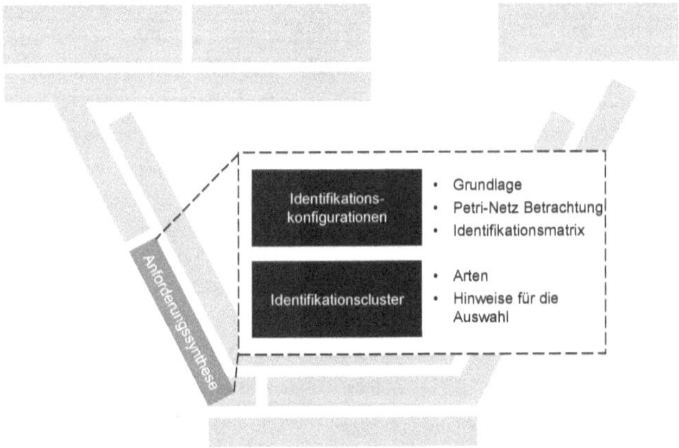

Abbildung 5.23: Detaillierung des Aktivitätselements Anforderungssynthese[831]

5.3.2.1 Grundlagen

In Anlehnung an SCHUH ET AL.[832] beschreibt die Identifikationskonfiguration die fundamentale technische Herausforderung ein Bauteil P aus einer Gesamtmenge eines Batches B zu erkennen. Diese Konfiguration kann sich über mehrere Stellen innerhalb einer Prozesskette ändern, beispielsweise, wenn Bauteile nach einem Vorgang in einem neuen Batch zusammengefasst prozessiert werden. Innerhalb von Kapitel 3.2.7 ist der Sachzusammenhang in Abbildung 3.7 verdeutlicht. Zur Ableitung der Identifikationskonfigurationen innerhalb eines vorliegenden

[830] Vgl. Papp et al. "*Handbuch Data Science*" (2019) S. 134.

[831] *Eigene Darstellung.*

[832] Vgl. Schuh et al. "*Product- and Process-related Influencing Factors for Computer-Vision based Tracing in Additive Manufacturing*" (2024) S. 5.

APS müssen Bewegdaten aus historischen Aufträgen analysiert und die jeweils vorliegenden Batches des jeweiligen Schrittes innerhalb aller Prozessketten identifiziert werden.

Um Identifikationskonfigurationen innerhalb historisches Fertigungsaufträge zu identifizieren, braucht es eine Methode zur Analyse der innerhalb von Kapitel 5.3.1.2. erhobenen Daten. Diese Methode muss speziell für die Analyse von Bewegdaten geeignet sein und den Prozessfluss innerhalb der historischen Daten erfassen und strukturieren. Hierzu wird das Process Mining im Rahmen der vorliegenden Arbeit herangezogen. Process Mining umfasst Methoden der Analyse von Ereignisdaten mit dem Ziel der Verbesserung realer, operativer Prozesse.[833] Das Process Mining wird oftmals zur Identifikation von Engpässen oder der Beurteilung einer Prozessperformance herangezogen.[834]

Der Begriff Ereignisdaten beschreibt dabei historische, aus den jeweiligen Informationssystemen bezogene Daten über Ereignisse eines Geschäftsprozesses. Ereignisdaten können analog zu den in Kapitel 5.1 definierten Bewegdaten verstanden werden. Innerhalb der Methoden des Process Minings werden diese Daten zunächst in ein passendes Format überführt, anschließend Prozessmodelle aus den Daten extrahieren, diese auf Konformität geprüft um abschließend Identifikationskonfigurationen abzuleiten.

Für alle Methoden innerhalb des Process Minings gilt ein Prozess als Sammlung von Aktivitäten, mit der der vollständige Lebenszyklus einer Prozessinstanz beschrieben werden kann. Daraus ergeben sich als Mindestanforderung drei Elemente: eine Prozessinstanz, ein Identifikator und eine Aktivität. Die Prozessinstanz ordnet jedes Ereignis eindeutig einer spezifischen Verkettung von Prozessen, beispielsweise in Form eines Produktes, zu. Als Prozessinstanz wird für den vorliegenden Fall der jeweilige Fertigungsauftrag eines einzelnen Bauteils herangezogen. Die einzelnen Bearbeitungsschritte des Fertigungsauftrags sind demnach als Aktivitäten zu verstehen. Um die Aktivitäten im Nachgang in ihrer real abgelaufenen Reihenfolge ordnen zu können, ist ein Identifikator notwendig. Die Definition von Identifikationskonfigurationen setzt voraus, dass unterschiedliche Fertigungsaufträge untereinander in Beziehung gebracht werden können. Aus diesen Grund ist es zwingend notwendig, dass der Identifikator dies ermöglicht. Eine gängige Praxis ist die Nutzung eines Zeitstempels als Identifikator.[835] Die zuvor definierte Struktur der Ereignisdaten ist in Abbildung 5.25 beispielhaft für zwei fiktive Fertigungsaufträge dargestellt.

[833] Vgl. van der Aalst "*Process Mining: A 360 Degree Overview*" (2022) S. 3.

[834] Vgl. ebd. S. 4.

[835] Vgl. ebd. S. 5 f.

Tabelle 5.3: Rohdaten der fiktiven Fertigungsaufträge[836]

Fertigungsauftrag	Zeitstempel	Aktivität
X28Y29Z30	30.12.2024 10:45:35	Strahlen
X28Y29Z30	30.12.2024 11:34:34	Versand
A30B31C32	06.09.2024 12:03:02	AM Prozess Polymer
A30B31C32	15.09.2024 08:01:01	Versand
X28Y29Z30	27.12.2024 10:34:34	AM Prozess Metall
A30B31C32	10.09.2024 11:30:30	Lackieren
A30B31C32	12.12.2024 09:23:23	QM
X28Y29Z30	28.12.2024 14:29:29	Manuelle Nacharbeit
X28Y29Z30	30.12.2024 11:05:05	QM
A30B31C32	08.09.2024 15:30:30	Entpulvem Polymer

Innerhalb des Process Minings beschreibt die Prozessmodellierung die gezielte Auswertung der Ereignisdaten zu Prozessmodellen. Hierfür stehen unterschiedliche Modellierungssprachen und Notationen zur Verfügung.[837] Beispiele sind Petri Netze[838], Workflow Netze[839], Business Process Model[840] Notation oder auch Direct-Follows- Graph[841]. Die zu verwendende Methode ist auf Basis der sich aus der spezifischen Fragestellung ergebenden Anforderungen zu wählen.[842] Für den Fall der Synthese der Identifikationskonfigurationen, muss das Prozessmodell den Fluss der Fertigungsaufträge über einen definierten Beobachtungszeitraum darstellen können. Dieser Fluss inkludiert die Darstellung der Zusammenkunft mehrerer Fertigungsaufträge in Form von Identifikationskonfigurationen.

5.3.2.2 Identifikationskonfigurationen

Petri Netze können diese Anforderungen erfüllen. Petri Netze stellen dabei die älteste und am meisten untersuchte Prozessmodellierungsart dar. Diese wurden ursprünglich für die Abbildung des Verhaltens verteilter Systeme entwickelt und können nebenläufige Prozesse abgebildet werden. Durch letzteres kommen Petri Netze häufig bei der Analyse von Engpässen innerhalb von Produktionssystemen zum Einsatz.[843] Petri Netze sind Graphen und bestehen aus vier Grundelementen: Transitionen, Stellen, Token und Kanten. Stellen zeigen den Status des Modells auf, während Transitionen die Aktivitäten abbilden. Stellen und Transitionen sind über gerichtete Kanten miteinander verknüpft. Dabei verknüpft eine Kante stets eine Stelle mit einer Transition oder umgekehrt. Stellen können Token enthalten und gelten als markiert, wenn dies der Fall ist. Das zu den in Tabelle 5.3 definierten Fertigungsaufträgen gehörende

[836] *Eigene Darstellung.*

[837] Vgl. van der Aalst "*Process Mining*" (2016) S. 60 f.

[838] Vgl. ebd. S. 60.

[839] Vgl. ebd. S. 65.

[840] Vgl. ebd. S. 69.

[841] Vgl. van der Aalst "*Process Mining: A 360 Degree Overview*" (2022) S. 10.

[842] Vgl. van der Aalst "*Process Mining*" (2016) S. 44 f.

[843] Vgl. ebd. S. 60 f.

Petri Netz ist in Abbildung 5.23 dargestellt. Es ist zu beachten, dass das in Abbildung 5.23 dargestellte Netz nur einen einzelnen Zeitpunkt t abbildet. Für jeden Zeitpunkt t innerhalb der zuvor definierten Beobachtungsperiode existiert ein gesonderter Zustand des Netzes.

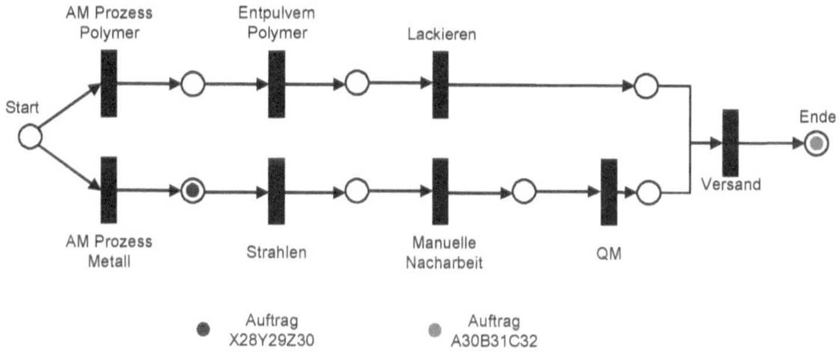

Abbildung 5.24: Petri-Netz zu den zuvor vorgestellten fiktiven Fertigungsaufträgen[844]

Aus Abbildung 5.23 wird ersichtlich, dass Petri Netze im Rahmen der vorliegenden Arbeit für die Synthese von Identifikationskonfigurationen herangezogen werden können. Da innerhalb der Netze Token einzelne Fertigungsaufträge darstellen, kann über den Beobachtungszeitraum ermittelt werden, wann welche Fertigungsaufträge gemeinsam in einem Prozess bearbeitet werden und wann eine Identifikation der einzelnen Bauteile notwendig ist. Diese Bedingungen lassen sich für den Anwendenden des Gestaltungsmodells mathematisch herleiten. Zunächst sei angenommen, dass M_t der Markierungsvektor zum Zeitpunkt t ist, welcher den Zustand der Fertigungsaufträge F_x im Prozess abbildet. Fertigungsaufträge sind dabei als Aufträge definiert, welche nur ein einzelnes Bauteil beinhalten. Zusätzlich ist der Vektor M_{t+1} zum Zeitpunkt t+1 gegeben, welcher die Markierung des Petri Netzes für den späteren Zeitschritt abbildet.

$$M_t = \begin{pmatrix} 0 \\ F_1F_2F_3 \\ 0 \end{pmatrix} \qquad M_{t+1} = \begin{pmatrix} 0 \\ F_1 \\ F_2F_3 \end{pmatrix}$$

Formel 5.1: Zustandsvektor der Produktionsaufträge

Es ist zu erkennen, dass Fertigungsauftrag F_1 zwischen den Zeitpunkten t und t+1 nicht verändert wird, während F_2 und F_3 eine neue Markierung annehmen. Daraus folgt, dass F_2 und F_3 einem Prozess, im Fall der Petri Netze einer Transition, zugeführt wurden. Um die für diesen Prozess notwendige Identifikationen auf dem Shopfloor zu beschreiben, werden die beiden

[844] *Eigene Darstellung.*

Vektoren zunächst voneinander subtrahiert und nur die positiven Einträge der Differenz im einem Vektor D_+ betrachtet:

$$D_+ = M_t - M_{t+1} = \begin{pmatrix} 0 \\ F_2F_3 \\ 0 \end{pmatrix}$$

Formel 5.2: Differenzvektor der Zustandsvektoren

Anschließend folgt das Zusammensetzen der Identifikationsmatrix ID_t für den Zeitpunkt t aus dem Markierungsvektors M_t zum Zeitpunkt t mit dem Differenzvektor D_+. Hieraus kann die für die Transition notwendige Identifikation und die dazugehörige Identifikationskonfiguration in Form des Identifikationsproblems ermittelt werden. Dazu sind die Zeilen der Identifikationsmatrix als Identifikationsproblem zu deuten.

$$ID_t = \begin{bmatrix} 0 & 0 \\ F_1F_2F_3 & F_2F_3 \\ 0 & 0 \end{bmatrix}$$

Formel 5.3: Identifikationsmatrix

Mit dem entsprechenden Identifikationsproblem zum Zeitpunkt t gemäß der zweiten Matrixzeile: Aus den Fertigungsaufträgen F_1, F_2, F_3 müssen die Fertigungsaufträge F_2 und F_3 identifiziert werden. Um alle über den Betrachtungszeitraum anfallenden Identifikationsprobleme zu erfassen, müssen die Identifikationsmatrizen für alle Zeitpunkte ermittelt werden. Die Gesamtmenge der Identifikationsmatrizen dient als Grundlage zur Synthese von Identifikationsclustern im Folgeschritt.

5.3.2.3 Identifikationscluster

Identifikationscluster bilden eine Zusammenfassung gleicher oder ähnlicher Identifikationskonfigurationen. Cluster reduzieren die Anzahl der möglichen Ausprägungen, indem diese Ausprägungen zusammenfassen, welche in sich ähnlich sind. Für die zuvor abgeleiteten Identifikationskonfigurationen ist eine Zusammenfassung in Cluster notwendig, um die große Zahl der Identifikationskonfigurationen in eine für das nachfolgende CV-Technologiescouting verwertbare Menge zu bringen. Diese Menge wird nachfolgend als Identifikationscluster beschrieben.

Um diese Identifikationscluster bilden zu können, ist es notwendig, zunächst für das jeweilige APS gültige unternehmensinterne oder –externe Randbedingungen zu analysieren und diese den Identifikationskonfigurationen in Form von Metadaten den bestehenden Metadaten zuzuordnen. Auf Basis der Gesamtmenge an Identifikationskonfigurationen inkl. der Metadaten können dann Cluster gebildet werden. Die Art der Clusterbildung ist dabei vom jeweiligen Anwendungsfall abhängig und vom Nutzenden des Gestaltungsmodells auszuwählen. Nachdem Identifikationscluster synthetisiert sind, folgt eine Überführung dieser in konkrete Anforderungen.

Innerhalb der zuvor ermittelten Identifikationskonfiguration wurden lediglich die Bauteilbezeichnungen, ersichtlich in Tabelle 5.3, berücksichtigt. Dies ist für eine Modellierung der Fertigungsaufträge innerhalb von Petri Netzen notwendig und stellt eine Abstraktion der Realität dar. Die als Ergebnis der Analyse ermittelten Identifikationskonfigurationen sind demnach auch abstrakt, da diese lediglich eine Menge von Bauteilbezeichnungen darstellen. Um aus den Identifikationskonfigurationen ähnliche oder gleiche ermitteln zu können, ist es zunächst notwendig, den Identifikationskonfigurationen Metadaten zuzuordnen.

Metadaten bezeichnen alle im APS vorhanden Informationen zu einem Bauteil, welche eine Relevanz in Bezug auf eine CV-basierte Identifikation besitzen. Diese können anhand der in den Verhaltenselementen definierten Einflussfaktoren abgeleitet werden. Eine Unterscheidung erfolgt in produktseitige, prozessseitige und weitere Metadaten.

Produktseitige Metadaten sind Metadaten, die direkt dem Bauteil zuzuordnende Eigenschaften. Dazu zählen in Anlehnung an die Inhalte des Kapitels 5.2.1 beispielsweise die Farbe eines Bauteils, das Vorhandensein eines Spiegel- oder Gleichteils oder auch das verwendete Material. Es gilt insbesondere zu beachten, dass in Anlehnung an 5.17 die Eigenschaften eines Bauteils über den Prozess erzeugt oder verändert werden. Prozessseitige Metadaten ergeben sich aus der Fertigungsfolge eines Bauteils und können anhand der in Kapitel 5.1.3 detaillieren Einflussfaktoren definiert werden. Ein Beispiel sind an den Bauteilen haftende Pulverreste. Zuletzt sind weitere Metadaten in Form von Normen oder Randbedingungen zu berücksichtigen, analog den detaillierten Verhaltenselementen innerhalb von Kapitel 5.2.1. Normen können beispielsweise eine Identifikation über Data-Matrix-Codes vorgeben, wodurch die Anwendbarkeit von CV-Algorithmen zur geometriebasierten Identifikation nicht möglich ist.

Nachdem die Identifikationskonfigurationen mit relevanten Metadaten angereichert wurden, ist eine Clusteranalyse möglich. Die Clusteranalyse bildet den zweiten Gestaltungsaspekt innerhalb der Identifikationscluster ab. Diese dient dem Zweck, Ähnlichkeitsstrukturen innerhalb der Identifikationskonfigurationen zu ermitteln. Die mit Hilfe der Clusteranalyse gefundenen Gruppen ähnlicher Identifikationskonfigurationen werden als Identifikationscluster bezeichnet. Für die Clusteranalyse können unterschiedliche Algorithmen zum Einsatz kommen, welche sich in mehreren Aspekten unterscheiden. Der Ähnlichkeitsbegriff eines Algorithmus beschreibt, welche Aspekte der zugrundeliegenden Objekte inwiefern voneinander abweichen dürfen um Objekte der gleichen Gruppe zuzuordnen. Darüber hinaus unterscheiden sich Algorithmen in ihrer Komplexität und der Toleranz gegenüber Ausreißern der zugrundeliegenden Daten.

Typische Vertreter von Algorithmen zur Clusteranalyse sind das partitional Clustering, das hierarchische Clustering und das dichtebasiertes Clustering. Partitionales Clustering teilt die Datenmenge in k nicht überlappende Cluster auf. Ein innerhalb der partitionalen Verfahrens populärer Algorithmus ist das K-Means Verfahren. Hierarchisches Clustering erstellt auf Basis der Daten hierarchische Baumstrukturen, die repräsentieren, nach welcher Logik Cluster unterschieden werden. Das Agglomative Clustering startet hierbei mit jedem Datenpunkt als eigenes Cluster und fusioniert diese iterativ soweit wie möglich zu neuen Clustern. Zuletzt bestimmt das dichtebasierte Clustering Cluster auf Basis der Dichte von Datenpunkten in bestimmten Bereichen. Algorithmen wie der DBSCAN bildet Cluster aus Dicht verbundenen Punkten und klassifiziert damit Ausreißer. Neben den zuvor aufgeführten Algorithmen existiert eine Vielzahl weitere Algorithmen, auf die an dieser Stelle nicht weiter eingegangen wird.

Für das Clustering der vorliegenden Daten muss vom Nutzenden des Gestaltungsmodells ein Algorithmus ausgewählt werden. Hierzu muss definiert werden, welche Kriterien bei der Auswahl durch den Nutzenden zu berücksichtigen sind. Zunächst sind durch den Nutzenden Kriterien zu definieren, welche die Anwendung von CV-Algorithmen zur geometriebasierten Identifikation gänzlich ausschließen. Dies kann beispielsweise durch die Verwendung von Data-Matrix-Codes auf Bauteilen der Fall sein. Zudem können durch Normen oder Zertifizierung bestimmte Identifikationsmethoden vorgeschrieben sein. Entsprechend sind Identifikationskonfigurationen aus den Daten zu entfernen. Da die Anzahl der Cluster vor der Analyse unbekannt ist, muss dies in der Auswahl eines Verfahrens als Kriterium berücksichtigt werden. Zudem muss eine Interpretierbarkeit der Cluster im Nachgang gewährleistet sein. Weichere Kriterien für die Auswahl eines Algorithmus sind die Flexibilität oder auch Geschwindigkeit des Algorithmus. Zuletzt kann das Testen mehrerer Algorithmen zum gewünschten Ergebnis führen.

Die Clusterdefinition bildet die Grundlage für die Beschreibung der Anforderungen eines jeden Clusters. In der vorliegenden Arbeit wird das MBSE herangezogen, um Anforderungen eindeutig zu detaillieren. Hierzu wird auf das innerhalb der SysML definierte Anforderungsdiagramm zurückgegriffen. Zunächst wird innerhalb eines Anforderungsdiagramms die Anforderungskategorie der „Identifikation" definiert. Diese wiederum beinhaltet die zuvor abgeleiteten Identifikationscluster. Die Anforderungskategorie wird mit den Anforderungen aus den einzelnen Identifikationsclustern über eine „composite" Beziehung verknüpft. Ein Beispiel ist nachfolgend auf Basis der zuvor ermittelten Identifikationscluster in Abbildung 5.24 dargestellt. Die Beschreibung der Identifikationscluster kann über die zuvor definierten Metadaten weiter detailliert werden. Die detaillierte Beschreibung der Identifikationscluster bildet dann die Grundlage für das nachfolgende CV-Technologiescouting.

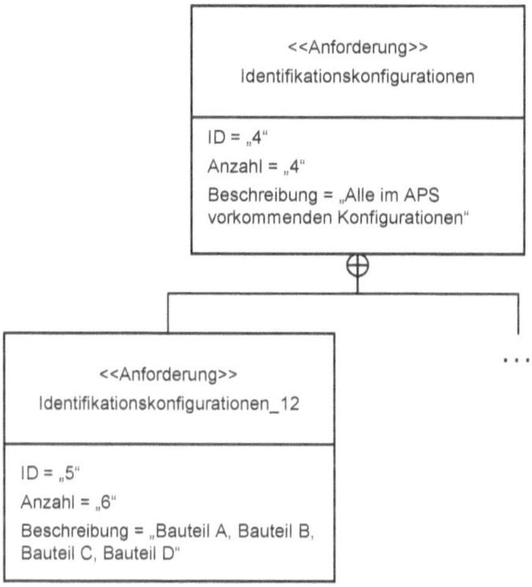

Abbildung 5.25: Anforderungsdiagramm für Identifikationskonfigurationen[845]

5.3.3 Operative Umsetzung

Das Ziel des dritten Aktivitätselements innerhalb des Gestaltungsmodells ist die Gestaltung der operativen Umsetzung einer technischen Lösung zur digitalen Auftragsnachverfolgung. Um die durch die technische Lösung implizierten Potentiale ganzheitlich heben zu können, sind die Gestaltungsaspekte dieser Entwicklung ganzheitlich zu detaillieren. Die Umsetzung der digitalen Auftragsnachverfolgung auf dem Shopfloor von APS wird im nachfolgenden, in Anlehnung an die Ausführungen von GRÄßLER[846] und STITTGEN[847], in drei konsekutive Phasen unterteilt: Die Vorbereitungsphase, die Entwicklungsphase und die Anwendungsphase. Durch eine Berücksichtigung aller drei Phasen ist eine ganzheitliche Betrachtung der Gestaltung der operativen Umsetzung sichergestellt.

Innerhalb der Vorbereitungsphase werden zunächst Gestaltungsaspekte detailliert, welche vor Start des Entwicklungsprozesses zu beachten sind. Hierbei werden sowohl Gestaltungsaspekte der Aufbauorganisation als auch der Ablauforganisation beschrieben. Aufbauend darauf, werden die Gestaltungsaspekte der Entwicklungsphase selbst detailliert. Auf Basis des Ergebnisses der Entwicklungsphase werden die Gestaltungsaspekte der Anwendungsphase

[845] *Eigene Darstellung.*

[846] Vgl. Gräßler et al. "*Kernelement Entwicklungsmethodik – Systeme sachlogisch vernetzt entwickeln*" (2022).

[847] Vgl. Stittgen "*Grundlagen zur produktionslogistischen Positionierung im Umfeld der Additiven Fertigung am Beispiel des Laser Powder Bed Fusion*" .

beschrieben. Die Gestaltungsaspekte des Aktivitätselements der operativen Umsetzung sind nachfolgend zusammenfassen dargestellt.

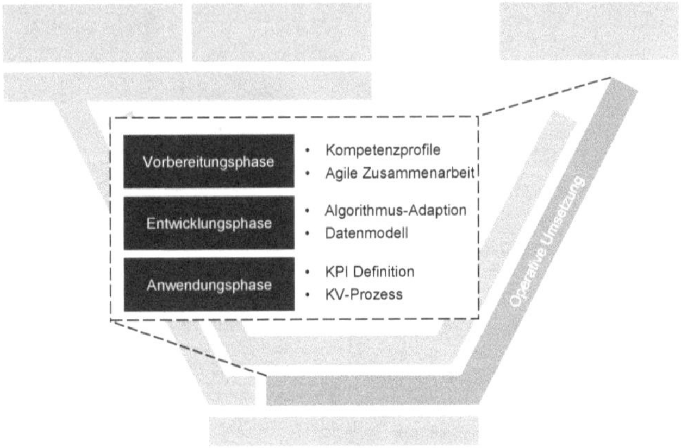

Abbildung 5.26: Detaillierung des Aktivitätselements Operative Umsetzung[848]

5.3.3.1 Vorbereitungsphase

Nachdem alle notwendigen Informationen beschafft wurden, müssen diese der jeweiligen Fragestellung entsprechend aufbereitet, verdichtet und bewertet werden. Ziel der Informationsbeschaffung ist die Bereitstellung notwendiger Informationen für Technologieentscheidungen.[849] Die Informationsbewertung umfasst nach Schuh die Filterung der erhobenen Informationen, die detaillierte Analyse und die Prognose zukünftiger Entwicklungen. Die Auswahl des geeigneten Bewertungsansatzes erfolgt dabei unter Berücksichtigung der jeweils spezifischen Ziele.[850]

Auf Basis der Informationsbeschaffung sind die für die CV-basierte Auftragsnachverfolgung relevanten Ansätze bestimmt. Diese müssen nachfolgend in Hinblick auf die Anwendbarkeit innerhalb des jeweiligen APS analysiert und der Mehrwert der Anwendung quantifiziert werden. Dazu wird auf ein zweistufiges Verfahren zurückgegriffen. Im ersten Schritt werden unterschiedliche Entwicklungsszenarien erstellt, auf Basis derer im zweiten Schritt eine Return On Invest (ROI) Rechnung aufgestellt wird. Durch das zweistufige Vorgehen sind sowohl technische als auch betriebswirtschaftliche Faktoren des potentiellen Einsatzes einer CV-basierten Auftragsnachverfolgung beleuchtet. Damit steht eine holistische Entscheidungsgrundlage zum Einsatz der Technologie zur Verfügung.

Zur Analyse potentieller Entwicklungsszenarien eines Betrachtungsgegenstands kann die Szenariotechnik zum Einsatz kommen. Diese bildet den methodischen Rahmen des ersten

848 *Eigene Darstellung.*

849 Vgl. Schuh et al. "*Technologiemanagement*" (2011) S. 130.

850 Vgl. ebd. S. 131.

Schritts. Ziel der Szenariotechnik ist das Erkennen zukünftiger Chancen und Risiken um darauf aufbauend strategische Entscheidungen zu treffen. Innerhalb der Szenariotechnik werden deshalb nicht nur wahrscheinliche, konventionelle oder vernünftige Annahme über die Zukunft berücksichtigt, sondern auch Störfaktoren und Unsicherheiten.[851] Mittels der Szenariotechnik können Entwicklungen auf Basis qualitativer und quantitativer Daten ganzheitlich aufgezeigt werden.[852]

Die Vorgehensweise zur Szenario Erstellung gliedert sich in drei Schritte: Die Szenario Feld-Analyse, die Szenario-Prognostik und die Szenario Feld Bildung. Innerhalb der Szenario Feld-Analyse sind Einflussfaktoren auf das jeweilige im Betrachtungsfokus stehende System zu identifizieren und die für die Zukunft relevanten Einflussfaktoren zu ermitteln. Die Szenario-Prognostik baut im Anschluss auf Basis der relevanten Einflussfaktoren unterschiedliche Entwicklungsmöglichkeiten in Form eines Szenario-Trichters auf. Im abschließenden Schritt der Szenario Feld Bildung werden auf Basis unterschiedlicher Zukunftsbilder zunächst konsistente Szenarien beschrieben und in Anschluss in Textform dokumentiert.[853]

Zur Analyse des Szenario Felds ist zunächst das betrachtete System zu definieren.[854] Dieses stellt im Rahmen der vorliegenden Arbeit das CV-basierte System zur Auftragsnachverfolgung innerhalb von APS dar. Um Einflussfaktoren auf das System zu ermitteln, eignen sich insbesondere Kreativitätstechniken wie das Brainstorming, Mind-Mapping, 6-3-5 Methode oder auch die Verwendung von morphologischer Kästen.

Auf Basis der ermittelten Einflussfaktoren werden im Folgeschritt diejenigen Faktoren ermittelt, die in Bezug auf die zu treffende übergeordnete Fragestellung relevant sind.[855] Als übergeordnete Fragestellung kann für den vorliegenden Fall die Adaptierbarkeit von CV-Algorithmen für die CV-basierte Auftragsnachverfolgung definiert werden. Die Einflussfaktoren sind dann in Bezug auf diese übergeordnete Fragestellung zu untersuchen. Hierzu eignet sich insbesondere die Methode des paarweisen Vergleichs.[856] Innerhalb des paarweisen Vergleichs werden die Einflussfaktoren miteinander paarweise verglichen und damit in Summe eine Reihenfolge der Relevanz der Einflussfaktoren auf die übergeordnete Fragestellung ermittelt.

Nachdem die Schlüsselfaktoren ermittelt sind, müssen diese zur Erstellung unterschiedlicher Zukunftsszenarien in deren möglichen Ausprägung beschrieben werden. Die Ausprägungen

---

[851] Vgl. Boos et al. "*Erfolgreich Restrukturieren*" (2022) S. 8.

[852] Vgl. Dönitz "*Effizientere Szenariotechnik durch teilautomatische Generierung von Konsistenzmatrizen*" (2009) S. 6.

[853] Vgl. Schuh "*Business Engineering*" (2023) S. 198.

[854] Vgl. Reibnitz et al. "*Die Szenario-Technik als Grundlage von Planungen*" (1982) S. 142.

[855] Vgl. Schuh "*Business Engineering*" (2023) S. 198.

[856] Vgl. Drews "*Lexikon der Projektmanagement-Methoden*" (2010) S. 131.

stellen alternative Zukunftsszenarien dar.[857] Diese müssen individuell, je nach Entwicklungsstand der CV-Technologie zum Anwendungszeitpunkt des Gestaltungsmodells, durch den Nutzenden benannt werden.

Für das Erstellen der Szenarien sind widerspruchsfreie Annahmen notwendig.[858] Widerspruchsfreiheit ist zunächst zu überprüfen. Dazu eignen sich insbesondere Konsistenzmatrizen. Innerhalb dieser Matrizen wird zwischen den Einflussfaktoren ein logischer Zusammenhang in Form eines Konsistenzwert dargestellt. Dieser Wert stellt das Ausmaß dar, in welchem zwei Einflussfaktoren sich gegenseitig ausschließen oder befähigen. Das Ergebnis ist die Identifikation konsistenter Bündel von Einflussfaktoren zur Erstellung der Szenarien im Folgeschritt.[859]

Die Szenarien können nun auf Basis der zuvor definierten und überprüften Einflussfaktoren abgeleitet werden. Hierzu ist darauf zu achten, dass die Stabilität der Szenarien gegeben ist. Die Stabilität beschreibt, dass Szenarien unbeeinflusst bleiben, sollte sich einer der Einflussfaktoren leicht verändern. Des Weiteren ist es notwendig, dass die Einflussfaktoren unterschiedlicher Szenarien unterschiedliche Ausprägungen besitzen.

Abschließend sind die Szenarien in Textform zusammenzufassen. Diese Zusammenfassung dient dazu, die jeweiligen Einflussfaktoren und deren Ausprägung zu veranschaulichen und damit ein einheitliches Verständnis zu schaffen.[860] Das Vorgehen wird in der Dissertation von OCHEL anhand eines Fallbeispiels beleuchtet.[861]

Anhand der Szenariotechnik sind technische als auch betriebswirtschaftliche Faktoren in qualitativer Form beschrieben. Diese allein reichen in der Praxis oftmals nicht für eine Technologieentscheidung aus. Es muss zusätzlich ermittelt werden, welcher Mitteleinsatz zur Umsetzung notwendig ist und welche Einsparungen durch den Einsatz erreicht werden können. Ein in der Praxis gängiges Mittel ist die Investitionsrechnung. Eine Investition ist definiert als eine Zahlungsreihe, die in den meisten Fällen mit einer sicheren Auszahlung beginnt, auf die zu späteren Zeitpunkten unsichere Einnahmen folgen können.[862]

Zur ganzheitlichen Bewertung von Investitionen, sind sowohl quantitative als auch qualitative Faktoren heranzuziehen. Qualitative Faktoren sind bereits innerhalb der zuvor detaillierten Entwicklungsszenarien definiert. Diese müssen um quantitative Faktoren erweitert werden. Hierbei handelt es sich um Kennzahlen, wie beispielsweise den ROI. Dieser stellt das Verhält-

---

[857] Vgl. Dönitz "*Effizientere Szenariotechnik durch teilautomatische Generierung von Konsistenzmatrizen*" (2009) S. 1 f.

[858] Vgl. Ponn et al. "*Konzeptentwicklung und Gestaltung technischer Produkte*" (2008) S. 46.

[859] Vgl. Dönitz "*Effizientere Szenariotechnik durch teilautomatische Generierung von Konsistenzmatrizen*" (2009) S. 16-17.

[860] Vgl. ebd. S. 20.

[861] Vgl. Ochel "*Prognostik zur Resilienzsteigerung im Werkzeugbau*" (2023) S. 167.

[862] Vgl. Schuh "*Business Engineering*" (2023) S. 164.

nis zwischen dem zu erwartenden Gewinn und der getätigten Investition an. Durch die quantitative Betrachtungsweise wird eine Objektivität sichergestellt.[863] Innerhalb der Investitionsrechnung wird zwischen statischen und dynamischen Verfahren unterschieden. Statische Verfahren bauen auf einer Durchschnittsbetrachtung auf, während dynamische Verfahren Investitionsoptionen unter Berücksichtigung aller Zahlungsströme vergleichen und zusätzlich auch Zinseffekte berücksichtigen. Dynamische Verfahren zeichnen sich daher durch eine erheblich höhere Aussagekraft aus.[864]

Innerhalb der dynamischen Verfahren existieren unterschiedliche Verfahren. Für den vorliegenden Fall der Investitionsrechnung für eine CV-basierte Auftragsnachverfolgung wird als Basis auf die Amortisationsrechnung zurückgegriffen. Das Ergebnis der Amortisationsrechnung ist die Amortisationsdauer, welche angibt, nach welcher Zeit die Summe der Einzahlungen die Summe der Auszahlungen übertreffen. Damit bietet die Amortisationsrechnung die Möglichkeit, unterschiedliche technologische Alternativen miteinander zu vergleichen.[865] Der Projektstand zum Zeitpunkt t kann über die nachfolgende Formel ermittelt werden. Die Amortisation ergibt sich, wenn der Projektstand gleich null gesetzt und nach der Zeitvariable t aufgelöst wird.

$$Projektstand_{t=j} = \sum_{i=0}^{j} Auszahlungen_i - Einzahlungen_i$$

Formel 5.4: Berechnung des Projektstands zum Zeitpunkt j

Die Basis der Amortisationsrechnung bilden die explizite Ausweisung aller mit der Investition verbundenen Zahlungen. Dies betrifft Auszahlungen für beispielsweise die Anschaffung notwendiger Hardware oder die Umschulung von Personal als auch Einzahlungen in Form von Kosteneinsparungen. In der Forschung existieren bereits erste Aufstellungen für die Berechnung der Amortisation CV-basierte Systeme zur Auftragsnachverfolgung.[866, 867] Diese lassen sich insbesondere zur Abschätzung der potentiellen Einsparungen durch Substitution des manuellen Prozesses der Bauteilidentifikation heranziehen. Innerhalb von Tabelle 5.4 ist eine Übersicht über beispielshafte Faktoren inkl. Werte gegeben, welche innerhalb der Amortisationsrechnung von CV-basierten Systemen zu Auftragsnachverfolgung berücksichtigt werden sollten.

---

[863] Vgl. Schuh "*Business Engineering*" (2023) S. 169.

[864] Vgl. ebd. S. 170-171.

[865] Vgl. ebd. S. 172.

[866] Vgl. Obst et al. "*Komplexität und wirtschaftlicher Nutzen künstlicher Intelligenz zur automatisierten und industrialisierten Erkennung additiv gefertigter Bauteile*" (2021) S. 150-151.

[867] Vgl. Schuh et al. "*Part Recognition in Additive Production Systems using a Computer-vision Approach*" (2022) S. 99 f.

Tabelle 5.4: Annahmen zur Berechnung des RoI[868, 869]

	Faktor	Beispielwert	Beschreibung
APS betreffend	Produzierte Bauteile pro Tag	130	Gibt an, wie viele Bauteile innerhalb des APS pro Tag im Umlauf sind
	Jährlicher Durchsatzwachstum	5 %	Annahme, wie das Produktionsvolumina voraussichtlich wächst
	Schichten pro Woche	1	Gibt an, in wie vielen Schichten innerhalb des APS gearbeitete wird
	Manuelles Sortieren	2,9 h / Tag	Gibt an, wie viel Zeit das manuelle Sortieren pro Tag in Anspruch nimmt
CV-Lösung betreffend	Anschaffungskosten CV-Lösung	100.000 €	Investitionskosten zur Anschaffung einer CV-basierten Auftragsnachverfolgung
	Laufende Kosten pro Jahr	10.000 €	Kosten zur Wartung und Instandhaltung der Lösung
	Zeit für die Identifikation mittels der CV-Lösung	0,6 h / Tag	Gibt an, wie viel Zeit das CV-basierte Sortieren pro Tag in Anspruch nimmt
	Fehlerrate App	5 %	Gibt an, welcher Prozentsatz der Bauteile fehlerhaft erkannt wird

Mit Hilfe der Amortisationsrechnung ergibt sich die Amortisationsdauer der jeweiligen technologischen Alternativen einer CV-basierten Auftragsnachverfolgung. Zur verbesserten Risikoabschätzung wird diese um eine Sensitivitätsanalyse erweitert. Diese analysiert die Auswirkungen der Variation einzelner Annahmen der Amortisationsrechnung. Hierfür müssen zunächst unsichere Einflussfaktoren identifiziert werden. Dies kann durch einen Abgleich mit den zuvor definierten Schlüsselfaktoren geschehen. Im Anschluss ist abzuschätzen, in welchem Bereich die Schwankung der unsicheren Einflussfaktoren zu erwarten sind. Mit den definierten Bereichen ist dann die jeweils sich neu ergebende Amortisationsdauer zu errechnen. Im letzten Schritt sind sowohl die Ergebnisse der Szenariotechnik als auch die Ergebnisse der Amortisationsrechnung in Steckbriefen zusammenzufassen. Diese bilden die Grundlage für Investitionsentscheidung im Nachgang.

Innerhalb der ersten Phase der operativen Umsetzung müssen zudem Verantwortlichkeiten definiert werden. Um die digitale Auftragsnachverfolgung in APS umzusetzen, müssen Mitarbeitende entsprechende Kompetenzen hierzu aufweisen. In einem ersten Gestaltungsaspekt wird daher diskutiert, welche Kompetenzen für die operative Umsetzung notwendig sind und wie diese aufbaut werden können. Im Anschluss folgt die Detaillierung der Verantwortlichkeiten als auch die Definition der Zusammenarbeitsweise in der Entwicklungs- und Anwendungsphase.

868 Vgl. Schuh et al. "*Part Recognition in Additive Production Systems using a Computer-vision Approach*" (2022).

869 Vgl. Obst et al. "*Komplexität und wirtschaftlicher Nutzen künstlicher Intelligenz zur automatisierten und industrialisierten Erkennung additiv gefertigter Bauteile*" (2021).

Der Begriff Kompetenz ist nach WEINERT definiert als individuell verfügbare oder erlernbare kognitive Fähigkeiten zur Lösung bestimmter Probleme.[870] Notwendige Kompetenzen sind damit für den vorliegenden Anwendungsfall die Summe aller Fähigkeiten zur erfolgreichen operativen Umsetzung der digitalen Auftragsnachverfolgung. Für den Anwendenden des Gestaltungsmodells müssen zunächst die zur erfolgreichen Umsetzung relevanten Kompetenzen aufgezeigt werden, damit dieser in der Lage ist, ein entsprechendes Team für eine operative Umsetzung zusammenzustellen. Hierfür eignen sich insbesondere Kompetenzprofile.[871] Auf Basis der Erfahrungen des Autors als auch analysierter Literatur zu notwendigen Kompetenzen bei der Umsetzung Cyber-Physischer Entwicklungen, sind innerhalb von Abbildung 5.27 Kompetenzprofile abgeleitet.

Zur Übersichtlichkeit sind die Kompetenzprofile in Anlehnung an SCHULTES[872] in drei Bereiche unterteilt worden: Digitalisierungsbezogene Fähigkeiten, CV-bezogene Fähigkeiten und operative Fähigkeiten. Innerhalb der Bereiche sind jeweils drei Kernfähigkeiten definiert, welchen den Bereich ausmachen. Diese Kernfähigkeiten sind auf einer Skala von eins bis fünf auf die Relevanz für den vorliegenden Anwendungsfall bewertet. Eine Eins bedeutet, dass die Fähigkeit für die Entwicklung der digitalen Auftragsnachverfolgung nicht relevant ist, während eine Fünf auf eine sehr hohe Relevanz hinweist. Das notwendige Kompetenzprofil für ein potentielles Umsetzungsteam ist in Abbildung 5.27 dargestellt und wird nachfolgend detailliert.

CV-bezogene Kompetenzen	Operative Kompetenzen	Digitalisierungsbezogene Kompetenzen
• Erweitertes **Verständnis künstliche Intelligenz** • Kenntnisse **Bildverarbeitung** • Training und **operativer Einsatz neuronaler Netze** im Produktionsumfeld	• **Technisches Verständnis** über auf dem Shopfloor ablaufende Prozesse • **Mitarbeiterkenntnis**, speziell im **APS** Umfeld auf dem **Shopfloor** als auch in der **Arbeitsplanung**	• Kenntnisse über **IT-Systeme** innerhalb des **APS** • Verständnis für **Softwareentwicklung** • **Kenntnisse** in der **Datenmodellierung**, als auch **Datenakquise** und **-verarbeitung**

Abbildung 5.27: Kompetenzen zur Umsetzung der Auftragsnachverfolgung[873]

Die digitalisierungsbezogenen Fähigkeiten sind in drei Dimensionen IT-Verständnis, Datenmanagement und Softwareentwicklung unterteilt. Zunächst muss innerhalb des Teams ein grundlegendes Verständnis über informationstechnische Prozesse vorliegen. Dies umfasst ein Verständnis zum prinzipiellen Aufbau der jeweils vorliegenden IT-Infrastruktur als auch die Anpassung dieser im Rahmen der digitalen Auftragsnachverfolgung. Hierbei spielen zudem Fähigkeiten im Datenmanagement eine zentrale Rolle. Eine digitale Auftragsnachverfolgung

---

[870] Vgl. arbeitsplattform.bildung.hessen "*Der Kompetenzbegriff nach Weinert*" (2023).

[871] Vgl. Schultes "*Gestaltungsmodell zur digitalen Vernetzung von Werkzeugbaubetrieben mit Lieferanten*" S. 144.

[872] Vgl. ebd. S. 144.

[873] *Eigene Darstellung.*

kann nur dann funktionieren, wenn Daten auf unterschiedlichen IT-Systemen synchronisiert und die daraus resultierenden notwendigen Informationen dem Anwender auf dem Shopfloor zur richtigen Zeit, am richtigen Ort und über die richtige Modalität zur Verfügung gestellt werden. Die Fähigkeiten umreisen dabei den Datenzugriff, die Datenaufbereitung und Synchronisation als auch die Kenntnisse über die dafür notwendigen Schnittstellen. Zuletzt ist die Fähigkeit der Softwareentwicklung relevant, da die CV-basierte digitale Auftragsnachverfolgung die Entwicklung von Software umfasst. Das Team muss in der Lage sein, auf Basis von Anforderungen eine Softwarearchitektur zu entwickeln, diese in einzelne Softwareteile aufzuteilen und die einzelnen Softwareteile dann zu implementieren.

Speziell für die CV-basierte Auftragsnachverfolgung sind CV-bezogene Kompetenzen durch das Team vorzuweisen. Hierbei sind die drei Dimensionen KI-Verständnis, Training und Einsatz neuronaler Netze und Bildverarbeitung relevant. Die CV-basierte digitale Auftragsnachverfolgung basiert auf den Grundlagen der KI, zumeist kommen neuronale Netze zum Einsatz.[874] Durch das Team sollte dementsprechend ein grundsätzliches Verständnis zur Funktionsweise, Aufbau und Anwendung von KI vorzuweisen sein. Spezifischere Kompetenzen sind insbesondere in Hinsicht auf das Training und den Einsatz künstlicher neuronaler Netze notwendig. Im Rahmen der CV-basierten Auftragsnachverfolgung muss der durch das Technologiescouting identifizierter Algorithmus auf das Produkt- und Prozessportfolio des jeweiligen APS angepasst werden. Nach der Anpassung ist ein operativer Einsatz notwendig, welcher voraussetzt, dass der Algorithmus jederzeit zur Identifikation zur Verfügung steht. In den meisten Fällen ist eine Transformation der zur Bauteilidentifikation aufgenommenen Bilddaten notwendig, um diese als Input eines neuronalen Netzes zu nutzen. Entsprechende Kompetenzen sind dementsprechend durch das Team vorzuweisen.

Zuletzt ist es notwendig, dass die CV-basierte Auftragsnachverfolgung in einer Ausprägung umgesetzt wird, sodass ein wirtschaftlicher Mehrwert durch die Umsetzung entsteht. Ein allgemeines technisches Verständnis zu Verfahren und Prozessen im AM-Bereich sind daher durch das Team vorzuweisen. Speziell ist insbesondere die Kenntnis der auf dem Shopfloor operativ ablaufenden Prozesse relevant, da diese einen Teil des Anforderungsumfangs einer CV-basierten Auftragsnachverfolgung darstellen. Ein entscheidender Faktor für eine erfolgreiche Umsetzung ist die aktive Mitnahme der späteren Anwendenden der digitalen Auftragsnachverfolgung. Diese sind durch die Dimension der Mitarbeiterkenntnis dargestellt.

Sind die notwendigen Kompetenzen zur operativen Umsetzung der digitalen Auftragsnachverfolgung nicht vorhanden, müssen diese aufgebaut oder durch das hinzuziehen Dritter ergänzt werden. Für den Kompetenzaufbau stehen unterschiedliche Ansätze, je nach Art der fehlenden Kompetenz, zur Verfügung. Fehlen beispielsweise Kompetenzen in Hinsicht auf die auf dem Shopfloor ablaufenden Prozesse, kann diese im Rahmen der praktischen Mitarbeit auf dem Shopfloor aufgebaut werden. Sind Kenntnisse in der Softwareentwicklung aufzubauen, sind beispielsweise auf E-Learning Konzepte zurückzugreifen.[875] Daneben können statt der

---

[874] Vgl. Schuh et al. "*Product- and Process-related Influencing Factors for Computer-Vision based Tracing in Additive Manufacturing*" (2024).

[875] Vgl. Boos et al. "*Erfolgreich Daten analyieren im Werkzeugbau*" (2024).

internen Weiterbildung von Mitarbeitenden auch Dritte in Form von Universitäten oder auch Dienstleistern herangezogen werden um das Team zu komplementieren. Eine Übersicht über typische Weiterbildungs- und auch Kooperationsformen ist innerhalb von Tabelle 5.6 dargestellt. Diese sind von den Anwendenden des Gestaltungsmodells, unter Berücksichtigung des spezifischen Anwendungsfalls auszuwählen.

Tabelle 5.5: Weiterbildungsformate für die relevanten Kompetenzen[876]

Kompetenzkategorie	Kompetenz	Weiterbildungsformate	Potentielle Kooperationen
Digitalisierungsbezogene Kompetenzen	IT-Verständnis	Online Weiterbildungsformate wie Udemy, internes Wiki, Austausch mit interner IT	Softwaredienstleister
	Datenmanagement	Online Weiterbildungsformate wie Udemy, internes Wiki	
	Softwareentwicklu ng	Online Weiterbildungsformate wie Udemy, ggf. internes Wiki, eigene kleine Projekte	
KI-bezogene Kompetenzen	KI-Verständnis	Online Weiterbildungsformate wie Udemy	Softwaredienstleister, spezialisiert im Bereich KI oder Forschungseinrichtungen
	Training und Einsatz neuronaler Netze	Online Weiterbildungsformate wie Udemy	
	Bildverarbeitung	Online Weiterbildungsformate wie Udemy	
Operative Fähigkeiten	Technisches Verständnis	Internes Wiki, Literatur	-
	Operative Prozesskenntnis	Arbeitseinsatz auf dem Shopfloor, internes Wiki	-
	Mitarbeiterkenntnis	Austausch mit Mitarbeitenden auf dem Shopfloor, Integration in Workshops	-

Die Projektorganisation bildet den zweiten Gestaltungsaspekt innerhalb der Vorbereitungsphase. Die Projektorganisation wird im Rahmen dieser Arbeit aus Sicht der Ablauforganisation und der Aufbauorganisation beschrieben. Bei der Entwicklung der CV-basierten digitalen Auftragsnachverfolgung handelt es sich um die Entwicklung eines CPS.[877] Für die Entwicklung von CPS können unterschiedliche Formen der Ablauforganisation zum Einsatz kommen.[878] Hierbei eignet sich die agile Softwareentwicklung, da durch diese, gezielt technologische Unsicherheiten adressiert werden können. Diese Unsicherheiten existieren insbesondere im Bereich der CV aufgrund des technologischen Reifegrads. Für den vorliegenden Fall lassen sich

[876] *Eigene Darstellung.*

[877] Vgl. Schuh et al. "*Product- and Process-related Influencing Factors for Computer-Vision based Tracing in Additive Manufacturing*" (2024) S. 2.

[878] Vgl. Verein deutscher Ingenieure "*Verein deutscher Ingenieure (VDI/VDE 2206)*" (2021) S. 2 f.

so in kurzer Zeit unterschiedliche Konzepte erproben und das Konzept mit den besten Ergebnissen dann implementieren. Die agile Softwareentwicklung setzt dabei eine enge Zusammenarbeit der Entwicklungsteams voraus.

Innerhalb der agilen Softwareentwicklung existieren unterschiedliche Ansätze. Eine am häufigsten zum Einsatz kommende Methode ist das Scrum.[879] Scrum umfasst dabei die Aufbau- als auch Ablauforganisation agiler Softwareentwicklungen. Aufbauorganisatorisch werden innerhalb des Scrums drei Führungsverantwortungen definiert: Product Owner, Entwickler und Scrum Master. Das Team der Führungsverantwortlichen bildet das Scrum Team, welches mit am Projekt beteiligten, den sogenannten Stakeholdern, in engen Kontakt steht.[880] Stakeholder sind hierbei beispielsweise die späteren Anwender der CV-basierten Auftragsnachverfolgung oder auch das Management des jeweiligen APS.

Der Product Owner definiert die Eigenschaften der CV-basierten Auftragsnachverfolgung und ist für den wirtschaftlichen Erfolg des Endprodukts verantwortlich. Der Product Owner definiert notwendige Produkteigenschaften in enger Abstimmung mit den späteren Anwendenden, priorisiert diese und validiert die implementierten Eigenschaften. Um die Ausführung der Aufgaben zu befähigen, wird dem Product Owner innerhalb der Projektes eine Entscheidungsvollmacht zugeteilt. Als Product Owner ist es wichtig, praktisches Know-How über die auf dem Shopfloor ablaufenden Prozesse zu besitzen, um eine anwendungsgerechte Lösung zu entwickeln. Daneben sollten Grundkenntnisse über die im APS vorhandene digitale Systemlandschaft vorliegen.

Der Entwickler ist innerhalb des Scrum verantwortlich für die Lieferung der durch den Product Owner definierten Produkteigenschaften. Die durch den Product Owner definierten Eigenschaften sind durch den Entwickler mit einer Aufwandsabschätzung zu definieren, da diese in der Priorisierung des Product Owners Berücksichtigung findet. Der Entwickler entwickelt zumeist nicht allein, sondern führt ein Entwicklungsteam an. Innerhalb des Entwicklungsteams müssen für den vorliegenden Anwendungsfall unterschiedliche Kompetenzschwerpunkten vorhanden sein. Erweiterte Kenntnisse sind im Bereich der Softwareentwicklung, der Bildverarbeitung als auch der CV-basierten Algorithmen notwendig. Weniger wichtig ist innerhalb des Entwicklerteams die genaue Kenntnis über die auf dem Shopfloor ablaufenden Prozesse, eine Grundkenntnis ist dennoch einer guten Zusammenarbeit mit dem Product Owner dienlich.

Der Scrum Master ist dafür verantwortlich, dass das Scrum als Regelwerk eingehalten wird. Dieser arbeitet eng mit dem Entwicklungsteam zusammen, gehört per Definition aber nicht zu diesem. Er überprüft kontinuierlich die Einhaltung der Scrum Regeln und kümmert sich um die Behebung von Hindernissen, wie einer mangelnden Kommunikation oder auch persönliche Konflikte innerhalb des Entwicklungsteams. Zudem kann der Scrum Master eine vermittelnde Rolle zwischen Product Owner und Entwickler einnehmen.[881]

---

[879] Vgl. Nyamsi "*Projektmanagement mit Scrum*" (2019).

[880] Vgl. ebd. S. 1 f.

[881] Vgl. Beneken et al. "*Grundkurs agiles Software-Engineering*" (2022) S. 24 f.

Dem Scrum liegt der Scrum-Prozess zugrunde. Hierbei wird in sogenannten Sprints gearbeitet. Ein Sprint definiert einen Arbeitsschritt, dessen Ziel die inkrementelle Erarbeitung einer Produktfunktionalität darstellt. Ein Sprint beginnt mit einem Sprint Planning und endet mit einem Sprint Review. Das Zeitfenster eines Sprints beträgt in der Praxis ein bis vier Wochen und ist abhängig vom jeweiligen Anwendungsfall. Das Zeitfenster eines Sprints ist dabei stets konstant zu halten.[882]

Ein Sprint startet mit der Definition des Sprintziels. Das Sprintziel wird auf Basis des vom Product Owner erstellten Product Backlog definiert. Zunächst stellt der Product Owner dem Scrum Team die priorisierten Einträge des Product Backlog vor, worauf eine Diskussion zur Sicherstellung eines gemeinsamen Verständnisses über die Einträge folgt. Gemeinsam wird definiert, welche Einträge des Product Backlog erarbeitet werden müssen um das zuvor definierte Sprintziel zu erreichen. Diese Einträge werden als Sprint Backlog definiert. Zu den Einträgen innerhalb des Sprint Backlog werden dann Akzeptanzkriterien definiert, welche als Kriterien am Ende des Sprints herangezogen werden um zu entscheiden, ob eine Funktion erfüllt ist oder nicht. Anschließend folgt eine Planung der Umsetzung innerhalb des Entwicklungsteams, welche den definieren Sprint Backlog in einzelne Arbeitsschritte herunterbricht.[883]

Der Planung folgt die eigentliche Durchführung des Sprints. Hierzu werden Daily Scrums durchgeführt, um einen Informationsaustausch innerhalb des Teams sicherzustellen. Zudem werden Fragen oder Problemstellung diskutiert. Das Sprint Review stellt den Abschluss eines Sprints dar. Hierbei werden die entwickelten Produktinkremente validiert. Hierfür kommen die zuvor definierten Akzeptanzkriterien zum Einsatz.[884]

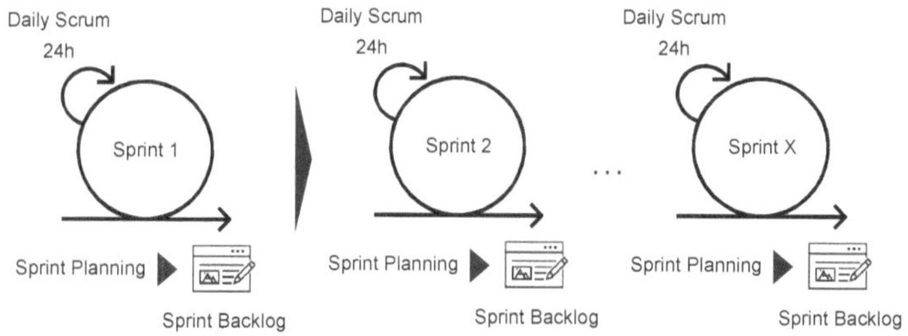

Abbildung 5.28: Ablauf der Scrum-Methode[885]

Der Einsatz der Scrum Methode für die Entwicklung von CV-basierten Auftragsnachverfolgungssystemen stellt sicher, dass agil auf die Risiken reagiert werden kann. Aus dem zuvor definierten CV-Technologiescouting sind Ergebnisse neuster Entwicklungen im Bereich der

[882] Vgl. Beneken et al. "*Grundkurs agiles Software-Engineering*" (2022) S. 25.

[883] Vgl. ebd. S. 25 f.

[884] Vgl. ebd. S. 25 f.

[885] I.A.a. ebd. S. 25.

neuronalen Netze zu erwarten. Diese Ergebnisse sind mit einer erheblichen Unsicherheit behaftet, da, wie in Kapitel 5.2.3 detailliert, viele Einflussfaktoren auf die Erkennungsrate der Algorithmen im Umfeld von APS bestehen. Sollte ein Algorithmus auf den Realdaten des APS eine schlechte Performance in den ersten Sprints zeigen, so ist zu definieren, ob nicht ein anderer Ansatz herangezogen werden kann.

5.3.3.2 Entwicklungsphase

Die zuvor detaillierte Aufbau- und Ablauforganisation definiert Verantwortlichkeiten und die Zusammenarbeit des Teams innerhalb der Entwicklungsphase. Ziel dieser ist die iterative Entwicklung einer Lösung zur CV-basierten Auftragsnachverfolgung innerhalb eines APS. Um dieses Ziel zu erreichen, sind insbesondere zwei technische Herausforderungen zu adressieren. Zunächst ist der innerhalb von Kapitel 5.3.2 synthetisierte CV-Algorithmus auf die eigene Datenbasis zu adaptieren. Hierfür ist eine standardisierte Vorgehensweise als Gestaltungsaspekt zu systematisieren. Darüber hinaus ist es notwendig, dass die CV-basierte Identifikation auf Daten aus unterschiedlichen digitalen Systemen eines jeweiligen APS zugreifen und diese auch verändern kann. Beispielsweise ist anhand einer Identifikation eines Bauteils auf dem Shopfloor der entsprechende Status in einem ME-System zu aktualisieren. Um dies sicherzustellen, ist nachfolgend die Ableitung eines Datenmodells als ein zweiter Gestaltungsaspekt detailliert.

Um Bauteile innerhalb eines APS identifizieren zu können, ist es notwendig den Algorithmus des CV-basierten Nachverfolgungssystems auf den spezifisch vorliegenden Anwendungsfall zu adaptieren.[886] Die Struktur der Adaption ist unabhängig von der konkreten Ausprägung des CV-Nachverfolgungssystems. Daher wird diese Struktur in Form einer Ablaufstruktur als Gestaltungsaspekt eingeführt und detailliert. Der Adaption des Algorithmus liegen zwei Schritte zugrunde: Das Aufbereiten der Datenbasis als auch das anschließende Training und Testen.

Um CV-basierte Algorithmen auf eine spezifische Problemstellung zu adaptieren, ist zunächst eine Datenbasis notwendig, welche die Problemstellung hinreichend beschreibt. Im Rahmen von CV sind dies Bilddaten. Da die Bauteile im AM-Bereich direkt nach der Erzeugung des Grundkörpers erkannt werden müssen, ist die Verwendung von Bilddaten realer Bauteile zur Adaption des Algorithmus auf den Anwendungsfall nicht möglich. Aus diesem Grund muss auf synthetische Bilddaten der zu fertigenden Bauteile zurückgegriffen werden.[887] Nachdem die Datenbasis erzeugt ist, wird ein CV-Algorithmus auf dieser Datenbasis trainiert und validiert. Hierzu wird zunächst die Datenbasis in zwei Teile unterteilt: dem Trainings- und dem Testdatensatz. Auf Basis der Trainingsdaten folgt das eigentliche Training des Algorithmus, während der Testdatensatz zur Validierung der Prädiktionsgüte herangezogen wird.[888] Dabei dürfen keine Dopplung von Daten im Trainings- und Testdatensatz vorliegen. Ist die Performance

[886] Vgl. Schuh et al. "*Part Recognition in Additive Production Systems using a Computer-vision Approach*" (2022) S. 97.

[887] Vgl. ebd. S. 97-98.

[888] Vgl. Murphy "*Machine learning*" (2012) S. 9-10.

eines Algorithmus für den jeweiligen Anwendungsfall hinreichend gut, folgt die Applikation des trainierten Algorithmus, welche im nächsten Kapitel detailliert ist.

Um die zuvor Ablaufstruktur weiter zu detaillieren ist eine Methode notwendig, welche den generischen Ablauf zeitlich ordnet und die Beziehungen zwischen den einzelnen Elementen detailliert. Ein Ansatz, der diese Kriterien erfüllt ist, sind Verhaltensdiagramm im Rahmen der SysML. Mit Verhaltensdiagrammen werden einzelne Aspekte eines Systems und deren Veränderungen über der Zeit dargestellt. Im Rahmen der SysML existieren unterschiedliche Verhaltensdiagramme, wie beispielsweise Anwendungsfall-, Aktivitäts- oder auch Zustandsdiagramme. Aktivitätsdiagramme eignen sich insbesondere zur Beschreibung von zeitlichen Abläufen innerhalb eines Systems. Da in der Literatur noch keine generische Beschreibung zur Adaption von CV-Algorithmen für CV-basierte Nachverfolgungssysteme in APS existiert, wird diese nachfolgend dargestellt und detailliert.

Der notwendige Input zur Erzeugung der Bilddaten sind CAD-Dateien der Bauteile und die zuvor definierten Identifikationskonfigurationen. Diese können um Informationen ergänzt werden, falls diese vorliegen. Hierzu zählen beispielsweise Informationen zur Umgebung in der die Identifikation stattfindet, wie beispielsweise Informationen über Oberflächen, auf denen eine Identifikation durchgeführt wird oder auch Farbinformationen zu den Bauteilen.

Zunächst werden die CAD-Daten in eine CAD-Umgebung eingeladen. Dazu wird mit Hilfe einer CAD Umgebung das dreidimensionale Abbild eines Bauteils dargestellt und Aufnahmen dieses Abbilds erzeugt, welche dann als Datenbasis zur Adaption eines Algorithmus auf die Problemstellung herangezogen werden. Neben den CAD-Daten ist eine zweite, heute relevante Form der Erzeugung von synthetischen Bilddaten das Rendering.[889] Rendering beschreibt das Erzeugen von fotorealistischen Bildern auf Basis von Rohdaten. Diese Rohdaten liegen oftmals in Form von CAD-Daten vor. Dabei können zugleich mehrere Objekte in einer Szene zusammen gerendert werden. Die Szene enthält Geometrie-, Blickpunkt-, Textur-, Beleuchtungs- und Schattierungsinformationen, welche diese beschreiben. Hierbei lassen sich bereits einige Aspekte der späteren Identifikationssituation heranziehen. Beispielsweise lässt sich, wie zuvor beschrieben, der spätere Untergrund, auf dem das Bauteil während der Identifikation liegt, in der Erzeugung der synthetischen Bilddaten integrieren und damit die Erkennungsrate steigern.[890] Daneben lassen sich im Rendering auch die Farb- und Oberflächeninformationen über das Bauteil integrieren und damit ein realitätsnahes Abbild schaffen.

Da Bauteile nur in bestimmten Positionen stabil auf einer ebenen Oberfläche, wie einem Tisch, liegen können, sind vor der eigentlichen Bilderzeugung diese Positionen zu errechnen. Als Beispiel sei hier der Algorithmus von Nickelchen[891] angeführt. Der Algorithmus nutzt hierzu Schwerpunkte und errechnet auf Basis einer CAD-Datei als Input die Positionen, in denen das

---

[889] Vgl. Schuh et al. "*Part Recognition in Additive Production Systems using a Computer-vision Approach*" (2022) S. 98-99.

[890] Vgl. ebd. S. 96 f.

[891] Vgl. Nickchen et al. "*Generating Physically Sound Training Data for Image Recognition of Additively Manufactured Parts*" (2021).

Bauteil in stabiler Lage auf einer ebenen Oberfläche liegt. Diese Informationen über die stabilen Positionen eines Bauteils ermöglichen eine zielgerichtete Erzeugung synthetischer Daten und damit die Erhöhung der Erkennungsrate des trainierten Algorithmus.[892]

Sind die Bilddaten erzeugt, lassen diese sich weiter durch die Data Augmentation (DA) bereichern. Die DA im Kontext der CV beschreibt das Erzeugen von neuen Bilddaten auf Basis eines bereits existierenden Datensatzes. DA ist ein fundamentaler Bestandteil der Bildklassifikation, da sich durch DA die Vielfalt der Trainingsdatensätze bereichern lässt, um die Generalisierung und Leistung von Modellen zu verbessern. Die stetige Weiterentwicklung der DA hat zu einem breiten Spektrum an Techniken geführt. Die wichtigsten sind die geometrische Transformationen, das Anpassen des Farbraums und das Einfügen von Rauschen.[893]

Innerhalb der geometrischen Transformation existieren Methoden um vorhandene Bilddaten geometrisch zu modifizieren. Dazu zählen das Rotieren, das Spiegeln, das Zuschneiden und das Verschieben. Die Farbraumtransformation umfasst das Variieren von Helligkeiten, das Verändern von Kontrasteinstellungen und die Anpassung der Sättigung. Alle drei Methoden zusammen werden in Form des Farb-Jitterings zufällig in einer vorgegebenen Bandbreite variiert und damit neue Bilddaten erzeugt. Zuletzt simuliert das Rauchen reale Unvollkommenheit und ruft Modelle durch das spätere Training hervor, welche irrelevante Variationen in Bezug auf die Problemstellung ignorieren. Methoden des Rauschens sind unter anderem die Applikation von Gaußschem Rauschen und das Salz-und-Pfeffer Rauschen. Gaußsches Rauschen simuliert das reale Rauschen des Kamerasensors, während das Salz-und-Pfeffer Rauschen defekte Pixel der Kamera simuliert. Im Sinne der Bauteilidentifikation wurde bereits in der Forschung nachgewiesen, dass DA einen erheblichen Einfluss auf die Erkennungsrate des Algorithmus hat.[894] Methoden der DA sind daher in der Trainingsphase von Algorithmen heranzuziehen. Die konkrete Ausprägung der zu wählenden DA Methode oder Methodenkombination ist Anwendungsfall-spezifisch zu entscheiden.

Im letzten Schritt werden die in Kapitel 5.3.1.3 definierten Identifikationskonfigurationen herangezogen, um jeweils einen einzelnen Datensatz für eine Identifikationskonfiguration erstellen zu können. Es wird dadurch impliziert, dass für jede Identifikationskonfiguration ein eigener Algorithmus trainiert wird, in Anlehnung an vorherige Forschungsansätze.[895, 896] Demnach liegen als Output der Datenaufbereitung Bilddatensätze zu den jeweiligen Identifikationskonfigurationen vor, welche nachfolgend als Input der Trainings genutzt werden können. Abbildung

---

892 Vgl. Schuh et al. "*Part Recognition in Additive Production Systems using a Computer-vision Approach*" (2022) S. 99.

893 Vgl. Nickchen et al. "*Generating Physically Sound Training Data for Image Recognition of Additively Manufactured Parts*" (2021) S. 1999.

894 Vgl. Schuh et al. "*Part Recognition in Additive Production Systems using a Computer-vision Approach*" (2022) S. 99.

895 Vgl. ebd.

896 Vgl. Schuh et al. "*Product- and Process-related Influencing Factors for Computer-Vision based Tracing in Additive Manufacturing*" (2024).

5.29 fasst die zuvor beschriebene Vorgehensweise zusammen und verdeutlicht zudem die Form der nach der Vorgehensweise vorliegenden Datensätze.

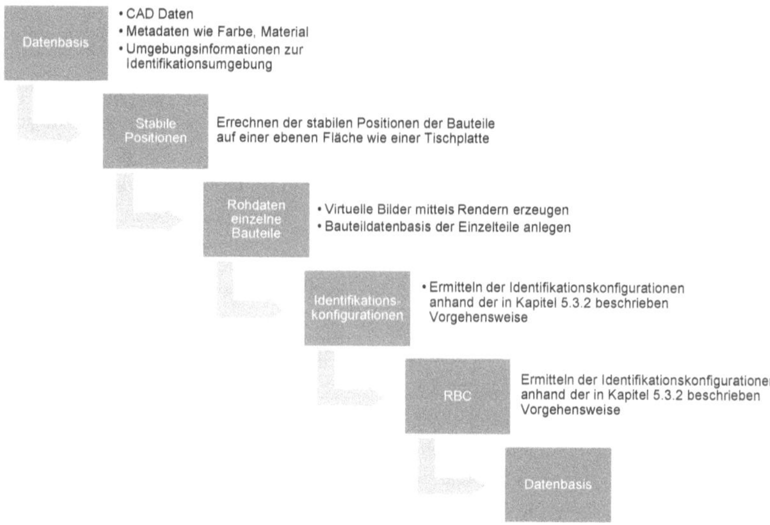

Abbildung 5.29: Vorgehensweise zur Erzeugung der synthetischen Datenbasis[897]

Nachdem die Datenbasis erzeugt worden ist, ist im Folgeschritt der Algorithmus für die jeweilige Identifikationskonfiguration zu trainieren und zu validieren. Die nachfolgend beschriebene Vorgehensweise orientiert sich dabei am Ansatz von SCHUH ET AL.[898] Typische Technologien um Daten vorzubereiten und neuronale Netze zu trainieren sind die Programmiersprache Python bzw. die auf Basis von Python entwickelte TensorFlow Bibliothek.[899]

Die Bilddaten müssen dabei zunächst in das zum Algorithmus passende Ausgangsformat gebracht werden. Hierzu sind in den meisten Fällen die Bilddaten in deren Größe zu reduzieren. Algorithmus, wie der MVCNN Ansatz, benötigen als Inputdaten Bilder mit einer Größe von 228 auf 228 Pixeln. Daneben sind die jeweiligen Bauteilbezeichnungen durch numerische Werte zu abstrahieren, da neuronale Netze nur diese verarbeiten können. Für die Zuordnung von Bauteilnamen zu numerischen Wert gibt es keine vordefinierte Vorgehensweise, allerdings ist die Zuordnung entsprechend zu sichern, da diese im Nachgang dazu dient, die vom neuronalen Netz ausgegebenen Werte zu interpretieren.

---

[897] *Eigene Darstellung.*

[898] Vgl. Schuh et al. "*Part Recognition in Additive Production Systems using a Computer-vision Approach*" (2022).

[899] Vgl. TensorFlow "*An end-to-end platform for machine learning*" (2024).

Nachdem die Daten vorbereitet sind, sind diese in einen Test- und einen Trainingsdatensatz aufzuteilen. Anhand der Trainingsdaten lernen Modelle die Muster innerhalb der Trainingsdaten zu identifizieren. Hierzu werden die Trainingsdaten herangezogen, um die Parameter des jeweils zum Einsatz kommenden Algorithmus anzupassen. Trainingsdaten sollten dabei eine repräsentative Menge der Gesamtpopulation darstellen. Dies kann im Regelfall durch Normalisierung und Standardisierung erreicht werden. Die Testdaten werden nach dem Training der Algorithmus herangezogen, um die Trainingsergebnisse zu validieren. Hierdurch wird sichergestellt, dass die Leistung des jeweiligen Algorithmus auf Basis von Daten ermittelt wird, die der Algorithmus vorher nicht gesehen hat. Damit wird die Praxistauglichkeit eines Algorithmus validiert. Auf eine detaillierte Beschreibung des Trainings sei an dieser Stelle auf das Kapitel 2.2.5.2 verwiesen.

Innerhalb des Trainings neuronaler Netzte können unterschiedliche Parameter variiert werden. Typisch zum Einsatz kommende neuronale Netze sind meist vortrainiert, wodurch innerhalb der neuronalen Netze bereits Feature erkannt werden und damit der Gesamtaufwand für das Training reduziert wird. In der Forschung kommen zur Ermittlung der optimalen Parameter unterschiedliche methodische Vorgehensweisen zum Einsatz. Schuh et. Al. nutzt beispielsweise das Design-of-Experiments (DoE) um unterschiedliche Parameter in definierten Bereichen zu variieren.[900] Eine methodische Vorgehensweise wird an dieser Stelle für eine systematische Vorgehensweise für das Training neuronaler Netze empfohlen.

Der zweite Gestaltungsaspekt innerhalb der Entwicklungsphase ist die digitale Vernetzung des CV-basierten Nachverfolgungssystems innerhalb des APS. Ziel des Gestaltungsaspektes ist die Integration der durch das CV-System erzeugten Daten in die digitale Ebene des APS selbst. Hierfür ist zunächst zu detaillieren, in welcher Identifikationskonfiguration welche Daten zu erfassen, zu transferieren und abzuspeichern sind. Dies kann in Form eines Datenmodells geschehen. Im Anschluss gilt es eine Softwarearchitektur für das CV-basierte Nachverfolgungssystem auf Basis des zuvor entwickelten Algorithmus als auch auf Basis des Datenmodells zu detaillieren. Aus der Architekturmodellierung gehen dann die für die operative Funktionalität des CV-Systeme notwendigen Schnittstellen hervor, welche das System und die vorhandene IT-Infrastruktur verbinden. Allgemein ist damit die Implementierung und Integration der CV-basierten Lösungen im jeweiligen APS möglich.

Die Grundlagen zu Daten, Datenmodellen und Datenbanksystemen wurden bereits in Kapitel 2.3.2.3 eingeführt. Für den vorliegenden Anwendungsfall sind prinzipiell alle drei Datenmodellierungen relevant, wobei nur die konzeptuellen Datenmodelle nicht anwendungsfallspezifisch sind, während logische und physische Datenmodelle anwendungsfallspezifische Parameter berücksichtigen, wie beispielsweise die Technologie zur Implementierung. Zur Allgemeingültigkeit des vorliegenden Gestaltungsmodells wird daher nachfolgend nur die Detaillierung des konzeptuellen Datenmodells forciert.

---

[900] Vgl. Schuh et al. "*Part Recognition in Additive Production Systems using a Computer-vision Approach*" (2022) S. 99.

Die vorherrschende Modellierungssprache für eine konzeptuelle Datenmodellierung ist das Entity-Relationship-Modell (ERM). Ein ERM dient dazu, der für die jeweilige Fragestellung relevanten Ausschnitt der Realität zu modellieren und darzustellen. Ein ERM besteht aus einer Abbildung, dem sogenannten Entity-Relation-Diagram (ERD) und einer Beschreibung der innerhalb des ERD verwendeten Elemente. Insbesondere in der konzeptionellen Phase der Entwicklung kann ein ERM helfen, ein gemeinsames Verständnis zwischen beispielsweise Entwicklern und Anwendern sicherzustellen.

ERM bestehen aus drei Elementen: Die Entität, die Beziehung und die Eigenschaft. Diese werden in der Literatur auch synonym mit den jeweiligen englischen Begriffen Entity, Relationship und Attribute verwendet. Die Entität beschreibt ein individuell identifizierbares Objekt der Realität. Dies kann im Rahmen der vorliegenden Arbeit beispielsweise ein einzelner Arbeitsschritt oder eine AM-Anlage sein. Die Beziehung beschreibt den Zusammenhang zwischen zwei oder mehreren Entitäten. Beispielsweise kann ein Arbeitsschritt die Nutzung einer AM-Anlage voraussetzen. Die Eigenschaft beschreibt, welche Eigenschaften über eine Entität im Anwendungskontext von Interesse ist. Für den vorliegenden Fall könnten dies beispielsweise Informationen über die Parameter des an einer Anlage durchgeführten Arbeitsschritts sein. Neben den drei Grundtypen existieren innerhalb der ERM weitere Elemente zur Modellierung besonderer Sachverhalte, auf die im Rahmen der Arbeit nicht weiter eingegangen wird.

Die innerhalb von Kapitel 5.3.1.3 definierten Identifikationskonfigurationen bilden die Basis zur Ableitung des Datenmodells für das Identifikationssystem des jeweiligen APS. Die Identifikationskonfigurationen stellen eine Menge an Bauteilen dar, welche zuvor gemeinsam durch einen Prozess gelaufen sind. Daher können die dem Prozess zugeordneten Parameter direkt mit der Identifikation eines individuellen Bauteils erhoben und im entsprechenden System gespeichert werden. Hierzu ist es notwendig, das Bauteil als auch den Prozess im Rahmen der vorliegenden Arbeit jeweils als eine Entität zu definieren. Sowohl das Bauteil als auch der Prozess besitzen spezifische, veränderbare Eigenschaften. Durch einen Prozess werden Bauteileigenschaften erzeugt und verändert. Ein AM-Prozess erzeugt beispielsweise Eigenschaften eines Bauteils, während Nachbearbeitungsverfahren diese Eigenschaften gemäß den Bauteilanforderungen verändern. Die Eigenschaften eines Prozesses sind dabei die Parameter, beispielsweise kann beim Strahlen von LPBF-Bauteilen die Strahlstärke und die Dauer eingestellt werden. Bauteileigenschaften sind definiert als die Gesamtmenge der zur erfolgreichen Herstellung des Bauteils notwendigen Eigenschaften eines Bauteils. Eigenschaften der Bauteile sind beispielsweise Geometrie, Oberflächenbeschaffenheit oder auch Farbe. Bauteile bilden den Input für Prozesse, Prozesse verändern unter Berücksichtigung der jeweiligen Parameter die Eigenschaften der Bauteile. Für eine ausführliche Modellierung ist an dieser Stelle auf die Ausführungen von LI ET AL. verwiesen.[901]

Auf Basis der Ausführungen nach LI ET AL. können für das jeweilige APS relevante ERM erstellt werden. Hierzu sind zunächst für alle Identifikationskonfigurationen relevanten Prozesse

[901] Vgl. Lu et al. "*Towards an Integrated Data Schema Design for Additive Manufacturing: Conceptual Modeling*" (2015).

und deren Parameter zu identifizieren und der Einfluss auf die jeweiligen Bauteileigenschaften zu beschreiben. Inhaltliche Ansatzpunkte zum Modellierungsumfang sind ebenfalls in der Arbeit von Li einzusehen. Bei der ausführlichen Datenmodellierung sind auftragsabwicklungsspezifische Aspekte zu berücksichtigen, wie etwa der Kunde eines Bauteils, die Bestellung oder auch Position innerhalb der Bestellung. Zudem gilt es zu berücksichtigen, dass die für die Durchführung des jeweiligen Prozesses relevanten Ressourcen, wie etwa Anlagen oder Mitarbeitende mit in die Modellierung einfließen.

Nachdem das Datenmodell in Form eines ERM erstellt worden ist, müssen auf Basis dessen ein logisches und ein physisches Datenmodell erstellt werden. Da dieser Prozess die jeweiligen individuellen Randbedingungen wie etwa die Standards der Datenmodellierung einer jeden Unternehmen berücksichtigt, ist diese nicht Teil des vorliegenden Gestaltungsmodells.

Ein zweiter relevanter Gestaltungsaspekt innerhalb der Entwicklungsphase ist die Definition einer Softwarearchitektur für die CV-basierte Nachverfolgung. Ziel ist es, die Integration des CV-basierten Systems in die bestehende digitale Infrastruktur zu detaillieren und damit für die Implementierung vorzubereiten. Eine Softwarearchitektur beschreibt allgemein die hierarchische und strukturierte Anordnung der Softwarekomponenten eines Systems.[902] Die Softwarearchitektur verbindet im Rahmen der vorliegenden Arbeit modellhaft das zu entwickelnde CV-System mit der bestehenden digitalen Ebene eines APS. Im Rahmen des Softwareentwurfs repräsentiert die Softwarearchitektur die frühste Softwaresystem-Entscheidung. Diese setzt insbesondere nicht-funktionale Eigenschaften wie Modifizierbarkeit, Wartbarkeit oder auch die Performance fest. Aus diesem Grund wird der Erstellung der Softwarearchitektur auch eine hohe Relevanz zugeordnet.

Es existieren unterschiedliche textuelle als auch grafische Notationen zur Beschreibung von Softwarearchitekturen. Ein zu entwickelndes System kann gemäß den Fragestellungen parallel in unterschiedlichen Softwarearchitekturen dargestellt sein. Typische Architekturvertreter sind die Funktionsarchitektur und die Komponentenarchitektur. Die Funktionsarchitektur gliedert das zu modellierende System in Funktionen, während die Komponentenarchitektur das System anhand von Komponenten beschreibt. Auf erstere wird in vorliegender Arbeit in Anlehnung an vorherige Arbeiten[903, 904] zurückgegriffen, um die Softwarearchitektur des CV-basierten Nachverfolgungssystems zu modellieren. Da die Modellierung einen strukturierenden Charakter aufweisen muss, wird dabei auf die im Rahmen des MBSE eingeführten Strukturdiagramme der SysML zurückgegriffen.

Aus Funktionssicht sind zunächst folgende Komponenten in Anlehnung an 5.3.3.2 zu unterscheiden: Bildaufbereitung, Modell-Interaktion, Modell-Training, Modelldatenaufbereitungspipeline, Modellspeicher und das zuletzt detaillierte Datenmodell. Hinzu kommt in Anlehnung an die innerhalb von 5.1.1 detaillierte Struktur eines CV-Systeme die Bildaufnahme und das Frontend. Aus der innerhalb von 5.2.3 detaillierte Struktur der digitalen Ebene gehen zudem

[902] Vgl. Dunkel et al. "*Softwarearchitektur für die Praxis*" (2003).

[903] Vgl. Graberg "*Operationalisierung von digitalen Schatten im Werkzeugbau*" .

[904] Vgl. Schweins "*Datengestützte Gestaltung des nachhaltigen Werkzeuglebenszyklus ; 1. Auflage*" (2024).

funktionale Komponenten hervor, da aus den Systemen dediziert Daten erhoben oder auch in diesen manipuliert werden müssen. Hierfür ist auf funktionaler Sicht die Nutzung von Schnittstellen notwendig, welche in einer Broker-Funktion vereint werden. Übergeordnet ergibt sich die in Abbildung 5.30 dargestellte Softwarearchitektur.

Die Softwarearchitektur umfasst vier Ebenen und bildet die gesamtheitlich das CV-System zur Auftragsnachverfolgung ab. Auf der untersten Ebene ist die bestehende digitale Ebene eines jeweiligen APS abgebildet. Wie zuvor definiert, zählen hierzu beispielsweise ein ERP, ein MES und auch CAD Programme. Die unterschiedlichen Systeme beinhalten, wie in Kapitel 5.2.3. definiert, unterschiedliche Daten und Datentypen. Diese gilt es für das CV-System lesbar, bzw. in einigen Fällen auch manipulierbar zu machen. Diese Funktion ist innerhalb einer zweiten Ebene, einem Broker, abgebildet. Der Broker ermöglicht es dem CV-System, auf die unterschiedlichen Systeme über unterschiedliche Schnittstellen zuzugreifen. Typische in der Praxis zum Einsatz kommende Schnittstellen sind OPC-UA, Rest-API, WebSocket-API oder auch MQTT-Broker. An den Broker angeschlossen besteht eine Ebene mit funktionalen Komponenten für die CV-basierte Auftragsnachverfolgung.

Innerhalb der Kamerakomponente wird auf die zu verwendende Technologie zur Bildaufnahme zurückgegriffen. Die Bilder werden dann der CV-Identifikationskomponente bereitgestellt, welche die Kamerabilder vorverarbeitet und die eigentliche CV-Identifikation durchführt. Die Ergebnisse sind dann innerhalb des Datenmodells abzugleichen und für das identifizierte Bauteil die entsprechenden Metainformationen abzurufen. Um eine CV-Identifikation durchführen zu können, müssen Modelle vortrainiert und bereitgestellt werden. Das Vortrainieren der Modelle wird innerhalb der Model-Training Komponente durchgeführt. Um die Modelle zu trainieren, ist eine Vorverarbeitung von CAD und Auftragsdaten notwendig. Dies geschieht innerhalb der Model-Data-Processing Komponente. Die fertig trainierten und validierten Modelle werden in der Model-Zoo Komponente abgelegt und der CV-Identifikation entsprechend bereitgestellt.

Zuletzt existiert eine Frontend Komponente, welche je nach Ausprägung des CV-basierten Nachverfolgungssystems unterschiedlich gestaltet sein kann. Allen Frontends ist gemein, dass diese die Schnittstelle zum Bedienenden darstellen. Das Frontend stellt die für den Bedienenden in der jeweiligen Situation relevante Informationen zur Verfügung und ermöglicht es dem Bedienenden, Daten zu Bauteilen aufzunehmen.

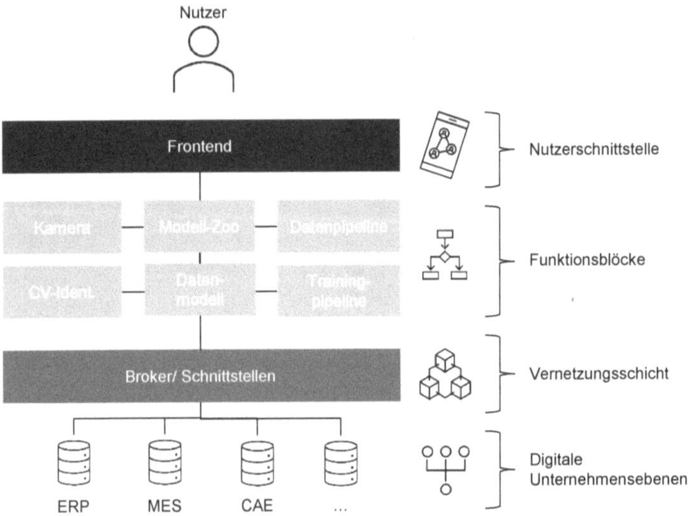

Abbildung 5.30: Softwarearchitektur einer CV-basierten Nachverfolgung[905]

5.3.3.3 Anwendungsphase

Nachdem ein CV-basiertes Identifikationssystem entwickelt wurde, gilt es innerhalb der Anwendungsphase die Einführung und kontinuierliche Verbesserung des Systems in das jeweilige APS zu gestalten. Übergeordnetes Ziel des Schrittes ist damit die Hebung operativer Effizienzpotentiale innerhalb der Auftragsabwicklung. Die Anwendungsphase ist in zwei Gestaltungsaspekte unterteilt. Zunächst wird die Definition von Key-Performance-Indikatoren (KPI) als ein Aspekt detailliert. Mit Hilfe dieser wird die Systemperformance messbar. Um KPIs effektiv nutzen zu können, muss die Verwendung dieser im jeweiligen APS gestaltet werden. Dies stellt den zweiten Gestaltungsaspekt dar. Dieser umfasst, wie ein kontinuierlicher Verbesserungsprozess (KVP) für ein CV-basierten Identifikationssystem zu gestalten ist.[906] Als Bewertungskriterien des Betriebs von technischen Lösungen bieten sich Kennzahlensysteme an. Kennzahlen können als Führungsinstrumente genutzt werden, welche bei der Steuerung und Kontrolle zum Einsatz kommen.[907] Zudem ermöglichen Kennzahlen die initiieren von KVP.[908] Auf Basis von Kennzahlen wird immer der Status Quo eingeordnet, womit eine Entscheidungsgrundlage für Verbesserungen erreicht wird.

---

905 *Eigene Darstellung.*

906 Vgl. Bomm "*Ein Ziel- und Kennzahlensystem zum Investitionscontrolling komplexer Produktionssysteme*" (1992) S. 26.

907 Vgl. Groll "*Erfolgssicherung durch Kennzahlensysteme*" (1988) S. 44.

908 Vgl. ebd. S. 49.

Es müssen Kennzahlen identifiziert werden, die es ermöglichen, die Leistungsfähigkeit eines CV-basierten Identifikationssystems erfassen und einer Bewertung zugänglich machen. Mithilfe dieser Kennzahlen können Ist- und Sollzustand quantifiziert und vergleichbar gemacht werden. Wird ein Zielzustand des CV-basierten Systems zur Nachverfolgung in seinem Sollzustand beschrieben, können auf Basis des Istzustands Maßnahmen abgeleitet werden, welche die durch die Abweichung beschriebenen Handlungsraum füllen kann.[909] Kennzahlen sollten für den Einsatz in Steuerungs- und Kontrollprozessen folgenden Anforderungen genügen.

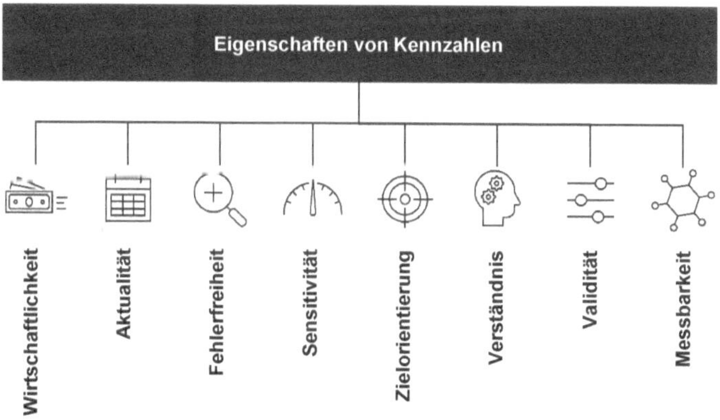

Abbildung 5.31: Eigenschaften von Kennzahlen[910]

Insbesondere der Wirtschaftlichkeit wird dabei eine besondere Rolle beigemessen. Für eine Kennzahl muss stets der Nutzen der Kennzahl selbst dem Aufwand der Erfassung der Kennzahl, beispielsweise durch die Erhebung von Daten, gegenübergestellt werden. Hierdurch wird impliziert, dass nur relevante und effiziente Kennzahlen zu erheben sind als auch die Gesamtzahl an Kennzahlen gering zu halten sind.[911] Probst führt auf Basis von Untersuchungen an, dass mehr als sieben Kennzahlen kaum noch sinnvoll zu verarbeiten sind.[912]

Auf Basis bestehender Ansätze als auch praktischer Erfahrung des Autors sind nachfolgend sechs Kennzahlen definiert, anhand der die Leistungsfähigkeit der CV-basierten Auftragsnachverfolgung beschreiben werden kann. Da verwendete Algorithmus einen erheblichen Einfluss auf die Systemperformance hat, ist eine Unterteilung in zwei Kennzahlbereiche getroffen worden. Kennzahlen des Bereichs Algorithmus bilden rein die Leistungsfähigkeit des zum Einsatz

[909] Vgl. Probst "*Kennzahlen*" (2012) S. 14 f.

[910] I.A.a. Völker "*Konzeption ganzheitlicher Produktionssysteme für Werkzeugbaubetriebe*" (2012) S. 97.

[911] Vgl. ebd. S. 97.

[912] Vgl. Probst "*Kennzahlen*" (2012) S. 50.

kommenden Algorithmus ab. Kennzahlen des Bereichs System bilden die Leistungsfähigkeit des Gesamtsystems ab.

Zunächst werden die Kennzahlen, welche die Leistungsfähigkeit des Algorithmus beschreiben, detailliert. Die erste relevante Kennzahl ist die Identifikationsgenauigkeit des Algorithmus in der Realität. Diese gibt die Quote an Identifikationen an, in denen korrekt die Bauteile identifiziert wurden. Hierzu ist im Betrieb zu ermitteln, ob eine Identifikation durch das System korrekt durchgeführt wurde. Dies kann beispielsweise über einen digitalen Workflow abgebildet werden, indem der Bedienende bestätigen muss, dass ein Bauteil korrekt erfasst wurde. Über die nachfolgende Formel lässt sich die Identifikationsgenauigkeit errechnen.

$$Identifikationsgenauigkeit = \frac{\sum Korrekte\ Identifikationen}{\sum Alle\ Identifikationen} * 100\%$$

Formel 5.5: Berechnung der Identifikationsgenauigkeit

Die Identifikationsgenauigkeit (IG) ist bereits zuvor, innerhalb der Validierung der Trainingsphase, auf Basis von virtuellen Daten ermittelt worden. Die Differenz zwischen der Validierung auf virtuellen und realen Daten lässt sich als weitere Kennzahl beschreiben, welche ein Indikator dafür sein kann, wie ähnlich die virtuellen Daten den realen Daten sind. Damit ist die Kennzahl ein erster Anhaltspunkt für Verbesserungsmaßnahmen. Die Kennzahl wird über die nachfolgende Formel ermittelt.

$$\Delta IG = IG_{Virutell} - IG_{Real}$$

Formel 5.6: Berechnung der Differenz der Identifikationsgenauigkeiten

Neben den Kennzahlen zum Algorithmus sind vier weitere Kennzahlen detailliert worden, über die die Leistungsfähigkeit des Gesamtsystems bestimmt werden kann. Für IT-Systeme ist die Verfügbarkeit eine relevante Kennzahl. Die Verfügbarkeit gibt an, zu welchem Anteil ein System über einen definierten Zeitraum dem Nutzenden zur Verfügung stand, sprich keine Ausfälle, Wartungsarbeiten oder ähnliches am System durchgeführt werden mussten. Die Verfügbarkeit lässt sich anhand folgender Formel berechnen.

$$Verfügbarkeit = \frac{Betriebszeit - Ausfallzeit}{Betriebszeit} * 100\%$$

Formel 5.7: Berechnung der Verfügbarkeit

Für die Einführung und den Betrieb des CV-basierten Nachverfolgungssystems ist zudem relevant, wie viele der im APS anfallenden Identifikationen mit Hilfe des neuen Systems durchgeführt werden. Daher ist eine Kennzahl notwendig, die diesen Zusammenhang darstellt. Dieser ist nachfolgend durch die Adaptionsquote beschreiben. Die Anzahl der Gesamtidentifikationen kann über die innerhalb des Kapitels 5.3.1 dargestellten Formeln für einen definierten Betrachtungszeitraum errechnet werden.

$$Adaptionsquote = \frac{\#Identifikationen}{\#Gesamtidentifikationen\ im\ APS} * 100\%$$

Formel 5.8: Berechnung der Adaptionsquote

Um Verbesserungen zu initiieren, ist ein Verständnis über das vorliegende Fehlerbild notwendig. Daher wird eine Kennzahl definiert, welche zunächst die Anzahl der Fehler erfasst. Diese ergibt sich über die Aufsummierung Fehler über einen definierten Betrachtungszeitraum, gemäß der nachfolgenden Formel. Für ein besseres Fehlerbildverständnis als auch die spätere Fehlerbehebung hat sich in der Praxis die Klassifizierung von Fehlern durchgesetzt. Eine solche Klassifizierung ist je nach Ausgangssituation und Anwendungsfall vom Nutzenden des Gestaltungsmodells zu berücksichtigen.

$$Fehlerquote = \frac{\#Erfolgreicher\ Identifikationen - \#Fehler}{\#Gesamtanzahl\ Identifikationen} * 100\%$$

Formel 5.9: Berechnung der Fehlerquote

Um die Wirtschaftlichkeit eines CV-basierten Nachverfolgungssystems sicherzustellen, ist eine Kennzahl zu definieren, welche die Kosten erfasst. Hierfür werden die durch das System verursachten Gesamtkosten auf alle korrekt durchgeführten Identifikationen aufgeteilt. Dies ist innerhalb der nachfolgenden Formel beschrieben.

$$Kosten\ pro\ Identifikation = \frac{\sum Kosten\ Identikation}{\#Durchgeführte\ Identifikationen}$$

Formel 5.10: Berechnung der Kosten pro durchgeführter Identifikation

Um Kennzahlen für eine kontinuierliche Weiterentwicklung eines CV-basierten Systems zur Auftragsnachverfolgung nutzen zu können, ist es relevant die Interkationen der Kennzahlen untereinander zu verstehen. Ein allgemeines Verständnis der Wirkzusammenhänge wird für die Definition von konsistenten Zielwerten für jede Kennzahl vorausgesetzt. Innerhalb von Abbildung 5.32 sind die Zusammenhänge der Kennzahlen dargestellt und nachfolgend detailliert.

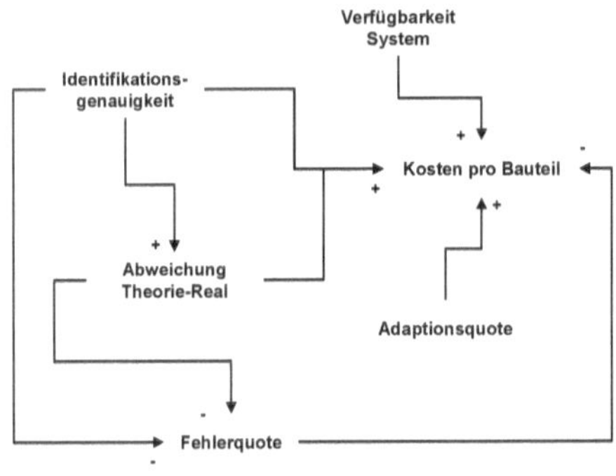

Abbildung 5.32: Wirkzusammenhänge der vorgestellten Kennzahlen[913]

Innerhalb von Abbildung 5.32 sind positive Wirkzusammenhänge durch ein Pluszeichen gekennzeichnet und negative Wirkzusammenhänge durch ein Minuszeichen. Die Verfügbarkeit geht auf Abbildung 5.32 als unabhängige Kennzahl hervor, welche durch keine andere Kennzahl beeinflusst wird. Steigt die Verfügbarkeit, hat dies einen positiven Einfluss auf die Kosten pro korrekt identifiziertem Bauteil. Gleiches gilt für die Adaptionsquote. Die beiden Kennzahlen zur Beschreibung der Leistungsfähigkeit des Algorithmus beeinflussen jeweils positiv die Kosten pro korrekt identifiziertem Bauteil. Beide Kennzahlen stehen in einem negativen Wirkzusammenhang mit der Fehlerquote. Steigt die Identifikationsgenauigkeit, wirkt sich dies zudem positiv auf die Abweichung zwischen virtueller und realer Identifikation aus. Steigt die Fehlerquote, wirkt sich dies negativ auf die Kosten pro korrekt identifiziertem Bauteil aus.

Die zuvor definierten Kennzahlen bilden nachfolgend die Basis zum Aufbau eines kontinuierlichen Verbesserungsprozesses (KVP). KVP ist ein Grundprinzip des Qualitätsmanagements. Mit Hilfe von KVP werden in Unternehmen stetige Verbesserungen von Produkten, Prozessen und Dienstleistungen verfolgt. Merkmale des KVP ist unter anderem die Kontinuität. KVP zielt darauf ab, Verbesserungen nicht sprunghaft herbeizuführen, sondern diese gezielt in regelmäßigen Iterationen zu erreichen. Die Ziele des KVPs sind, durch das heute breite Anwendungsspektrum, vielfältig. Beispielsweise kann KVP zur Steigerung der Mitarbeitenden Zufriedenheit oder auch zur gezielten Kostensenkung zum Einsatz kommen.

Um die Phasen eines KVP beschreiben zu können, kann der PDCA-Zyklus herangezogen werden. Dieser beschreibt in den vier Phasen Plan, Do, Check und Act die kontinuierliche Verbesserung des jeweils im Zentrum der Betrachtung stehenden Gegenstands. In der Plan-Phase werden Verbesserungspotentiale, beispielsweise auf Basis von Kennzahlen, identifiziert. Diese Verbesserungspotentiale werden innerhalb der zweiten Phase durch kurzzyklische

[913] *Eigene Darstellung.*

Testphasen in schnell realisierbarem Umfang versucht zu heben. Innerhalb der Check-Phase folgt dann eine Überprüfung der Ergebnisse der Do-Phase. Sind die Ergebnisse vielversprechend, folgt am Ende der Check-Phase eine formale Freigabe der bisherigen Ergebnisse zur weitreichenderen Umsetzung im Rahmen der Act-Phase. Die durch den PDCA-Zyklus erzeugten Verbesserungen werden nach Abschluss einer Iteration als Standard definiert und bilden die Basis für die nächste Iteration.

Basierend auf dem PDCA-Zyklus als auch der Kontinuitätsannahme des KVP ist nachfolgend ein KVP für den Anwendungsfall der CV-basierten Auftragsnachverfolgungssysteme detailliert. Der entwickelte KVP gliedert sich dabei gemäß den Phasen des PDCA-Zyklus in die vier Abschnitte Analyse, Versuche, Bewertung und Umsetzung. Nach abgeschlossener Umsetzungsphase beginnt der Zyklus dabei erneut mit der Analysephase.

Der Prozess startet mit der Analysephase. Ziel der Analysephase ist die Konkretisierung der vorliegenden Verbesserungspotentiale. Hierzu wird zunächst der Ist-Zustand des Systems über die zuvor definierten Kennzahlen beschreiben. Zusätzlich sind weitere, nicht durch die Kennzahlen erfassbare Verbesserungspotentiale, beispielsweise unter direktem Einbezug der Anwender des Systems, zu erfassen. Die konkrete Ausgestaltung obliegt dem Anwendenden des vorliegenden Gestaltungsmodells. Sind die Verbesserungsvorschläge zusammengetragen, müssen diese nach potentiellem Nutzen-Aufwand-Verhältnis sortiert werden, da nicht alle Verbesserungen innerhalb einer einzelnen Iteration umzusetzen sind. Die priorisierten Verbesserungsvorschläge bilden die Basis der zweiten Phase.

Innerhalb der Experiment-Phase wird validiert, inwiefern die Verbesserungsvorschläge umsetzbar sind. Auf Basis der Erfahrungen des Autors wird empfohlen, diese Experimente in einer dedizierten physischen als auch digitalen Umgebung stattfinden zu lassen. Damit sind die Experimente unabhängig von der in der Produktion im Einsatz befindlichen Lösung durchführbar, wodurch die Flexibilität sichergestellt wird. Experimente brauchen einen systematischen Ordnungsrahmen um sicherzustellen, dass beispielsweise die Abhängigkeit unterschiedlicher Parameter in den Experimenten abgebildet wird. Hierzu eignet sich beispielsweise der DoE-Ansatz.[914] Auch in dieser Phase ist durch den Anwendenden des Gestaltungsmodells die konkrete Ausgestaltung der Testumgebung als auch die methodische Experimentdurchführung zu detaillieren.

Die Ergebnisse der Experiment-Phase werden innerhalb der Bewertungsphase auf ihren Nutzen untersucht und priorisiert. Hierfür muss zunächst der Aufwand der praktischen Umsetzung aller in den Experimenten erreichen Verbesserungen quantifiziert werden. Hierbei ist auf, in Anlehnung an Kapitel 5.3.3.1, entsprechendes Domänen und Expertenwissen zurückzugreifen. Die Priorisierung der in der Praxis umzusetzenden Verbesserungsmaßnahmen kann bei-

[914] Vgl. Schuh et al. "*Part Recognition in Additive Production Systems using a Computer-vision Approach*" (2022) S. 99.

spielsweise über Nutzen-Aufwand-Matrizen erfolgen. Allgemein sollten Verbesserungsmaßnahmen priorisiert werden, welche einen möglichst hohen Nutzen bei gleichzeitig möglichst geringem Aufwand implizieren.

Die priorisierten Verbesserungsvorschläge sind innerhalb der Umsetzungsphase praktisch zu implementieren. Da die Umsetzung die Verfügbarkeit des CV-Systems beeinträchtigen kann und damit die operative Auftragsabwicklung beeinflusst, ist dies stets zu überprüfen. Eine Umsetzung sollte dann beispielsweise außerhalb der Betriebszeiten angestrebt werden. Die konkrete Planung der Umsetzung obliegt dabei dem Anwendenden des Gestaltungsmodells. Zuletzt ist abschließend zu überprüfen, inwiefern die angestrebten Verbesserungen in den Kennzahlen als auch dem Feedback der Mitarbeitenden wiederzufinden sind. Die Kennzahlen und das Feedback bilden damit die Ausgangsbasis der nächsten Iteration.

5.3.4 Zusammenfassung der Aktivitätselemente

Die drei Aktivitätselemente der Anforderungssynthese, des Technologiescoutings und der operativen Umsetzung ermöglichen die Gestaltung einer systematischen Entwicklung eines anforderungsgerechten CV-Systems zur Auftragsnachverfolgung. Die Aktivitätselemente orientieren sich dabei am strukturierenden Charakter der Verhaltenselemente. Das Ziel der Entwicklung ist ein CV-basiertes System zur Auftragsnachverfolgung, welches durch die Strukturelemente definiert worden ist. Nachfolgend werden die Gestaltungsaspekte für den zusammengefasst.

Das erste Aktivitätselement ist die Anforderungssynthese. Ziel der Anforderungssynthese ist die Beschreibung der im APS vorkommenden Identifikationen. Diese werden durch Identifikationskonfigurationen detailliert. Um Identifikationskonfigurationen detaillieren zu können, ist zunächst die Identifikation relevanter Daten und die Erhebung dieser im Kontext eines jeweils vorliegenden APS zu gestalten. Dies bildet den ersten Gestaltungsaspekt der Anforderungssynthese ab. Anschließend folgt eine gezielte Aufbereitung und Analyse der erhobenen Daten, wodurch ein zweiter Gestaltungsaspekt abgebildet wird. Aus der Datenanalyse gehen die im jeweiligen APS vorliegenden Identifikationskonfigurationen hervor, welche innerhalb des MBSE unmissverständlich dokumentiert werden.

Das zweite Aktivitätselement, das CV-Technologiescouting, baut auf den Ergebnissen des ersten Aktivitätselements auf und ermöglicht die Gestaltung der CV-Technologieauswahl unter gegebenen Randbedingungen. Innerhalb des CV-Technologiescoutings sind drei Gestaltungsaspekte detailliert. Zunächst wird die Beschreibung des für die CV-Technologieauswahl notwendigen Informationsbedarfs detailliert. Diese bildet die Voraussetzung für eine gezielte Informationsbeschaffung. Diese Informationsbeschaffung bildet den zweiten Gestaltungsaspekt ab. Sind Informationen über CV-Technologien beschafft, müssen diese bewertet werden. Die Informationsbewertung beschreibt hierzu den dritten Gestaltungsaspekt. Am Ende des Aktivitätselements steht eine unter gegebenen Randbedingungen ausgewählte, optimale CV-Technologie für den jeweiligen Anwendungsfall.

Um die innerhalb des CV-Technologiescoutings identifizierten Potentiale heben zu können, ist ein drittes Aktivitätselement detailliert. Innerhalb des Elements, der operativen Umsetzung, werden die Ergebnisse aus den beiden vorherigen Aktivitätselemente in die Praxis von APS überführt. Hierbei werden drei Gestaltungsaspekte, analog des Produktlebenszyklus, unterschieden. Zunächst wird detailliert, welche Vorbereitungen für eine potentielle Entwicklung getroffen werden müssen. Die Aufbau- und Ablauforganisation des geplanten Projektes werden hierbei jeweils als Gestaltungsaspekt detailliert. Der Vorbereitungsphase folgt eine Entwicklungsphase. Innerhalb dieser sind zwei Gestaltungsaspekte als technisch kritische Aspekte der Entwicklung detailliert: Die Gestaltung der Algorithmus Adaption als auch die Gestaltung der Synthese eines Datenmodells. Innerhalb der letzten Phase, wird die Anwendung des entwickelten Systems fokussiert. Hierbei wird die Definition von KPIs als auch eines KVP gestaltet. Am Ende des dritten Aktivitätselements steht die erfolgreich entwickelte CV-Lösung für APS.

5.4 Wechselwirkung der Gestaltungselemente

Die vorherigen Ausführungen detaillieren das Vorgehen zur Gestaltung einer digitalen Auftragsnachverfolgung innerhalb von APS. Hierbei integriert das Vorgehen die Anforderungen eines jeden individuellen APS. Dabei können die einzelnen Gestaltungselemente in der Theorie getrennt voneinander betrachtet werden. Jedoch bestehen zwischen den einzelnen Gestaltungselemente Wechselwirkungen. Um das volle Potential des Gestaltungsmodells nutzen zu können, sind diese Wechselwirkungen zu detaillieren.[915] Nachfolgend werden daher die Vor- und Rückkopplungen zwischen den einzelnen Gestaltungselementen detailliert.

Das Strukturelement Produktspektrum stellt im Gestaltungsmodell den Eingang für das Aktivitätselement der Anforderungssynthese dar. Gleiches gilt für das Strukturelement des Prozessspektrums. Da eine getrennte Betrachtung des Produkt- und Prozessspektrums nicht ausreichen um ganzheitlich Anforderungen zu synthetisieren, ist die Wechselwirkung zwischen dem Produkt- und Prozessspektrum innerhalb des Verhaltenselements Dependenz zwischen dem Produkt- und Prozessspektrum beschrieben. Damit stellt die Dependenz wiederrum eine dritte wesentliche Eingangsgröße für die Anforderungssynthese dar.

Das Aktivitätselement der Anforderungssynthese beschreibt gemeinsam mit dem Aktivitätselement der Datenvorbereitung konkrete Schritte, welche durch den Nutzenden des Gestaltungsmodell durchzuführen sind, um Anforderungen für das ihm oder ihr vorliegende APS zu synthetisieren. Die Anforderungen sind dabei durch ein Regelwerk als auch Verfahrensweisen eines übergreifenden CV-Anforderungsmanagements zu dokumentieren. Dieses befähigt zudem die gezielte Suche passender CV-Technologien als auch die operative Umsetzung eines CV-Nachverfolgungssystems im System Unternehmen.

Innerhalb der Entwicklung eines CV-Nachverfolgungssystems müssen passende CV-Technologien identifiziert und analysiert werden. Die gezielte Suche nach CV-Technologien bildet eine

[915] Vgl. Lukas "*Gestaltungsmodell zur thermischen Auslegung additiver Prototypenwerkzeuge aus Kunststoff*" (2024) S. 228.

Schnittstelle des Gestaltungsmodells mit dessen Umwelt ab. Daher ist in Form eines Verhaltenselements detailliert, wie diese Schnittstelle konkret aussieht. Die Regeln und Verfahrensweisen des CV-Technologiescoutings sind im direkt innerhalb des Aktivitätselements der operativen Umsetzung nutzbar.

Zuletzt bildet das Strukturelement CV-Nachverfolgungssystem innerhalb der Aktivitäten entwickelte Zielsystem ab. Das Zielsystem ist das Ergebnis des Gestaltungsmodells, zu dessen Erreichung alle Gestaltungsaspekte des Modells, unter Berücksichtigung der jeweiligen Wechselwirkungen, berücksichtigt werden müssen. Die Wechselwirkungen innerhalb des Gestaltungsmodells sind nachfolgend schematisch dargestellt.

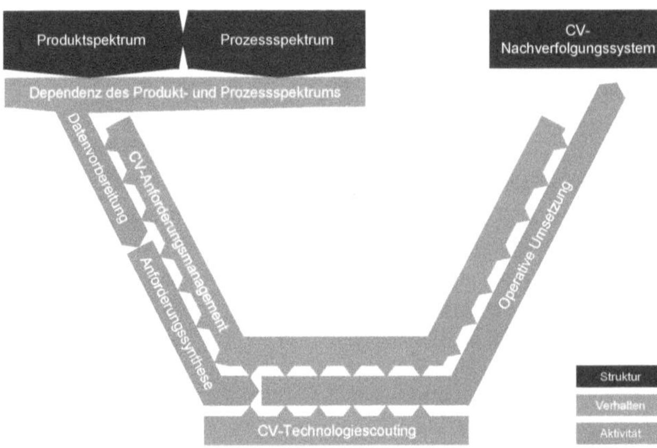

Abbildung 5.33: Wechselwirkungen innerhalb des Gestaltungsmodells[916]

5.5 Fazit zum Gestaltungsmodell

Nachdem die Gestaltungselemente des Gestaltungsmodells tiefergelegt worden sind als auch deren Wechselwirkung detailliert sind, folgt ein Fazit zum detaillierten Gestaltungsmodell. Hierbei wird insbesondere beleuchtet, inwiefern sich mit Hilfe des Gestaltungsmodells die zuvor aus der Praxis und Theorie abgeleiteten Forschungsfragen beantworten lassen. Die Forschungsfrage impliziert eine in der Wissenschaft bestehende Lücke für eine systematische Vorgehensweise der Auslegung der digitalen Auftragsnachverfolgung. Die innerhalb von Kapitels 3.4 definierte übergeordnete Forschungsfrage lautet:

Wie kann ein digitales Tracing von Bauteilen auf dem Shopfloor additiver Produktionssysteme ausgelegt werden?

Die Forschungsfrage wurde innerhalb von Kapitel 3.4 in Unterforschungsfragen zergliedert. Die Beantwortung der Unterforschungsfragen impliziert die Beantwortung der übergeordneten Forschungsfrage. Nachfolgend wird daher überprüft, inwiefern die Unterforschungsfragen mit

[916] Vgl. Lukas "*Gestaltungsmodell zur thermischen Auslegung additiver Prototypenwerkzeuge aus Kunststoff*" (2024) S. 229.

Hilfe des zuvor detaillierten Gestaltungsmodells beantwortet werden können. Die erste Unterforschungsfrage adressierte die Anforderungen an die digitale Auftragsnachverfolgung in APS und lautet:

a) Wie kann ein **Anforderungsmodell für die digitale Auftragsnachverfolgung** in **additiven Produktionssystemen** hergeleitet und strukturiert werden?

Das Gestaltungsmodell leitet ein Anforderungsmodell aus zwei unterschiedlichen Sichtweisen für die digitale Auftragsnachverfolgung in APS ab. Das Anforderungsmodell leitet sich auf Basis der MBSE ab. Innerhalb der Verhaltenselemente wird detailliert, welcher übergeordnete Rahmen für eine CV-Anforderungsmanagement zum Einsatz kommen kann. Damit ist sichergestellt, dass praktisch ermittelte Anforderungen stetig in einem konsistenten Zusammenhang modellhaft abgebildet sind. Die konkret notwendigen Aktivitäten zur Ermittlung der jeweils relevanten Anforderungen sind durch das, innerhalb der Aktivitätselemente, beschriebenen Anforderungssynthese beschrieben. Die zweite Unterforschungsfrage adressiert das Zusammenspiel des vorliegenden Produkt- als auch Prozessspektrums und lautet:

a) Wie muss eine **ganzheitliche Ontologie** zur **Abbildung aller relevanten Produkt- & Prozesskombinationen** aufgebaut sein?

Innerhalb der Strukturelemente ist detailliert worden, wie die innerhalb von APS vorkommenden Produkt- als auch Prozessspektren erfasst und typologisiert werden können. Dies stellt den Eingang für das Verhaltenselement der Dependenz der Strukturelemente dar. Innerhalb dieses Verhaltenselements wurde detailliert, wie das vorliegende Produkt- und Prozessspektrum konkret miteinander zusammenhängen. Das Verständnis über diesen Zusammenhang ist die Basis zur Durchführung von Aktivitäten zur Erfassung des Zusammenhangs. Die Aktivitäten sind innerhalb der Datenvorbereitung als auch Anforderungssynthese detailliert worden. Aus den erfassten Datenpunkten kann damit direkt eine Ontologie in Form eines Datenmodells abgeleitet werden. Hierfür detailliert das Aktivitätselement der operativen Umsetzung entsprechende Schritte. Die nächste Unterforschungsfrage adressiert die Auswahl von CV-Technologie:

b) Wie muss eine **Methode zur Auswahl** verschiedener **Identifikationstechnologien** insbesondere **mit Computer Vision** aufgebaut sein?

Die Forschungsfrage wird durch die Kombination verschiedener Gestaltungselemente beantwortet. Zunächst wird innerhalb der Verhaltensaspekte die Schnittstelle des Gestaltungsmodells mit dessen Umwelt in Form des CV-Technologiescoutings beschrieben. Hierbei wird detailliert, wie auf Basis der Anforderungen Suchfelder definiert und Informationen aus unterschiedlichen Quellen extrahiert werden können. Innerhalb des Aktivitätselements zur operativen Umsetzung sind zudem die unternehmensindividuellen Rahmenbedingungen für eine Auswahl von CV-Technologie berücksichtigt. Die letzte Forschungsfrage adressiert die operative Umsetzung der ausgewählten CV-Technologie im Unternehmen:

c) Wie kann die **operative Umsetzung** der ausgewählten **Identifikationsmethode** im System „Unternehmen" **gestaltet** werden

Die Forschungsfrage wird insbesondere vom letzten Gestaltungselement, der operativen Umsetzung, detailliert. Die operative Umsetzung beleuchtet dabei organisatorische als auch technische Teilaspekte. Aus organisatorische Sicht wird detailliert, welche Kompetenzen für eine erfolgreiche Umsetzung notwendig sind. Des Weiteren wird die Organisation der Zusammenarbeit detailliert, als auch Kennzahlen als auch ein KVP definiert. Aus technischer Sicht wird detailliert, welche konkreten Schritte innerhalb einer Entwicklung notwendig sind, um auf Basis der Anforderungen als auch der ausgewählten CV-Technologie eine CV-Nachverfolgungssystem entwickeln zu können.

Das Gestaltungsmodell bildet alle Aspekte der jeweiligen Unterforschungsfragen ab und beantwortet damit die übergeordnete Forschungsfrage der vorliegenden Dissertation. Nachfolgend gilt es die praktische Anwendbarkeit des Gestaltungsmodells nachzuweisen.

6 Validierung anhand von Fallbeispielen

Im sechsten Kapitel folgt die Validierung des im fünften Kapitel detaillierten Gestaltungsmodells anhand von zwei Fallbeispielen. Die Validierung im Sachzusammenhang adressiert die letzten beiden Phasen der angewandten Forschung nach ULRICH. Die Anwendbarkeit des Gestaltungsmodells wird dadurch validiert und der Forschungsprozess abgeschlossen.

Die Validierung erfolgt anhand von zwei Fallbeispielen. Zunächst wird die Validierung in der Anlauffabrik der RWTH AACHEN UNIVERSITY vorgenommen. Hierbei steht insbesondere das Application Center Additive Fertigung im Fokus. Damit fokussiert die erste Validierung den für das Gestaltungsmodell vorgesehenen Anwendungsfall. Im zweiten Fallbeispiel wird die Anwendbarkeit des Gestaltungsmodells auf ein fachfremdes Anwendungsgebiet, der Branche Werkzeugbau, vorgenommen. Hierfür wurde das Gestaltungsmodell mit der Beispiel GmbH validiert, welche den internen Werkzeugbau eines Unternehmens der Elektrobranche darstellt. Durch die Anwendbarkeit auf letzteres Fallbeispiel ist sichergestellt, dass das Gestaltungsmodell theoretisch auch außerhalb der für dieses vorgesehenen Branchen Einsatz finden kann.

Die Struktur beider Fallbeispiele ist die gleiche. Zunächst werden die Unternehmen vorgestellt und die aktuelle Unternehmenssituation in Bezug auf die digitale Auftragsnachverfolgung vertieft. Es folgt die Beschreibung der Auslegung der digitalen Auftragsnachverfolgung, welche jeweils durch ein Fazit abgeschlossen wird. Am Ende des Kapitels folgt eine kritische Reflexion der Praxisanwendung.

6.1 Fallbeispiel 1: Application Center Additive Fertigung

Das erste Fallbeispiel stellt das Application Center Additive Fertigung der Anlauffabrik der RWTH AACHEN UNIVERSITY dar. Die ANLAUFFABRIK GMBH ist Teil des RWTH AACHEN CAMPUS. Der RWTH AACHEN CAMPUS ist ein einzigartiges Ökosystem mit einem umfassenden Expertennetzwerk und moderner Forschungsinfrastruktur an der RWTH AACHEN UNIVERSITY. Hierbei besteht das Ziel, Industrieunternehmen fachspezifisch in Trendthemen aus Technologie und Produktion umfassend beraten zu können.[917] Der RWTH AACHEN CAMPUS ist hierzu in unterschiedlichen Clustern organisiert. Innerhalb des Clusters Produktionstechnik befindet sich die Anlauffabrik der RWTH Aachen. Die Anlauffabrik unterstützt kleine und mittelständische Unternehmen mit technischer Ausstattung als auch Know-how beim Anlauf der Produktion von Kleinserien auf insgesamt 2100 Quadratmetern.[918]

Innerhalb der Anlauffabrik bietet das Application Center Additive Fertigung eine Entwicklungs- und Demonstrationsumgebung für neue Anwendungen in der additiven Fertigung. Durch die Zusammenarbeit mit Technologiepartnern wird die Abbildung eines vielfältigen Verfahrens- als auch Materialspektrums ermöglicht. Hierbei liegt der Fokus auf dem Bereich der Polymerver-

[917] Vgl. RWTH Aachen Campus GmbH "*RWTH Aachen Campus*" (2024).

[918] Vgl. RWTH Aachen Campus GmbH "*Anlauffabrik*" (2024).

arbeitung mittels additiver Fertigung. Das Application Center Additive Fertigung stellt insgesamt 4 Verfahren bereit, wofür insgesamt 10 Maschinen zum Einsatz kommen. Die Betreuung des Maschinenparks erfolgt durch einen Techniker.

6.1.1 Ausgangssituation

Im Fokus der Validierung des Gestaltungsmodells innerhalb des Application Centers Additive Fertigung steht der operative Auftragsabwicklungsprozess für AM-Produkte. Eine lückenlose Nachverfolgung der Produkte auf dem Shopfloor des Application Centers birgt das Potential von Effizienzsteigerungen und der Befähigung verschiedener Ausbaustufen der Industrie 4.0.

Das Application Center Additive Fertigung fertigt im Kundenauftrag Bauteile auf den zur Verfügung stehenden Maschinen. Hierbei kommt das FFF-Verfahren, das BJ-Verfahren, das SLA-Verfahren als auch das DLP-Verfahren zum Einsatz. Für die Bauteile stehen nach additiven Fertigung unterschiedliche Nachbearbeitungsverfahren bereit, wie beispielsweise das Nachvernetzten von Duroplasten, das Reinigen in unterschiedlichen Ausprägungen als auch eine mechanische Nachbearbeitung von Funktionsflächen.

Um die Prozesse zu steuern als auch einen Überblick über den aktuellen Status der Bestellungen zu erhalten kommt eine Software zum Einsatz. Diese verwaltet die jeweiligen Aufträge zentral und gibt gleichzeitig den Kunden Einblick in den Status der Bestellung. Der Maschinenpark ist nicht digital in die Software integriert. Die Ansteuerung des Maschinenparks geschieht über die jeweils mit der Maschine gelieferte Anwendungssoftware. Innerhalb der Software liegen alle Metainformationen zu den Bauteilen als auch die entsprechenden CAD-Daten ab. Die Auftragsnachverfolgung basiert rein auf einer manuellen Rückmeldung des Technikers in der Software. Eine Identifikation der Bauteile auf dem Shopfloor des Application Centers geschieht durch den Techniker. Hierbei kommt es gelegentlich zu Verwechslungen. Zur Veranschaulichung ist der Shopfloor des Application Centers Additive Fertigung in einer Draufsicht innerhalb von Abbildung 6.1 dargestellt.

Abbildung 6.1: Application Center Additive Fertigung auf dem RWTH Aachen Campus

Der Autor der vorliegenden Dissertation hat im Rahmen seiner Tätigkeit am WERKZEUGMASCHINENLABOR der RWTH AACHEN UNIVERSITY die digitale Auftragsnachverfolgung auf dem Shopfloor des Application Centers ausgelegt. Die Auslegung erfolgte auf Basis zwei wesentlicher Elemente. Zum einen basiert die Auslegung auf den umfangreichen Erfahrungen aus den Tätigkeiten für das AACHEN CENTER FOR ADDITIVE MANUFACTURING GMBH (ACAM). Diese umfassen insbesondere Kenntnisse über neuste Trends im AM-Bereich als auch die Kenntnis über digitale Infrastruktur innerhalb des Application Centers Additive Fertigung. Zum anderen konnte in umfangreichen Workshops und Gesprächen mit den Technikern des Application Centers das Vorgehen zur Gestaltung der digitalen Auftragsnachverfolgung validiert werden. Ein entwickeltes Konzept als auch dessen praktische Umsetzung runden die Validierung ab.

6.1.2 Gestaltung der Auftragsnachverfolgung

Die Gestaltung der digitalen Auftragsnachverfolgung ist ähnlich der Gestaltungselemente des zuvor detaillierten Gestaltungsmodells gegliedert. Zunächst wurde durch entsprechende Vorversuche sichergestellt, dass die Bauteile durch CV-Technologie identifiziert werden können. Im Anschluss folgte die Auslegung des CV-Nachverfolgungssystems innerhalb eines Konzeptes. Auf Basis des Konzeptes wurde in einem Team, bestehend aus 5 Personen, eine App entwickelt, welche das CV-Nachverfolgungssystem darstellt. Diese App wurde am Ende der Validierung innerhalb der praktischen Applikation validiert.

Vor der eigentlichen Auslegung der digitalen Auftragsnachverfolgung wurde durch den Autor mittels Matlab überprüft, inwiefern eine CV-basierte Bauteilidentifikation möglich ist. Matlab ist eine Software zur Lösung mathematischer Probleme und zu grafischen Darstellung der Ergebnisse.[919] Der Funktionsumfang der Software beinhaltet eine grafische Oberfläche zur Erstellung und Validierung neuronaler Netze. Auf diese Oberfläche wurde in den Vorversuchen zurückgegriffen, um auf Basis beispielhafter CAD-Daten des Application Centers neuronale Netze zu trainieren. Die Bilddatenbasis wurde mittels eines entsprechenden Matlab Codes erzeugt. Zur vereinfachten Nutzbarkeit wurde durch den Autor eine grafische Benutzeroberfläche auf Basis von Matlab implementiert. Innerhalb dieser kann mittels einer an den jeweiligen Computer angeschlossene Kamera Bilder von Bauteilen aufnehmen, diese verarbeiten und dem CV-Algorithmus bereitstellen. Die Benutzeroberfläche ist in Abbildung X dargestellt.

[919] Vgl. MathWorks "*Matlab*" (2024).

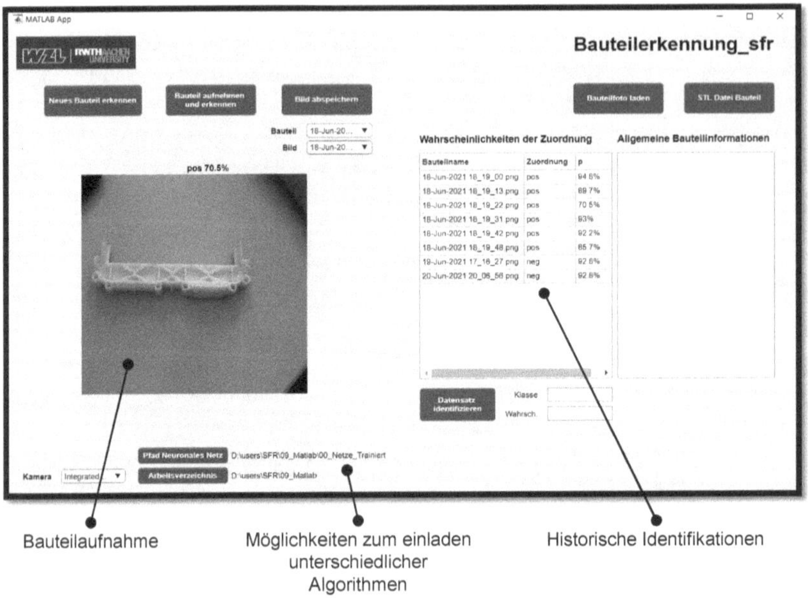

Abbildung 6.2: Eigens für die Analyse erstellte Software[920]

Die Software ermöglicht das einladen unterschiedlicher neuronaler Netze. Damit sind unterschiedliche Netzausprägungen in kurzer Zeit validierbar. Hierbei wurde herausgefunden, dass insbesondere das von GOOGLE vortrainierte ResNet-50 ein Basisnetz dargestellt, welches eine hohe Genauigkeit für die Prädiktion der Bauteile aufweist. Als Datenbasis wurde auf Erfahrungswerten des Technikers eine Anzahl von 24 Bauteilen ausgewählt, welche zu gleichen Zeit auf dem Shopfloor gefertigt werden. Innerhalb der Benutzeroberfläche werden die Prädiktionsdaten gespeichert, wodurch eine statistische Auswertung historischer Prädiktionen ermöglicht wird. Insgesamt wurde in den Vorversuchen eine Prädiktion von 91,4% erreicht. Der Wert ist vielversprechend für die praktische Anwendung, weshalb diese anschließend verfolgt wurde.

Die Auslegung der digitalen Auftragsnachverfolgung setzt eine umfangreiche Datenbasis voraus. Gemeinsam mit den Technikern wurde diese Datenbasis zunächst diskutiert und die zur Verfügung stehenden Daten im Anschluss interpretiert und analysiert. Insgesamt wurden über 300 Aufträge mit über 900 Bauteilen in dieser Analyse berücksichtigt. Da die Prozessketten auf dem Shopfloor des Application Centers Additive Fertigung relativ kurz sind, konnte einfach analysiert werden, dass die Identifikation von Bauteilen hauptsächlich im letzten Schritt innerhalb des APS relevant ist. Dies impliziert, dass die Bauteile alle geforderten Eigenschaften innerhalb des Lasten- bzw. Pflichtenhefts zum Zeitpunkt der Identifikation besitzen. Damit sind

[920] *Eigene Darstellung.*

die Anforderungen an ein CV-Nachverfolgungssystem konkret genug, um die Entwicklung des CV-Algorithmus zu starten.

In einem zweiten Schritt wurde die innerhalb des APS vorhandene digitale Infrastruktur analysiert und eine Zielarchitektur für das CV-Nachverfolgungssystem entwickelt. Die Identifikation der Bauteile im jeweils letzten Prozessschritt impliziert, dass die entsprechende Lösung dezentral sein muss, um lange Laufwege für die Techniker zu vermeiden. Daher wurde auf eine Smartphone-App gesetzt. Diese App muss nahtlos in das vorhandene digitale Ökosystem integriert werden. Dies bedeutet, dass die Bauteildaten in Form von CAD-Daten und Metainformationen nach Freigabe des Bauteils zu Fertigung digital an das CV-Nachverfolgungssystem übergeben werden müssen. Das CV-Nachverfolgungssystem besteht hierbei aus zwei Teilen: Der App als Frontend und einem Backend. Das Backend nimmt die Bauteildaten entgegen, generiert auf Basis dieser eine Bilddatenbasis und trainiert entsprechend vortrainierte neuronale Netze in Form des ResNet-50. Diese Netze sind der App über eine entsprechende API zugänglich. Hierdurch können von der App auf dem Shopfloor Bilder aufgenommen werden, diese dem Backend zugespielt, zugeordnet und der App zurückgespielt werden. Ein Sequenzdiagramm in Abbildung 6.3 verdeutlicht den Ablauf einer Bauteilidentifikation.

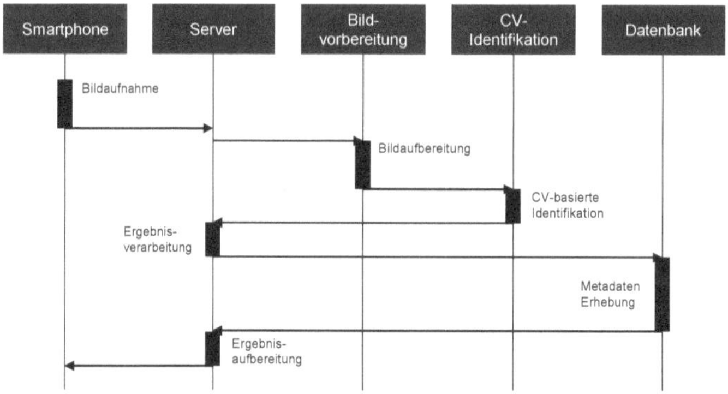

Abbildung 6.3: Sequenzdiagramm der Bauteilidentifikation[921]

Der Entwicklung des Konzeptes folgt die Umsetzung. Hierfür wurden zunächst innerhalb der Vorbereitungsphase durch den Autor anhand des vorherigen Sequenzdiagramms Kompetenzen definiert, welche für die Umsetzung notwendig sind. Insgesamt wurde fünf Abschlussarbeitende für die Entwicklung des CV-Nachverfolgungssystems parallel durch den Autor betreut. Folgende Fokusbereiche wurde definiert: App, Backend-Infrastruktur, CV-Algorithmus, Schnittstellen-Validierung und Datenmodell. Ein Fokusbereich wurde jeweils durch einen Abschlussarbeitenden betreut.

[921] *Eigene Darstellung.*

Die Organisation des Teams erfolge dabei in Sprints mit einer Dauer von vier Wochen. Als Plattform kam dabei Microsoft Azure zum Einsatz. Die Plattform ermöglicht die Kooperation des Teams durch eine Dokumentation entwickelter Software in einem Wiki, die Organisation der Softwareentwicklung über ein Ticketsystem als auch die Zusammenarbeit innerhalb von Softwareteilen durch Git, einer verteilten Versionsverwaltung.

Innerhalb der gesamten Entwicklungsphase wurden die neusten Ergebnisse eng mit den Stakeholdern in Person der Techniker validiert, um eine zielgerichtete Entwicklung sicherzustellen. Hierbei stand insbesondere die anwendungsfreundliche Ausgestaltung der Benutzeroberfläche der App im Fokus. Mittels Figma konnten kurzzyklisch Änderungswünsche validiert und in das entsprechende Entwicklungsbacklog integriert werden.

Das Ergebnis der Entwicklung ist die innerhalb von Abbildung 6.4 dargestellte App zur Bauteilidentifikation. Der Techniker kann ein Bauteil aus einer Grundmenge von Bauteilen durch die App identifizieren und entsprechende Metainformationen, wie das gewünschte Fertigstellungsdatum, den Kunden oder auch notwendige Nachbearbeitungsschritte einsehen. Zudem ermöglicht die App das einsehen der CAD-Daten. Hierdurch kann der Techniker beispielsweise erste Qualitätssicherungsmaßnahmen vornehmen.

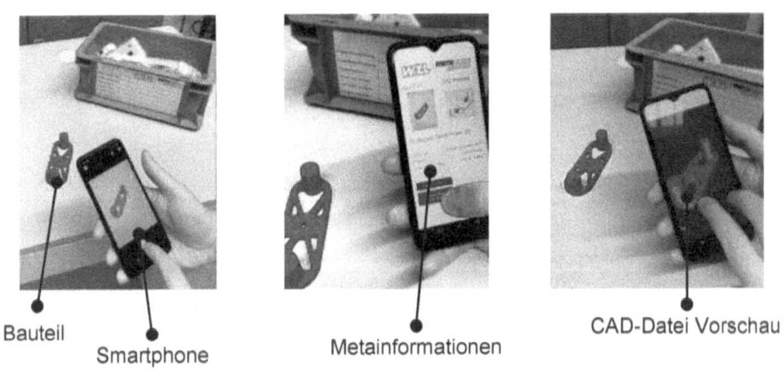

Abbildung 6.4: Prototypische Bauteilidentifikation mittels Smartphone[922]

Um eine kontinuierliche Überwachung und Weiterentwicklung der Leistungsfähigkeit der App sicherzustellen, wurde zudem ein Dashboard als Website programmiert. Innerhalb des Dashboards sind KPIs definiert, wie beispielsweise die Anzahl der durchgeführten Identifikationen, die durchschnittliche Prädiktionsgenauigkeit oder auch die Anzahl der Rückmeldungen potentieller Bugs in der App. Das Dashboard stellt den letzten Schritt innerhalb der Anwendungsphase dar und schließt damit die Auslegung der digitalen Auftragsnachverfolgung ab.

[922] *Eigene Darstellung.*

6.1.3 Fazit

Die Validierung des Gestaltungsmodells am Anwendungsbeispiel des Application Centers Additive Fertigung zeigt die praktische Anwendbarkeit der zuvor detaillierten Auslegung. Die Applikation zeigt ein Potential zur Effizienzsteigerung operativ ablaufender Prozesse auf. Die Ergebnisse der Validierung sind innerhalb von Abbildung 6.5 zusammengefasst und werden nachfolgend detailliert. Hierbei werden die drei Elementtypen des Gestaltungsmodells unterschieden.

Elemente	Zentrale Validierungsergebnisse
Struktur	▪ Strukturierung des vorhandenen Produkt- und Prozessspektrums ▪ Definition eines CV-Nachverfolgungssystems auf Basis der vorgestellten Morphologie
Verhalten	▪ Berücksichtigung der Eigenschaftsänderungen über die Prozessfolgen ▪ Strukturierung der Anforderungen in einem CV-Anforderungsmanagement mittels Microsoft Azure ▪ Systematische Auswahl von CV-Technologie durch die Vorversuche
Aktivität	▪ Berücksichtigung aller drei Phasen innerhalb der Aktivitätselemente in Form eines Softwareentwicklungsprojektes ▪ Agiles Projektorganisation, nahe an den Stakeholdern ▪ Abbildung von KPIs über ein Dashboard

Abbildung 6.5: Zentrale Ergebnisse der Validierung anhand des ersten Fallbeispiels[923]

Die Strukturelemente des Gestaltungsmodells werden durch eine Strukturierung des im APS befindlichen Produkt- und Prozessspektrums berücksichtigt. Die Strukturierung bildet die Basis für die anforderungsgerechte Auslegung des CV-Nachverfolgungssystems im Nachgang. Die Morphologie der CV-Nachverfolgungssysteme wird zu Definition des zur Anwendung passenden CV-Nachverfolgungssystemen herangezogen.

Die Verhaltenselemente sind durch die Berücksichtigung der Eigenschaftsänderungen der Bauteile über die Prozessfolgen, die Strukturierung des Entwicklungsprojektes innerhalb eines CV-Anforderungsmanagements als auch durch die Vorversuche validiert. Da die Prozessfolgen im vorliegenden APS vergleichsweise kurz sind, muss eine vertiefte Validierung dessen im zweiten Fallbeispiel folgen. Das CV-Anforderungsmanagement wurde innerhalb des Entwicklungsprojekts durch die Verwendung einer einheitlichen Modellierungssprache, der UML, sichergestellt. Alle im Entwicklungsprojekt notwendigen Diagramme sind in dieser Modellierungssprache erstellt worden. Die Sichtung, Auswahl und Applikation von CV-Technologie folgte experimentell mittels der beschriebenen Vorversuche. Eine weiterführende Untersuchung betriebswirtschaftlicher Aspekte war nicht Teil der Validierung.

923 *Eigene Darstellung.*

Die Aktivitätselemente erzeugen den Nutzen des Gestaltungsmodells in Form der Strukturelemente unter Berücksichtigung der Verfahrensweisen und Normen der Verhaltenselemente. Die Aktivitätselemente wurden innerhalb der Validierung lückenlos in Form einer Softwareentwicklung durchlaufen. Innerhalb der Vorbereitungsphase wurden Kompetenzen detailliert und das Zusammenarbeitsmodell in Form von Scrum definiert. Die Entwicklungsphase folgte in kurzzyklischen Sprints, beinhaltete das Erzeugen der Datenbasis und das trainieren eines in den Vorversuchen identifizierten Algorithmus auf dieser Datenbasis. In der Anwendungsphase erfolgte die Definition von KPIs und das Bereitstellen dieser über ein entsprechendes Dashboard.

Insgesamt zeigt das Fallbeispiel die Anwendbarkeit des Gestaltungsmodells. Der Fokus der Validierung innerhalb des Fallbeispiels lag auf der operativen Durchführung der Inhalte der Aktivitätselemente. Die Struktur- und Verhaltenselemente sind berücksichtigt, in einem weiteren Fallbeispiel aber vertieft zu validieren. Die Validierung geschieht im nachfolgenden Kapitel.

6.2 Fallbeispiel 2: Auftragsnachverfolgung im Werkzeugbau der Beispiel GmbH

Das zweite Fallbeispiel bezieht sich auf die Validierung des Gestaltungsmodells bei der Beispiel GmbH. Das Unternehmen mit Hauptsitz in Deutschland wurde in den 50er Jahren gegründet und beschäftigt heute an mehreren Standorten Weltweit ca. 9000 Mitarbeitende. Die Beispiel GmbH fertigt Komponenten für die elektrische Verbindungstechnik. Die produzierte Verbindungstechnik gilt heute als Industriestandard. Neben der Verbindungstechnik bietet die Beispiel GmbH zudem verschiedene Produkte im Bereich der Automatisierungstechnik an, bis hin zu Systemgesamtlösungen inkl. Beratung, Entwicklung von Soft- als auch Hardware und versch. Serviceleistungen. Im Jahr 2023 erwirtschaftete Beispiel GmbH einen Gesamtumsatz von über einer Mrd. Euro. Zur Herstellung des Produktspektrums kommen viele unterschiedliche Verfahren bei der Beispiel GmbH zum Einsatz. Die in den Verfahren erforderlichen Werkzeuge werden größtenteils von extern zugekauft. Eine Reparatur und Instandhaltung der Werkzeuge wird direkt in Werkzeugbauten nahe der Produktionsstandorte von der Beispiel GmbH durchgeführt. Durch die Validierung des Gestaltungsmodells anhand des fachfremden Fallbeispiels Werkzeugbau soll im Rahmen der vorliegenden Dissertation die fachfremde industrielle Anwendbarkeit validiert werden.

6.2.1 Ausgangssituation

Fokus der Validierung bei der Beispiel GmbH ist die operative Auftragsnachverfolgung von Komponenten für die Reparatur und Instandhaltung auf dem Shopfloor eines zukünftigen Werkzeugbaus. Das Konzept für diesen zukünftigen Werkzeugbau wurde im Jahr 2024 gemeinsam mit der WBA Aachener Werkzeugbau Akademie GmbH (WBA) entwickelt. Kern des Konzeptes ist die zentrale Ersatzteilversorgung aller Gewerke durch einen hochautomatisierten und digital vernetzten Werkzeugbau der Zukunft. Innerhalb des Projektes wurden explizit Workshops als auch ein detaillierter Erfahrungsaustausch mit den Experten der Beispiel

GmbH durchgeführt, welche die digitale Auftragsnachverfolgung im Konzept Werkzeugbau der Zukunft als Ziel hatten.

Zur Herstellung der Produkte werden durch die Beispiel GmbH hauptsächlich Spritzgieß-, Folgeverbund- als auch Stanz-Biege-Prozesse eingesetzt. Die Produkte bestehen typischerweise aus einem nicht stromleitenden Gehäuse, in das wiederum stromleitende Elemente integriert werden. Diese Elemente können beispielsweise unterschiedliche Platinen oder auch Leiterbahnen sein. Die Gehäuse sind dabei meist aus Polymeren gefertigt, welche in einem Spritzgießprozess verarbeitet werden. Die Leiterbahnen werden in Stanz-Biege und auch Folgeverbundprozessen gefertigt. Für die Herstellung eines für die Beispiel GmbH typischen Produktes kommen bis zu 10 unterschiedliche Werkzeuge zum Einsatz. Um die Herstellbarkeit der Produkte sicherzustellen, existieren für alle Werkzeuge Schwesterwerkzeuge.

Nach dem Pareto Prinzip konnte die Komplexität innerhalb des Projekts maßgeblich reduziert werden. Hierfür wurden lediglich die Umsatzstärksten 80% der Produkte der Beispiel GmbH betrachtet. Dafür sind insgesamt ca. 2000 Werkzeuge bei der Beispiel GmbH im Einsatz. In den Werkzeugen müssen besonders oft in einer Wartung oder Reparatur Aktivteile ersetzt werden, welche wiederum im Werkzeugbau der Beispiel GmbH gefertigt, und dadurch digital nachverfolgt werden müssen. Insgesamt sind übereinen Betrachtungszeitraum von drei Jahren über 14.000 Aktivteile für die 2000 Werkzeuge als Ersatzteile im Werkzeugbau zu fertigen.

Eine lückenlose Nachverfolgung dieser Aktivteile, nachfolgend auch als Komponenten bezeichnet, auf dem Shopfloor des Werkzeugbaus bei der Beispiel GmbH ist zwingend erforderlich, um die Werkzeuge in hoher Qualität termingerecht der Serienproduktion bereitzustellen. Heute wird im Werkzeugbau der Beispiel GmbH, ähnlich zur gesamten Werkzeugbaubranche, mit Begleitscheinen gearbeitet. Der aus der Serie kommende Reparatur- oder Wartungsauftrag wird vom Arbeitsplaner in Arbeitspläne für jede notwendige Komponente überführt. Diese Arbeitspläne werden dann von Reparatur- oder Instandhaltungsverantwortlichen in die jeweiligen Fertigungstechnologien verteilt. Hier wird wiederum von den Maschinenverantwortlichen der Arbeitsplan in eine Excel-basierte Prioliste eingetragen. Diese Prioliste wird mehrmals täglich von den Arbeitsplaner aktualisiert. Ist ein Arbeitsschritt im Arbeitsplan beendet, so wird dies in der Prioliste vermerkt und die tatsächlich benötigte Zeit notiert. Diese Zeiten werden dann von den Arbeitsplaner ins SAP überführt. Der Maschinenverantwortliche bringt zudem den Arbeitsplan samt Werkstück zur nächsten auf dem Arbeitsplan stehenden Station. Dieser Prozess wiederholt sich, bis der Arbeitsplan vollständig durchlaufen ist. Am Ende wird der Auftrag durch den letzten Maschinenverantwortlichen beim Reparatur- oder Instandhaltungsverantwortlichen abgegeben, der dann wiederrum den Auftrag durch eine Reparatur oder Instandhaltung abschließen kann.

Das zentrale Problem an der aktuellen Vorgehensweise ist die fehlende Transparenz über den aktuellen Status der Aufträge. Durch das notwendige manuelle Übertragen der rückgemeldeten Zeiten von Excel-Listen ins SAP kommt es zu Verzögerungen und erhöhtem manuellen Aufwand. Zudem stellt das Übertragen eine Fehlerquelle dar. Für die Beispiel GmbH bietet eine lückenlose, digitale Auftragsnachverfolgung auf dem Shopfloor nicht nur das Potential

Prozessineffizienzen zu eliminieren, sondern auch das Potential der Befähigung unterschiedlicher Anwendungsfälle der Industrie 4.0.

6.2.2 Gestaltung der Auftragsnachverfolgung

Gemäß den vorherigen Ausführungen liegt der Fokus der nachfolgenden Validierung auf den Struktur- und Verhaltenselementen. Diese Validierung ergänzt die, zuvor aufgeführte, vertiefte Validierung der Aktivitätselemente. Damit ist das Gestaltungsmodell abschließend vollständig validiert.

Das Produktspektrum der Beispiel GmbH bezieht sich für den vorliegenden Anwendungsfall auf die für die Instandhaltung und Reparatur notwendigen 14.000 Komponenten. Gemeinsam mit der Beispiel GmbH wurde das Komponentenspektrum gemäß Abbildung 6.6 aufgeteilt. Eine erste Unterscheidung kann zunächst gemäß dem Werkzeugtypen erfolgen: Spritzgieß- und Stanzwerkzeuge. Der Begriff Stanzwerkzeuge beinhaltet hierbei sowohl Stanz-Biege- als auch Folgeverbundwerkzeuge. Abbildung 6.6 zeigt den, für einen Betrachtungszeitraum von 3 Jahren, notwendigen Bedarf an Komponenten in Form von Stückzahlen auf.

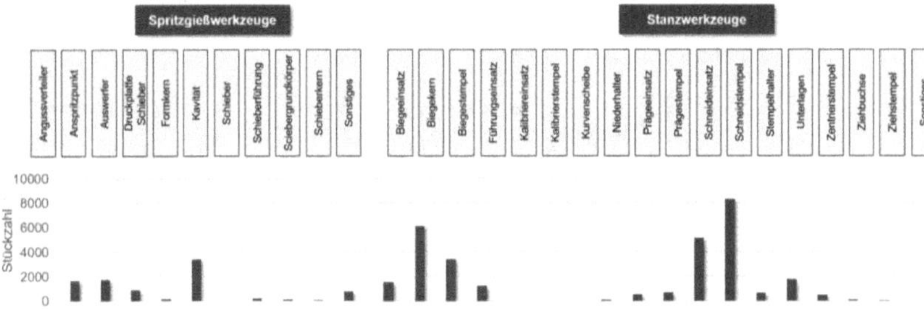

Abbildung 6.6: Produktspektrum im Werkzeugbau der Beispiel GmbH[924]

Für die digitale Auftragsnachverfolgung mittels CV ist insbesondere die geometrische Varianz der Bauteile relevant. Diese wurde im Projekt anhand von CAD-Dateien überprüft. Gemeinsam mit den Werkzeugbauexperten wurde die beispielhafte CAD-Dateien inspiziert und die geometrische Varianz innerhalb eines Komponentenclusters, als auch zwischen den Komponentenclustern bewertet. Weiterführend wurde die qualitative Bewertung quantifiziert. Hierfür wurde ein Skript programmiert, welches jeweils aus den CAD-Daten die Länge, Breite und Höhe eines Bauteils extrahiert. Die jeweiligen Stückzahlen wurden im Anschluss jeweils über den extrahierten Längen, Breiten und Höhen aufgetragen, wodurch die zuvor durchgeführte Bewertung quantifiziert werden kann. Das Ergebnis ist die ganzheitliche Bewertung der geometrischen Varianz eines jeden Komponentenclusters. Diese kann als erstes Kriterium zur Ableitung einer Typologie des Komponentenspektrums herangezogen werden.

[924] *Eigene Darstellung.*

Neben der geometrischen Varianz wurde in gemeinsamen Workshops weitere, für die Typologisierung des Komponentenspektrums relevanten Einflussfaktoren identifiziert. Einflussfaktoren sind das Material, die Anzahl der Eigenschaftsänderungen über die jeweiligen Prozessfolgen als auch eine eventuelle Wiederverwertung der Komponenten in einem Second-Live-Anwendungsfall. Das Material und die Wiederverwertung der Komponenten wurden qualitativ bewertet, die Änderungen der Eigenschaften der Komponenten über die jeweiligen Prozessfolgen wurden quantitativ bewertet, anhand der nachfolgend detaillierten Analyse des Prozessspektrums. Insgesamt ist damit eine Basis geschaffen, um ganzheitlich das Produktspektrum hinsichtlich der CV-basierten Nachverfolgbarkeit bewerten zu können.

Um das Komponentenspektrum herzustellen, kommen unterschiedliche Fertigungsverfahren im Werkzeugbau der Beispiel GmbH zum Einsatz. Hierzu zählen das Fräsen, Erodieren, Schleifen, Polieren, Drehen und Beschriften. Um das Prozessspektrum typologisieren zu können, sind analog zum Produktspektrum zunächst die, für eine CV-basierten Nachverfolgung, relevanten Einflussfaktoren zu synthetisieren. Gemeinsam wurden in Workshops die Anzahl der Prozessschritte, die Anzahl der makrogeometrischen Eigenschaftsänderungen als auch die jeweiligen Identifikationskonfigurationen als relevante Kriterien identifiziert. Um die Einflussfaktoren zu quantifizieren, wurde im Rahmen des Projektes ein Data-Mining auf Basis der vorliegenden Auftragsdaten durchgeführt. Hierbei wurde jeweils eine Analyse für jeden Komponententypen durchgeführt. Das zentrales Ergebnis ist das in Abbildung 6.7 dargestellte Business Process Model Notation (BPMN) Diagramm.

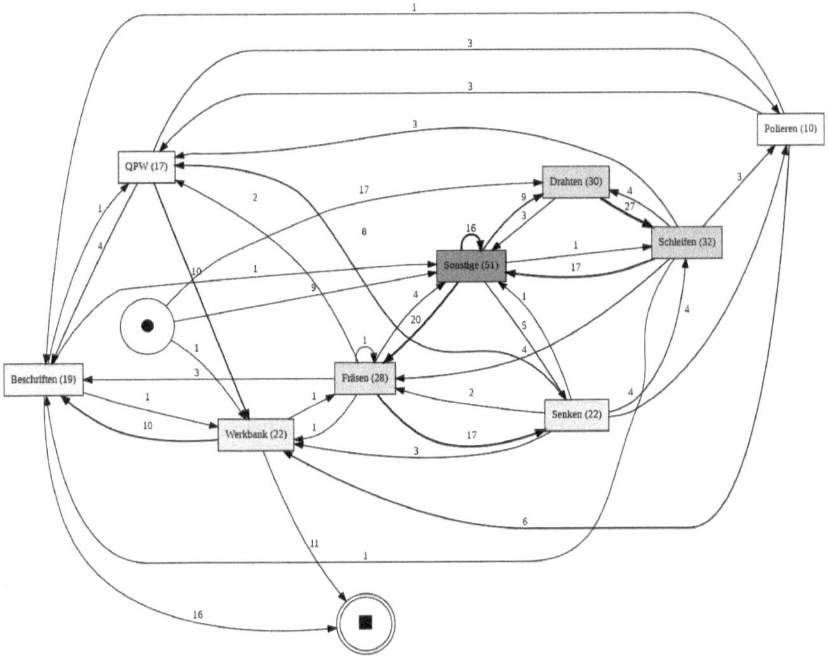

Abbildung 6.7: Ergebnis der Synthese von Prozessfolgen am Beispiel einer Komponente[925]

Die Analyse hat das Ziel, die innerhalb von Kapitel 5.3.2 definierten Identifikationsmatrizen zu ermitteln. Für die Anwendung im Rahmen der CV-Nachverfolgung ist dazu zunächst die Definition eines repräsentativen Zeitraums notwendig. In diesem Zeitraum werden dann die jeweils auftretenden Identifikationskonfigurationen ermittelt. Im Beispiel innerhalb von Abbildung 6.7 wurde ein Zeitraum von einem Monat gewählt. Die Zahlen an den Pfeilen verdeutlichen die Anzahl an Aufträgen welche von einem in den anderen Prozess durchgeführt wurden. Die Zahlen an den Prozessen geben die Anzahl der durchgeführten Prozesse wieder. Es wurden beispielsweise im betrachteten Monat insgesamt 28 Fräsaufträge bearbeitet.

Wird die vorher beispielhaft gezeigte BPMN Analyse für den kleinsten Zeitschritt einer Veränderung innerhalb eines Produktionssystems für das gesamte Produkt- und Prozessspektrum wiederholt, lassen sich daraus alle auftretenden Identifikationsmatrizen ableiten. Innerhalb der Matrix bilden die Zahlenwerte den eineindeutigen Identifikator eines Auftrags- und im vorliegenden Fall damit eines Bauteils ab.

[925] *Eigene Darstellung.*

Aus den Einträgen der Identifikationsmatrix lässt sich entnehmen, welche Bauteile aus welcher Grundmenge in welchem Zeitschritt identifiziert werden müssen. Dies stellt somit die Ausgangsbasis zur Analyse und Auswahl von CV-Technologie dar. Allerdings fehlt eine Detaillierung darüber, inwiefern sich die Eigenschaften der Bauteile über den Prozess verändern. Hierfür sind CAD-Daten notwendig, welche Zwischenbearbeitungsstände der Bauteile abbilden, also beispielsweise die Geometrie des Bauteils nach dem Drahterodieren darstellen. Diese Daten sind im Werkzeugbau der Beispiel GmbH nicht vorhanden, weshalb als Vereinfachung angenommen wurde, dass die finalen, makroskopischen Geometrien im ersten Bearbeitungsschritt erstellt werden.

Zur Analyse der Eignung von CV-Technologie kommt die innerhalb der ersten Fallbeispiels entwickelte Matlab Software zum Einsatz. Auf Basis der zuvor ermittelten Identifikationskonfigurationen als auch den vorliegenden CAD-Daten wurden für einen Vorversuch mittels Experteneinschätzungen repräsentative Fallbeispiele ausgewählt. Insgesamt wurden 20 Identifikationskonfigurationen als Fallbeispiel zur Ermittlung der Prädiktionsgenauigkeit ausgewählt. Als Vergleichsbasis wurde der ResNet-50 Algorithmus herangezogen. Die Identifikationskonfigurationen bestanden jeweils aus vier bis zwanzig unterschiedlichen Bauteilen, wobei die Bauteilzahl über die Identifikationskonfigurationen nahezu gleichverteilt waren. Die Prädiktionsgenauigkeiten der einzelnen Identifikationskonfigurationen sind in Abbildung 6.8 dargestellt und nachfolgend beschrieben.

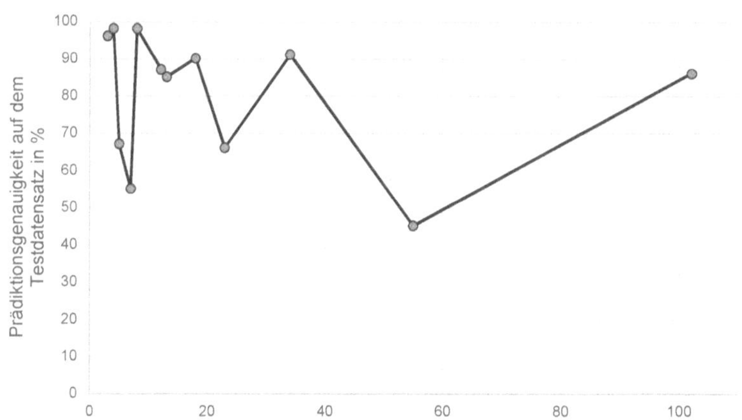

Abbildung 6.8: Ergebnisse der Validierung anhand von ausgesuchten Testbatches[926]

[926] *Eigene Darstellung.*

Direkt ersichtlich ist, dass die Prädiktionsgenauigkeit nicht von der Bauteilzahl abhängt, sondern vielmehr von der geometrischen Varianz innerhalb der Identifikationskonfigurationen. Hohe Prädiktionswerte sind zu erzielen, wenn die geometrische Varianz hoch ist. Ist die geometrische Varianz gering, wie beispielweise bei der Produktion von Schneidstempeln, dann ist auch die Prädiktionsgenauigkeit entsprechend gering. Hingegen sind bei geometrisch variablen Bauteilen, wie Formkernen, eine gute Eignung der Anwendbarkeit festzustellen.

Die Ergebnisse zeigen, dass ein CV-Nachverfolgungssystem im Werkzeugbau bei der Beispiel GmbH prinzipiell zum Einsatz kommen kann. In einem nächsten Schritt ist eine detailliertere Betrachtung der Identifikationskonfigurationen, insb. in Bezug auf die Eigenschaftsänderungen der Komponenten über die Prozesse notwendig. Hierfür sind durch die Beispiel GmbH zunächst Daten dieser Eigenschaftsänderungen auf dem Shopfloor zu erheben und digital bereitzustellen.

6.2.3 Fazit

Insgesamt ist festzuhalten, dass die Anwendung des Gestaltungsmodells im Bereich des Werkzeugbaus prinzipiell möglich ist. Die im Vergleich zur additiven Fertigung unterschiedliche Ausprägung der Fertigungstechnologien führt zu einer, vom AM-Bereich differenten, Eigenschaftsänderung der Bauteile über den Prozess und damit zu anderen Anforderungen hinsichtlich der Analyse von Daten für die Ermittlung der Identifikationskonfigurationen. Abbildung 6.9 fasst die Ergebnisse der Validierung für das zweite Fallbeispiel zusammen.

Elemente	Zentrale Validierungsergebnisse
Struktur	▪ Strukturierung und Analyse des vorhandenen Produkt- und Prozessspektrums hinsichtlich der Anwendbarkeit von CV-Technologie ▪ Kriterien zur Typologisierung des Produkt- und Prozessspektrums
Verhalten	▪ Vereinfachte Abbildung der Eigenschaftsänderungen über den Prozess ▪ Aufzeigen von Handlungspotential hinsichtlich der Erfassung von Eigenschaftsänderungen innerhalb der Prozesse ▪ Darstellung des Produkt-Prozess-Zusammenspiels über ein BPMN Diagramm
Aktivität	▪ Analyse und Quantifizierung der Identifikationskonfigurationen in Form Identifikationsmatrizen ▪ Machbarkeitsanalyse zur Anwendung von CV-Technologie für repräsentative Fallbeispiele innerhalb des Werkzeugbaus

Abbildung 6.9: Zentrale Ergebnisse der Validierung anhand des zweiten Fallbeispiels[927]

Innerhalb der Strukturelemente wurden insbesondere die Gestaltungsaspekte des Produkt- und Prozessspektrums adressiert. Mittels Expertenwissen wurden Einflussfaktoren identifiziert und das Produkt- als auch Prozessspektrum gemäß der Anwendbarkeit von CV-Technologie typologisiert. Innerhalb der Typologisierung wurden speziell die Verhaltenselemente in Form

[927] *Eigene Darstellung.*

der Eigenschaftsänderungen tiefer betrachtet. Mittels der innerhalb der Aktivitätselemente eingeführte Vorgehensweise zur Synthese der Identifikationskonfigurationen konnten modellhaft Anforderungen konkretisiert werden. Da der Fokus der zweiten Validierung mehr auf den Struktur- und Verhaltenselemente lag, wurde abschließend nur eine Anwendbarkeitsanalyse von CV-Technologie, gemäß dem ersten Schritt des vorherigen Fallbeispiels durchgeführt. Die Ergebnisse belegen eine grundlegende Anwendbarkeit für das vorliegende Fallbeispiel. Die zu den Eigenschaftsänderungen fehlenden Daten müssen in einem nächsten Schritt durch die Beispiel GmbH erhoben werden, um die weitere Detaillierung der digitalen Auftragsnachverfolgung ausgestalten zu können.

6.3 Kritische Reflexion der Praxisanwendung

Die zuvor detaillierten Fallbeispiele zur Validierung des Gestaltungsmodells für die Auslegung der digitalen Auftragsnachverfolgung belegt die Anwendbarkeit sowohl für Produktionssysteme mit Fokus auf AM-Technologien als auch solche mit Fokus auf dem Werkzeugbau. Im Rahmen der Anwendung des Gestaltungsmodells auf die beiden Anwendungsfälle konnten alle Gestaltungsaspekte mindestens einmal angewandt und hierdurch validiert werden. Folglich ist das Gestaltungsmodell insgesamt als vollständig validiert zu bewerten. Das Gestaltungsmodell wurde auf Regeln im Anwendungszusammenhang geprüft als auch die Implementierung in der Praxis durchgeführt. Der innerhalb von Kapitel 2.4 formulierte Handlungsbedarf ist damit vollständig adressiert. Insgesamt ist durch die Validierung die sechste und siebte Phase nach der Forschungsmethodik nach ULRICH als abgeschlossen anzusehen, lediglich eine Zusammenfassung der Ergebnisse fehlt, welche innerhalb des siebten Kapitels folgt.

Das erste Fallbeispiel dient zur Validierung des Gestaltungsmodells innerhalb des Application Center Additive Fertigung. Eine Voruntersuchung zeigt die prinzipielle Anwendbarkeit von CV-Technologie auf das im APS vorhandene Produktspektrum. Mittels der Analyse des vorhandenen Produkt- und Prozessspektrums wurde als Identifikationskonfiguration der jeweils letzte Arbeitsschritt innerhalb der Prozessfolge identifiziert. Als CV-Nachverfolgungssystem wurde gemeinsam mit den Technikern des Application Centers Additive Fertigung eine Smartphone App entwickelt. Eine Umsetzung des CV-Nachverfolgungssystems folgte durch ein agil organisiertes Team. Die App konnte anschließend erfolgreich im operativen Betrieb des APS validiert werden.

Das zweite Fallbeispiel fokussiert insbesondere eine vertiefte Analyse des vorhanden Produkt- und Prozessspektrums. Gemeinsam mit Experten der Beispiel GmbH wurde das im Werkzeugbau vorhandene Produkt- und Prozessspektrum gemäß den Gestaltungsaspekten analysiert. Durch einen Data-Mining Ansatz konnten direkt Identifikationskonfigurationen innerhalb des Werkzeugbaus ermittelt werden. Fehlende Daten zu den Eigenschaftsänderungen der Komponenten induzierten eine Vereinfachung im Vorgehen. Ähnlich wie im ersten Fallbeispiel wurde auf Basis der ermittelten Identifikationskonfigurationen eine Voruntersuchung zur Anwendbarkeit von CV-Technologie durchgeführt. Die Ergebnisse zeigen ein hohes Potential der Anwendung von CV-Technologie auf.

Eine erfolgreiche Anwendung des Gestaltungsmodells auf zwei Fallbeispiele belegen die Adressierung der innerhalb von Kapitel 3.1.2 formulierten allgemeinen Anforderungen. Die Inhalte der Gestaltungsaspekte sind hinreichend konkret, eine Anwendung auf Fallbeispiele ist gemeinsam mit den jeweiligen Experten möglich. Die Gestaltungsaspekte sind dabei hinreichend praktikabel, ein umfangreicher Realitätsbezug ist gegeben. Die Anwendung des Gestaltungsmodells auf zwei unterschiedliche Produktionssysteme, hinsichtlich Produkt- und Prozessspektrum, zeigt die erfolgreiche Anwendbarkeit, unabhängig von individuellen Randbedingungen der additiven Fertigung auf.

Die Daten- und Anforderungserhebung ist durch beide Fallbeispiele validiert worden. Eine systematische Analyse des vorhandenen Produkt- und Prozessspektrums stellt die Basis zur Auslegung der digitalen Auftragsnachverfolgung dar. Die in den beiden Fallbeispielen unterschiedlichen Produkt- und Prozessspektrum zeigt die praktische Anwendbarkeit der Gestaltungsaspekte.

Das Zusammenspiel zwischen Produkt- und Prozessspektrum wurde in beiden Fallbeispielen erfolgreich aus den vorliegenden Daten synthetisiert. Im zweiten Fallbeispiel wurde mittels Methoden des Data-Minings das vorhandene Produkt- und Prozessspektrum vertieft analysiert und datenbasiert Identifikationskonfigurationen ermittelt. Die Eigenschaftenänderungen der Produkte über die Prozesse wurde in beiden Fallbeispielen verkürzt, aufgrund der Datenverfügbarkeit, berücksichtigt.

Die Anforderungen hinsichtlich der Sichtung und Auswahl von Technologie wurde insbesondere innerhalb des ersten Fallbeispiels beleuchtet. Mittels Vorversuchen konnte das Suchfeld initial eingeschränkt und auf Basis der Anforderungskonkretisierung weiter verfeinert werden. Der zum Einsatz kommende Algorithmus innerhalb des CV-Nachverfolgungssystems entspricht dem gleichen, neuster wissenschaftlicher Veröffentlichungen.[928]

Zuletzt sind Anforderungen hinsichtlich der operativen Umsetzung umfangreich berücksichtigt. Innerhalb des ersten Fallbeispiels wurde innerhalb eines agilen Teams eine Smartphone App samt KPI Dashboard entwickelt. Hierbei wurden alle Gestaltungsaspekte des Gestaltungsmodells berücksichtigt. Die erfolgreiche Implementierung zeigt die Anwendbarkeit im praktischen Kontext.

Zusammenfassend ist die Zielsetzung der vorliegenden Arbeit durch die erfolgreiche praktische Validierung innerhalb von zwei Fallbeispielen erfüllt. Die Anwendbarkeit ist durch zwei unterschiedliche Fallbeispiele auch auf andere Produktionssysteme sichergestellt. In zukünftigen Ansätzen gilt es insbesondere die Eigenschaftsänderungen der Bauteile über die Prozesse mittels vorhandener Daten weiter zu analysieren als auch zu detaillieren.

---

[928] Vgl. Schuh et al. "*Part Recognition in Additive Production Systems using a Computer-vision Approach*" (2022).

7 Zusammenfassung und Ausblick

Die Produktionstechnik befindet sich in einem stetigen Wandel. Dieser Wandel wird von unterschiedlichen Faktoren beeinflusst. Ein heute relevanter Faktor ist der steigende Bedarf nach individuellen Erzeugnissen. In der Produktionstechnik kann dieser Bedarf durch die Kombination von Entwicklungen der Industrie 4.0 als auch dem Einsatz neuer, innovativer Fertigungsverfahren erfüllt werden. Die additive Fertigung vereint die beiden Felder in sich: Der schichtweise Aufbau von Produkten ermöglicht einen neuen Freiheitsgrad in der Individualisierung von Produkten. Gleichzeitig basiert AM auf einer digitalen Prozesskette.

AM hat sich heute bereits für viele Anwendungen etabliert. Sektoren wie der Automobilbau, der Luftfahrzeugbau oder auch die Medizintechnik nutzen AM in unterschiedlichsten Anwendungen. Hierbei wird oftmals der zentrale Vorteil der geometrischen Fertigungsfreiheit des AM-Verfahrens genutzt. Diese ermöglicht die wirtschaftliche Fertigung hochkomplexer Strukturen wie Leichtbaustrukturen oder auch Implantaten zu geringen Stückkosten im Vergleich mit konventionellen Fertigungsverfahren. AM steht heute in vielen Branchen auf der Schwelle zur Industrialisierung und bietet durch die hinter dem AM-Verfahren stehende digitale Prozesskette ein enormes Marktpotential.

Die AM-Technologie selbst befindet sich in einem schnellen Wandel. Nahezu jährlich werden neue Innovationen in der Fertigungstechnologie vorgestellt. Hinzu kommt, dass die AM-Technologie je nach zu verarbeitenden Material unterschiedlich ausgeprägt sein kann. Nach dem VDI sind elf unterschiedliche Grundverfahren von AM-Prozessen zu unterscheiden.[929] Hinzu kommt, dass AM nur in wenigen Fällen ein einstufiges Verfahren ist. Zur Sicherstellung der vorgegebenen Endprodukteigenschaften sind in der Praxis oftmals mehrere Nachbearbeitungsschritte hinter dem eigentlichen AM-Prozess notwendig. Diese Nachbearbeitungsschritte reichen vom Entpulvern bis hin zum Tränken der Bauteile in Harzen. MÖHRLE zeigt allein zehn unterschiedliche Nachbearbeitungsverfahren innerhalb der AM-Technologie des Laserstrahlschmelzens auf.[930]

Die Vielzahl der verfügbaren AM-Verfahren als auch AM-spezifischen Nachbearbeitungsschritte wirken sich in einer hohe Prozess- und Prozessfolgenvarianz innerhalb von APS aus. In der Kombination mit hochvarianten Anforderungen an das Produktspektrum entsteht eine hohe Komplexität innerhalb der operativen Auftragsabwicklung. Gleichzeitig ist die digitale Vernetzung im AM-Sektor vergleichsweise gering. Erste Lösungen für die PPS solcher Systeme sind erst seit wenigen Jahren auf dem Markt und bieten vergleichsweise nur einen geringen Funktionsumfang.

Innerhalb der digitalen Auftragsabwicklung stellt die Identifikation von Bauteilen auf dem Shopfloor eine zentrale Problemstellung dar. Der Prozess ist nach dem Stand der Technik manuell von Mitarbeitenden durchzuführen. Im Prozess werden Fehlerquoten von bis zu

[929] Vgl. Verein deutscher Ingenieure "*Verein deutscher Ingenieure (VDI 3405)*" (2014) S. 8.

[930] Vgl. Möhrle "*Gestaltung von Fabrikstrukturen für die additive Fertigung*" (2018) S. 15.

10%[931] verursacht, wodurch hohe Folgekosten durch eine falsche Nacharbeit als auch Lieferverzögerungen entstehen können. Der Automation des Prozesses haben sich bereits erste Machbarkeitsstudien angenommen, die das Potential aufzeigen. Insbesondere die Entwicklungen im Feld der KI sind für die praktische Anwendung in den nächsten Jahren entscheidend.

In der Praxis fehlt es allerdings an einem Vorgehen, wie die Potentiale der CV-Technologie für die Auftragsnachverfolgung nutzbar gemacht werden können. Heute existieren bereits erste Produktansätze, wie die Identifikation von Bauteilen automatisiert werden kann, allerdings wird in diesen der werkstattartige Charakter von APS nicht berücksichtigt. Produkte wie die vom niederländischen Startup AM-Flow hergestellte AM-Vision Anlage stellen eine Lösung für die additive Serienproduktion dar, welche nur einen geringen Teil des Volumens von AM-Teilen ausmacht. Es fehlt demnach an praktikablen Lösungen für die Identifikation von Bauteilen auf dem Shopfloor von APS.

Gleichzeitig existieren in der Wissenschaft bereits erste Ansätze, welche die Machbarkeit einer dezentralen CV-basierten Auftragsnachverfolgung innerhalb von APS nachweisen oder Teilaspekte davon beleuchten. SCHUH ET AL.[932] diskutieren in ihren Ansätzen eine Smartphone App zur dezentralen Identifikation von Bauteilen mittels CV. Andere Ansätze beleuchten, welche Anforderungen in der Auslegung eines individuell zugeschnittenen CV-Nachverfolgungssystems zu berücksichtigen sind.[933] Zusätzlich bestehen Ansätze, welche diskutieren, wie ein Datenmodell für den APS aussehen kann. Allerdings fehlt in der Wissenschaft ein Ansatz zur systematischen Gestaltung der Auslegung der digitalen Auftragsnahverfolgung auf dem Shopfloor von APS. Hieraus ergibt sich die wissenschaftliche Fragestellung der vorliegenden Dissertation, welche lautet:

Wie kann ein digitales Tracing von Bauteilen auf dem Shopfloor additiver Produktionssysteme ausgelegt werden?

Aus der Praxis und Wissenschaft ergeben sich Anforderungen an die Gestaltung der digitalen Auftragsnachverfolgung, welche im Rahmen von Kapitel 4.2.3 hergeleitet wurden. Die Anforderungen sind in inhaltliche und formale Anforderungen unterteilt und leiten sich aus der handlungsführenden Forschungsfrage ab. Ein systematisches Vorgehen zur Auslegung der digitalen Auftragsnachverfolgung auf dem Shopfloor von APS sollte auf historische Auftragsdaten des jeweils vorliegenden APS zurückgreifen und auf Basis dieser zunächst Anforderungen an die digitale Auftragsnachverfolgung synthetisieren. Hierbei sollte insbesondere das Zusammenspiel zwischen Produkt- und Prozessspektrum hinreichend Berücksichtigung finden. Des Weiteren muss das Vorgehen eine Systematik integrieren, welche die Sichtung, Auswahl und Applikation von CV-Technologie für die digitale Auftragsnachverfolgung auf dem Shopfloor

---

[931] Vgl. Obst et al. "*Komplexität und wirtschaftlicher Nutzen künstlicher Intelligenz zur automatisierten und industrialisierten Erkennung additiv gefertigter Bauteile*" (2021) S. 145-146.

[932] Vgl. Schuh et al. "*Part Recognition in Additive Production Systems using a Computer-vision Approach*" (2022).

[933] Vgl. Obst et al. "*Komplexität und wirtschaftlicher Nutzen künstlicher Intelligenz zur automatisierten und industrialisierten Erkennung additiv gefertigter Bauteile*" (2021).

von APS vertieft. Insbesondere der Applikationsaspekt ist hinsichtlich technischer als auch organisatorischer Aspekte zu vertiefen.

Auf Basis der Anforderungen wurden im Rahmen des Kapitels 4.3 die Gestaltungselemente des Gestaltungsmodells hergeleitet. Als methodischer Rahmen wurde das V-Modell nach VDI-2206 gewählt. Das Gestaltungsmodell besteht in seiner Basis aus Strukturelementen, welche die Gestaltungsaspekte normativer Art umfassen. Für die digitale Auftragsnachverfolgung sind dies das Gestaltungselement des Produktspektrums, des Prozessspektrums und des CV-Nachverfolgungssystems. Hierbei bildet das Produkt- und Prozessspektrums jeweils die beiden zentralen Eingänge des Gestaltungsmodells ab, während das CV-Nachverfolgungssystem das Zielsystem innerhalb des Gestaltungsmodells darstellt.

Neben den Strukturelementen beschreiben die Verhaltenselemente die übergreifenden Normen und Regeln, denen die Auslegung der digitalen Auftragsnachverfolgung genügen muss. Zwei Gestaltungselemente bilden dies ab: die Dependenz des Produkt- und Prozessspektrums als auch das CV-Anforderungsmanagement. Innerhalb der Dependenz des Produkt- und Prozessspektrums wird ersichtlich, inwiefern insbesondere die beiden Strukturelemente des Produkt- und Prozessspektrums miteinander zusammenhängen. Das CV-Anforderungsmanagement gibt im Gestaltungsmodell einen übergreifenden Rahmen vor, wie Anforderungen dokumentiert, weiterentwickelt und zurückverfolgt werden können. Zuletzt beschreibt ein drittes Verhaltenselement, das CV-Technologiescouting, die Wechselwirkung des Gestaltungsmodells mit dessen Umwelt.

Aktivitätselemente detaillieren die konkreten Aktivitäten die innerhalb der Auslegung der digitalen Auftragsnachverfolgung auf dem Shopfloor von APS durchzuführen sind. Die Datenvorbereitung detailliert zunächst die Identifikation und Extraktion relevanter Datenpunkte als auch die zielgerichtete Aufbereitung dieser. Innerhalb der Anforderungssynthese werden Methoden vorgestellt, mit Hilfe der auf Basis der erfassten und aufbereiteten Daten Anforderungen synthetisiert werden können. Diese Anforderungen dienen dann in einem dritten Aktivitätselement als Basis für die operative Umsetzung eines CV-Nachverfolgungssystems. Innerhalb der operativen Umsetzung werden drei Phasen detailliert, welche die Vorbereitung, die Implementierung als auch die Überwachung einer technischen Lösung detaillieren.

Insgesamt ist das Ergebnis der vorliegenden Dissertation die Detaillierung eines Gestaltungsmodells zur Auslegung der digitalen Auftragsnachverfolgung. Mit Hilfe des Gestaltungsmodells sind Nutzende dazu in der Lage, die digitale Auftragsnachverfolgung bei sich im APS zu gestalten. Um die praktische Tauglichkeit des Gestaltungsmodells nachzuweisen, wurde das Gestaltungsmodell anhand von zwei Fallbeispielen aus der industriellen Praxis innerhalb von Kapitel 6 validiert. Hierbei zeigt sowohl das Fallbeispiel innerhalb des AM-Bereichs als auch ein Fallbeispiel innerhalb des Werkzeugbaus die Anwendbarkeit des Gestaltungsmodells.

Abschließend ist ein Ausblick im Rahmen der Dissertation zu geben. Aus Sicht der Praxis stellt die digitale Auftragsnachverfolgung für viele Unternehmen, auch außerhalb des AM-Bereichs, eine Herausforderung dar. Speziell mittels des zweiten Fallbeispiels wurde aufgezeigt, dass die Anwendung des Gestaltungsmodells auch in Branchen abseits der AM-Branche prinzipiell möglich ist. Insbesondere in Re-X Prozessen könnte eine CV-basierte Identifikation von Bauteilen dazu beitragen, Prozesse weiter zu automatisieren und damit insgesamt die Wirtschaftlichkeit solcher Prozesse sicherzustellen.

Der wissenschaftliche Beitrag der vorliegenden Dissertation besteht in der Entwicklung eines Gestaltungsmodells zur systematischen Auslegung der digitalen Auftragsnachverfolgung innerhalb von APS. Hierfür verknüpft das Gestaltungsmodell unterschiedliche Aspekte aus dem Anforderungsmanagement, dem Bereich der CV-Technologien als auch dem AM-Bereich. Da es sich um ein Modell handelt, ist nicht ausgeschlossen, dass Teilaspekte der Realität unberücksichtigt bleiben, da ein Modell immer ein verkürzendes Merkmal aufweisen müssen. Nutzende sind dazu angehalten, das Modell ggf. für den jeweils vorliegenden Anwendungsfall, individuell anpassen.

Zukünftige Forschungsfelder bestehen insbesondere in der Anwendung des Gestaltungsmodells im Zusammenhang mit der Kreislaufwirtschaft. Die Identifikation von Instanzen mit CV-Technologie stellt eine Möglichkeit dar, einen digitalen Schatten eines Erzeugnisses mit dessen realen Abbild direkt und ohne notwendige Informationsträger am realen Bauteil zu identifizieren.

Literaturverzeichnis

3D Natives (2019): Renishaw und Mercedes-Benz ClassicPartner zeigen Möglichkeiten der additiven Fertigung für Oldtimer Ersatzteile. Online verfügbar unter https://www.3dnatives.com/de/oldtimer-ersatzteile-210520191/.

3D Natives (2020): BMW schafft ein Kompetenzzentrum für additive Fertigung. Online verfügbar unter https://www.3dnatives.com/de/bmw-kompetenzzentrum-290620201/.

3D Natives (2024): 3D-gedruckte Implantate. Diese Anwendungen sollten Sie kennen. Online verfügbar unter https://www.3dnatives.com/de/top-12-3d-gedruckte-implantate-150720191/.

3D Printing Industry (2018): Twikit enables BMW MINI customization with 3D printing. Online verfügbar unter https://3dprintingindustry.com/news/twikit-enables-bmw-mini-customization-with-3d-printing-142498/.

3Faktur (2024): Technologie - Multi Jet Fusion. Online verfügbar unter https://3faktur.com/technologie/multi-jet-fusion/.

VDI 3405, 2014: Additive Fertigungsverfahren.

additive industrie (2024): Nachbearbeitung in der additiven Fertigung – Grundlagen und Hersteller. additive - Die Platform für additive Fertigung.

Additive Scale GmbH (2024): We bring 3D printed eyewear to the world. Additive Scale GmbH. Online verfügbar unter https://additivescale.de/.

Alzubaidi, Laith; Zhang, Jinglan; Humaidi, Amjad J.; Al-Dujaili, Ayad; Duan, Ye; Al-Shamma, Omran et al. (2021): Review of deep learning: concepts, CNN architectures, challenges, applications, future directions. In: *Journal of big data* 8 (1), S. 53. DOI: 10.1186/s40537-021-00444-8.

AM Flow (2024): AM Vision. Revolutionizing AM with AI-Driven In-Line Identification. Online verfügbar unter https://am-flow.com/.

analyticsindiamag (2019): Hiw Tesla Uses PyTorch. Online verfügbar unter https://analyticsindiamag.com/ai-origins-evolution/tesla-pytorch-self-driving-computer-vision-karpathy-elon-musk-ai/.

arbeitsplattform.bildung.hessen (2023): Der Kompetenzbegriff nach Weinert. Online verfügbar unter https://arbeitsplattform.bildung.hessen.de/fach/2/Bildungsstandards/Kompetenzbegriff_-_Allgemein.pdf.

Arburg (2024): freeformer. Online verfügbar unter https://www.arburg.com/de/de/produktwelt/additive-fertigung/freeformer/.

Arndt, Alexander (2018): Bauteilindividuelle und verfahrensspezifische Kennzeichnung und Identifikation für die Additive Fertigung. Darmstadt.

Arnold, Dieter; Furmans, Kai (2019): Materialfluss in Logistiksystemen. Berlin, Heidelberg: Springer Berlin Heidelberg.

Babel, Wolfgang (2024): Systemintegration in Industrie 4.0 und IoT. Wiesbaden: Springer Fachmedien Wiesbaden.

Bartels, Jana (2016): 2D- oder 3D Kamera. Hg. v. PC & Industrie. Basler AG.

Bauernhansl, T.; Krüger, J.; Reinhart, G.; Schuh, G. (2016): WGP-Standpunkt Industrie 4.0. Hg. v. Eigenverlag. Wissenschaftliche Gesellschaft für Produktionstechnik WGP e.V. Darmstadt.

Baumgart, Inka (2016): Requirements Engineering. In: Udo Lindemann (Hg.): Handbuch Produktentwicklung. München: Carl Hanser Verlag GmbH & Co. KG, S. 425–453.

Becker, Jörg (1998): Konzeptionelle und terminologische Grundlegung. In: Reinhard Schütte (Hg.): Grundsätze ordnungsmäßiger Referenzmodellierung. Wiesbaden: Gabler Verlag, S. 37–110.

VDI 2411, 1970: Begriffe und Erläuterungen im Förderwesen.

Beneken, Gerd; Hummel, Felix; Kucich, Martin (2022): Grundkurs agiles Software-Engineering. Wiesbaden: Springer Fachmedien Wiesbaden.

Berger, Uwe; Hartmann, Andreas; Schmid, Dietmar (2013): Additive Fertigungsverfahren. Rapid prototyping, rapid tooling, rapid manufacturing ; mit Bilder-CD. 1. Aufl. Haan-Gruiten: Verl. Europa Lehrmittel (Bibliothek des technischen Wissens). Online verfügbar unter http://www.europa-lehrmittel.de/leseprobe/1360/50335-1.pdf.

VDI 4416, 2015: Betriebsdatenerfassung und Identifikation.

Binder, Volker A.; Kantowsky, Jan (1996): Technologiepotentiale. Wiesbaden: Deutscher Universitätsverlag.

Bishop, Christopher M. (2006): Pattern recognition and machine learning. New York, NY: Springer (Computer science). Online verfügbar unter http://www.loc.gov/catdir/enhancements/fy0818/2006922522-d.html.

Bleicher, Knut (2011): Das Konzept Integriertes Management. Visionen - Missionen - Programme ; [St. Galler Management-Konzept. 8., überarb. und erw. Aufl. Frankfurt am Main: Campus-Verl.

BMW Group AG (2018): Fensterführungsschiene im 3D-Druck BMW i8 Roadster. Online verfügbar unter https://www.press.bmwgroup.com/austria/photo/detail/P90329562/fensterfuehrungsschiene-im-3d-druck-bmw-i8-roadster-11/2018?forceSitePreference=DESKTOP.

BMW Group AG (2020): Der Additive Manufacturing Campus. Fahrzeugteile aus dem Drucker. Hg. v. BMW Group AG. München. Online verfügbar unter https://www.bmwgroup.com/de/news/allgemein/2020/additive-manufacturing.html, zuletzt geprüft am 19.12.2024.

Böhm, Rolf; Fuchs, Emmerich (2002): System-Entwicklung in der Wirtschaftsinformatik. 5., vollst. überarb. Aufl. Zürich: vdf Hochschulverl. an der ETH Zürich (Wirtschaftsinformatik).

Bomm, H. (1992): Ein Ziel- und Kennzahlensystem zum Investitionscontrolling komplexer Produktionssysteme. Berlin.

Boos, W.; Welling, D.; Lukas, G.; Haase, B.; Schäfer, J.M; Calchera, R.; Baumert, H. (2024): Erfolgreich Daten analyieren im Werkzeugbau. Hg. v. WBA Werkzeugbau Akademie Aachen GmbH.

Boos, Wolfgang; Kuhlmann, Karl; Salmen, Michael; Kenk, Ulrich; Kelzenberg, Christoph; Lange, Johan de; Wiese, Jan (2022): Erfolgreich Restrukturieren. Im Werkzeugbau. Aachen: WBA Aachener Werkzeugbau Akademie GmbH. Online verfügbar unter https://nbn-resolving.org/urn:nbn:de:101:1-2022120609242351326841.

Borky, John M.; Bradley, Thomas H. (2019): Effective model-based systems engineering. Cham: Springer. Online verfügbar unter http://www.springer.com/.

Bougdira, Abdesselam; Akharraz, Ismail; Ahaitouf, Abdelaziz (2020): A traceability proposal for industry 4.0. In: *J Ambient Intell Human Comput* 11 (8), S. 3355–3369. DOI: 10.1007/s12652-019-01532-7.

Bozkus, Emine. (2022): Customer Segmentation with Unsupervised Learning. Hg. v. kaggle.

Brecher, Christian; Klocke, Fritz; Schmitt, Robert; Schuh, Günther (Hg.) (2017): Internet of Production für agile Unternehmen. AWK Aachener Werkzeugmaschinen-Kolloquium 2017, 18. bis 19. Mai. Apprimus Verlag. 1. Auflage. Aachen: Apprimus Verlag.

Brecher, Christian; Schuh, Günther; van der Aalst, Wil; Jarke, Matthias; Piller, Frank T.; Padberg, Melanie (2024): Internet of Production. Cham: Springer International Publishing.

Bruns, Michael (1991): Systemtechnik. Berlin, Heidelberg: Springer Berlin Heidelberg.

Bundesministerium für Bildung und Forschung (2024): Daten und Fakten zum deutschen Forschungs- und Innovationssystem. Hg. v. Bundesministerium für Bildung und Forschung (BMBF).

Bundesministerium für Bildung und Forschung; Bundesministerium für Wirtschaft und Energie (2018): Strategie Künstliche Intelligenz der Bundesregierung.

Bundesministerium für Wirtschaft und Energie: Moderne Industriepolitik.

Bundesministerium für Wirtschaft und Energie (2018): Wirtschaftsbranchen.

Buxmann, Peter; Schmidt, Holger (2021): Künstliche Intelligenz. Berlin, Heidelberg: Springer Berlin Heidelberg.

Dawes, John (2008): Do Data Characteristics Change According to the Number of Scale Points Used? An Experiment Using 5-Point, 7-Point and 10-Point Scales. In: *International Journal of Market Research* 50 (1), S. 61–104. DOI: 10.1177/147078530805000106.

Deng, Jia; Dong, Wei; Socher, Richard; Li, Li-Jia; Li, Kai; Fei-Fei, Li (2009): ImageNet: A large-scale hierarchical image database. In: 2009 IEEE Conference on Computer Vision and

Pattern Recognition. 2009 IEEE Computer Society Conference on Computer Vision and Pattern Recognition Workshops (CVPR Workshops). Miami, FL, 20.06.2009 - 25.06.2009: IEEE, S. 248–255.

Deutsche Nationale Bibliothek (2024): CSV – Comma-separated values. Online verfügbar unter https://www.dnb.de/EN/Professionell/Metadatendienste/Exportformate/CSV/csv.html.

Deutsches Forschungszentrum für Künstliche Intelligenz GmbH (2017): Künstliche Intelligenz versus menschliche Intelligenz: Wie lernen, verstehen und denken Computer?, Mainz.

Die Logik der Sozialwissenschaften (2017). In: *Köln Z Soziol* 69 (S1), S. 215–228.

DIN 6789, 2013: Dokumentationssystematik – Verfälschungssicherheit und Qualitätskriterien für die Freigabe digitaler Produktdaten.

Dönitz, Ewa J. (2009): Effizientere Szenariotechnik durch teilautomatische Generierung von Konsistenzmatrizen. Empirie, Konzeption, Fuzzy- und Neuro-Fuzzy-Ansätze. Zugl.: Bremen, Univ., Diss., 2008. 1. Aufl. Wiesbaden: Gabler (Forschungs- /Entwicklungs- /Innovationsmanagement).

Drews, Günter (2010): Lexikon der Projektmanagement-Methoden. 2. Auflage. Freiburg, Berlin, München: Haufe (GPM Projektmanagement bei Haufe).

Drossel, Welf-Guntram; Ihlenfeldt, Steffen; Langer, Tino; Dumitrescu, Roman (2018): Cyber-Physische Systeme. In: Reimund Neugebauer (Hg.): Digitalisierung. Berlin, Heidelberg: Springer Berlin Heidelberg, S. 197–222.

Dunkel, Jürgen; Holitschke, Andreas (2003): Softwarearchitektur für die Praxis. Berlin, Heidelberg: Springer Berlin Heidelberg.

Ebert, Christof (2022): Systematisches Requirements Engineering. Anforderungen ermitteln, dokumentieren, analysieren und verwalten. 7., überarbeitete und aktualisierte Auflage. Heidelberg: dpunkt.verlag.

ECIS 2015 completed reseaech papers (2015). AIS Electronic Library. Online verfügbar unter http://aisel.aisnet.org/ecis2015_cr/.

Ehrlenspiel, Klaus; Meerkamm, Harald (2017): Integrierte Produktentwicklung. Denkabläufe, Methodeneinsatz, Zusammenarbeit. 6., überarbeitete und erweiterte Auflage. Müchen, Wien: Hanser. Online verfügbar unter http://www.hanser-fachbuch.de/buch/Integrierte+Produktentwicklung/9783446440890.

Engesser, H. (Hg.) (1993): Duden Informatik. Ein Sachlexikon für Studium und Praxis. 2. vollst. überarb. und erw. Aufl. Mannheim: Dudenverl.

VDI/VDE 2206, 2021: Entwicklung mechatronischer und cyber-physischer Systeme.

EOS (2024): Industrieller 3D-Druck. EOS GmbH. Online verfügbar unter https://www.eos.info/de/ueber-uns/was-wir-machen/additive-fertigung?utm_source=google&utm_medium=cpc&utm_campaign=brand_dach&utm_term=eos%20additive%20manufacturing&utm_cam-

paign=%5Bwyn%5D+Brand+%5BDACH%5D+%5BS%5D&utm_source=adwords&utm_medium=ppc&hsa_acc=3851378066&hsa_cam=16340963737&hsa_grp=132072454965&hsa_ad=612094563032&hsa_src=g&hsa_tgt=kwd-321416327182&hsa_kw=eos%20additive%20manufacturing&hsa_mt=e&hsa_net=adwords&hsa_ver=3&gad_source=1&gclid=CjwKCAiAyJS7BhBiEiwAyS9uNZZYAluVXyWg-XTw4Tnf1p73szyj7LHgdGal2v9DS5NKtddUbS9iRBoCeXYQAvD_BwE.

Factory Exellence (2024): Die Zukunft im Blick: So bleiben deutsche Unternehmen wettbewerbsfähig. Online verfügbar unter https://www.factory-excellence.de/zukunftsfaehigkeit-so-bleiben-unternehmen-wettbewerbsfaehig/.

FKM Additive Manufacturing (2024). Online verfügbar unter https://www.fkm.net/?gad_source=1&gclid=CjwKCAiApY-7BhBjEiwAQ-MrrES1o_KSaJUWZNnSVuSldD2YZTN3Wv013w3ON5rKHk-lxyDrj81hGbRoCbPwQAvD_BwE.

Fleischmann, H.; Glözer, P.; Franke, J.; Amberg, M. (2015): Kommunikation und Austausch in Industrie 4.0. Hg. v. wt-online.

Formlabs (2024): Professionelle 3D-Drucker von Formlabs. Online verfügbar unter https://formlabs.com/de/.

Fortune Business Insights (2024): Computer Vision Markt. Marktgröße, Anteil und Branchenanalyse für CV. Online verfügbar unter https://www.fortunebusinessinsights.com/de/computer-vision-markt-108827.

Fraunhofer-Gesellschaft (2017): Industrie 4.0 - Volkswirtschaftliches Potential für Deutschland. Bitcom.

Fricke, Dierk; Henkel, Benjamin; Teichman, Caecilie von; Roth, Bernhard (2018): Geschäftsmodell der dezentralen Serienfertigung: additive manufacturing als Basis für Microfactories. In: Roland Lachmayer, Rene Bastian Lippert und Stefan Kaierle (Hg.): Additive Serienfertigung. Berlin, Heidelberg: Springer Berlin Heidelberg, S. 155–165.

Friedli, Thomas (2006): Technologiemanagement. Modelle zur Sicherung der Wettbewerbsfähigkeit. Zugl.: St. Gallen, Univ., Habil.-Schr. Berlin, Heidelberg: Springer.

Gabler Wirtschaftslexikon (2024): Stichwort: Typologie. Online verfügbar unter https://wirtschaftslexikon.gabler.de/definition/typologie-47226.

Gebhardt, Andreas; Kessler, Julia; Schwarz, Alexander (2019): Produktgestaltung für die additive Fertigung. München: Hanser (Hanser eLibrary).

Gebhardt, Andreas; Kessler, Julia; Thurn, Laura (2016): 3D-Drucken. Grundlagen und Anwendungen des Additive Manufacturing (AM). 2., neu bearbeitete und erweiterte Auflage. München: Hanser (Hanser eLibrary).

Gibson, Ian; Rosen, David W.; Stucker, Brent (2010): Additive Manufacturing Technologies. Boston, MA: Springer US.

GKN Additive (2024). Online verfügbar unter https://www.gknpm.com/en/our-businesses/gkn-additive/.

Glorot, Xavier.; Bengio, Yoshua (2010): Understanding the difficulty of training deep feedforward neural networks. Qu´ebec, Canada.

Glözer, P. (2016): Big Data in Industrie 4.0 – Eine strukturierte Aufarbeitung von Anforderungen, Anwendungsfällen und deren Umsetzung. Friedrich-Alexander-Universität Erlangen-Nürnberg, Erlangen.

Gluchowski, Peter (2024): Datenmanagement und Datenanalyse. Wiesbaden: Springer Fachmedien Wiesbaden.

Goodfellow, Ian; Bengio, Yoshua; Courville, Aaron (2016): Deep learning. Cambridge, Massachusetts, London, England: The MIT Press (Adaptive computation and machine learning).

Graberg, Tim: Operationalisierung von digitalen Schatten im Werkzeugbau. Dissertation. Rheinisch-Westfälische Technische Hochschule Aachen.

Gräßler, Iris; Oleff, Christian (2022): Kernelement Entwicklungsmethodik – Systeme sachlogisch vernetzt entwickeln. In: Iris Gräßler und Christian Oleff (Hg.): Systems Engineering. Berlin, Heidelberg: Springer Berlin Heidelberg, S. 109–180.

Grenzebach (2024): Technologie-Revolution. Grenzebach entwickelt für SLM Solutions Lösung zur automatisierten Entpulverung von großen, 3D-gedruckten Metallbauteilen. Grenzebach Maschinenbau GmbH.

Groll, Karl-Heinz (1988): Erfolgssicherung durch Kennzahlensysteme. 2., erw. Aufl. Freiburg im Breisgau: Haufe.

GS1 Germany (2024): GS1 Standards. Online verfügbar unter https://www.gs1-germany.de/standards/.

Guba, Egon; Lincoln, Yvonna (1994): Competing Paradigms in Qualitative Research.

Gutenberg, Erich (1951): Grundlagen der Betriebswirtschaftslehre. Berlin, Heidelberg: Springer Berlin Heidelberg.

Haberfellner, Reinhard; Weck, Olivier de; Fricke, Ernst; Vössner, Siegfried (2015): Systems Engineering. Cham: Springer International Publishing.

Handbook of computer vision and applications (1999). San Diego, Calif.: Acad. Press.

Handbuch QM-Methoden. Die richtige Methode auswählen und erfolgreich umsetzen (2015). 3., aktualisierte und erweiterte Auflage. München: Hanser (Hanser eLibrary). Online verfügbar unter http://www.hanser-elibrary.com/isbn/9783446444416.

Hewlett-Packard (2024): Industrielle 3D-Druck Lösungen. Hewlett-Packard. Online verfügbar unter https://www.hp.com/de-de/printers/3d-printers.html.

DIN IEC 60050-351, 2014: Internationales Elektrotechnisches Wörterbuch - Teil 351: Leittechnik.

Jahnke, U.; Bornefeld, P.A; Koch, R. (2016): Production-Integrated Markings for Traceability of AM Parts in the Context of Industry 4.0.

Jan Marvin Schäfer (2024): Eigene Darstellung, 2024.

Kagermann, Henning (2014): Chancen von Industrie 4.0 nutzen. In: Thomas Bauernhansl, Michael ten Hompel und Birgit Vogel-Heuser (Hg.): Industrie 4.0 in Produktion, Automatisierung und Logistik. Wiesbaden: Springer Fachmedien Wiesbaden, S. 603–614.

Kantelberg, Jan: Gestaltung agiler Entwicklungsprozesse technischer Produkte. Dissertation. Rheinisch-Westfälische Technische Hochschule Aachen; Apprimus Verlag.

Kelzenberg, Christoph: Datenstrukturmodell für den digitalen Schatten der Auftragsabwicklung von Werkzeugbaubetrieben. Dissertation. Rheinisch-Westfälische Technische Hochschule Aachen; Rheinisch-Westfälische Technische Hochschule Aachen.

Kett, Ingo; Schewe, Gerhard (2010): Management Skills. Beziehungen nutzen, Probleme lösen, effektiv kommunizieren. 1. Aufl. Wiesbaden: Gabler.

Kloppenburg, Gerolf; Knöchelmann, Marvin; Wolf, Alexander (2017): Additive Fertigung transparenter Optiken. In: Roland Lachmayer und Rene Bastian Lippert (Hg.): Additive Manufacturing Quantifiziert. Berlin, Heidelberg: Springer Berlin Heidelberg, S. 163–174.

Kluge, Susann (1999): Empirisch begründete Typenbildung. Wiesbaden: VS Verlag für Sozialwissenschaften.

Komorek, Nicolas Johannes (2014): Gestaltungsmodell für kollaborative Wertschöpfung im industriellen Werkzeugbau. Zugl.: Aachen, Techn. Hochsch., Diss., 2014. 1. Aufl. Aachen: Apprimus Verlag (Edition Wissenschaft Apprimus, 2014,31).

Kubicek, Herbert (1976): Heuristische Bezugsrahmen und heuristisch angelegte Forschungsdesign als Elemente einer Konstruktionsstrategie empirischer Forschung von Herbert Kubicek. Berlin: Inst. für Unternehmungsführung im Fachbereich Wirtschaftswiss. d. Freien Univ (Arbeitspapier / Institut für Unternehmungsführung im Fachbereich Wirtschaftswissenschaft der Freien Universität Berlin, Nr. 16).

Kuhlmann, Karl Kristian (2011): Methodik zur Gestaltung von Geschäftsprozessen im industriellen Werkzeugbau. Zugl.: Aachen, Techn. Hochsch., Diss., 2011. 1. Aufl. Aachen: Apprimus-Verlag (Edition Wissenschaft Apprimus, 2011,16).

Kuhn, Thomas S. (1976): Die Struktur wissenschaftlicher Revolutionen. 2., rev. und um das Postskriptum von 1969 erg. Aufl. Frankfurt am Main: Suhrkamp (Suhrkamp-Taschenbuch Wissenschaft, 25).

Kühn, Thomas: Lebenszyklusorientierte Leistungssysteme im Werkzeugbau. Dissertation. Rheinisch-Westfälische Technische Hochschule Aachen.

Lachmayer, Roland; Lippert, Rene Bastian; Kaierle, Stefan (Hg.) (2018): Additive Serienfertigung. Berlin, Heidelberg: Springer Berlin Heidelberg.

Lachmayer, Roland; Lippert, René Bastian; Fahlbusch, Thomas (Hg.) (2016a): 3D-Druck beleuchtet. Additive Manufacturing auf dem Weg in die Anwendung. Berlin, Heidelberg: Springer Vieweg. Online verfügbar unter http://www.springer.com.

Lachmayer, Roland; Lippert, René Bastian; Fahlbusch, Thomas (Hg.) (2016b): 3D-Druck beleuchtet. Additive Manufacturing auf dem Weg in die Anwendung. Berlin, Heidelberg: Springer Vieweg. Online verfügbar unter http://www.springer.com.

Lamnek, Siegfried; Krell, Claudia (2016): Qualitative Sozialforschung. Mit Online-Material. 6., überarbeitete Auflage. Weinheim, Basel: Beltz.

Lange, Johan de: Prozessmodell für den Werkzeugbau im iterativen Produktentwicklungsprozess. Dissertation. Rheinisch-Westfälische Technische Hochschule Aachen.

Likert, Rensis (1932): A technique for the measurement of attitudes. New York: Columbia Univ (Archives of psychology, 140).

Loffe (2015): Batch Normalization: Accelerating Deep Network Training by Reducing Internal Covariate Shift.

Loos, Peter (1992): Datenstrukturierung in der Fertigung. Zugl.: Saarbrücken, Univ., Diss., 1991 u.d.T.: Loos, Peter: Datenstrukturierung in der Fertigung - ein methodischer Modellierungsansatz für die Gestaltung von Fertigungsinformationssystemen. München, Wien: Oldenbourg.

Lu, Yan; Choi, Sangsu; Witherell, Paul (2015): Towards an Integrated Data Schema Design for Additive Manufacturing: Conceptual Modeling. In: Volume 1A: 35th Computers and Information in Engineering Conference. ASME 2015 International Design Engineering Technical Conferences and Computers and Information in Engineering Conference. Boston, Massachusetts, USA, 02.08.2015 - 05.08.2015: American Society of Mechanical Engineers.

Luczak, Holger (1998): Arbeitswissenschaft. 2., vollst. neubearb. Aufl. Berlin, Heidelberg: Springer (Springer-Lehrbuch).

Luft, Angela; Gebhardt, Andreas; Balc, Nicolae (2019): Challenges of additive manufacturing in production systems. In: *MATEC Web Conf.* 299, S. 1003. DOI: 10.1051/matecconf/201929901003.

Lukas, Gerret: Gestaltungsmodell zur thermischen Auslegung additiver Prototypenwerkzeuge aus Kunststoff. Dissertation. Rheinisch-Westfälische Technische Hochschule Aachen.

machinelearningmastery (2021): How to Classify Photos of Dogs and Cats (with 97% accuracy). Hg. v. Jason Brownlee. Deep Learning and Computer Vision. Online verfügbar unter https://machinelearningmastery.com/how-to-develop-a-convolutional-neural-network-to-classify-photos-of-dogs-and-cats/.

Materialize (2024). Online verfügbar unter https://www.materialise.com/en.

MathWorks (2024): Matlab. Mathematik. Grafiken. Programmierung. Online verfügbar unter https://www.mathworks.com/products/matlab.html.

McCarthy, J. (1955): A Proposal for the Dartmouth Summer Research Project on Artificial Intelligence.

Mertens, Peter (2013): Integrierte Informationsverarbeitung 1. Wiesbaden: Springer Fachmedien Wiesbaden.

Michels, Jan Stefan (2016): Industrial Connectivity und Industrial Analytics, Kernbausteine der Fabrik der Zukunft. In: Ulrich Sendler (Hg.): Industrie 4.0 grenzenlos. Berlin, Heidelberg: Springer Berlin Heidelberg (Xpert.press), S. 245–270.

Microsoft Azure (2024): Computer Vision. Online verfügbar unter https://azure.microsoft.com/en-us/resources/cloud-computing-dictionary/what-is-computer-vision#object-classification.

Milling, Peter (1979): Die Konzeptionierung von Entscheidungsmodellen sozialer Systeme. München und Wien. Systemmodelle.

Mockenhaupt, Andreas; Schlagenhauf, Tobias (2024): Digitalisierung und Künstliche Intelligenz in der Produktion. Wiesbaden: Springer Fachmedien Wiesbaden.

Möhrle, Markus (2018): Gestaltung von Fabrikstrukturen für die additive Fertigung. Berlin, Heidelberg: Springer Berlin Heidelberg.

Mourtzis, Dimitris; Doukas, Michael (2020): The Evolution of Manufacturing Systems. In: Information Resources Management Association (Hg.): Additive Manufacturing: IGI Global, S. 446–477.

Murphy, Kevin P. (2012): Machine learning. A probabilistic perspective. Cambridge, Mass.: MIT Press (Adaptive computation and machine learning series). Online verfügbar unter https://ebookcentral.proquest.com/lib/subhh/detail.action?docID=3339490.

Negele, Herbert; Fricke, Ernst; Igenbergs, Eduard (1997): ZOPH – A Systemic Approach to the Modeling of Product Development Systems. In: *INCOSE International Symp* 7 (1), S. 266–273. DOI: 10.1002/j.2334-5837.1997.tb02181.x.

Nickchen, Tobias; Heindorf, Stefan; Engels, Gregor (2021): Generating Physically Sound Training Data for Image Recognition of Additively Manufactured Parts. In: 2021 IEEE Winter Conference on Applications of Computer Vision (WACV). 2021 IEEE Winter Conference on Applications of Computer Vision (WACV). Waikoloa, HI, USA, 03.01.2021 - 08.01.2021: IEEE, S. 1993–2001.

Nielsen (2015): Neural Networks.

Nikon (2024): SLM Solutions. Online verfügbar unter https://www.slm-solutions.com/de/unternehmen/news-raum/slm-solutions-group-ag-wechsel-im-vorstand/.

Nyamsi, Eric A. (2019): Projektmanagement mit Scrum. Wiesbaden: Springer Fachmedien Wiesbaden.

Nyamsi, Eric A. (2023): IT-Lösungen auf Basis von SysML und UML. Anwendungsentwicklung mit Eclipse UML Designer und Eclipse Papyrus. 2. Auflage. Wiesbaden: Springer Fachmedien.

Obst, Philip; Nasser, Walied; Rink, Stefan; Kleinpeter, Gerhard; Szost, Blanka; Rietzel, Dominik; Witt, Gerd (2021): Komplexität und wirtschaftlicher Nutzen künstlicher Intelligenz zur automatisierten und industrialisierten Erkennung additiv gefertigter Bauteile. In: Michael Kynast, Gerd Witt und Michael Eichmann (Hg.): Proceedings of the 17th Rapid.Tech 3D Conference Erfurt, Germany, 22–23 June 2021. München: Carl Hanser Verlag GmbH & Co. KG, S. 141–152.

Ochel, Tim Peter (2023): Prognostik zur Resilienzsteigerung im Werkzeugbau. RWTH Aachen University.

Oerlikon: Metal Additive Manufacturing and Product Development Partner. Hg. v. OC Oerlikon Corporation AG. 2024. Online verfügbar unter https://www.oerlikon.com/am/de/.

OpenCV (2024): PyTorch vs TensorFlow in 2025: A Comparative Guide of AI Frameworks. Online verfügbar unter https://opencv.org/blog/pytorch-vs-tensorflow/.

paperswithcode (2024): ImageNet. Online verfügbar unter https://paperswithcode.com/dataset/imagenet.

Papp, Stefan; Weidinger, Wolfgang; Meir-Huber, Mario; Ortner, Bernhard; Langs, Georg; Wazir, Rania (2019): Handbuch Data Science. Mit Datenanalyse und Machine Learning Wert aus Daten generieren. München: Hanser. Online verfügbar unter https://www.hanser-fachbuch.de/buch/Handbuch+Data+Science/9783446457102.

Patzak, Gerold (1982): Systemtechnik — Planung komplexer innovativer Systeme. Berlin, Heidelberg: Springer Berlin Heidelberg.

Paul, H. (2012): Industrie freut sich auf Kräftemessen mit China. Online verfügbar unter https://www.faz.net/aktuell/wirtschaft/hannover-messe-industrie-freut-sich-auf-kraeftemessen-mit-china-11726901.html.

Pitsch, Martin (2014): Kompetenzfeldbasierte Vernetzung von Werkzeugbaustandorten. Zugl.: Aachen, Techn. Hochsch., Diss., 2014. 1. Aufl. Aachen: Apprimus Verlag (Edition Wissenschaft Apprimus, 2014,14).

Plasticker (2021): Hasco: Neues Werkzeug mit additiv gefertigtem Heißkanalverteiler. Online verfügbar unter https://plasticker.de/Kunststoff_News_39134_Hasco_Neues_Werkzeug_mit_additiv_gefertigtem_Heikanalverteiler?seite=5&begriff=Asco&firmid=&check=.

Pohl, Klaus (2015): Requirements engineering fundamentals. A study guide for the certified professional for requirements engineering exam; foundation level - IREB compliant. 2. ed. Santa Barbara, Calif.: Rocky Nook (Rocky Nook computing).

Ponn, Josef; Lindemann, Udo (2008): Konzeptentwicklung und Gestaltung technischer Produkte. Optimierte Produkte - systematisch von Anforderungen zu Konzepten. Berlin, Heidelberg: Springer (VDI-/Buch]).

Printer-Care (2024): Fused Deposition Modeling (FDM). Online verfügbar unter https://www.printer-care.de/de/drucker-ratgeber/fused-deposition-modeling.

Probst, Hans-Jürgen (2012): Kennzahlen. Richtig anwenden und interpretieren. 3., aktualisierte Aufl. München: Redline-Verl. (Alles, was Sie wissen müssen).

DIN 69901, 2009: Projektmanagement - Projektmanagementsysteme - Teil 1: Grundlagen.

Protiq Marketplace (2024): Multi Jet Fusion. Online verfügbar unter https://www.protiq.com/3d-druck/verfahren/multi-jet-fusion/?srsltid=AfmBOop54FR-p5Kibeo2lplzb_0n_l_u-vlC1VLDpm-S8_WeopFnrZQTV.

DIN ISO 8402, 1995: Qualitätsmanagement - Begriffe.

Rayna, Thierry; Striukova, Ludmila (2016): From rapid prototyping to home fabrication: How 3D printing is changing business model innovation. In: *Technological Forecasting and Social Change* 102, S. 214–224. DOI: 10.1016/j.techfore.2015.07.023.

Rebala, Gopinath; Ravi, Ajay; Churiwala, Sanjay (2019): An Introduction to Machine Learning. Cham: Springer International Publishing.

Reibnitz, U. von; Geschka, H.; Seibert, S. (1982): Die Szenario-Technik als Grundlage von Planungen. Frankfurt am Main.

Rittstieg, Felix: Ambidextre Organisationsarchitekturen im industriellen Werkzeugbau. Dissertation. Apprimus Verlag; Rheinisch-Westfälische Technische Hochschule Aachen; Rheinisch-Westfälische Technische Hochschule Aachen.

Rohweder, Dirk (1996): Informationstechnologie und Auftragsabwicklung. Potentiale zur Gestaltung und flexiblen kundenorientierten Steuerung des Auftragsflusses in und zwischen Unternehmen. Zugl.: Darmstadt, Techn. Hochsch., Diss., 1995. Berlin: Erich Schmidt (Unternehmensführung und Logistik, 9).

Rosemann, Michael; Schwegmann, Ansgar; Delfmann, Patrick (2005): Vorbereitung der Prozessmodellierung. In: Jörg Becker, Martin Kugeler und Michael Rosemann (Hg.): Prozessmanagement. Berlin/Heidelberg: Springer-Verlag, S. 45–103.

Rühli, Edwin (1989): Entscheidungsorientierter Ansatz und Allgemeine Betriebswirtschaftslehre. In: Werner Kirsch und Arnold Picot (Hg.): Die Betriebswirtschaftslehre im Spannungsfeld zwischen Generalisierung und Spezialisierung. Wiesbaden: Gabler Verlag, S. 99–117.

Russell, Stuart J.; Norvig, Peter (2012): Künstliche Intelligenz. Ein moderner Ansatz. Unter Mitarbeit von Frank Kirchner. 3., aktualisierte Auflage. München, Harlow, Amsterdam: Pearson Higher Education (Always learning). Online verfügbar unter http://www.blickinsbuch.de/item/2dcb473fa7e5cd74c5a75bbf375255f7.

RWTH Aachen Campus GmbH (2024a): Anlauffabrik. Making the New Production Work. Online verfügbar unter https://www.anlauffabrik-aachen.de/.

RWTH Aachen Campus GmbH (2024b): RWTH Aachen Campus. Forschen. Lernen. Entwickeln. Leben. Online verfügbar unter https://www.rwth-campus.com/.

Salmen, Michael: Gestaltungsmodell für den digital vernetzten Shopfloor im Werkzeugbau. Dissertation. Rheinisch-Westfälische Technische Hochschule Aachen; Apprimus Verlag; Fraunhofer-Institut für Produktionstechnologie IPT.

Sauermann, Frederick: Datenbasierte Prognose und Planung auftragsspezifischer Übergangszeiten. Dissertation. Rheinisch-Westfälische Technische Hochschule Aachen.

Sblatnig, R.; Zambanini, S.; Licandro, R.: Einführung in Computer Vision. TU Wien, Wien.

Schanz (1987): Grundfragen der Führungsforschung. Wissenstheoretische Grundfragen der Führungsforschung. Stuttgart.

Scheer, August-Wilhelm (1990): Wirtschaftsinformatik. Berlin, Heidelberg: Springer Berlin Heidelberg.

Schierenbeck, Henner; Wöhle, Claudia B. (2016): Grundzüge der Betriebswirtschaftslehre. 19., aktualisierte Auflage. Berlin, Boston: De Gruyter Oldenbourg.

Schlick, Jochen; Stephan, Peter; Loskyll, Matthias; Lappe, Dennis (2017): Industrie 4.0 in der praktischen Anwendung. In: Birgit Vogel-Heuser, Thomas Bauernhansl und Michael ten Hompel (Hg.): Handbuch Industrie 4.0 Bd.2. Berlin, Heidelberg: Springer Berlin Heidelberg, S. 3–29.

Schmid, Manfred (2015): Selektives Lasersintern (SLS) mit Kunststoffen. Technologie, Prozesse und Werkstoffe. München: Hanser. Online verfügbar unter http://sub-hh.ciando.com/book/?bok_id=2006293.

Schomburg, E. (1980): Entwicklung eines betriebstypologischen Instrumentariums zur systematischen Ermittlung der Anforderungen an EDV-gestützte Produktionsplanungs- und -steuerungssysteme im Maschinenbau. Technische Hochschule Aachen, Aachen.

Schuh, G. (Hg.) (2014): Produktionsmanagement. 2., vollst. neu bearb. und erw. Aufl. Berlin: Springer Vieweg (VDI-Buch, 5).

Schuh, G. (2023): Business Engineering. Managementwissen für Ingenieure. RWTH Aachen University. Werkzeugmaschinenlabor WZL der RWTH Aachen.

Schuh, G.; Anderl, R.; Gausemeier, J.; Homple, M. ten; Wahlster, W. (2017): Industrie 4.0 Maturity Index. Managing the Digital Transformation of Campanies. acatech. München.

Schuh, G.; Lukas, G.; Hohenstein, S.; Schafer, J. M.; Drescher, J. L. (2022): Part Recognition in Additive Production Systems using a Computer-vision Approach. In: 2022 IEEE International Conference on Industrial Engineering and Engineering Management (IEEM). 2022 IEEE International Conference on Industrial Engineering and Engineering Management (IEEM). Kuala Lumpur, Malaysia, 07.12.2022 - 10.12.2022: IEEE, S. 96–101.

Schuh, Günther; Boos, Wolfgang; Kelzenberg, Christoph; Lange, Johan de; Stracke, Felix; Helbig, Jens et al. (2018): Industrie 4.0: Implement it! Ein Leitfaden zur erfolgreichen Implementierung von Industrie 4.0-Lösungen. 1. Edition. Aachen: Werkzeugmaschinenlabor der Rheinisch-Westfälischen Technischen Hochschule Aachen. Online verfügbar unter https://werkzeugbau-akademie.de/aktuelles/downloads/#1541749769490-2bda11f8-2b8c.

Schuh, Günther; Klappert, Sascha (2011): Technologiemanagement. Berlin, Heidelberg: Springer Berlin Heidelberg.

Schuh, Günther; Lukas, Gerret; Schäfer, Jan Marvin; Yu, Kai; Drescher, Jan Lukas (2024): Product- and Process-related Influencing Factors for Computer-Vision based Tracing in Additive Manufacturing. DOI: 10.58134/fh-aachen-rte_2024_008.

Schultes, Thilo Konrad: Gestaltungsmodell zur digitalen Vernetzung von Werkzeugbaubetrieben mit Lieferanten. Dissertation. Rheinisch-Westfälische Technische Hochschule Aachen.

Schweins, Julian Benedikt (2024): Datengestützte Gestaltung des nachhaltigen Werkzeuglebenszyklus ; 1. Auflage. Unter Mitarbeit von Günther Schuh und Wolfgang Boos: RWTH Aachen University.

Siemens AG (2019): How Materials Solutions is enabling AM for serial production. Hg. v. Siemens AG. Online verfügbar unter https://blog.siemens.com/2019/09/how-materials-solutions-is-enabling-am-for-serial-production/, zuletzt geprüft am 19.12.2024.

Siemens AG (2021): 3D-Druck von Brillen nach Maß. Siemens AG. Online verfügbar unter https://www.siemens.com/de/de/unternehmen/stories/industrie/2022/brille-brillengestell-3d-druck-additive-fertigung-youmawo-additive-scale.html.

Sittauer, Johannes (1989): James Watt. 3. Aufl. Leipzig: Teubner (Biographien hervorragender Naturwissenschaftler, Techniker und Mediziner, 53).

Skolaut, Werner (Hg.) (2018): Maschinenbau. Ein Lehrbuch für das ganze Bachelor-Studium. 2., aktualisierte und überarbeitete Auflage. Berlin, Heidelberg: Springer Vieweg (Lehrbuch).

Sola, Antonella; Sai, Yilin; Trinchi, Adrian; Chu, Clement; Shen, Shirley; Chen, Shiping (2021): How Can We Provide Additively Manufactured Parts with a Fingerprint? A Review of Tagging Strategies in Additive Manufacturing. In: *Materials (Basel, Switzerland)* 15 (1). DOI: 10.3390/ma15010085.

Srivastava (2014): Dropout: A Simple Way to Prevent Neural Networks from Overfitting.

Stachowiak, Herbert (1973): Allgemeine Modelltheorie. Vienna: Springer Vienna.

Steinwendner, Joachim; Schwaiger, Roland (2020): Neuronale Netze programmieren mit Python. 2., aktualisierte und überarbeitete Auflage. Bonn: Rheinwerk Computing (Rheinwerk computing).

Stittgen, Tobias: Grundlagen zur produktionslogistischen Positionierung im Umfeld der Additiven Fertigung am Beispiel des Laser Powder Bed Fusion. Dissertation. Apprimus Verlag.

SysML (2024): SysML Open Source Project. Online verfügbar unter https://sysml.org/.

Szeliski, Richard (2022): Computer vision. Algorithms and applications. Second edition. Cham: Springer (Texts in computer science).

TensorFlow (2024): An end-to-end platform for machine learning. Online verfügbar unter https://www.tensorflow.org/.

Tomczak, Torsten (1992): Forschungsmethoden in der Marketingwissenschaft - Ein Plädoyer für den qualitativen Forschungsansatz. In: *Marketing ZFP* 2, S. 77–87. Online verfügbar unter https://www.alexandria.unisg.ch/handle/20.500.14171/64823.

topometric (2024): Additive Manufacturing Trends 2024. Hg. v. topometric. Online verfügbar unter https://topometric.de/additive-manufacturing-trends-2024/.

Tschöpe, Sebastian; Aronska, Kateryna; Nyhuis, Peter (2015): „Was ist eigentlich Industrie 4.0?“. In: *Zeitschrift für wirtschaftlichen Fabrikbetrieb* 110 (3), S. 145–149. DOI: 10.3139/104.111301.

TURING, A. M. (1950): I.—COMPUTING MACHINERY AND INTELLIGENCE. In: *Mind* LIX (236), S. 433–460. DOI: 10.1093/mind/LIX.236.433.

Ulrich, Hans (Hg.) (1984): Management. Bern, Stuttgart: Haupt (Schriftenreihe Unternehmung und Unternehmungsführung, 13).

Ulrich, Peter; Hill, Wilhelm (1976): Wissenschaftstheoretische Grundlagen der Betriebswirtschaftslehre. In: *Wirtschaftswissenschaftliches Studium : Zeitschrift für Ausbildung und Hochschulkontakt* 5 (7+8), S. 304–309. Online verfügbar unter https://www.alexandria.unisg.ch/handle/20.500.14171/66998.

UML2 (2024): Unified Modeling Language. Online verfügbar unter https://www.uml.org/.

van der Aalst, Wil (2016): Process Mining. Berlin, Heidelberg: Springer Berlin Heidelberg.

van der Aalst, Wil M. P. (2022): Process Mining: A 360 Degree Overview. In: Wil M. P. van der Aalst und Josep Carmona (Hg.): Process Mining Handbook, Bd. 448. Cham: Springer International Publishing (Lecture Notes in Business Information Processing), S. 3–34.

VDI/VDE (2014): Statusreport Industrie 4.0 - Gegenstände, Entitäten, Komponenten. Hg. v. VDI/VDE-Gesellschaft Mess- und Automatisierungstechnik.

VDI/VDE (2015): Referenzarchitekturmodell Industrie 4.0 (RAMI4.0). Hg. v. VDI/VDE-Gesellschaft Mess- und Automatisierungstechnik und ZVEI.

Vogel-Heuser, Birgit; Bauernhansl, Thomas; Hompel, Michael ten (2017): Handbuch Industrie 4.0 Bd.4. Berlin, Heidelberg: Springer Berlin Heidelberg.

Völker, Magdalena (2012): Konzeption ganzheitlicher Produktionssysteme für Werkzeugbaubetriebe. Zugl.: Aachen, Techn. Hochsch., Diss., 2012. 1. Aufl. Aachen: Apprimus-Verl. (Edition Wissenschaft Apprimus, 2012,29).

Wang, Yan; Zhong, Wanxia; Su, Hang; Zheng, Fujiang; Pang, Yiran; Wen, Hongchuan; Cai, Kun (2021): An Improved MVCNN for 3D Shape Recognition. In: 2021 IEEE International Conference on Emergency Science and Information Technology (ICESIT). 2021 IEEE International Conference on Emergency Science and Information Technology (ICESIT). Chongqing, China, 22.11.2021 - 24.11.2021: IEEE, S. 469–472.

Warnecke, Hans-Jürgen (1996): Die Fraktale Fabrik. Revolution der Unternehmenskultur. 2. Aufl. Reinbek bei Hamburg: Rowohlt (rororo Sachbuch, 9708).

Weiser, Mark (1991): The Computer for the 21st Century. Hg. v. Mark Weiser.

Wilmott, Paul (2020): Grundkurs Machine Learning. 1. Auflage. Bonn: Rheinwerk Computing (Informatik verstehen).

Wirtschaftslexikon (2018): Digitalisierung. Gabler. Online verfügbar unter https://wirtschafts-lexikon.gabler.de/definition/digitalisierung-54195/version-277247.

Wirtschaftslexikon24 (2024): Suchbegriff: Typologisierung. Online verfügbar unter https://www.wirtschaftslexikon24.com/d/typologisierung/typologisierung.htm.

Wohlers Associates (2018): Wohlers Report. 3D Printing and Additive Manufacturing State of the Industry Annual Worldwide Progress Report. Hg. v. Wohlers Associates Inc. Colorado, USA.

Wohlers Associates (2023): Wohlers Report 2023. 3D Printing and Additive Manufacturing State of the Industry Annual Worldwide Progress Report. Hg. v. Wohlers Associates Inc. Colorado, USA. Online verfügbar unter https://wohlersassociates.com/product/wr2023/.

Wuest, Thorsten; Weimer, Daniel; Irgens, Christopher; Thoben, Klaus-Dieter (2016): Machine learning in manufacturing: advantages, challenges, and applications. In: *Production & Manufacturing Research* 4 (1), S. 23–45. DOI: 10.1080/21693277.2016.1192517.

Wulfsberg, Jens Peter; Redlich, Tobias (Hg.) (2011): Wertschöpfung in der Bottom-up-Ökonomie. Berlin, Heidelberg: Springer (VDI-Buch).

Wymore, A. Wayne (2018): Model-Based Systems Engineering: CRC Press.

Yao, Xifan; Lin, Yingzi (2016): Emerging manufacturing paradigm shifts for the incoming industrial revolution. In: *Int J Adv Manuf Technol* 85 (5-8), S. 1665–1676. DOI: 10.1007/s00170-015-8076-0.

Zhang, Daniel; Mishra, Saurabh; Brynjolfsson, Erik; Etchemendy, John; Ganguli, Deep; Grosz, Barbara et al. (2021): The AI Index 2021 Annual Report.

Zhang, Yicha; Gupta, Ravi Kumar; Bernard, Alain (2016): Two-dimensional placement optimization for multi-parts production in additive manufacturing. In: *Robotics and Computer-Integrated Manufacturing* 38, S. 102–117. DOI: 10.1016/j.rcim.2015.11.003.

Zwicky, Fritz (1989): Morphologische Forschung. Wesen und Wandel materieller und geistiger struktureller Zusammenhänge. 2. Aufl. Glarus: Baeschlin (/Schriftenreihe der Fritz-Zwicky-Stiftung, 4).

In der Reihe **Ergebnisse aus der Produktionstechnik** zuletzt erschienen:

Buchholz, Philip:
Entwicklung und Evaluierung eines neuartigen Recyclingverfahrens für thermoplastische Tapes
ISBN: 978-3-98555-327-3
Erscheinungsdatum: 03.02.2026

Kiesewetter-Marko, Caroline:
Verwendung von Zementbeton für dynamisch belastete Strukturbauteile von Werkzeugmaschinen
ISBN: 978-3-98555-322-8
Erscheinungsdatum: 27.01.2026

Dehn, Mathias:
Korrektur des thermo-elastischen Maschinenfehlers von Fräsmaschinen mithilfe von künstlichen neuronalen Netzen und maschineninternen Daten
ISBN: 978-3-98555-326-6
Erscheinungsdatum: 13.01.2026

Wiesch, Marian:
Lernende Prozesskraftmodellierung zur Planung und Überwachung in der Einzelteilfertigung für Fräsanwendungen
ISBN: 978-3-98555-324-2
Erscheinungsdatum: 13.01.2026

Blanke, Philipp:
Temporäre Automatisierung von Werkzeugmaschinen
ISBN: 978-3-98555-314-3
Erscheinungsdatum: 24.11.2025

Schäfer, Jan Marvin:
Digitale Auftragsnachverfolgung auf dem Shopfloor additiver Produktionssysteme
ISBN: 978-3-98555-332-7
Erscheinungsdatum: 03.02.2026

Bergs, Christian:
Untersuchung von Werkzeugschnittstellen für Fräsmaschinen unter Betriebsbedingungen
ISBN: 978-3-98555-320-4
Erscheinungsdatum: 13.01.2026

Niwar, Lea:
Methodik zur Arbeitsvorbereitung mittels Maschinensteuerungs- und Sensordaten für extrusionsbasierte additive Verfahren
ISBN: 978-3-98555-315-0
Erscheinungsdatum: 13.01.2026

Maetschke, Jan:
Wirtschaftliche Leistungssteigerung von Produktionslinien
ISBN: 978-3-98555-316-7
Erscheinungsdatum: 09.12.2025

Slawik, Viktor:
Datenbasierte Analyse vernetzter natürlich sprachlicher Anforderungen in der Produktentwicklung
ISBN: 978-3-98555-313-6
Erscheinungsdatum: 24.11.2025

Edition Wissenschaft
Apprimus

Beckschulte, Sebastian:
Gestaltungsmodell zur Systematisierung der Fehlerdatenerfassung im manuellen Montageprozess
ISBN: 978-3-98555-311-2
Erscheinungsdatum: 17.11.2025

de Oliveira Löhrer, Patrícia:
Influence of Material Removal Mechanisms on Thermo-Mechanical Loads in Continuous Generating Gear Grinding
ISBN: 978-3-98555-309-9
Erscheinungsdatum: 17.11.2025

Zalfen, Moritz:
Einfluss der Dehnrate auf die Zahnfußtragfähigkeit schnelllaufender Zahnradgetriebe
ISBN: 978-3-98555-308-2
Erscheinungsdatum: 03.11.2025

Lossie, Karl:
Decision Model for Performance-Driven Prioritization of Operational Decisions on the Manufacturing Shop Floor
ISBN: 978-3-98555-305-1
Erscheinungsdatum: 29.09.2025

Schäfer, Niklas:
Regelbasierte Planungsautomatisierung für die Digitale Fabrik
ISBN: 978-3-98555-304-4
Erscheinungsdatum: 29.09.2025

Klee, Lukas:
Auslegung des Druckprozesses beim Binder Jetting zur Herstellung von Verzahnungen mit hoher Zahnfußtragfähigkeit
ISBN: 978-3-98555-299-3
Erscheinungsdatum: 02.09.2025

Trisjono, Julian Andreas:
Methodik zur Einführung datengetriebener Geschäftsmodelle im Werkzeugbau
ISBN: 978-3-98555-298-6
Erscheinungsdatum: 02.09.2025

Lee, Tae Hun:
Messung und Modellierung der thermo-elastischen Abweichungen von fünfachsigen Werkzeugmaschinen
ISBN: 978-3-98555-294-8
Erscheinungsdatum: 12.08.2025

Schollemann, Alexander:
Strategische Ausrichtung nachhaltiger Produktionsnetzwerke
ISBN: 978-3-98555-293-1
Erscheinungsdatum: 15.07.2025

Welschof, Lukas:
Ermüdungsfestigkeit drahtfunkenerodierter Nickelbasiswerkstoffe für Triebwerksanwendungen
ISBN: 978-3-98555-287-0
Erscheinungsdatum: 10.06.2025

Spindler, Sarah:
Multi-Source Energy Harvesting for Wireless IIoT Sensors
ISBN: 978-3-98555-285-6
Erscheinungsdatum: 02.06.2025

Mendl-Heinisch, Michael:
Bewertung technischer Produktänderungen mittels prädiktiver Datenanalyse
ISBN: 978-3-98555-267-2
Erscheinungsdatum: 24.03.2025

Edition Wissenschaft
Apprimus

FSC
www.fsc.org
MIX
Papier | Fördert gute Waldnutzung
FSC® C083411

Kolibri 360 GmbH
Ferdinand-Jühlke-Straße 7
99095 Erfurt, Deutschland
produktsicherheit@kolibri360.de